Python

科学计算入门与实战

（视频教学版）

裴尧尧 李丽华 陈智 肖衡林◎著

机械工业出版社
China Machine Press

图书在版编目（CIP）数据

Python科学计算入门与实战：视频教学版/裴尧尧等著. —北京：机械工业出版社，2020.12

ISBN 978-7-111-66989-0

Ⅰ.P… Ⅱ.裴… Ⅲ.软件工具－程序设计 Ⅳ.TP311.561

中国版本图书馆CIP数据核字（2020）第235157号

Python 科学计算入门与实战（视频教学版）

出版发行：机械工业出版社（北京市西城区百万庄大街 22 号 邮政编码：100037）

责任编辑：迟振春　　　　　　　　　　　　　责任校对：姚志娟

印　　刷：中国电影出版社印刷厂　　　　　　版　　次：2020 年 12 月第 1 版第 1 次印刷

开　　本：186mm×240mm　1/16　　　　　　印　　张：28.75　字　　数：629 千

书　　号：ISBN 978-7-111-66989-0　　　　　定　　价：129.00 元

客服电话：（010）88361066　88379833　68326294　　投稿热线：（010）88379604

华章网站：www.hzbook.com　　　　　　　　　　读者信箱：hzit@hzbook.com

写作背景

记得 2009 年笔者还在攻读硕士学位时，一天同年级的一个同学让笔者帮他求解一个最优化问题。当时笔者对最优化计算还是一知半解，于是到学校图书馆借了一本 MATLAB 最优化计算的图书，照着书上的求解步骤用 MATLAB 帮他解决了问题。从那时起，笔者就对最优化计算产生了浓厚的兴趣，并开始学习最优化计算的基本原理。时至今日，笔者仍然对最优化计算的理论和实践有着浓厚的兴趣。可以说，是最优化计算吸引笔者走进了科学计算的世界。

后来笔者想开发自己的软件，又学习了 C、C++和 C#等编程语言，这为笔者后续学习其他语言奠定了一定的基础。现在回想起来，当初之所以没有继续深入学习 C 和 C++语言，是因为对于笔者这样的非计算机专业学生而言，这两种语言无论是学习难度还是使用成本都过高，C#语言虽然简单一些，但是在跨平台方面不具备优势。一次偶然的机会，笔者接触了 Python 语言，因为有 C 和 C++语言基础，所以学习起来比较容易。自此以后，笔者便一发不可收拾，一用 Python 就是 11 年之久。在笔者看来，Python 是理工科非计算机专业学生的首选编程语言，因为他们毕业后所从事的工作大多会涉及科学计算，而 Python 非常适合做科学计算。

尽管市面上的 Python 图书已经汗牛充栋，但关于科学计算方面的图书却寥寥无几，而且这些图书需要读者有一定的 Python 编程基础才能阅读，这无疑增加了读者的学习负担。虽然 Python 很强大，可以胜任各领域的开发工作，但是科学计算并不要求读者全面掌握 Python 编程，读者也无须为了做科学计算而专门花大把时间精研 Python 编程。比较理想的做法是，用一本书带领读者掌握 Python 科学计算。于是，笔者萌生了一个想法：编写一本书，将 Python 编程的基础知识和科学计算结合起来讲解，让读者更加有针对性地学习，从而快速入门 Python 科学计算。

写作经历

笔者曾经作为第一作者参与编写了《Python 与有限元》一书，介绍如何用 Python 开发一个有限元分析框架，历经一年，其中，前八个月编写有限元分析框架程序，后四个月完成图书的写作。后来笔者又编写了《从零开始自己动手写区块链》一书，介绍区块链的原理与底层编程知识，历经八个月，前四个月编写区块链模拟器程序，后四个月完成图书的写作。这两本书都有一个共同点：先写好完整的程序，然后将编程的过程用文字描述出来，写作的难点在于程序的实现。本书是笔者参与编写的第三本书，也是写作时间最长的一本书，历时一年零八个月。本书与前两本书有所不同，书中介绍的程序对于笔者来说实现起来很容易，其难点在于如何将 Python 编程的相关知识与科学计算巧妙地结合起来，让读者能够轻松地走进 Python 科学计算的世界。为此，本书尝试采用一种新的写作风格：书中的章节划分以科学计算实例为依据，在解决科学计算问题的过程中穿插介绍需要学习的 Python 编程知识。于是，本书的写作难点成了经典实例的选择问题，因为实例的选择要具有代表性，是读者熟知和感兴趣的例子，还要能够将 Python 编程知识穿插其中。这无疑是一件极具挑战性的事，本书中的每一个例子都经过了"选择→构思→推翻→重新选择→重新构思→采纳"的复杂过程，这对于笔者这样有选择困难症的人来说，可谓劳心费神。所幸经过大量的遴选，笔者最终选出了较为满意的实例。

本书特色

- 提供了长达 10 小时的配套教学视频，帮助读者更加高效、直观地学习本书内容。
- 将 Python 基础知识和科学计算结合起来讲解，让没有任何 Python 编程基础的读者快速入门。
- 精心挑选了大量的典型实例，带领读者从实践中学习 Python 科学计算。
- 穿插了大量的延伸阅读内容，帮助读者更加全面和深入地掌握相关知识点。
- 每章都提供了习题，帮助读者巩固和提高所学知识。
- 每章都设置了"老裴的科学世界"学习专栏作为补充学习内容，帮助读者拓宽视野，提高解决实际问题的能力。
- 提供教学 PPT，方便读者学习和相关老师教学使用。

本书内容

第 1 章围绕简单公式程序化的主题展开，介绍了如何使用 Python 将科学计算中的简单公式程序化，涵盖 Python 的安装和运行、编程的基本概念、基本语法、运算符和数字数据类型等，还重点介绍了 Python 中函数的定义。

第 2 章围绕复杂公式程序化的主题展开，重点介绍了 Python 中的流程控制，包括条件分支语句和循环语句，另外还介绍了与流程控制相关的内置容器型数据类型，如列表、元组、集合和字典。

第 3 章围绕公式对象化的主题展开，主要介绍了 Python 面向对象程序设计，包括类和实例，属性和方法，类的继承和方法的重载等，另外还循序渐进地介绍了如何打包并发布自己编写的库。

第 4 章围绕公式向量化的主题展开，结合数组运算可视化，全方位地介绍了 Python 的科学计算库 NumPy。

第 5 章围绕公式可视化的主题展开，详细介绍了 Python 的高质量二维绘图库 Matplotlib 的相关绘图功能。

第 6 章介绍了 Python 中随机数的生成方法，并配合多个典型实例综合应用前面章节所学的知识。

关于专栏

本书在每章的最后设置了一个专栏——老裴的科学世界，主要介绍一些综合性案例。这些案例有的是对本章所讲知识的综合应用，有的是对下一章所做的铺垫，有的穿插介绍 Python 的其他功能，如 GUI 开发、Web 开发和动画制作等。开设这个专栏的目的是综合应用所学知识解决实际问题，并拓宽读者的视野，提高读者解决实际问题的能力。与正文相比，专栏对理论和程序的细节介绍较少，用到了 GUI 和 Web 开发等领域的一些工具，如果读者有疑问，可以和笔者私下交流。

读者对象

本书面向的读者对象较为广泛，主要有以下几类：
• 没有 Python 基础的科学计算入门人员；
• 从事科学计算研究的人员；
• 从事科学计算工作的工程技术人员；
• Python 科学计算爱好者；
• 高等院校理工科相关专业的学生；
• 相关培训机构的学员。

配书资源获取

本书提供以下配书资源：
• 配套教学视频；
• 源代码文件；
• 教学 PPT。

这些资源需要读者自行下载。请在华章公司的网站（www.hzbook.com）上搜索到本书，然后单击"资料下载"按钮，即可在本书页面上找到下载链接。

后续计划

起初，笔者计划将本书的写作分两步：第一步介绍科学计算入门知识，第二步结合科学计算库讲解实践。但是因为科学计算的内容较为庞杂，当完成第一步时，书稿篇幅已较大，超过了原来的计划。在与编辑商量后决定将入门部分单独作为一本书，后续再编写《Python 最优化算法实战》及《Python 科学计算实例详解》两本书作为实践用书。

致谢

本书在出版的过程中得到了湖北工业大学博士启动基金项目（BSQD14042）的资助，在此表示感谢！

感谢湖北工业大学土木建筑与环境学院的领导与同事！他们的支持、帮助和鼓励，让笔者在面对挑战时能勇往直前。

编写这样的一本书对笔者而言是一个巨大的工程，为了不耽搁进度，笔者邀请了李丽华、陈智和肖衡林三位同行一起完成这件事，在此对他们表示感谢！

感谢欧振旭和姚志娟编辑！本书从宏观把握到细节处理都凝聚了他们的大量心血。

感谢家人在长达一年零八个月的写作时间中对笔者的无私奉献和大力支持！

勘误与支持

因本书涉及的内容比较繁杂，加之作者水平所限，书中可能还存在一些疏漏和错误之处，敬请各位读者批评和指正。读者在阅读本书时若有疑问，可以发送电子邮件到 yaoyao.bae@foxmail.com 或 hzbook2017@163.com 以获得帮助，也可以加入本书 QQ 群（群号：966908831）和其他读者交流。期待您的反馈意见，您的支持是笔者前进的动力。

裴尧尧

于湖北工业大学

目录

第1章 简单公式程序化

数学是科学计算的基础，而数学公式又是数学基础知识的重要组成部分，凝聚着数学中的全部精华，也是我们解答数学问题的依据和工具。所以，要使用计算机进行科学计算，将公式程序化是一个基础又重要的内容。本章将结合简单公式的程序化过程，介绍 Python 编程的部分基础知识。

1.1 安装 Python

工欲善其事，必先利其器。任何一门语言都有其使用环境，比如汉语一般在华人地区使用，德语主要在德国使用，日语主要在日本使用。同样，计算机语言也有其特定的运行环境，通常被称为**集成开发环境**（Integrated Development Environment，IDE），其包括代码编辑器、编译器、调试器和图形用户界面等工具，或者说是集成了代码的开发、分析、编译与调试等一体化开发功能的程序。

本书的主题是采用 Python 3 进行科学计算，推荐两个可用的 IDE，分别是 Python 官方程序自带的 IDLE 及整合了众多科学计算库的 Anaconda。

1.1.1 安装 IDLE

IDLE 是 Python 官方自带的一个轻量级 IDE。打开 Python 官方网站 https://www.python.org/，单击 Downloads 按钮，找到想要安装的版本（本书所有实例的运行环境为 Windows 10 操作系统和 Python 3.6.5），然后选择和自己的计算机操作系统相匹配的安装文件，如图 1.1 所示。

由于笔者使用的是 64 位 Windows 操作系统，因此下载 Windows X86-64 executable installer 文件，下载完成后像安装一般.exe 文件一样进行安装即可。图 1.2 为程序安装对话框选项。需要特别注意的是，在安装时请将 Add Python 3.6 to PATH 选项选中。

Files

Version	Operating System	Description	MD5 Sum	File Size	GPG
Gzipped source tarball	Source release		c83551d83bf015134b4b2249213f3f85	22969142	SIG
XZ compressed source tarball	Source release		bb1e10f5cedf21fcf52d2c7e5b963c96	17178476	SIG
macOS 64-bit/32-bit installer	Mac OS X	for Mac OS X 10.6 and later	68885dffc1d13c5d24699daa0b83315f	28155195	SIG
macOS 64-bit installer	Mac OS X	for OS X 10.9 and later	fee934e3251999a1d353e47ce77be84a	27045163	SIG
Windows help file	Windows		a7caea654e28c8a86ceb017b33b3bf53	8173765	SIG
Windows x86-64 embeddable zip file	Windows	for AMD64/EM64T/x64	7617e04b9dafc564f680e37c2f2398b8	7188094	SIG
Windows x86-64 executable installer	Windows	for AMD64/EM64T/x64	38cc47776173a45ffec675fc129a46c5	32009096	SIG
Windows x86-64 web-based installer	Windows	for AMD64/EM64T/x64	6f6b84a5f3c32edd43bffc7c0d65221b	1320008	SIG
Windows x86 embeddable zip file	Windows		a993744c9daa6d159712c8a35374ca9c	6403839	SIG
Windows x86 executable installer	Windows		354023f36de665554bafa21ab10eb27b	30963032	SIG
Windows x86 web-based installer	Windows		da81cf570ee74b59d36f2bb555701cfd	1293456	SIG

图 1.1　Python 官方安装文件下载

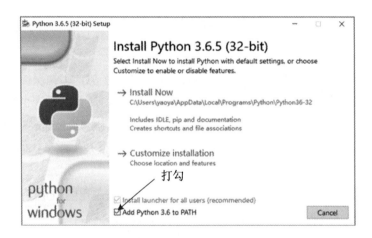

图 1.2　安装 Python

安装完成后，单击计算机桌面左下角的“开始”按钮，选择 Python3.6 | IDLE 命令即可打开 IDLE。

1.1.2　安装 Anaconda

打开 Anaconda 官网 https://www.anaconda.com/，单击 Download 按钮，然后选择与自己的操作系统相匹配的安装文件下载即可，如图 1.3 所示。目前 Anaconda 的常用版本为 3.7 和 2.7，分别对应 Python 3 和 Python 2。操作系统支持 Windows、Mac OS 和 Linux。下载完成后，直接进行安装即可。Windows 操作系统下可选择创建桌面快捷方式，也可以使用和 IDLE 一样的打开方式。

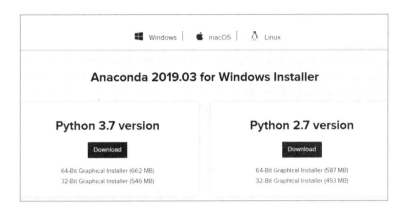

图 1.3　Anaconda 下载页面

1.1.3　本书为什么使用 IDLE

相较 IDLE，Anaconda 在使用上更简单，它提供了众多提高编程效率的功能，如代码自动补齐、拼写错误检查、便捷完善的调试器等。乍一看，Anaconda 优点多多，而笔者却为何执意使用 IDLE，而不是 Anaconda 呢？以下是笔者的考量。

功能强大的 IDE 弱化了程序员的编程能力，而对于一个初学者而言，IDLE 这样的 IDE 更能锻炼编程能力。学习编程没有太多的捷径可走，必须要多动手。如果学会了 IDLE 这种功能简单的 IDE，上手 Anaconda 这样功能强大的 IDE 不会有任何障碍。

而对于一个 Python"熟手"或者有一定基础的 Pythoner（Python 用户的统称），在 IDLE 或者 Anaconda 上运行本书的实例都不会有什么问题。

折中考虑，笔者选择 IDLE 进行全书的讲解。

1.2　抛物线公式

抛物线（Parabola）公式用于描述抛物线轨迹。常见的抛物线公式见公式（1.1），式中 x、y 分别为直角坐标系中的横纵坐标，a、b、c 为常系数，描述抛物线的特征。

$$y=ax^2+bx+c \tag{1.1}$$

常系数 a、b、c 取不同的数值将得到不同的抛物线。图 1.4 给出了三条抛物线，各自的常系数为：$a=4$，$b=0$，$c=10$；$a=2$，$b=0$，$c=10$；$a=-2$，$b=24$，$c=-60$。

假设抛物线的常系数是确定的，其横、纵坐标也是确定的映射关系，以第一条抛物线为例（$a=4$，$b=0$，$c=10$），当横坐标 x 取不同数值时都有相应的纵坐标 y 与之对应，比如当横坐标 $x=4$ 时，对应的纵坐标为：

$$y(4)=4x^2+10=4\times 4^2+10=74 \tag{1.2}$$

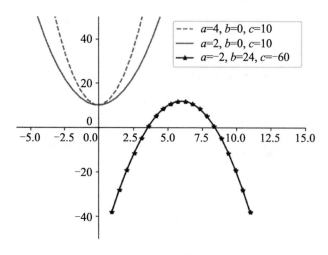

图 1.4　抛物线

接下来，通过将抛物线公式程序化的实例，循序渐进地介绍 Python 编程的基础知识。

1.2.1　语句、表达式和值

【实例 1.1】 计算抛物线 $y=4x^2+10$ 横坐标 $x=4$ 和 $x=2$ 分别对应的纵坐标 y 值。

1．交互式运行Python

安装好 Python 后，打开 IDLE，将会弹出交互式 Shell，如图 1.5 所示。在提示符>>>闪烁的光标后输入：

```
>>> 4*4**2 + 10
```

输入完成后回车，可以看到，屏幕上出现了横坐标 $x=4$ 对应的纵坐标 $y=74$。输入的"4*4**2+10"是一个 Python **语句**（Statement），是向计算机发出的指令，该语句也被称为一个**表达式**（Expression）。表达式是由**值**（Value，也称为运算数）和连接它们的**运算符**（Operator）组成的。如上例中的"*""**""+"均为运算符，4 和 10 为值。计算一个**表达式**总会得到一个值，如 74。这里的表达式用于描述公式，后续的内容中会介绍更多的表达式，有些也用来表达逻辑。

在 Python 中，值和运算符之间可以有任意多个空格，但必须确保语句从行首开始，如图 1.5 所示。

🔔**注意**：在 Python 中，"*"为乘法运算符，"**"为幂运算符。

对于横坐标 $x=2$ 对应的纵坐标 y 值，修改表达式为 4*2**2+10 即可，这是一个重复性的工作。

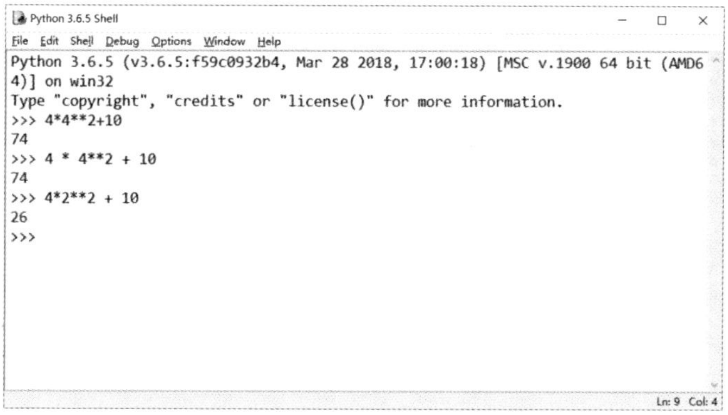

图 1.5　Shell 界面

以上运行 Python 程序的方式也被称作**交互式**（Interactive）运行方式，即在 Shell 中输入 Python 语句，程序将被执行并将结果打印到屏幕上。

2．通过脚本运行Python

另一种运行 Python 程序的方式是通过**脚本**（Script），即将多条 Python 语句集中写在一起，这样可以表达更复杂的逻辑，从而发挥更强大的功能。

脚本被写在 Python 文件中。创建一个 Python 文件的步骤是：首先在 Shell 中选择菜单栏的 File | New File 命令，然后在其中写入 Python 语句，完成后将其命名为 parabola1，并以.py 为后缀名保存到本地磁盘中。以上过程完成了一个简单**脚本文件**的创建，如图 1.6 所示为只包含**一条语句**的脚本文件。

图 1.6　编辑脚本文件

按键盘上的 F5 键或选择文件菜单栏中的 Run | Run Module 命令即可运行该脚本，Shell 将打印出**表达式的值**，如图 1.7 所示。

读者通过后续内容的阅读可以观察到，用 Python 进行科学计算，配合使用交互式和脚本两种运行方式将会达到事半功倍的效果。

另一种快速创建 Python 文件的方式是创建一个.txt 文档，然后修改其后缀名为.py 即可。

⏻**注意**：本书后续代码将不再采用截图的形式，交互式运行的代码用>>>开头，与脚本代码加以区别。

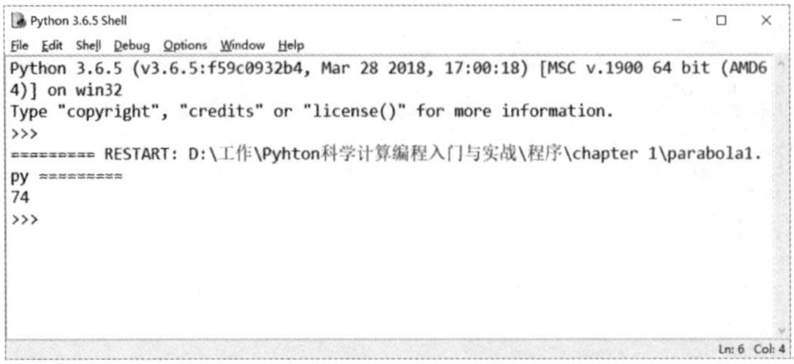

图 1.7　运行 Python 脚本

1.2.2　变量与赋值

【**实例 1.2**】 计算抛物线 $y=ax^2+bx+c$ 当 $a=-2$，$b=24$，$c=-60$ 时，横坐标 $x=1$、2 和 4 对应的纵坐标值 y。

1. 变量和变量值

如果按照实例 1.1 中的方法求解实例 1.2，需要列出 3 条表达式语句，每条语句中需要修改两处 x 的取值。如果公式中的符号过多，如系数 a、b、c 也发生改变时，则修改表达式的次数也会随之增加，这样的工作不仅烦琐，而且容易出错。编程语言中用**变量**（Variables）来描述公式和数学函数中的符号。下面在新建的脚本 parabola2.py 文件中输入如下内容：

```
a = -2
b = 24
c = -60
x = 1
y = a*x**2 + b*x + c
print(y)
```

运行该文件，打印到屏幕上的 y 值为：

```
-38
```

以上程序有 6 条语句，前 5 条语句定义了 5 个变量 a、b、c、x 和 y。其中，前 4 个变量给定了初始值，由前 4 个变量组成**表达式**并将计算结果赋值给第 5 个变量 y，第 6 条语句将变量 y 的值打印到屏幕上。

变量是**变量值**的名称，其作用是建立与**变量值**之间的对应关系，每个变量都有一个**变量值**。运行完上面的脚本后，接着在 Shell 中继续输入：

```
>>> b
24
>>> x
1
```

```
>>> x*y                    #变量组成表达式，计算得到新的值
-38
```

可以看到，在脚本中定义的变量在执行后可以在 Shell 中**访问**，访问变量可以得到**变量值**，变量可组成**表达式**，运算时将**变量值**代入**表达式**得到新的值。由于实例 1.1 中的纵坐标没有定义为变量，导致无法被再次访问，这也说明变量是用于存储值的，方便编程时实时地访问它们。

2. 赋值语句

下面总结前面内容中出现的几种语句形式。实例 1.1 中交互式运行和脚本运行的语句分别为：

```
4*4**2+10
```

与

```
print(4*4**2+10)
```

在实例 1.2 中，新的语句形式为：

```
a = -2
y = a*x**2 + b*x + c
```

自此读者可能会产生一个错觉，即数学公式与程序语句可以完美地对应起来。不过计算机语言里的**等号**（=）与数学公式中的**等号**有完全不同的含义，在数学公式中，**等号**表示左右两端的表达式的值相等，而在 Python 程序中，**等号**是**赋值运算符**，执行**赋值运算**，表示将等号右边（**值**）赋值给等号左边（**变量**）。这种由**等号**、**等号左边**和**等号右边**组成的语句也被称为**赋值语句**，等号左边为**变量**，等号右边是一个**数值或表达式**。看如下赋值语句：

```
>>> a = 3
>>> a = a + 3
>>> a
6
>>> a = a*a
>>> a
36
```

显然，a=a+3 在数学上是讲不通的，但在编程语言中却没有问题。以上程序的执行过程为：

（1）对于语句 a=3，首先定义一个变量 a，并将数值 3 赋给变量 a，此时变量 a 的值为 3。

（2）对于语句 a=a+3，由于等号右边为表达式 a+3，首先对表达式进行运算，即将变量 a 的值 3 代入表达式中，运算结果为 3+3=6，然后执行赋值运算，将运算结果 6 重新赋给变量 a，此时变量 a 的值为 6；

（3）对于语句 a=a*a，运算同上。由于等号右边为表达式 a*a，首先对表达式进行运算，即将变量 a 的值 6 代入表达式中，运算结果为 6*6=36，然后执行赋值运算，将运算结果 36 重新赋给变量 a，此时变量 a 的值为 36。

⌁注意：描述左右两边相等用**双等号**（==），详见 1.2.6 节。

可以看到，变量值可以通过赋值语句进行修改，也意味着对于实例 1.2，当要改变 *x* 的值时，可以在初始化赋值语句中修改，也可以用新的语句进行修改。例如：

```
a = -2
b = 24
c = -60
x = 2
y = a*x**2 + b*x + c
print(y)
x = 4
print(x,y)
```

输出结果为：

```
-20
4 -20
```

上面的程序在定义变量 x 时将初始化值由上例中的 1 改为 2，第 1 个 print 语句打印出的 y 值为-20，然后通过赋值语句 x=4 将变量 x 的值改为 4；从第 2 个 print 语句的打印结果可以看到，变量 x=4 的值由 2 改为 4，但变量 y 的值并没有发生变化，仍然是-20，原因为程序由上自下**顺序**执行，在执行变量 y 的赋值语句时，等号右边表达式中变量 x 的值仍为 2。要修改变量 y 的值，需要在修改变量 x 的值后重新执行 y 的赋值语句，即：

```
x = 2
y = a*x**2 + b*x + c
print(y)
x = 4
y = a*x**2 + b*x + c
print(x,y)
```

此时结果为：

```
-20
4 4
```

到目前为止，共出现了 3 种不同形式的语句：第 1 种是表达式语句，一般通过交互式运行；第 2 种以 print 开头，也被称为输出语句，print()实际上是一个函数；第 3 种为最常见的赋值语句。更多关于函数的知识点请继续关注后面的内容。

📖 **延伸阅读：再看表达式的组成**

实例 1.1 中的表达式描述为：

```
4*4**2+10
```

由数值和算术运算符组成。实例 1.2 中定义变量 y 等号右边的表达式描述为：

```
a*x**2 + b*x + c
```

此时由变量、数值和算术运算符组成。当表达式中有变量时，在计算该表达式的值时，会用变量的当前值代替变量，即：

```
y = -2*1**2 + 24*1 -60
```

事实上，以上过程执行的是赋值运算，既然是运算，也可以看作是一种表达式，即赋值表达式。

3. 变量的初始化

每个变量在被使用前都需要赋予初始值，否则程序将会提示错误。例如，在 Shell 中直接输入：

```
>>> d
Traceback (most recent call last):
  File "<pyshell#0>", line 1, in <module>
    d
NameError: name 'd' is not defined
```

提示报错内容为变量 d 未被定义。如果在脚本文件中稍做修改，在语句 c=-60 前加上#号：

```
#c = -60
```

再次运行脚本，程序也会出错：

```
Traceback (most recent call last):
  File "D:\工作\Python 科学计算编程入门与实战\程序\chapter1\parabola2.py",
line 6, in <module>
    y = -a*x**2 + b*x + c
NameError: name 'c' is not defined
```

报错内容为变量 c 未定义。#号的作用是将其后的代码行**注释**掉，被**注释**掉的语句在运行时将会被忽略，即赋值语句 c=-60 被忽略了，程序在给变量 y 赋值时，找不到变量 c 就会报错。这也意味着，计算机运算时变量必须被定义且赋予初始值。

在提示错误后的 Shell 中继续输入如下内容：

```
>>> a
-2
>>> b
20
>>> c
Traceback (most recent call last):
  File "<pyshell#2>", line 1, in <module>
    c
NameError: name 'c' is not defined
>>> y
Traceback (most recent call last):
  File "<pyshell#3>", line 1, in <module>
    y
NameError: name 'y' is not defined
```

不难发现，变量 a 和 b 都可以进行访问，而访问变量 c 和 y 时报错，提示未定义。原因是 Python 程序在执行时是**自上而下逐行按顺序执行**，后面的错误代码并不影响前面正确代码的运行。

延伸阅读：解释器、Bug 和 Debug

解释器

编写完成的*.py 文件想要运行，必须通过解释器，解释器就是执行 Python 代码的程序，如 IDLE 的 Shell 就是一个解释器。Python 有多种版本的解释器，它们分别基于不同的计算机语言开发，下面简要介绍几种解释器。

- **CPython**：Python 官方解释器，从官网 https://www.python.org/下载并安装完成后，就直接获得了解释器 CPython。其第一个字母以 C 开头，是因为该解释器由 C 语言开发，在运行*.py 文件时，实际上就是启动 CPython 解释器执行。CPython 是使用最广泛的 Python 解释器。
- **IPython**：基于 CPython 的另一个交互式解释器，其交互功能相比 IDLE 的 Shell 有大幅度的增强，但执行代码的功能和 CPython 完全一样。
- **PyPy**：用 Python 语言实现的解释器，其针对 CPython 的缺点进行了各方面的改良，在执行效率上有较大的提升，但由于并没有得到官方支持，第三方库的使用受限，所以并没有被广泛使用。
- **Jython**：是将 Python 代码编译成 Java 字节码实现的，在 Java 虚拟机（JVM）上运行，类似于翻译。
- **IronPython**：与 Jython 类似，只不过它是将代码编译成可以在微软.net 平台上运行的解释器。

解释器也是一个计算机程序，对于不同的平台（操作系统），编写兼容的解释器可实现 Python 语言的跨平台。

Bug 和 Debug

代码中的错误被称为 Bug，找到并修改代码中的错误也就被称为 Debug，中文也称为代码调试。并不是所有的代码在运行时都会抛出异常（报错），有些代码可以正常运行，但计算结果错误；有些代码要正确运行需要有一定的条件，后续章节中将进行介绍。Debug 是一个普通但又有很强挑战性的工作。

对于前文所示的运行脚本，本质上是解释器首先**逐行执行语言语句**，执行过程为：

```
>>> a = -2
>>> b = 24
>>> c = -60
>>> x = 1
>>> y = a*x**2 + b*x + c
>>> print(y)
-38
```

然后在 Shell 中访问变量的值：

```
>>> a
-2
>>> x
1
```

或者将变量组成表达式：

```
>>> y*a*c*0.1
-456.0
```

交互式地访问变量的值可以不使用 print 语句，而在运行脚本时观察变量值的变化，可以使用 print 语句，所以 print 语句常用于程序调试。

📖 延伸阅读：整数和浮点数

Python 自带的数据类型**数字**（Numbers）有两种类型，即整数和浮点数，分别用于描述数学中的整数和小数。前面例子中的 1、-2 为整数，-456.0 为浮点数。在数学中，1 和 1.0 可以认为没有区别，但在计算机语言中，1 和 1.0 却是两种不同的数据类型，二者的值域、占用的内存空间都不同。可以通过 typc() 函数获取数据类型，调用 sys 模块中的 getsizeof() 函数查看占用的空间大小。在 Shell 中输入如下语句：

```
>>> a = 2
>>> b = 2.0
>>> type(a)
>>> type(b)
<class 'int'>
>>> import sys <class 'float'>
>>> sys.getsizeof(a)                      #单位字节
28
>>> sys.getsizeof(b)
24
```

不难发现，a 和 b 的类型并不一样，分别为 class（类）int 和 class float。更多关于 class 的知识请关注后续内容。

整数和浮点数可以通过 int() 和 float() 函数进行类型转换：

```
>>> int(12.0)
12
>>> float(12)
12.0
```

整数和浮点数算术运算，规则如下：

- 整数与整数的运算结果是整数；
- 浮点数和浮点数的运算结果是浮点数；
- 整数和浮点数的运算结果是浮点数。

😀注意：多条语句写在同一行时需要用分号（;）隔开，但这种写法并不方便阅读。

```
>>> 1 + 1;1*1
2
1
>>> 1.2*1.2;1.1 + 1
1.44
2.1
```

4．变量的命名规则

Python 中的变量名可以由**字母**、**下划线**和**数字**组成，但不能以**数字开头**，不能和**关键字**重名，且大小写敏感，即 X 和 x 是不同的变量。

在 Shell 中输入如下命令可以访问当前版本中的常见**关键词**：

```
>>> help("keywords")
Here is a list of the Python keywords.  Enter any keyword to get more help.
False           def             if              raise
None            del             import          return
True            elif            in              try
and             else            is              while
as              except          lambda          with
assert          finally         nonlocal        yield
break           for             not
class           from            or
continue        global          pass
```

关键词就是已经被 Python 使用过的名字。暂时可以不用理会这些关键词的具体意义，在后续的章节中将会介绍到。

🔔注意：help()和前面的 print()与 type()都是函数。

描述性的**变量名**能增强代码的可读性，如下面将 parabola2.py 文件中的变量名进行更改，计算结果不变。

```
coeffiect_a = -2
coeffiect_b = 20
coeffiect_c = -60
CoordinateX = -2
CoordinateY = coeffiect_a*CoordinateX**2 + \
            + coeffiect_b*CoordinateX + coeffiect_c
print(CoordinateY)
```

以上的变量名对每一个变量都进行了描述，但似乎并没有让代码可读性更强，而且可以说变得更差了，还增加了编写程序时输入代码的工作量，当然对于提供代码补齐功能的编辑器而言这都不是问题（IDLE 通过 "ALT+/" 组合键实现代码补齐功能）。究其原因，是因为我们对抛物线公式非常熟悉，能深刻理解每一个符号的意义，让变量和数学公式符号对应更符合我们的思维习惯。

以上给变量 y 赋值的语句中，为了不让语句过长而牺牲代码的美观性和可读性，可以采用 "\" 实现续行，其作用为解释器会将两行代码当作一条完整的语句执行，而并不会当作两条语句。

【**实例 1.3**】 求半径为 3cm 铁球的质量。

铁球的质量等于密度与体积的乘积，公式如下：

$$m = \rho V = \frac{4}{3}\rho\pi r^3 \tag{1.3}$$

由于密度符号 ρ 并不常见，可以将其命名为 density 更便于理解；圆周率 π 没有对应的字母描述，可以取其发音 pi；其他符号都很熟悉，所以保持不变。

```
>>> density = 7.8              #密度
>>> pi = 3.14                  #π
>>> r = 3                      #半径
>>> v = 4/3*pi*r**3            #体积
>>> m = density*v              #质量
>>> m
881.7119999999999
```

综上所述，在选择变量名时，笔者的建议是，如果公式中的符号意义便于理解且容易表达，则将变量名与公式符号对应，否则可根据符号的英文发音或其英文名称进行命名。同时，笔者推荐变量命名全部小写，独立的单词之间用下划线隔开，比如 my_name、little_potato 等。

📖 延伸阅读：计算机程序严格的句法

语句是计算机程序的最小执行单元，每一条语句都要严格按照计算机程序的句法规则执行，拼写错误、逻辑错误等会导致程序中断。试将下面的语句写进文件 syntax.py：

```
var = 10
prinnt(Var)
y = var + b
b = 23
```

该段程序中的错误有 3 处：

- prinnt 拼写错误，应为 print，解释器找不到未定义的 prinnt；
- Python 对大小写敏感，Var 和 var 是不同的变量，解释器找不到未定义的 Var；
- 变量 b 定义在使用之后，由于程序逐行执行，运行到第 3 行时，解释器找不到未定义的 b。

虽然有 3 处错误，但解释器在执行时每次只会提示一个错误，这是因为程序在遇到错误时会自动中断。以上段程序为例，在执行第 2 句时，prinnt 拼写错误，则程序终止并提示 prinnt 未定义。

```
Traceback (most recent call last):
  File "D:\工作\Python 科学计算基础\程序\chapter1\syntax.py", line 2, in
<module>
    prinnt(Var)
NameError: name 'prinnt' is not defined
```

将 print 修改正确后，后面的错误会陆续被提示。通过反复提示和修改，最终将得到如下正确的程序：

```
var = 10
print(var)
b = 23
y = var + b
```

很多 IDE 都提供了代码编写检查功能，以上错误在程序编辑时会自动提示。虽然 IDLE 并没有这项功能，但作者仍然采用 IDLE 来进行教学的原因是，作为一个初学者，过度依赖编辑器的强大功能无疑会弱化编程能力，降低学习效果。假如一个程序员能使用最简单的编辑器编写正确的程序，那么他再使用功能更强大的编辑器也是信手拈来。因此笔者的建议是，新手不要贪图简单、上手容易就使用 Anaconda 或 Pycharm 等 IDE，而通过辅助功能简单的 IDLE "锤炼" 后，再去使用这些功能强大（可偷懒）的 IDE。

1.2.3　注释

除了变量的命名更规范外，给代码添加**注释**（Comments）是增加程序可读性的另一个办法。Python 中常用的注释方法有两种，分别为单行注释和多行注释。

1．单行注释

单行注释以 "#" 开头，对于实例 1.2 脚本文件 parabola2.py 中的程序，给出如下的解释性注释：

```
#计算抛物线公式的程序
a = -2                          #系数 a
b = 20                          #系数 b
c = -60                         #系数 c

x = -2                          #横坐标 x
y = a*x**2 + b*x + c            #横坐标 x 对应的纵坐标 y
print(y)                        #打印纵坐标 y
```

该程序的运行结果与未注释的程序的运行结果完全相同，但可读性更好。#符号的作用是本行#后的内容将被忽略，所以可以在语句的后面添加#符号进行注释，也可以另起一行独立添加注释。

2．多行注释

要实现一个**多行注释**可以有两种方法，第一种方法是在注释的每一行前面加上#，例如：

```
#这是一个 Python 注释
#它可以增强代码的可读性
#程序员应该多写注释
a = 2
……
```

第二种方法是使用 3 个成对的单引号或双引号将注释包裹在其中，例如：

```
'''
这是一个 Python 注释
它可以增强代码的可读性
```

```
程序员应该多写注释
'''
a = 2
......
```

或者：

```
"""
这是一个 Python 注释
它可以增强代码的可读性
程序员应该多写注释
"""
a = 2
......
```

在 IDLE 中，ALT+3 和 ALT+4 是快速注释和取消注释的快捷键。

赏心悦目的注释也是需要大量实践的，例如：注释过的变量、语句不再重复注释；对于在数学公式中未曾出现的变量予以解释性注释等。

【实例 1.4】 描述物体垂直上抛运动。

新建一个模块文件 comment.py，并在其中写入：

```
"""
这是一段描述垂直上抛运动的程序。
变量介绍:
    g  ---> 浮点数类型，重力加速度，单位 m/s^2
    v0 --> 浮点数类型，物体上抛时的初始速度，m/s
    t  ---> 浮点数类型，时间，单位 s
    y  ---> 浮点数类型，t 时刻物体的高度，单位 m
输入: g,v0,t
输出: y
"""
g = 9.8
v0 = 30
t = 2
y = v0*t - 0.5*g*t**2
print(y)
```

上段程序描述垂直上抛运动，并给出了一个比较直观的多行注释。注释也可以用于代码调试，比如代码描述一个非常复杂的逻辑时，程序可以正常运行，但计算结果错误，可以将程序按逻辑先后顺序分为多个单元，然后按单元逐一执行程序，执行前面的单元时可注释掉后面的单元，待执行的单元要执行时取消其注释即可。

1.2.4 格式化输出

前文实例的输出语句中，通过 print()函数仅在屏幕上打印出了变量值，但缺乏描述。为了让程序变得更易懂，例如在屏幕上打印出如下结果：

```
当横坐标 x=1 时，对应的纵坐标 y=-38。
```

可以通过修改 parabola2.py 文件的 print(y)语句实现：

```
print("当横坐标 x=%d 时,对应的纵坐标 y=%d."%(x,y))
```

以上语句如何工作？首先了解一个概念——**函数**（Function）。前文中的 print、help 和 type 语句本质上是对函数的调用。函数有三要素：**函数名、括号及括号内的参数**，例如：

```
>>> print("我喜欢 Python 科学计算")
我喜欢 Python 科学计算
```

print 为**函数名**，字符串"我喜欢 Python 科学计算"是**参数**，参数在括号内，括号必须成对出现。更多关于函数的细节，请关注 1.3 节。本书中在函数后面加上()以示与变量的区别。

到目前为止，我们接触了 Python 中的两种数据类型，即整数型（int）和浮点数型（float）。这里介绍第三种数据类型，以成对**单引号、双引号**和**三引号**（都是半角字符）包裹的数据类型被称为**字符串**（str），用以描述符号和文字等，可以通过 type()函数查看数据类型：

```
>>> type("我喜欢 Python 科学计算")
<class 'str'>
```

print()函数不仅可以单独打印出数字和字符串，也可以同时打印出多种不同的类型，只是参数间需要用**逗号**（,）隔开：

```
>>> print("I love Python",20)
I love Python 20
```

前面的两个字符串"我喜欢 Python 科学计算"和 I love Python 中都没有变量，如果想要让字符串中带有变量输出，可以通过字符串**格式化输出**来实现，即在变量位置使用**占位符**，例如：

```
>>> a = 1
>>> print("带两个小数点的浮点数%0.2f"%a)
带两个小数点的浮点数 1.00
>>> print("输出整数%d"%10.2)
输出整数 10
```

此处的**占位符**由百分号（%）和一个英文字母组成，字符串末尾紧跟百分号（%）和变量或值（统称为**对象**，详见 1.2.5 小节），该结构组成一个字符串，作为 print()函数的参数。百分号（%）后的英文字母表示要输出对象的**格式**，如 f 表示输出浮点数，f 前的 0.2 表示两位有效数字，d 表示输出十进制整数。当对象的类型与占位符输出类型不一致时，解释器会自动执行类型转换，例如在上例中，整数 1 的输出为浮点数 1.00，浮点数 10.2 的输出为整数 10。更多的占位符说明可参考表 1.1。

上面的例子只有一个占位符，当有多个对象需要在一个字符串中格式化输出时，可以在相应的位置放上占位符，字符串后紧跟百分号、括号及括号中的对象，对象之间用逗号（,）隔开。比如：

```
>>> print("我是%s,我今年%d 岁"%("老裴",34))  #%s 代表输出格式为字符串
我是老裴,我今年 34 岁
```

```
>>> name = "Python"
>>> print("我是%s,我今年%d 岁,我喜欢%s"%("老裴",34,name))
我是老裴,我今年 34 岁,我喜欢 Python
>>> print("我是%d,我今年%s 岁"%(34,"老裴"))
我是 34,我今年老裴岁
```

不难发现，占位符顺序应与括号内的对象顺序保持一致。

表 1.1　百分号（%）用法常见占位符

符　　号	描　　述	实例(a=543,b=23.435,c=-3.342,name="Guido")
%d	整数	`>>> print("%s 's lucky number %d"%(name,c))`
%s	字符串	`Guido 's lucky number -3`
%o	八进制数	`>>> print('%o'%a)` `1037`
%x	十六进制数	`>>> print('%x'%a)` `21f`
%X	十六进制数（字母大写）	`>>> print('%X'%a)` `21F`
%f	浮点数	`>>> print('%0.3f'%b)#取三位小数` `23.435`
%e	科学计数法	`>>> print('%0.3e'%b)` `2.343e+01`
%E	科学计数法	`>>> print('%0.4E'%b)` `2.3435E+01`
%g	同时满足%f和%e	`>>> print('%0.4g'%b)` `23.43`
%G	同时满足%f和%E	`>>> print('%0.1G'%b)` `2E+01`

格式化输出的优点在于，字符串的输出内容会随着对象的变化而变化。

1.2.5　初识对象和类

1．对象（Objects）

上一节中，将整数 34、浮点数 1.0、字符串"老裴"等统称为对象。很多初学者也常听到这样的话：Python 中的一切皆对象。那么什么是对象呢？先看下面的赋值语句：

```
a = 3
```

Python 解释器分三步来执行该赋值语句：

（1）创建变量 a。

（2）创建一个**整数对象**（int object），该对象的值为 3。创建一个对象可以理解为计算机在内存空间中分配一块区域用于存储该对象。

（3）建立变量与整数对象之间的对应关系，该种关系在 Python 中也叫**引用**（Reference），变量指向对象，这类似于其他语言中的指针。

对象有**3个特性**，标识符、类型和值。在 CPython 中标识符为对象的内存地址，通过调用内置函数 id()获取：

```
>>> a = 3
>>> id(a)
1379691600
```

对象的类型通过调用 type()函数获取：

```
>>> type(a)
<class 'int'>
```

对象的类型用于判断对象之间的运算，对象的值通过变量访问：

```
>>> a
3
```

因此前文所说的**变量值**实际上是一个**对象**，与**对象值**是不同的概念，但将对象代入表达式运算时会调用对象值。**变量**是一种特殊的存在，变量没有类型，也不存储值，而只存储对象的内存地址，如图 1.8 所示。访问变量时，首先根据内存地址来找到内存位置，然后访问内存中的对象。

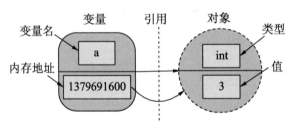

图 1.8　变量与对象的关系

重新给变量赋值，变量将与新的对象建立引用，例如：

```
>>> a = "Python"
>>> id(a)
2595166640816
```

可以看到，变量 a 指向的内存地址由 1379691600（该地址存储整数对象 3）变为了 2595166 640816（该地址存储字符串对象 "Python"）。

总结解释器执行下面语句的过程。

```
a = 3
a = "Python"
```

变量 a 仅仅扮演了对象名的角色，对于赋值语句 a = 3，解释器意识到语句等号右边是一个整数，于是会创建一个整数对象（int object），其值为 3，然后让变量 a 作为该整数对象的名字；对于第二条语句也是同样的过程，当解释器意识到语句等号右边是一个字符串时，会创建一个值为"Python"的字符串对象（str object），然后将变量 a 作为该字符串对象的名字，也就是建立了变量 a 到字符串对象 Python 的引用。

对象可以同时被多个**变量**引用，例如：

```
>>> a = 3
>>> b = a
>>> id(a)
1379691600
>>> id(b)
1379691600
```

变量 a 和 b 的内存地址相同，解释器在执行赋值语句 b=a 时并没有创建一个新整数对象，而是建立了 b 与整数对象 3 的引用，b 可以看作是对象 3 的另外一个名字。继续在 Shell 中输入：

```
>>> c = 3
>>> d = 4
>>> id(c)
1379691600
>>> id(d)
1379691632
```

变量 c 也是整数对象 3 的别名，此时有 3 个变量同时引用了同一个对象。继续在 Shell 中输入：

```
>>> a = 4
>>> id(a)
1379691632
```

此时变量 a 和 d 引用整数对象 4，变量 b 和 c 引用整数对象 3。上述过程中的变量与对象的引用如图 1.9 所示。

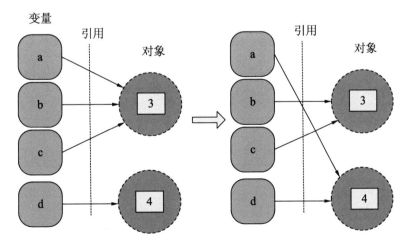

图 1.9　引用的变化

2．类（Class）

如果将 Python 看成另一个世界，那么 Python 中的对象就好比是人类世界中存在的实实在在的物件，例如将一个整数类比成一个苹果，或将一个浮点数类比成一台计算机等，各种各样的对象组成 Python 程序世界。

类的作用是将实实在在的物件抽象并归类，让世界变得更有序。例如，现实世界中有人说"我喜欢吃苹果"和"我想吃放在客厅茶几上的苹果"，前者是指一种水果名称，后者是一个具体实物，前者是对现实世界中满足相同特征事物的统称，后者是组成世界的实体。相应地，在 Python 世界里，相同的数据类型被归为同一类，比如整数类、浮点数类、字符串类等，类本身不组成 Python 世界，因为它只是对象的名称，而组成世界的是对象，如 2、3.0、Python 等。类就像一张空支票，必须填入具体的值才是对象。调用 type() 函数查看对象的类型，显示结果为 class xxx，表示该对象属于 xxx 类。

```
>>> a = 2
>>> type(a)
<class 'int'>
>>> b = 3.0
>>> type(b)
<class 'float'>
>>> c = "Python"
>>> type(c)
<class 'str'>
```

如果读者觉得对象和类比较抽象，大可不必着急，阅读完第 3 章的内容，再回过头来看相信会有更深刻的理解。

1.2.6　运算符

在前面章节的讲解中，我们仅使用了加法运算（+）、减法运算（−）、乘法运算（*）、幂运算（**）及赋值运算（=）。接下来将介绍更多的运算符，包括算术运算符、赋值运算符、比较运算符和逻辑运算符。

1．算术运算符

算术运算符用于描述数学中的算术运算。Python 中常见的见算术运算符如表 1.2 所示。

表 1.2　常见的算术运算符

运　算　符	描　　述	实　　例

+	两个对象相加	`>>> 1 + 2`
		`3`
		`>>> 1 + 2.    #自动转换对象类型`
		`3.0`

（续）

运　算　符	描　　述	实　　例

-	两个对象相减	`>>> 10 - 5`
		`5`
		`>>> 10. - 5`　　　　#自动转换对象类型
		`5.0`

*	两个对象相乘	`>>> 2*5`
		`10`
		`>>> 2*5.0`　　　　#自动转换对象类型
		`10.0`

/	两个对象相除	`>>> 4/2`　　　　#除法运算自动转换为浮点数
		`2.0`
		`>>> 6.2/2`
		`3.1`

%	模余运算	`>>> 4%3`　　　　#整除余 1
		`1`
		`>>> -3%2`
		`1`

**	幂运算	`>>> 10**2`
		`100`
		`>>> 2.**0.5`　　　　#等同于 $\sqrt{2}$
		`1.4142135623730951`

//	整除运算	`>>> 45//2`　　　　#向下取整
		`22`
		`>>> -45//2`
		`-23`
		`>>> 45.//2`
		`22.0`

📖 **延伸阅读：Python 2 与 Python 3 的除法比较**

在 Python 2 中，如果没有特别的说明，整数的除法运算都是整除，即

```
>>> 1/2                    #输出对象类型不发生转换
0
>>> 1./2                   #输出对象与浮点数对象一致
0.5
```

在 Python 3 中，取消了这样的运算机制，所有的除法都是真除。

2. 赋值运算符

赋值运算是程序中特有的一种运算，实现变量与对象之间的引用建立。Python 中的常见赋值运算符如表 1.3 所示。

表 1.3　Python中常见的赋值运算符

运　算　符	描　　述	实　　　例

=	赋值运算符	```>>> a = 4```
		```>>> a = a**2 + 1```
		```>>> a```
		```17```

+=	加法赋值运算符	```>>> a = 4```
		```>>> a += 4 #等同于a = a + 4```
		```>>> a```
		```8```

−=	减法赋值运算符	```>>> a = 4```
		```>>> a -= 1 #等同于a = a - 1```
		```>>> a```
		```3```

*=	乘法赋值运算符	```>>> a = 10```
		```>>> a *= 3 #等同于a = a*3```
		```>>> a```
		```30```

/−	除法赋值运算符	```>>> a = 31```
		```>>> a /= 3 #等同于a = a/3```
		```>>> a```
		```10.333333333333334```

%=	模余赋值运算符	```>>> a = 14```
		```>>> a %= 3 #等同于a = a%3```
		```>>> a```
		```2```

**=	幂赋值运算符	```>>> a = 3```
		```>>> a **= 0.5 #等同于a = a**3```
		```>>> a```
		```1.7320508075688772```

//=	整除赋值运算符	```>>> a = 23```
		```>>> a //= 3 #等同于a = a//3```
		```>>> a```
		```7```

📖 延伸阅读：Python 中的多重赋值

Python 中提供了多重赋值的功能，让代码更简洁、优雅，或者说更 Pythonic。例如下面的赋值语句：

```
a = 1
b = 2
```

可以用一条语句实现：

```
a,b = 1,2
```

还可以通过下面的语句快速实现引用的交换：

```
a,b = b,a
```

【实例 1.5】　计算平面直角坐标系中的距离。

（1）点(2, 6)到点(5, 9)的距离。

（2）点(4, 3)到直线 $3x+2y+5=0$ 的距离。

（3）平行直线 $5x+2y+1=0$ 与 $5x+2y+4=0$ 之间的距离。

上面的 3 个问题涉及点到点的距离计算公式、点到直线的距离计算公式，以及平行线之间的距离计算公式。

点到点的距离计算公式：已知两点坐标分别为 $P_1(x_1, y_1)$, $P_2(x_2, y_2)$，则有

$$d = \left| P_1 P_2 \right| = \sqrt{(x_1 - x_2)^2 + (y_1 - y_2)^2}$$

点到直线的距离计算公式：已知点的坐标 $P_0(x_0, y_0)$ 和直线 $l{:}Ax+By+C=0$，则有

$$d = \frac{\left| A x_0 + B y_0 + C \right|}{\sqrt{A^2 + B^2}}$$

平行直线间的距离计算公式：已知平行直线 $l_1{:}Ax+By+C_1=0$ 和 $l_2{:}Ax+By+C_2=0$，则有

$$d = \frac{\left| C_1 - C_2 \right|}{\sqrt{A^2 + B^2}}$$

以上 3 个公式中，需要进行绝对值和开平方运算，开平方可以用幂运算，绝对值运算需要调用内置函数 abs()。将点的坐标与直线的系数定义为变量，新建一个 distance.py 文件，并在其中输入：

```
#点到点的距离计算
x1,y1 = 2,6
x2,y2 = 5,9
d1 = ((x1-x2)**2 + (y1-y2)**2)**0.5
print("点(%.2f,%.2f)到点(%.2f,%.2f)的距离为%.2f"%(x1,y1,x2,y2,d1))

#点到直线的距离计算
x0,y0 = 4,3
A,B,C = 3,2,5
d2 = abs(A*x0 + B*y0 + C)/(A**2 + B**2)**0.5
print("点(%0.2f,%0.2f)到直线%dx+%dy+%d=0 的距离为%.2f"%(x0,y0,A,B,C,d2))

#平行直线之间的距离计算
A1,B1 = 5,2
C1,C2 = 1,4
d3 = abs(C1-C2)/(A1**2 + B1**2)**0.5
s = "平行直线%dx+%dy+%d=0 到%dx+%dy+%d=0 的距离为%.2f"%(A1,B1,C1,A1,B1,C2,d3)
print(s)
```

程序运行结果：

```
点(2.00,6.00)到点(5.00,9.00)的距离为 4.24
点(4.00,3.00)到直线 3x+2y+5=0 的距离为 6.38
平行直线 5x+2y+1=0 到 5x+2y+4=0 的距离为 0.56
```

总结前面的知识不难发现，用计算机描述公式必须给公式中的符号赋予初始值，即创建各种对象，例如给定具体的点坐标或直线系数，因为程序世界是由对象组成的。

3．比较运算符

比较运算符用于描述数学中的比较运算。Python 中的比较运算返回一种新的数据类型——**布尔（bool）类型**。bool 类型只取两个值，即 True 或 False，代表运算结果是真或假，本质上是 1 和 0。常见的比较运算符如表 1.4 所示。

表 1.4　Python中常见的比较运算符

运　算　符	描　　述	实　　例

==	比较对象是否相等	>>> a,b = 2,3　　　　#多重赋值
		>>> a == b　　　　#a 和 b 不相等，返回假
		False

!=	比较对象是否不相等	>>> a != b True

>	左边是否比右边大	>>> a,b = 2,2.
		>>> a > b
		False

>=	左边是否大于或等于右边	>>> a >= b True

<	左边是否小于右边	>>> a,b = 2,2.
		>>> a < b
		False

<=	左边是否小于或等于右边	>>> a <= b True

比较运算返回的是 bool 对象，例如：

```
>>> a = 1 == 2          #将对象 1 与 2 进行比较运算的结果赋予变量 a
>>> a
False
>>> type(a)
<class 'bool'>
>>> b = 2 > 3          #将对象 2 与 3 进行比较运算的结果赋予变量 b
>>> type(b)
<class 'bool'>
```

无论是算术运算还是比较运算，对象本身首先要支持该类运算，否则解释器将无法执行。比如整数对象与字符串对象执行算术运算和比较运算将会失效。举例如下：

```
>>> 1 + "12"
Traceback (most recent call last):
  File "<pyshell#37>", line 1, in <module>
    1 + "12"
TypeError: unsupported operand type(s) for +: 'int' and 'str'
>>> 1 < "12"
Traceback (most recent call last):
  File "<pyshell#38>", line 1, in <module>
    1 < "12"
TypeError: '<' not supported between instances of 'int' and 'str
```

📖 **延伸阅读：Python 中运算符的书写规则**

为了让代码看起来更流畅、美观，增加可读性，一般在=、+和-运算符的前后加空格，而/、%、**及//运算符的前后不加空格。例如：

```
y = a*x**2 + b*x + c
f = f/a + c**2 - d//2
```

【实例1.6】 a 和 b 均为正数，举例说明以下不等式的正确性。

$$\frac{2ab}{a+b} \leqslant \sqrt{ab} \leqslant \frac{a+b}{2} \leqslant \frac{a^2+b^2}{2}$$

在 Shell 中举例证明如下：

```
>>> a,b = 2,1
>>> expr1 = 2*a*b/(a + b)
>>> expr2 = (a*b)**0.5
>>> expr3 = (a + b)/2
>>> expr4 = (a**2 + b**2)/2
>>> expr1 <= expr2
True
>>> expr2 <= expr3
True
>>> expr3 <= expr4
True
>>> flag = expr1 <= expr2 <= expr3 <= expr4    #将比较运算的结果值赋给变量flag
>>> flag
True
```

总结前文的实例不难发现，因为程序世界由对象组成，所以计算机程序擅长的是实证，而不是抽象的数学证明。

4．逻辑运算符

逻辑运算是一种用数学方法研究逻辑问题的运算，也称为 bool 运算。Python 中常见的逻辑运算如表 1.5 所示。

表 1.5　Python中常见的逻辑运算

操　作	描　述	实　例

x and y	如果x为False，则返回x，否则返回y	```
		>>> a = 1 == 2
		>>> a
		False
		>>> b = 2
		>>> a and b #a 为 False，返回 a
		False
		>>> a = 2>1
		>>> a
		True
		>>> a and b #a 为 True，返回 b
		2
		``

x or y	如果x为False，则返回y，否则返回x	```
		>>> 2 > 1 or (2 and 3) #2>1 为 True
		True
		>>> 2 > 3 or (2 or 3) #2>3 为 False
		2
		``

not x	如果x为非0非False，则返回False，否则返回True	```
		>>> not(1>2)
		True
		>>> not 2
		False
		>>> not 0
		True
		``

【实例 1.7】　任意给定一个年份，判断是否属于闰年。

闰年包括普通闰年和世纪闰年，前者是 4 的倍数且不是 100 的倍数，后者是 400 的倍数。判断某年是否是闰年需观察其是否能被 4、100 或 400 整除。以 2004 为例：

```
>>> year = 2004
>>> flag1 = year%4
>>> flag2 = year%100
>>> flag3 = year%400
>>> flag1,flag2,flag3
(0, 4, 4)
```

下面实现逻辑运算，即能被 4 整除且不能被 100 整除，或能被 400 整除：

```
>>> flag = (flag1 == 0 and flag2 !=0) or (flag3 == 0)
>>> flag
True
```

反过来，如果不是闰年，即不能被 4 整除，或能被 4 整除也能被 100 整除但不能被 400 整除：

```
>>> flag = not(flag1 !=0 or (flag1==0 and flag2==0) and flag3 !=0)
>>> flag
True
```

反过来分析较之直接判断要稍显复杂。

以上就是对 Python 中常见运算符的介绍，后续的章节中还会详细介绍这些运算符的使用。

根据前文中对**表达式**的定义可知，表达式不仅可以用于描述数学公式，也可以用于描述不等式和逻辑关系。更多的表达式形式包括赋值运算表达式、比较运算表达式和逻辑运算表达式等。

5. 运算优先级

通过前面的实例可以发现，Python 中运算符的优先级和与数学中的运算优先级一致，**（幂运算）最高，其他算术运算次之，比较运算紧随其后，赋值运算最低，如表 1.6 所示。当然，为了提高优先级，可采用括号。对于复杂的计算公式，为了让代码的可读性更强，在编写代码时多使用括号是明智的做法。

表 1.6　Python中运算符的优先级

运　算　符	实　　　例
**	>>> a = 2
*, /, %, //	>>> b = 3/5 + 3*a**4/2
+, −	>>> b
	24.6
<=, <, >, >=	>>> b = 3/(5+3)*a**(4/2)　　　#通过括号改变优先级
==, !=	>>> b
%=, /=	1.5
//=, −=	>>> b = 3/(5+3)*a**(4/2) > 2　#比较运算优先级更低
+=, *=	>>> b
**=	False

科学计算中会频繁使用一些特殊函数和常数，如对数函数、平方根函数，圆周率和自然常数等。如何在 Python 中快捷地使用这些函数和常数呢？接下来的章节将具体介绍。

1.3　煮蛋公式

在煮鸡蛋时，鸡蛋的蛋白质会随着温度的升高发生变性并凝固，蛋白在温度超过 63℃ 时开始凝固，而蛋黄在超过 70℃ 时开始凝固。也就是说，如果想要将蛋煮得"软"一点，蛋白的温度可以超过 63℃，但蛋黄的温度不应该超过 70℃。如果想要将蛋煮得"硬"一些，可以让蛋黄的温度接近 70℃。以下是 Charles D. H. Williams 给出的煮蛋公式：

$$t = \frac{M^{2/3}c\rho^{1/3}}{K\pi^2\left(\frac{4\pi}{3}\right)^{2/3}}\ln(0.76\frac{T_0-T_w}{T_y-T_w}) \tag{1.4}$$

式中：t 为煮蛋所需的时间；

　　M、ρ 分别为鸡蛋的质量和密度，一般取值 $\rho=1.038\text{gcm}^{-3}$；

　　c、K 分别为鸡蛋的比热容和导热系数，$c=3.7\text{Jg}^{-1}K^{-1}$，$K=5.4\times10^{-3}Wcm^{-1}K^{-1}$；

　　T_0、T_w、T_y 分别为鸡蛋入水前的温度、开水的温度及蛋黄的温度。

一般认为，将开水温度和蛋黄温度分别设置为 $T_w=100℃$、$T_y=70℃$ 是烹煮出完美鸡蛋的参数。图 1.10 给出了一个常温小鸡蛋（$M=47\text{g}$、$T_0=20℃$）和一个刚从冰箱里拿出来的大鸡蛋（$M=67\text{g}$、$T_0=4℃$）在开水中（$T_w=100℃$）烹煮时，蛋黄温度从 $50℃\sim70℃$ 所需要的时间对比。显然，鸡蛋越大，初始温度越低，则需要烹煮的时间越长。

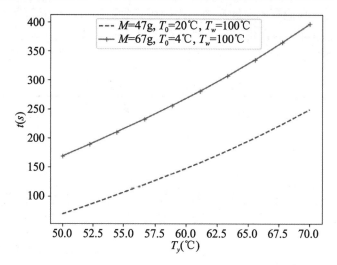

图 1.10　煮蛋时间对比

下面将结合煮蛋公式介绍更多的 Python 基础知识。

1.3.1　库与模块

【**实例 1.8**】　计算 $\ln(e+\pi)$ 的值。

1．标准库

煮蛋公式（1.4）需要进行对数运算，而且对于实例 1.8 中出现的自然常数 e 和圆周率 π，Python 提供了**标准库** math 可以满足计算要求。在计算机科学中，**库**（Library）是用于开发软件的子程序集合，打包好的库可以方便用户使用，从而更高效地编程。每个库都有其特殊的功能。

Python 中的**库**可以是一个**模块**（Module，单个 Python 文件也被称为模块，文件名也称为**模块名**，后续行文中的**模块**所指的就是单个 Python 文件），也可以是多个模块按照特定的逻辑组成的**包**（Package），库一般是从**功能角度**对 Python 文件进行描述，比如 math

是一个数学库。**标准库**是指 Python 官方认可并植入 Python 程序的库，用户从官网下载并成功安装 Python 后，不需要安装任何其他程序文件就能直接使用这些库。与之对应的，如果库需要用户自己安装，则被称为**第三方库**，如著名的 NumPy 库。本书在第 3 章中将介绍如何创建属于自己的 Python 库。

2. 导入模块

要使用库，则需要从构成库的模块文件中导入公共对象到当前模块。Python 中导入模块主要有两种方式，第一种为 import module_name。对于实例 1.8，新建一个模块文件 my_log.py，在其中输入如下语句：

```
import math                        #可以认为 math 库由一个 math 模块组成
a = math.log(math.e + math.pi)
print("ln(e+pi)的值为%f"%a)
```

运行该模块，输出结果为：

```
ln(e+pi)的值为1.768128
```

math 为模块名，使用语句 import math 后，math 模块中的所有公共对象将会被加载到内存中，于是在当前模块中就能调用定义在 math 模块中的所有公共对象，包括变量和函数等。但在调用时需要以**模块名**为前缀，后接小数点及对象名。小数点也是一种运算符，称为**取成员运算符**。接着上例在 Shell 中访问自然对数、圆周率和对数函数：

```
>>> math.e
2.718281828459045
>>> math.pi
3.141592653589793 log
>>> math.log                        #log 是一个函数
<built-in function log>
```

由于读者看不到 math 模块中的具体内容，可能会感觉有一些抽象。可以在与 my_log 模块**相同的目录**下创建新模块文件 my_import.py，并在其中输入如下语句：

```
import my_log                        #导入 my_log 模块
b = my_log.a                         #给 my_log 模块中的变量 a 重命名，建立新的引用
print("ln(e+pi)的值为%f"%b)
```

运行该模块，输出结果为：

```
ln(e+pi)的值为1.768128                #来自 mlog 模块
ln(e+pi)的值为1.768128
```

可以看到，import my_log 语句将 my_log 模块中的内容全部导入到当前模块 my_import 中，包括 print 语句。在 Shell 中调用 help()函数可以查看 my_log 模块的相关信息，继续输入：

```
>>> help(my_log)
Help on module my_log:
NAME
```

```
    my_log                        #模块名
DATA                              #数据
    a = 1.768128183913931         #浮点数对象
FILE                              #模块所在路径
    d:\工作\python 科学计算基础\程序\chapter 1\mlog.py
```

同样，在 Shell 中也可以查看 math 模块的信息：

```
>>> import math
>>> help(math)
```

屏幕上将会打印出很多字符串内容，这里不再列出。

第一种导入模块的方式在调用模块中的内容时必须以模块名作为前缀，如 math.log()。为了更贴近数学公式的写法，可以采用第二种方式，即 from module_name import names 方式，在 Shell 中计算实例 1.8：

```
>>> from math import log,pi,e
>>> b = log(pi+e)
>>> b
1.768128183913931
```

如果需要导入模块中的所有公共对象，可以使用以下语句：

```
from math import *
```

前面已经讲过，Python 中的一切都是对象，而变量引用对象，所以新的变量也可以引用模块中的对象。当一个对象被多个变量引用时，也可以认为是对该对象进行了**重命名**，例如：

```
>>> import math as m          #将 math 重命名为 m
>>> m.sin(m.pi)               #调用 sin()函数求 pi 的正弦
1.2246467991473532e-16
>>> s = m.sin                 #正弦函数重命名
>>> c = m.cos                 #余弦函数重命名
>>> pi = m.pi
>>> s(pi)                     #pi 的正弦
1.2246467991473532e-16
>>> c(pi)                     #截断误差
-1.0                          #pi 的余弦
```

📖 **延伸阅读：import 搜索模块路径**

当程序在执行 import module_name 或 from module_name import names 时，会从如下路径中搜索模块 module_name，如果搜索不到，则会提示错误。

- 当前程序路径：比如 my_import 模块中的 import my_log 语句，程序执行时将在 my_import 所在目录下搜索 my_log 模块。
- PYTHONPATH 环境变量设置的路径：可以通过 sys 模块查看 PYPTHONPATH 环境变量。例如：

```
>>> import sys
>>> sys.path
```

如果在当前模块中添加某个路径的话，可以用如下语句实现：

```
import sys
sys.path.append("引用模块的路径")
```

还可以打开 Windows 命令窗口（开始 | 运行 | CMD）设置 PYPATHPATH，命令如下：

```
set PYTHONPATH=E:/Project/Python/ModuleAndPackage/
```

其中，E:/Project/Python/ModuleAndPackage/ 是添加的路径，添加完成后该路径中的模块就可以直接导入。

- 标准库的路径：自动在标准库路径中搜索。

通过对上述内容的学习不难发现，Python 中使用库实际上是使用写在构成库的模块文件中的内容，包括变量、函数和类等，使用 import 语句进行导入。

3. 第三方库

需要用户自定义安装的库被称为**第三方库**（Third-Party Libraries）。庞大的社区和高素质的用户群体作为支持，使 Python 有海量的第三方库可用。被上传至 https://pypi.org/ 的库都支持 pip 快速安装，在 Windows 命令窗口中输入：

```
pip install numpy
```

即可安装 Python 著名的第三方库 NumPy。当然，利用 pip 安装库需要读者的计算机已联网。

当安装好第三方库后，就可以直接调用库中的对象。例如，使用 NumPy 计算实例 1.8，程序代码如下：

```
>>> import numpy as np
>>> np.log(np.e + np.pi)
1.768128183913931
>>> from numpy import e,pi,log
>>> log(pi + e)
1.768128183913931
```

NumPy 库的更多功能将在第 4 章中进行介绍。

1.3.2　函数

数学中的函数通用表达式为：

$$y=f(x;a)$$

其中，x、y 均为变量，a 为常量，f 描述的是 $x \rightarrow y$ 的映射关系，即 y 随 x 的变化规律，x 与 y 组成两个集合。

计算机程序中的函数也用来描述变量间的映射关系：可以描述数学中有解析表达式的函数，如绝对值函数 abs()和正弦函数 math.sin()等；还可以描述没有解析表达式的映射关系，如打印输出函数 print()和查看类型函数 type()等。计算机程序中的函数与数学函数中的称谓不同，x 为参数，y 为函数值。在后面的学习中我们将了解到，程序中的函数可以有多个参数，也能返回多个值，其本质是将表达某种逻辑或功能的代码进行封装，以方便程序开发者调用。

接下来将逐步介绍 Python 中的函数，在讲解的过程中请读者将其与数学中的函数进行比较。

1. 内置函数

通过对前面内容的学习，我们对函数的概念已经不再陌生，并且相继接触过 print()、help()、type()、id()、abs()、math.log()和 math.sin()等函数。print()、help()、type()、id()和 abs()也被称为**内置函数**（Built-in Functions），它们在使用时不需要从任何模块中导入，而由 Python 语言开发者预先定义。虽然 math.sin()和 mash.cos()函数的调用需要从 math 库中导入，但是由于 math 是**内置**的标准库，所以这些函数也可以被认为是内置函数，也就是说，标准库中的函数也是内置函数。

math 库中定义了很多数学函数和常数，如表 1.7 所示。

表 1.7　math库中的数学函数

名　　称	描　　述
e	自然参数
pi	圆周率
tau	2倍的圆周率
inf	正无穷，-inf为负无穷
nan	Not a Number，非数字
sin(x)	正弦函数
asin(x)	反正弦函数
sinh(x)	双曲正弦函数
asinh(x)	反双曲正弦函数
cos(x)	余弦函数
acos(x)	反余弦函数
cosh(x)	双曲余弦函数
acosh(x)	反双曲余弦函数
tan(x)	正切函数
atan(x)	反正切函数
tanh(x)	双曲正切函数

（续）

名　　称	描　　述
atanh(x)	反双曲正切函数
atan2(y,x)	y/x的正切值
degrees(x)	将弧度转换为角度
radians(x)	将角度转换为弧度
sqrt(x)	平方根函数，复数不实用
exp(x)	以e为底的指数函数，同e**x
expm1(x)	返回exp(x)-1
ldexp(x,i)	返回x*(2**i)
hypot(x,y)	返回sqrt(x*x+y*y)
gcd(x,y)	返回x和y的最大公约数
gamma(x)	伽玛函数
factorial(x)	阶乘函数x!
modf(x)	返回x的小数和整数部分
fabs(x)	绝对值函数
log(x[,base])	对数函数，base为底，默认为e，即ln(x)
log2(x)	以2为底的对数函数
log10(x)	以10为底的对数函数
log1p(x)	返回ln(1+x)
pow(x,y)	返回x**y
cell(x)	向上取整
floor(x)	向下取整
trunc(x)	向最靠近的整数取整
isclose(a,b)	如果a和b的相对误差小于默认误差限，则返回True，否则返回False。默认误差限为1e-9
isfinite(x)	如果x不为无穷和nan，则返回True，否则返回False。nan表示not a number
isinf(x)	如果x为无穷，则返回True，否则返回False
isnan(x)	如果x为nan，则返回True，否则返回False

注：括号内为函数的参数。

对于表 1.7 中统计的函数和常量，选择性地介绍如下：

```
>>> import math
>>> math.sqrt(2)                    #平方根函数
1.4142135623730951
>>> math.exp(0)                     #以 e 为底的指数函数
1.0
>>> math.fabs(-1)                   #绝对值函数
1.0
```

```
>>> math.ceil(-1.32)              #向上取整函数
-1
>>> math.floor(2.4)               #向下取整函数
2
>>> math.floor(2.6)
```

math 库中未定义四舍五入的函数，但内置在 Python 中的 round()函数可以实现该功能，例如：

```
>>> round(2.4)
2
>>> round(2.6)
3
>>> round(2.676232,3)             #第 2 个参数为有效数字的个数
2.676
```

round(x[,n])函数的第 2 个参数 n 为可选参数，表示取整保留的有效数字位数。在调用函数时可以指定可选参数的值，也可以不指定，如果不指定，则取默认值，详见后续内容：默认值参数。

前面介绍了正弦函数和余弦函数，还有其他三角函数，默认角度均为弧度：

```
>>> a = math.sin(0.4)             #正弦函数
>>> math.asin(a)                  #反正弦函数
0.4
>>> b = math.cos(0.5)
>>> math.acos(b)
0.4999999999999999                #截断误差
>>> math.acos(b) == 0.5
False
>>> a = math.sinh(0.5)            #双曲正弦函数
>>> a
0.5210953054937474
>>> math.asinh(a)                 #反双曲正弦函数
0.5
>>> b = math.cosh(0.5)            #双曲余弦函数
>>> b
1.1276259652063807
>>> math.acosh(b)                 #反双曲余弦函数
0.49999999999999983
>>> c = math.tanh(0.5)            #双曲正切函数
>>> c
0.46211715726000974
>>> math.atanh(0.5)               #反双曲正切函数
0.5493061443340549
>>> math.tan(0.7)                 #正切函数
0.8422883804630794
>>> math.atan(math.tan(0.7))      #反正切函数
0.7
```

除了 math.tan()外，另一个计算反正切的函数是 math.tan2()。二者的区别在于前者只需一个参数，而后者需要两个。举个例子，计算通过点(0,0)和(-1,1)的直线与 x 轴的夹角，代码如下：

```
>>> rad = math.atan((-1-0)/(1-0))
>>> rad                                    #默认角度为弧度
-0.7853981633974483
>>> degree = math.degrees(rad)             #弧度转角度函数
-45.0
>>> math.radians(degree)                   #角度转弧度函数
-0.7853981633974483
```

可以看到，atan()函数的参数为 dy/dx，而 atan2()函数的参数为 dy 和 dx，即：

```
>>> rad = math.atan2(-1-0,1-0)
>>> rad
-0.7853981633974483
```

如果直线与 x 轴垂直，即 dx=0，此时 atan()函数将不再适用，但 atan2()函数可用：

```
>>> math.atan(1/0)
Traceback (most recent call last):
  File "<pyshell#54>", line 1, in <module>
    math.atan(1/0)
ZeroDivisionError: division by zero
>>> rad = math.atan2(1,0)
>>> math.degrees(rad)
90.0
```

math 库中也定义了描述无穷和非数字的常量，例如：

```
>>> a = math.inf
>>> b = math.nan
>>> a
inf
>>> b
Nan
```

还可以进行类型判断：

```
>>> math.isinf(-a)
True
>>> math.isnan(b)
True
>>> math.isinf(1000)
False
>>> math.isnan(1)
False
```

延伸阅读：截断误差

前面在进行三角运算时，出现了如下情形：

```
>>> import math
>>> math.sin(math.pi)                      #精确值为 0
1.2246467991473532e-16
>>> a = math.cos(0.5)
>>> math.acos(a)                           #精确值为 0.5
0.4999999999999999
```

原因为**截断误差**。众所周知，π 是无限循环小数，而 Python 3 中的浮点数默认只有 17 位小数，在取 π 进行计算时，17 位后的小数被截断了，所以会出现很小的误差。由于截断误差的存在，在科学计算时要慎用==运算，可能会让程序出错，例如：

```
>>> 1/49*49 == 1
False
```

对于这样的情形，可以使用 math.isclose()函数：

```
>>> math.isclose(1/49*49,1)
True
```

即二者的误差在一定范围内认为相等，默认相对误差限为 1-e9。

　　与**内置函数**对应的是**自定义函数**，即用户自己通过编写代码实现的函数。当内置函数无法满足用户需求时，允许用户结合自己的需求和专业知识实现复杂的功能或逻辑关系。第三方库中的函数都是自定义函数。

2. 自定义函数

　　【实例 1.9】 利用煮蛋公式（1.4）计算完美烹煮出 10 个不同质量的鸡蛋各自所需要的时间，分鸡蛋从冰箱里刚拿出（T_0=4℃）和常温（T_0=20℃）两种情况讨论。完美煮蛋定义为在开水中（T_w=100℃）烹煮，蛋黄温度达到 T_y=70℃。

　　前文提到，函数是对某种功能或逻辑的封装，它能让代码重复使用。下面将通过求解实例 1.9 来具体感受函数的作用。首先用 1.2 节所学的知识求解，新建模块文件 egg1.py，并在其中输入如下内容：

```
from math import pi,log
M = 47                                    #鸡蛋的质量
T0 = 20                                   #鸡蛋的初始温度
Tw,Ty = 100,70                           #开水的温度和目标蛋黄的温度
density,c,K = 1.038,3.7,5.4e-3           #鸡蛋的密度、比热容和导热系数
t = M**(2/3)*c*density**(1/3)/(K*pi**2*(4*pi/3)**(2/3))*\
    log(0.76*(T0 - Tw)/(Ty - Tw))        #描述公式,\为续行符
print("质量M=%dg,初始温度为%d度的鸡蛋完美烹煮时间为%fs."%(M,T0,t))
```

　　由于煮蛋公式过长，使用了续行符"\"，程序语句可被续行符分割成多行，但只是为了编写的程序更美观，程序被执行时仍当作一条语句。

　　程序运行结果为：

```
质量M=47g,初始温度为20℃的鸡蛋完美烹煮时间为 248.862537s.
```

　　修改变量 M 和 T0 的值可以对不同质量和初始温度的鸡蛋完美烹煮时间进行 t 预测，但是每修改一次，就要重新运行一次程序，10 个不同的鸡蛋需要修改变量并运行 10 次，显然这是一项重复性的工作，而**函数**可以避免这样的重复性工作。新建模块文件 egg2.py，并在其中输入如下内容：

```
def cook_egg(M,T0):
    density,c,K = 1.038,3.7,5.4e-3           #密度、比热容和导热系数
    Tw,Ty = 100,70                           #开水温度和目标蛋黄温度
    t = M**(2/3)*c*density**(1/3)/(K*pi**2*(4*pi/3)**(2/3))*\
```

```
       log(0.76*(T0 - Tw)/(Ty - Tw))              #完美煮蛋时间
    return t
```

运行该模块，然后自 Shell 中调用函数：

```
>>> M = 47
>>> T0 = 20
>>> t = cook_egg(M,T0)
>>> print("质量 M=%dg,初始温度为%d 度的鸡蛋完美烹煮时间为%fs."%(M,T0,t))
质量 M=47g,初始温度为 20 度的鸡蛋完美烹煮时间为 248.862537s.
>>> M = 67          #修改鸡蛋质量和初始温度
>>> T0 = 4
>>> t = cook_egg(M,T0)
>>> t
396.5763425294507
```

通过修改变量 M 和 T0 的值同样可以得到不同条件下的完美煮蛋时间，而且不需要重新运行程序。第二种方式实际上是将煮蛋公式封装成了一个名为 cook_egg 的函数供重复使用，其优点在于提高了代码的重复利用率。例如，在另外一个新问题中需要使用煮蛋公式，则可以直接从 egg2 导入 cook_egg，而不需要重复编程。读者甚至可以将 egg2 模块打包并上传至 https://pypi.org/，那么全世界的 Pythoner 只需在 Windows 命令窗口中输入：

```
pip install egg2
```

即可完成 egg2 模块的安装，然后在自己的计算机上调用其中的 cook_egg()函数进行完美煮蛋时间的计算。当然，egg2 只是一个非常简单的模块，读者还可以结合自己的专业，编写属于自己的库（详见第 3 章中的相关内容），然后将代码共享给全世界的 Pythoner，从而促进学科、行业、社会乃至全人类的进步。Python 的这种便捷共享程序的理念，也是其受到众多程序员追捧的原因之一。

回到函数学习上来，Python 中**自定义函数**（User-Defined Function）的一般格式如下：

```
def 函数名(参数):
    语句
    ......
```

具体遵照如下规则：

- 函数都以 def 关键词开头，后接函数名、括号及括号中的**参数**（Arguments），参数也被称为**输入参数**、**输入**等，后续章节中将多次使用这些称谓。def 关键字与函数名用空格隔开；
- 函数中的内容以冒号（:）开始，并**严格进行缩进**；
- 函数一般以 return [表达式]语句结尾，返回一个值。

需要注意的是，Python 中的函数返回值本质上是一个对象，但与对象值并不相同，后续章节中将会频繁提到的函数值其实质上是对象。return 语句是函数结束标志，即使其后再接语句也不会执行。函数的命名一般应能准确地描述函数的功能，如上例中的 cook_egg。

以上规则被称为编程语言的**语法**（Grammar），在编写程序时必须严格遵守。**语法和句法**的区别在于，句法用于约束单条语句的编写，而语法是约束多条语句的规则，句法是语法的一部分。

一般地，def 关键词所在的行包括函数名、参数括号和冒号，被称为**函数头**（Function Header），之后缩进的语句被称为**函数体**（Function Body）。要使用一个函数，则需要**调用**（Call）它。调用函数将返回一个对象，一般需要定义一个变量来存储它，比如上例中的变量 t。函数头后面的冒号（:）非常重要，很多新手在编写程序时容易忘记，它既表明函数头结束，也意味着函数体的开始，代表函数体隶属于该函数。

调用函数需要正确的函数名、括号和括号里的参数，在 Shell 中继续输入：

```
>>> t1 = cook_egg(50,4)        #计算质量为 50g，初始温度为 4℃的鸡蛋的完美烹煮时间
>>> t1
326.2798626986453
>>> t2 = cook_egg(56,12) + cook_egg(M = 42,T0 = 20)     #2 个鸡蛋煮蛋时间之和
>>> t2
548.3180784742684
```

cook_egg()函数的返回值是一个浮点数对象。调用函数需要给参数赋予具体的值（对象）。上例中使用了两种赋值方式：一种是根据参数的输入顺序直接用数值（对象）代替，也称**替换式**，如 cook_egg(56,12)，程序会将整数 56 赋值给参数 M，将整数 12 赋值给参数 T_0；另一种是采用赋值语句的形式，也称**赋值式**，如 cook_egg(M = 42, T0 = 20)，赋值式的方式更加易读易懂，但增加了编码的工作量。调用 cook_egg()函数时，采用**替换式**在以下两种情形下会导致程序报错或计算错误。

- 参数数量不匹配，以及参数缺少或过多；
- 参数输入顺序不一致。

举例如下：

```
>>> cook_egg()                        #无参数时
Traceback (most recent call last):
  File "<pyshell#1>", line 1, in <module>
    cook_egg()
TypeError: cook_egg() missing 2 required positional arguments: 'M' and 'T0'
>>> cook_egg(21)                      #缺少参数时
Traceback (most recent call last):
  File "<pyshell#2>", line 1, in <module>
    cook_egg(21)
TypeError: cook_egg() missing 1 required positional argument: 'T0'
>>> cook_egg(21,23,21)                #参数过多时
Traceback (most recent call last):
  File "<pyshell#4>", line 1, in <module>
    cook_egg(21,23,21)
TypeError: cook_egg() takes 2 positional arguments but 3 were given
>>> cook_egg(12,47)              #参数顺序错误，计算有误，不会提示出错
41.77856659150966
```

赋值式的函数调用对参数的输入顺序并没有要求。例如：

```
>>> cook_egg(T0 = 12, M = 47)
282.44038025843554
```

通过上述分析可以看出，调用 cook_egg() 函数时必须赋予参数 M 和 T0 具体的值，否则程序将会提示错误，这种参数也被称为**必选参数**。

📖 **延伸阅读：__doc__属性**

在 Python 中，可以非常便捷地给函数插入注释文档。例如，在 cook_egg() 函数的函数头后添加注释：

```
def cook_egg(M,T0):
    """这是一个煮蛋函数，输入两个参数 M 和 T0 M:鸡蛋的质量 T0:鸡蛋的初始温度"""
    density,c,K = 1.038,3.7,5.4e-3
    Tw,Ty = 100,70
    t = M**(2/3)*c*density**(1/3)/(K*pi**2*(4*pi/3)**(2/3))*\
        log(0.76*(T0 - Tw)/(Ty - Tw))
    return t
```

运行模块，在 Shell 中访问函数的__doc__属性，代码如下：

```
>>> cook_egg.__doc__
'这是一个煮蛋函数，输入两个参数 M 和 T0 M:鸡蛋的质量 T0:鸡蛋的初始温度'
```

前面提到过，Python 中的一切都是对象，包括函数在内，对象的属性类似于鸡蛋的密度和质量等，更多相关知识点请参考第 3 章。

3. 函数的参数传递

函数的参数传递是指调用函数时对象从函数外部通过参数传入函数内部的过程。对于上例，函数的参数传递过程如图 1.11 所示。

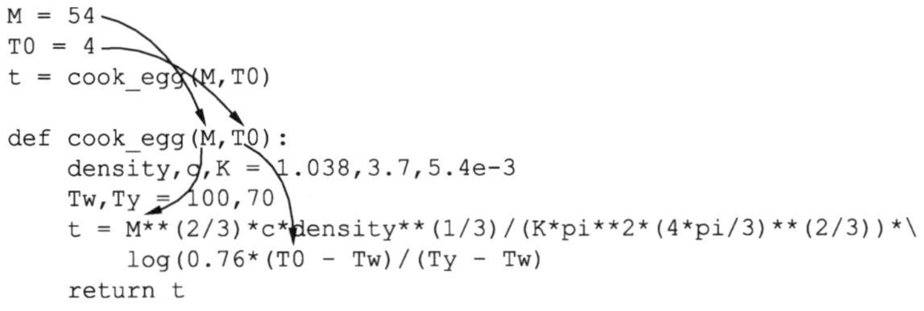

```
M = 54
T0 = 4
t = cook_egg(M,T0)

def cook_egg(M,T0):
    density,c,K = 1.038,3.7,5.4e-3
    Tw,Ty = 100,70
    t = M**(2/3)*c*density**(1/3)/(K*pi**2*(4*pi/3)**(2/3))*\
        log(0.76*(T0 - Tw)/(Ty - Tw))
    return t
```

图 1.11　函数调用时的参数传递

在不同的阶段，函数的参数名称、性质和要求也不一样。

- **形参**：定义函数时，括号中的参数（M，T0）不要求有具体的值，即并不引用任何对象；
- **实参**：调用函数时，按顺序赋予括号中参数的**具体值**（M=42，T0=20），这些值通过变量引用被传递到函数体内；

- **变量**：在函数体内，这些参数（M，T0）当作变量使用。

📖 **延伸阅读：易读的代码**

上例中烹煮时间 t 的赋值表达式过长，而且使用了续行符\，不利于代码的阅读和调试，在这种情况下，可以将表达式进行分解，具体如下：

```
def cook_egg(M,T0):
    density,c,K = 1.038,3.7,5.4e-3
    Tw,Ty = 100,70
    numerator = M**(2/3)*c*density**(1/3)       #计算分子
    denominator = K*pi**2*(4*pi/3)**(2/3)       #计算分母
    ln = log(0.76*(T0 - Tw)/(Ty - Tw))          #计算对数
    t = numerator/denominator*ln                #计算烹煮时间
    return t
```

将原公式分解为三部分，每部分表达式赋值给一个新的变量，这样让代码阅读起来更轻松。

【**实例 1.10**】 求不同质量的鸡蛋在水温 T_w=98℃，蛋黄温度达到 T_y=63℃时所需的烹煮时间。

4．默认值参数

在实例 1.9 中，我们关心的是在开水（T_w=100℃）中烹煮出完美鸡蛋（T_y=70℃）所需要的时间，这也是绝大多数人的需求。但有些地域，如高原地区，开水的温度可能达不到 T_w=100℃，而且并不是每个人都希望蛋黄的温度达到 T_y=70℃，对于这些特殊情况，cook_egg()函数将无法直接满足。可以通过给函数添加默认值参数的方法来增强函数的通用性，在 egg2 模块中定义新的函数 cook_egg1()如下：

```
def cook_egg1(M,T0,Tw = 100,Ty = 70):
    density,c,K = 1.038,3.7,5.4e-3
    numerator = M**(2/3)*c*density**(1/3)
    denominator = K*pi**2*(4*pi/3)**(2/3)
    ln = log(0.76*(T0 - Tw)/(Ty - Tw))
    t = numerator/denominator*ln
    return t
```

运行模块，在 Shell 中输入如下代码：

```
>>> cook_egg1(51,12,Tw = 100,Ty = 70)   #51g，初始温度12度的鸡蛋完美烹煮时间
298.246255398989
>>> cook_egg1(51,12)
298.246255398989
```

可以看到，调用函数时如果不赋予参数 Tw 和 Ty 具体值，程序会直接将参数的默认值传入函数体内，所以 Tw 和 Ty 也被称为**默认值参数或可选参数**。通过设置默认值参数，既能减少绝大多数用户在调用函数时的工作量（只需要输入两个必选参数），也能为更"挑

别"的用户提供自由度（只需修改默认参数值）。下面通过部分实例来了解带默认值参数函数的调用。

```
>>> cook_egg1(51,12,Tw = 98)                #Ty 为默认值，修改 Tw
315.36024263913214
>>> cook_egg1(51,12,Tw = 98,Ty = 70)
315.36024263913214

>>> cook_egg1(51,12,Ty = 63)                #Tw 为默认值，修改 Ty
220.2268451450804
>>> cook_egg1(51,12,Ty = 63,Tw = 100)
220.2268451450804
>>> cook_egg1(51,12,Tw=98,Ty = 63)          #同时修改 Tw 和 Ty
232.34725295246224
```

📖 延伸阅读：默认值参数的注意事项

在定义带有默认值参数的函数时，应该注意以下几点：

- 必选参数在前，默认参数在后，否则会出错，例如：

```
def function_name(arg1,arg2,arg3,…arg10=100):
    statements
    ……
```

- 默认参数在一个函数中可以有多个；
- 当一个函数被调用时，如果对某些参数的改动并不频繁，就可以考虑设置默认参数。

【实例 1.11】　代码找错。

正态分布的概率密度公式为

$$f(x) = \frac{1}{\sqrt{2\pi}\sigma} \exp\left(-\frac{(x-\mu)^2}{2\sigma^2}\right)$$

其中，μ 和 σ 分别为均值和标准差，exp 为以自然常数为底的指数函数。以下为笔者定义的正态分布函数，请找出其中的错误。

```
from math import exp,sqrt,pi
def normal_distribution(mu = 0,sigma:
   a = 1/sqrt(2*pi)*sigma
b = -(x-mu)**2/(2*sigma**2)
    c = a*exp(b)
   return c
```

分析以上程序，首先从 math 模块中导入了指数函数 exp()、平方根函数 sqrt() 及圆周率 π。然后以 def 关键词开头定义函数名为 normal_distribution，函数名后紧跟括号和其中的两个参 mu 和 sigma，表示均值和标准差，并以冒号结尾。对函数体内的语句进行了缩进，在描述公式时对指数函数前的表达式用变量 a 表示，对指数函数的参数表达式用变量 b 来表示，最后用变量 c 表示组合表达式并返回。

如图 1.12 所示，上段程序中的错误按书写顺序依次如下：

- 语句必须从行首开始，**不得随意缩进**。
- 括号必须成对出现，函数名后的括号缺少右边的括号。
- 程序欲将均值 mu 定义为默认值参数，默认值参数必须放在必选参数之后。
- 变量 a 的值无法正确地表达公式。表达式 1/sqrt(2*pi)*sigma 的运算顺序为：先计算 1/sqrt(2*pi)，结果再与 sigma 相乘；而原公式的运算顺序应为先计算 sqrt(2*pi) *sigma，结果再取倒数。可以添加括号改变运算的优先级。
- 定义变量 b 的赋值语句缩进与函数体内的其他语句不一致。
- 定义变量 b 的赋值语句中出现未定义的变量 x。
- 定义变量 c 的赋值语句缩进与函数体内的其他语句不一致。

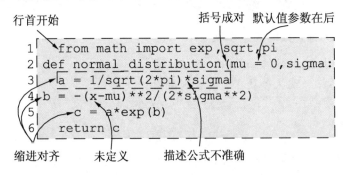

图 1.12　错误描述

修改以上错误后，正确的代码如下：

```
from math import exp,sqrt,pi
def normal_distribution(x,sigma,mu = 0):
    a = 1/(sqrt(2*pi)*sigma)
    b = -(x-mu)**2/(2*sigma**2)
    c = a*exp(b)
    return c
```

此时将 x 作为参数传递到函数体内，默认值参数 mu 放在最后。也可以是：

```
from math import exp,sqrt,pi
def normal_distribution(sigma,mu = 0):
    x = 1.
    a = 1/(sqrt(2*pi)*sigma)
    b = -(x-mu)**2/(2*sigma**2)
    c = a*exp(b)
    return c
```

此时函数体内使用变量 x 前先对其进行了定义。

5．变量的作用域

煮蛋公式（1.4）中，鸡蛋的密度 ρ、比热容 c 和导热系数 K 都是常数值。假设读者编写了一个完美的煮蛋模块，并发布到 PyPi 上供全世界的 Pythoner 使用，当用户想查看鸡蛋的某个属性，如密度时，该如何解决呢？

新建模块 egg3.py，并在其中输入如下内容：

```
from math import pi,log
density,c,K = 1.038,3.7,5.4e-3        #将鸡蛋的属性定义在函数外
def cook_egg2(M,T0,Tw =100,Ty = 70):
    numerator = M**(2/3)*c*density**(1/3)
    denominator = K*pi**2*(4*pi/3)**(2/3)
    ln = log(0.76*(T0 - Tw)/(Ty - Tw))
    t = numerator/denominator*ln
    return t
```

运行该模块，在 Shell 中继续输入：

```
>>> cook_egg2(47,12)
282.44038025843554
```

可以看到，鸡蛋的密度 ρ、比热容 c 和导热系数 K 三个变量定义在函数 cook_egg2() 的外部，确切地说是前面，当函数被调用时函数体里面的语句可以直接使用这些变量引用的对象，这些变量也被称为**全局变量**。继续在 Shell 中输入如下代码：

```
>>> c
3.7
>>> K
0.0054
>>> density
1.038
>>> numerator
Traceback (most recent call last):
  File "<pyshell#3>", line 1, in <module>
    numerator
NameError: name 'numerator' is not defined
```

全局变量可以访问，而定义在 cook_egg2() 函数内部的变量 numerator 却无法被访问，该类变量也被称为**局部变量**，其作用范围只在函数体内。

如图 1.13 所示，egg3 模块中的代码可以分为 2 个层级，1～5 行位于第 1 层级，6～11 行位于第 2 层级，层级的划分通过**代码缩进**实现，或者说同一缩进的代码位于同一层级，高层级中的对象可以被低层级使用，而低层级中的对象无法被高层级使用，当然，这仅对函数定义有效。对于上例，第 1 层级中的对象，如 log() 函数和密度 density 等可以被第 2 层级使用，而第 2 层级中的对象，如 ln 和 t 等变量却无法被第 1 层级使用。位于低层级的函数体是位于高层级函数头的**组成部分**，例如位于第 1 层级的 cook_egg2() 函数头由位于第 2 层级的函数体语句块组成。

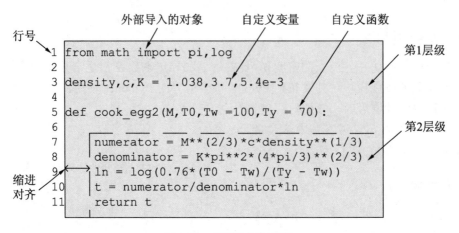

图 1.13 代码的层级关系

如果在高层级中使用的变量名在低层级中被再次使用，则遵循先后顺序的原则。例如，在 cook_egg2() 函数体中重新定义变量 c：

```
from math import pi,log
density, c ,K = 1.038,3.7,5.4e-3
def cook_egg2(M,T0,Tw =100,Ty = 70):
    c = 3.5
    print("c为%f"%c)
    numerator = M**(2/3)*c*density**(1/3)
    denominator = K*pi**2*(4*pi/3)**(2/3)
    ln = log(0.76*(T0 - Tw)/(Ty - Tw))
    t = numerator/denominator*ln
    return t
```

执行模型，在 Shell 中输入：

```
>>> cook_egg2(47,12)
c为 3.500000
267.1733326768985
>>> c
3.7
```

可以看到，函数体内使用的局部变量 c=3.5，而 shell 中访问的是全局变量 c=3.7。

再看下面的情形，试图修改全局变量 c：

```
c = 3.7
def func():
    c += c
return c

>>> func()
Traceback (most recent call last):
  File "<pyshell#1>", line 1, in <module>
    func()
  File "C:/Users/PYY/Desktop/1.py", line 12, in func
    c += c
UnboundLocalError: local variable 'c' referenced before assignment
```

出错的原因是局部变量 c 未赋初值。事实上，函数内部定义的变量 c 是局部变量，和外部的全局变量 c 没有关系，仅仅是名字相同而已。下面修改局部变量 c 的名称将出现同样的错误：

```
c = 3.7
def func2():
    b += c
    return b
>>> func2()
Traceback (most recent call last):
  File "<pyshell#2>", line 1, in <module>
    func2()
  File "C:/Users/PYY/Desktop/1.py", line 17, in func2
    b += c
UnboundLocalError: local variable 'b' referenced before assignment
```

因为 b += c 执行的是 b = b + c，b 变量未赋初值，所以程序出错。而 cook_egg2()函数能正常运行是因为在函数体内部通过语句 c=3.5 实现了局部变量 c 的初始化。

通过前面的知识点可以总结出，全局变量在函数内部是无法修改的，如果一定要进行修改，则需要在修改前使用关键字 **global** 进行声明。看下面的程序：

```
c = 3.7
def func3():
    global c
    c += c
    return c
>>> func3()
7.4
>>> c
7.4
>>>
```

当然，从上例中也可以看出，函数也可以不传入参数。

6. 函数返回多个值

煮蛋公式（1.4）中，对数运算前的公式实质上是一个系数 co，该系数主要取决于鸡蛋的质量。

$$co = \frac{M^{2/3}c\rho^{1/3}}{K\pi^2\left(\dfrac{4\pi}{3}\right)^{2/3}} \tag{1.5}$$

假设某人正在研究煮蛋公式，需要频繁地观察该系数的变化规律，则可以通过函数返回多个值的方法得以解决，新建模块 egg4.py，并在其中输入如下内容：

```
from math import pi,log
density,c,K = 1.038,3.7,5.4e-3
def cook_egg3(M,T0,Tw =100,Ty = 70):
    numerator = M**(2/3)*c*density**(1/3)
    denominator = K*pi**2*(4*pi/3)**(2/3)
    co = numerator/denominator
```

```
ln = log(0.76*(T0 - Tw)/(Ty - Tw))
t = co*ln
return t,co
```

运行该模块，在 Shell 中继续输入如下内容：

```
>>> t,co = cook_egg3(47,4)
>>> t
313.09454902221637
>>> co
352.3006970391263
```

可以看出，调用函数 cook_egg3() 返回两个对象，分别为煮蛋时间 t 和系数 co。定义函数时，在 return 语句后可以返回任意多个值（对象），值之间用逗号（,）隔开。返回多个值函数输出为一个**元组**（tuple）对象，而元组对象支持多重赋值，在 Shell 中继续输入如下内容：

```
>>> re = cook_egg3(47,4)
>>> re
(313.09454902221637, 352.3006970391263)
>>> type(re)
<class 'tuple'>
>>> t,co = re
>>> t
313.09454902221637
>>> co
352.3006970391263
```

元组是 Python 自带的一种容器型数据类型，用小括号（()）表示，小括号内的单个元素用逗号（,）隔开，更多关于元组的知识点可参考第 2 章。

7. 函数不返回值

并不是所有的函数都需要返回值，例如将 egg1 模块中的程序进行如下修改：

```
def cook_egg():
    M = 47
    T0 = 20
    Tw,Ty = 100,70
    density,c,K = 1.038,3.7,5.4e-3
    t = M**(2/3)*c*density**(1/3)/(K*pi**2*(4*pi/3)**(2/3))*\
        log(0.76*(T0 - Tw)/(Ty - Tw))
    print("质量 M=%dg,初始温度为%d 度的鸡蛋完美烹煮时间为%f"%(M,T0,t))
```

运行该模块，在 Shell 中输入：

```
>>> cook_egg()
质量 M=47g,初始温度为 20 度的鸡蛋完美烹煮时间为 248.862537s
```

可以看出，cook_egg() 函数不需要传入参数，也没有返回任何值，只是将原先的代码封装到函数中，以方便调用。

继续在模块中输入如下内容：

```
def main():
    cook_egg()
```

运行该模块，在 Shell 中输入：

```
>>> a = main()
质量 M=47g,初始温度为 20 度的鸡蛋完美烹煮时间为 248.862537s
>>> a == None
True
>>> type(a)
<class 'NoneType'>
>>> type(main)                              #函数也是对象
<class 'function'>
```

可以看到，main()函数并不返回值，而是调用了 cook_egg()函数，当函数体中无 return 语句时，函数将默认返回 None 对象，可理解为空对象，None 对象属于 NoneType 类型。通过 type()函数查看 main()函数的类型不难发现，Python 中的函数也是对象。

8. 函数作为参数

前面的内容将煮蛋公式（1.4）进行了分解，公式前面部分为公式（1.5），后面部分为对数运算，对数运算调用了 math.log()函数。现在将公式（1.5）定义为函数，新建模块 egg5.py，并在其中输入如下内容：

```
from math import pi,log              #从 math 模块中导入 pi 和 log()函数
density,c,K = 1.038,3.7,5.4e-3

#定义计算系数的函数 calc_co(),传入鸡蛋的质量,返回系数 co
def calc_co(M):
    numerator = M**(2/3)*c*density**(1/3)
    denominator = K*pi**2*(4*pi/3)**(2/3)
    return numerator/denominator

#重新定义煮蛋函数,函数 f 也是输入参数
def cook_egg4(f,M,T0,Tw =100,Ty = 70):
    co = f(M)
    ln = log(0.76*(T0 - Tw)/(Ty - Tw))
    return co*ln
```

运行模块，在 Shell 中输入如下内容：

```
>>> cook_egg4(calc_co,47,4)
313.09454902221637
```

可以看到，调用函数 cool_egg4()时，形参 f 传入的是 calc_co()函数，系数 co 通过语句：

```
co = f(M)       #f = calc_co
```

调用该函数而得到。这种将公式分割定义两个函数有什么优点呢？举个例子，确定系数 co 是时下的一个研究热点，其计算表达式多种多样，假设下面的虚构公式（1.6）就是其中之一：

$$co = \frac{M^{4/7}c\rho^{1/3}}{K\pi^2\left(\dfrac{4\pi}{3}\right)^{2/3}} \tag{1.6}$$

虽然只有很小的改动，$M^{2/3} \rightarrow M^{4/7}$，但按照之前的定义方式，如 cook_egg1()、cook_egg2()和 cook_egg3()函数，则这些函数都要进行修改并重新定义。在 egg5.py 模块中定义新的函数如下：

```
def calc_co1(M):
    numerator = M**(4/7)*c*density**(1/3)
    denominator = K*pi**2*(4*pi/3)**(2/3)
    return numerator/denominator
```

运行模块，并在 Shell 中输入如下内容：

```
>>> cook_egg4(calc_co1,M = 47,T0 = 4)
216.9841901655051
```

新定义的 calc_co1()与 calc_co()函数共存，也为我们比较二者之间的差异提供了便利，而且并不需要修改 cook_egg4()的任何内容。

当然，这里的煮蛋公式并不是一个特别复杂的公式，但是对于一些非常复杂的逻辑关系，或者很复杂的公式，在修改其中的内容时可能并不像本公式这样容易调试。如果将复杂的公式进行适当分割，特别是将可能需要频繁修改的部分定义为新函数，并且以参数的形式传入到总函数中，则可以增加代码的逻辑性、可读性和易维护性。

9．不定数量参数

公式（1.5）和（1.6）中只有鸡蛋的质量 M 是变量，其他属性都是常量，现假设如下两种情况：

- 质量 M 和比热容 c 为变量；
- 质量 M、比热容 c 和导热系数 K 均为变量。

这意味着需要重新定义两个计算系数 co 的函数。在 egg5.py 模块中继续定义两个函数，如下：

```
def calc_co2(M,c):
    numerator = M**(4/7)*c*density**(1/3)
    denominator = K*pi**2*(4*pi/3)**(2/3)
    return numerator/denominator

def calc_co3(M,c,K):
    numerator = M**(4/7)*c*density**(1/3)
    denominator = K*pi**2*(4*pi/3)**(2/3)
    return numerator/denominator
```

由于计算系数 co 的函数发生了变化，相应地，cook_egg4()也需要做出修改，而且 calc_co2()和 calc_co3()函数要对应不同的 cook_egg4()函数，因为所需要的参数数量不同，c、K 都要作为 cook_egg4()的参数。如何使 cook_egg4()具有更好的通用性呢？

Python 允许函数传入不定数量的参数，例如：

```
#定义函数 f，其输入参数为不固定参数
def f(*args):
    print(args)                    #打印输入参数
```

```
>>> f(1,2)
(1, 2)
>>> f(1,2,3)
(1, 2, 3)
>>> f(*(1,2,3,4,5))          #加星号，输入参数为元组的 5 个元素
(1, 2, 3, 4, 5)
>>> f((1,2,3,4,5))           #不加星号，输入参数为 1 个元组
((1, 2, 3, 4, 5),)
```

从以上代码可以看出，参数 args 是元组（tuple）数据类型，在其前加上星号（*），就可实现不固定长度参数的传入，传入的参数是元组 args 的单个元素。

注意：(1,)和 1 是两种不同的数据类型，前者是只有一个元素的元组对象，后者是整数对象。

```
>>> type((1,))
<class 'tuple'>
>>> type(1)
<class 'int'>
```

于是，稍微修改 cook_egg4()，就能实现其通用功能，具体代码如下：

```
def cook_egg5(f,T0,args,Tw =100,Ty = 70):
    co = f(*args)
    ln = log(0.76*(T0 - Tw)/(Ty - Tw))
    return co*ln
```

运行模块，在 Shell 中输入如下内容：

```
#计算质量为 47，初始温度为 4，比热容为 3.5 的鸡蛋完美烹煮需要的时间
>>> cook_egg5(calc_co2,T0 = 4,args = (47,3.5))
205.2553150214237205.2553150214237

#计算质量为 47，初始温度为 4，比热容为 3.5，导热系数为 5.5e-3 的鸡蛋完美烹煮需要的时间
>>> cook_egg5(calc_co3,T0 = 4,args = (47,3.5,5.5e-3))
201.52340020285234
```

传入 cook_egg5()函数的参数 args 为元组类型，其长度必须与 f()函数的参数个数相同且顺序保持一致。例如，calc_co2()函数有 2 个参数，分别为鸡蛋质量 M 和比热容 c，则 args 元组的元素也应该为 2 个；calc_co3()函数需要 3 个参数，所以 args 元组的元素也应该是 3 个，多或少参数，程序都会出错。

由于鸡蛋质量 M 是需要频繁改变的量，而比热容 c 和导热系数 K 改动并不频繁，因此也可以将 cook_egg5()函数重新定义成更常见的形式：

```
def cook_egg6(f,M,T0,args,Tw =100,Ty = 70):
    co = f(M,*args)
    ln = log(0.76*(T0 - Tw)/(Ty - Tw))
    return co*ln
```

相应地，在调用上也会有一些区别：

```
>>> cook_egg6(calc_co2,M = 47,T0 = 4,args = (3.5,))
205.2553150214237
>>> cook_egg6(calc_co3,M = 47,T0 = 4,args = (3.5,5.6e-3))
```

```
197.92476805637287
```

通过对前面内容的学习，相信读者已经对创建模块、写入代码、运行模块等基本操作比较熟悉了。在后续的知识点介绍中，为了表述更简洁，笔者将对创建、运行模块等操作不再进行专门的介绍。

10. Lambda表达式

Python 中的另一种自定义函数的方法是使用 Lambda 表达式，例如：

```
f = lambda x:x**2 + 1
```

该语句等同于定义了如下函数：

```
def f(x):
    return x**2 + 1
```

一般地，对于函数：

```
def g(arg1,arg2,arg3,…):
    return 表达式
```

用 Lambda 表达式定义如下：

```
g = lambda arg1,arg2,arg3,…:表达式
```

表达式与参数之间用冒号（:）隔开，支持无参数、多个参数或默认值参数。举例如下：

```
f1 = lambda : "I love Python"              #无参数
>>> f1
<function <lambda> at 0x000001AAD99BA2F0>
>>> f1()
'I love Python'
f2 = lambda x,y : x+ y                      #两个参数
>>> f2(2,3)
5
f3 = lambda x = 2,y = 3 : x+ y             #两个默认值参数
>>> f3 = lambda x = 2,y = 3 : x+ y
>>> f3()                                    #x 和 y 都取默认值
5
>>> f3(1)                                   #x 取 1，y 取默认值
4
>>> f3(3,4)                                 #都不取默认值
7
```

不难发现，Lambda 表达式仅适合简单逻辑的函数定义。除此之外，Lambda 表达式定义的函数也可以作为参数传入到新函数中，例如：

```
#定义一个传入函数参数的函数
def calculator(a,b,f):
    return f(a,b)

#定义矩形面积函数
def area_of_rect(a,b):
```

```
        return a*b
>>> s1 = '长%f 宽%f 的矩形面积为%f'%(10,2,calculator(10,2,area_of_rect))
>>> print(s1)
长 10 宽 2 的矩形面积为 20
>>> perimeter = calculator(10,2,lambda a,b:2*(a + b))
>>> print('长%d 宽%d 的矩形周长为%d'%(10,2,perimeter))
长 10 宽 2 的矩形周长为 24
```

📖 **延伸阅读：快捷定义函数**

类似于 Lambda 表达式，如果函数体语句简单到只有 return 一行语句，则可以直接在
def 语句的冒号(:)后接上函数体，不强制另起一行并缩进，例如：

```
>>> def add(x,y):return x+ y
>>> add(1,3)
4
```

函数是编程语言中非常重要的知识点，在后续的内容中将会频繁地使用。

1.3.3　复数

在前面的知识点讲解中，我们认识了 Python 中的 4 种数据类型，分别为整数、浮点
数、字符串和元组，元组为多值容器型数据类型。接下来介绍一种新的数据类型——**复数**
（complex）。复数由实部和虚部组成，Python 中用字母 j 表示虚数单位，在 Shell 中举例
如下：

```
>>> a = 1 - 1j                 #创建复数
>>> b = 2 + 3j
>>> c = 3                      #创建整数
>>> a
(1-1j)
>>> b
(2+3j)
>>> type(a)                    #复数的类型
<class 'complex'>
>>> a + b                      #算术运算
(3+2j)
>>> a + c
(4-1j)
>>> c - b
>>> a*b
(5+1j)
>>> a/b
(-0.07692307692307694-0.3846153846153846j)
```

另一种创建复数的方式是通过 complex 类，例如：

```
>>> u = complex(1,2)
>>> v = complex(-2,-1)
>>> u
(1+2j)
```

```
>>> v
(-2-1j)
>>> type(u)
<class 'complex'>
```

复数对象有 2 个属性和 1 个方法，访问对象的属性或方法格式为：对象为前缀，后接小数点及属性名或方法名。例如：

```
>>> u.real                      #复数的实部
1.0
>>> u.imag                      #复数的虚部
2.0
>>> u.conjugate()               #计算共轭复数的方法
(1-2j)
```

更多关于面向对象的编程知识详见第 3 章。math 库中定义的诸多函数仅支持实数运算，而对于复数运算，可以使用标准库 cmath 库，例如：

```
>>> import math
>>> import cmath
>>> math.sqrt(-1)
Traceback (most recent call last):
  File "<pyshell#27>", line 1, in <module>
    math.sqrt(-1)
ValueError: math domain error
>>> cmath.sqrt(-1)
1j
>>> cmath.sin(1+1j)
(1.2984575814159773+0.6349639147847361j)
```

由于 cmath 是 math 库中支持复数运算的一个版本，二者定义的函数绝大多数相同，这里不再赘述，请读者自行尝试。

1.3.4　算法与程序流程

1. 算法

在前面的学习中多次提到**程序**（Program）和**代码**（Code）等术语，这两个术语在某种程度上可以交替使用。程序和代码写在文件中，所以常常也会有不同的说法，如**运行程序、运行代码或者执行文件**等，但是表达的意思是相同的。

以上术语相对容易理解。相较之下，大部分读者对**算法**的概念会模糊一些。算法可以被认为是教计算机如何运行程序的配方（类似于教你做菜的菜谱），相应地，算法可以理解为程序员编写程序的步骤。以实例 1.2 为例，该算法非常简单，分为 3 个步骤：

（1）给变量 a、b、c、x 赋初始值。

（2）将公式（1.1）以表达式的形式赋值给变量 y。

（3）输出变量 y 的值。

将以上算法（纯文本）翻译成计算机程序（如 Python）的过程也被称为**算法实现**，算法实现是一个编写和调试代码的过程。上面的算法描述采用中文描述，对于不认识中文的程序员将失效。为了让算法具有更普遍的可读性，常常用伪代码来表示，例如：

1. $a \leftarrow a_0$, $b \leftarrow b_0$, $c \leftarrow c_0$, $x \leftarrow x_0$

2. $y \leftarrow a*x^2 + b*x + c$

3. print c

伪代码的书写没有严格的标准，但应尽量像数学算式一样具有普通可读性。

算法由**输入**、**逻辑关系**和**输出**组成，在本算法中，每一行代表一个组成部分。对于复杂问题，可能会涉及多种不同的算法，而不同的算法可能又会有不同的输入和逻辑关系，其消耗的时间和占用的内存空间也会有所不同，所以算法的优劣一般用空间复杂度与时间复杂度来衡量。

从事科学计算时编写伪代码是一个良好的习惯，这样可以让程序逻辑更清晰，当伪代码写好后，将其翻译成可执行的代码也更容易。

2．程序流程

理解程序运行的流程非常有必要，能让程序员更好地编写和调试程序。下面通过煮蛋公式程序来分析程序的运行流程。

```python
from math import pi,log
density,c,K = 1.038,3.7,5.4e-3          #定义鸡蛋的属性

#煮蛋函数
def cook_egg6(f,M,T0,args,Tw =100,Ty = 70):
    co = f(M,*args)
    ln = log(0.76*(T0 - Tw)/(Ty - Tw))
    return co*ln

#定义系数 co 计算函数，两个输入参数
def calc_co2(M,c):
    numerator = M**(4/7)*c*density**(1/3)
    denominator = K*pi**2*(4*pi/3)**(2/3)
    return numerator/denominator

#定义系数 co 计算函数，三个输入参数
def calc_co3(M,c,K):
    numerator = M**(4/7)*c*density**(1/3)
    denominator = K*pi**2*(4*pi/3)**(2/3)
    return numerator/denominator

#计算质量为 47，初始温度为 4，比热容为 3.5 的鸡蛋完美烹煮需要的时间
t1 = cook_egg6(calc_co2,M = 47,T0 = 4, args = (3.5,))
print(t1)                               #将烹煮时间 t1 打印到屏幕上
```

当运行该模块时，程序从上到下逐行执行，首先从 math 模块中导入常量 π 和 log()函数，然后定义全局变量 density、c 和 K，接下来定义了 3 个函数，分别为煮蛋函数 cook_ egg6()、系数 co 计算函数 calc_co2()和 calc_co3()，此时函数仅仅是被定义，**函数内部没有发生计算**。接下来调用 cook_egg6()函数，并将其结果赋值给变量 t1，最后将 t1 对象打印到屏幕上。

函数只有在被调用时才会执行函数体中的语句，调用函数时必须给函数传入实参，也就是形参对应的对象，或者说具体的数值。cook_egg6()函数传入的参数是 calc_co2()函数及鸡蛋的属性。在函数体内部，首先调用 calc_co2()函数并将计算结果赋予变量 co，然后调用 log()函数计算 ln，最后将系数 co 和 ln 的乘积赋予变量 t1，整个过程都是值（对象）的计算。

执行 calc_co2()函数时将变量 M 和 c 传入函数体内部，而第二个表达式中的变量 K 使用的是全局变量 K 的值进行计算。

执行 log()函数时，会先计算表达式$(T0-Tw)/(Ty-Tw)$，然后将其值作为参数传递给对数函数进行运算。

在程序执行过程中，cook_co3()函数并**没有被调用过**，因此其内部的语句并没有被执行过。这也意味着即使该函数定义**错误**，程序也不会有错误提示，这一点读者可以自行尝试。

当然，煮蛋公式并不复杂，所以程序运行流程也相对简单。对于复杂的逻辑，可能需要分解成多个部分，再对每个部分单独进行分析。

通过对上面的程序流程的分析，大致可以总结出计算机程序的组成：数据及操作数据的逻辑。数据存储在变量中，而操作数据的逻辑被封装成函数。

1.4 本章小结

本章结合实例介绍了 Python 编程的一些基础知识，总结如下：
- **对象**：Python 中一切皆对象，包括数字、字符串、函数和模块等，变量引用对象，对象是组成程序世界的实体；
- **变量**：对象的名称；
- **类**：同一类对象的归纳与抽象；
- **数据类型**：对象的类型；
- **语句**：给计算机发出的指令，一行一般就是一条语句，一行多条语句用分号（;）隔开；
- **表达式**：运算符和对象的组合，其被执行时返回一个新的对象；
- **赋值**：建立变量与对象引用的运算；
- **模块**：包含特定逻辑关系的代码段，保存在 Python 文件中，该文件就是一个模块，文件名即模块名；
- **包**：有层次的文件目录结构，由多模块组成的文件夹，包含__init__.py 模块；

- **库**：可以是单个模块，也可以是包，对程序从功能上进行描述，例如 math 模块也被称为 math 库，该库主要用于数学计算；
- **函数**：将特定的逻辑或功能进行封装以供重复使用；
- **代码**：由语句组成的文本；
- **程序**：含义同代码；
- **算法**：编写代码的指导书；
- **注释**：对代码的解释，不会被执行；
- **导入模块**：将模块中的公共对象加载到内存中；
- **执行程序**：运行程序，如按 F5 键；
- **调试程序**：找到并修改程序中的错误。

1.5　习　　题

1. 打开 IDLE。
2. 交互式计算 1+1、$2^{12}-\ln(13)$ 和 $\sin(\pi/4)$。
3. 下面的变量名哪些是正确的？哪些是不正确的？为什么？

```
fromNo12
from#34
my_Book
acceleration_of_gravity
Obj2
2ndObj
Test!32
hehe(haha)
R&B
A.Li.Ba.Ba
```

4. 计算圆柱体的体积和表面积。新建一个模块并在其中输入如下内容，确保程序成功运行。

```
from math import pi
r = 4.0
h = 3.0
area_of_base = pi*r**2
perimeter_of_base = 2*pi*r
volume = area_of_base*h
surface = 2*area_of_base + perimeter_of_base*h
print("圆柱体的底面积为 %f"%area_of_base)
print("圆柱体的轴底面周长为 %f"%perimeter_of_base)
print("圆柱体的体积为%f,表面积为%f"%(volume,surface))
```

5. 验证公式 $\sin^2(x)+\cos^2(x) = 1$。新建一个模块并在其中输入如下内容，确保程序能成功运行。

```
from math import sin,cos,pi
x,y = 1/3pi,2/5pi
1val = sin(x)**2 + cos(x)**2
val_2 = sin(y)**2 + cos(y)**2
print(1val,val_2)
```

6．已知 a,b = 2,5，试输出下列逻辑表达式的结果。

```
1 or (5<2)
not (a>0) and (a<0)
a != 0 and a > 0
(a<3) or (a>2 == False)
a and b and a < b and a >= b or 2 == 2
```

7．不考虑空气阻力，物体被抛出后在平面上的位置关系可以用下式描述：

$$y = x\tan\theta - \frac{1}{2v_0^2}\frac{gx^2}{\cos^2\theta} + y_0$$

其中，x, y 为物体的横纵坐标，g 为重力加速度，θ 和 v_0 分别为物体抛出时与水平方向的夹角和抛出时的初始速度，y_0 为物体的初始高度，试举例描述物体的轨迹。

```
from math import cos,pi,tan
g = 9.81                        #重力加速度
theta = 45                      #物体的初始角度
y0 = 2.                         #物体的初始高度，位置坐标为(0,y0)
v0 = 15.                        #物体的初始速度

print("""物体抛出时的参数为:
初始角度 theta = %.2f °
初始高度 y0 = %.2f m
初始速度 v0 = %.2f km/h"""%(theta,y0,v0))

x = 0.3                         #物体的水平坐标
theta = theta/180*pi            #将角度转换为弧度
y = x+* tan(theta) - 1/(2*v0**2)*(g*x**2/cos(theta)**2) + y0
print("物体在水平位置为%fm时,对应的竖向位置为%fm."%(x,y))
```

通过修改 x 坐标，可以得到不同的 y 坐标，从而得到物体的轨迹。

8．在 Shell 中调用下面的函数，观察返回的结果。

```
def judge(a,b):
    left = (a + b)**2
    right = a**2 + 2*a*b + b**2
    return left == right
    left = (a - b)**2
    right = a**2 - 2*a*b + b**2
    return left == right
```

9．定义函数描述一般抛物线方程。

10．定义函数描述公式

$$f(x)=e^{rx}\sin(mx)+e^{sx}\cos(nx)$$

11．定义函数判断某年是否为闰年。

12．已知平面三角形的三个顶点坐标，求任意平面三角形的面积。假设任意平面三角形的顶点坐标为(x_0, y_0)，(x_1, y_1)，(x_2, y_2)，则其面积计算公式为：

$$A = \frac{1}{2}\left(x_1 y_2 - x_2 y_1 - x_0 y_2 + x_2 y_0 + x_0 y_1 - x_1 y_0\right)$$

定义通过三角形顶点计算面积的函数。

13．物体在空气中运动时受到的阻力按下式计算：

$$F = \frac{1}{2}C\rho S v^2$$

其中：C 是空气阻力系数，该值通常通过实验获得，本例可取 0.2；S 为物体的特征面积（迎风面积），与物体光滑度和整体形状有关，球体取表面积的一半；ρ 为空气的密度；v 为物体的速度。对于质量为 m，半径为 r 的球体，定义函数计算不同速度下所受的阻力。

14．爱因斯坦质能方程为：

$$E = \Delta m c^2$$

其中，m 为质量的变化，c 为光速，E 为质量变化释放的能量。

加热水需要的热量公式为：

$$Q = C m_w \Delta t$$

其中，Q 为所需热量，C 为水的比热容，m_w 为水的质量，Δt 为水的温度变化。试估算 100g 的核燃料损失 1g 质量能将多少 kg 的水从 0℃ 加热到 100℃。取光速 $c = 3.8 \times 10^8$m/s，水的比热容 $C = 4.2 \times 10^3$J/(kg·K)。

15．函数的导数定义为：

$$f'(x) = \lim_{h \to 0} \frac{f(x+h) - f(x)}{h}$$

当 h 取一个足够小的数值（如 0.0001）时，可近似地计算函数的导数。定义一个函数，用于计算函数的导数，并举例说明其精度。

16．定积分 $\int_a^b f(x)\mathrm{d}x$ 的近似计算公式为：

$$I = \int_a^b f(x)\mathrm{d}x = \frac{a+b}{2}\left(f(a) + f(b)\right)$$

定义一个函数，用于计算函数的定积分，并举例说明其精度。

老裴的科学世界

说明："老裴的科学世界"为笔者为本书开设的一个专栏，其内容为选读，是笔者对本章内容的总结。解决问题时可能会涉及后面章节中的知识点，读者可将其当作学习中的"开胃菜"当然，也可以选择在学完后面章节后再来阅读。本专栏中涉及的专业知识点讲解可能并不详细，只求解决问题，读者可以自行查阅相关资料，或者私下和笔者进行交流。

房贷计算器

预备知识

1. 贷款计算公式

老裴欲向银行贷款 50 万元人民币买房，于是查阅与贷款相关的资料，总结了如下计算还款的公式。

（1）等额本息还款公式为：

$$P_k = A \frac{i(1+i)^n}{(1+i)^n - 1}$$

式中：P_k 为每月还款的总金额；A 为贷款总金额，例如老裴贷款 50 万元，则 A=50 万元；n 为贷款期数，老裴决定将"余生"都奉献给银行，贷款 30 年，则 n=30×12=360 期；i 为每期利率，如贷款时的年利率为 5.94%，则 i=5.94%/12=0.495%。

等额本息指的是每期还款的本金和利息相等，即 P_k 为常数。每期还款的利息计算公式为：

$$I_k = \left(A - \sum_{m=1}^{k-1} A_{k-1} \right) \times i$$

于是每期还款的本金为：

$$A_k = P_k - I_k$$

式中，A_k 为每期所还本金，I_k 为每期所还利息。

（2）等额本金还款公式为：

$$P_k = A_k + I_k$$
$$A_k = A/n$$
$$I_k = (A - (k-1)A_k) \times i$$

可以看到，等额本金指每期还款 A_k 为常数，而 P_k 不为常数。

2. 列表对象

如果要计算两种还款方式的还款总金额 P_k，对于等额本息还款，每期还款的本金 A_k 和利息 I_k 都不相同；对于等额本金还款，每期还款的总金额 P_k 和利息 I_k 也不相同。可以利用容器型的数据类型列表 list 来存储这些数据，例如：

```
>>> Pks = [3,4,5,6,8]
>>> Aks = [1,2,4,2,1]
>>> Iks = [2,2,1,4,7]
```

变量 Pks、Aks、Iks 分别代表还款总额、本金和利息的集合，每个元素代表一期的还款金额情况。通过索引可以得到当期还款金额明细，因为 Python 中的索引从 0 开始，所以第 1 个月的还款情况为：

```
>>> Pk[0],Ak[0],Ik[0]
(3, 1, 2)
```

列表 list 是一种长度可变的容器，调用其 append()方法可以添加元素：

```
>>> a = []                          #创建一个空列表
>>> a.append(1)                     #添加元素 1
>>> a
[1]
>>> a.append(2)                     #添加元素 2
>>> a
[1, 2]
```

调用内置的 sum()函数可以计算列表中所有元素的和。

```
>>> sum(Pks)
26
```

3．for 循环

如果选择还款 30 年，则还款期数为 360，也意味着上面的系列公式要计算 360 次。众所周知，计算机计算速度非常快，擅长重复性的工作，所以计算机语言中都会有循环结构，即重复执行相同的语句块，如执行 Python 中的 for 循环：

```
>>> for i in range(6):
        print(i)
0
1
2
3
4
5
```

上例中的 for 循环语句是固定结构。可以这样理解，range(6)创建从 0 开始、元素个数 $N=6$、步长为 1 的等差数列，循环执行 N 次，i 表示第 $i+1$ 次循环从数列中获取第 $i+1$ 个元素。for 循环也可以用于列表对象：

```
>>> Pk = [3,4,5,6,8]
>>> for pk in Pk:
        print(pk)
3
4
5
6
8
```

脚本版

有了上述预备知识作为基础，老裴定义了以下两个函数来计算还款信息。

```
def acm(A,n,i):                         #等额本息还款函数
    i /= 12                             #将年利率转换为期利率
    ni= (1+i)**n
    Pk = A*i*ni/(ni-1)                  #每期还款总额
    I = Pk*n - A                        #总利息
    Iks = []                            #利息列表，将每期利息存储到其中
    Aks = []                            #本金列表，将每期本金存储到其中
    for k in range(n):                  #n 次循环
        Ik = (A - sum(Aks))*i           #计算当期利息
        Ak = Pk - Ik                    #计算当期本金
        Iks.append(Ik)                  #将当期利息添加到列表中
        Aks.append(Ak)                  #将当期本金添加到列表中
    return Pk,Aks,Iks                   #返回每期还款总金额、本金列表和利息列表

def apm(A,n,i):                         #等额本金还款函数
    i /= 12
    Ak = A/n                            #每期还款本金
    Iks = []
    Pks = []
    for k in range(n):                  #n 次循环
        Ik = (A - Ak*k)*i
        Pk = Ak + Ik
        Iks.append(Ik)
        Pks.append(Pk)
    return Pks,Ak,Iks
```

运行上面的程序，在 Shell 中调用函数：

```
>>> A = 500000                         #贷款总额 50 万
>>> i = 0.059                          #年利率
>>> n = 360                            #期数
>>> Pk1,Aks,Iks1 = acm(A,n,i)          #等额本息计算
>>> Pk2,Ak,Iks2 = apm(A,n,i)           #等额本金计算
>>> Pk1                                #等额本息每期还款金额
2965.6825319460363
>>> Pk2[0]                             #等额本金第 1 期还款金额
3847.2222222222217
>>> Aks[0]                             #等额本息第 1 期还款本金
507.3491986127033
>>> Ak                                 #等额本金每期还款本金
1388.888888888889
>>> Iks1[3]                            #等额本息第 4 期还款利息
2450.813078966849
>>> Iks2[3]                            #等额本金第 4 期还款利息
2437.847222222222
>>> sum(Iks1)                          #等额本息还款总利息
567645.7115005768
>>> sum(Iks2)                          #等额本金还款总利息
443729.1666666666
>>> sum(Iks1) - sum(Iks2)              #等额本息较之等额本金多还的利息
123916.54483391019
```

显然，如果老裴按等额本息还款 30 年，较之等额本金要多还款 123916.54 元。因此老裴向银行申请采用等额本金还款时被银行拒绝，强制性地要求老裴采用等额本息还款。

GUI 版

老裴的朋友也想使用老裴的房贷计算器，但朋友不会使用 Python。于是老裴用 Python 自带的 tkinter 模块创建了一个图形界面（Graphical User Interface，GUI）程序（也称窗口程序），下面粗略地介绍一下开发过程。

使用 tkinter 模块创建一个窗口非常简单，代码如下：

```
from tkinter import *         #从 tkinter 中导入所有对象
win = Tk()                    #创建一个窗口对象
win.title("第 1 个 tkinter 程序")  #设置窗口的名称
win.geometry("400x300")       #设置窗口的大小
win.mainloop()                #主循环
```

运行上段程序，显示如图 1.14 所示的窗口。

目前的窗体是空的，可以在窗体中添加各种**组件**（Widget），比如用于显示信息的**标签**（Label）、控制输入和显示的**文本框**（Entry）、执行命令的**按钮**（Button）等。

创建组件的一般格式如下：

```
widget = WidgetName(father,**options)
```

WidgetName 指组件的名称，如 Label、Entry 和 Button 等；father 指组件嵌入的父窗口，如 Label 嵌入到窗口 win，则 father = win；options 为组件的外观属性（大小和背景颜色等）及绑定事件（如单击按钮的行为）等。

图 1.14　第一个窗口

所有的组件创建应在父窗口创建之后主循环执行之前。接上例，在窗口 win 中添加一个 Label 和 Entry：

```
from tkinter import *
win = Tk()
win.title("第 1 个 tkinter 程序")
win.geometry("400x300")                         #开始在窗口中添加组件

label = Label(win,text = "贷款金额：")           #创建一个标签，父窗口为 win
label.pack()                                     #放置并显示标签

entry = Entry(win,width = 10,bg="pink")          #创建一个文本框，bg 为背景颜色
entry.pack()                                     #放置并显示文本框

text = StringVar()                               #创建一个字符串变量
text.set("0")                                    #设置其值为 0
show_label = Label(win,textvariable = text)      #创建一个标签，其文字是变量 text
show_label.pack()
```

```
def press_button():                          #根据文本框内容显示标签文字内容的函数
    value = entry.get()                      #获取文本框内容
    text.set(value)                          #将内容赋值给 text 变量

#创建一个按钮，按下按钮时的事件为调用 press_button()函数
#需要注意的是，该函数应在创建按钮前创建
button = Button(win,text="显示金额",command=press_button)      #创建一个按钮
button.pack()

win.mainloop()                               #主循环
```

运行以上程序，显示功能如图 1.15 所示。

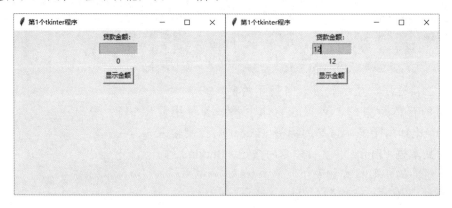

图 1.15　按钮事件

当然，如果想将按钮事件函数定义在创建按钮之后，可以使用组件的事件绑定方法 bind()，代码如下：

```
button = Button(win,text="显示金额")         #创建按钮
button.pack()

def press_button(*args):                     #定义事件函数，此时函数有一个不确定参数
    value = entry.get()
    text.set(value)
button.bind('<Button-1>',press_button)  #绑定按钮单击事件
```

以上就是通过 tkinter 制作 GUI 程序的主要流程。除了创建组件外，另一个重要内容是管理组件的布局，即将组件放在哪里？tkinter 中有 3 种设置组件位置的方法，即调用组件的 pack()、place()和 grid()方法，每个方法都有各自的参数，创建完组件后，如果不调用 3 个方法中的任何一个，组件将不会显示在窗口中，并且同时只能调用其中的一种方法。

tkinter 中有非常多的组件，每个组件又有非常多的属性，由于篇幅的原因，更多组件、组件的属性和方法，以及组件的布局这里不再一一赘述，读者可以自行阅读相关书籍。

接下来，老裴将制作一个房贷计算器。首先创建主窗口，代码如下：

```
from tkinter import *
from tkinter import ttk                      #ttk 模块中有一些新的组件
```

```
from tkinter import messagebox                    #导入消息框

win = Tk()
win.update()
w,h = 600,400
win.geometry("600x400")
win.title("还款计算器")
```

然后将主窗口分成上下两部分，上部分用于设置贷款参数，下部分用于显示还款信息，每部分各为一个**框架**（Frame）组件。框架是一种容器型组件。代码如下：

```
win_w,win_h = win.winfo_width(),win.winfo_height()

uframe = Frame(win,height = int(win_h/2),width = int(win_w/2)) #上框架
uframe.pack(side = TOP,fill = Y)

dframe = Frame(win,height = int(win_h/2))                       #下框架
dframe.pack(side = BOTTOM,fill = BOTH,expand = 1)
```

接着在上框架中添加各种组件。以下标签的父组件均为 uframe 框架。

```
loan_label = Label(uframe,text = "贷款金额:")       #贷款金额的标签
loan_entry = Entry(uframe,width = 15,bg = "cyan")   #金额输入文本框
unit_label = Label(uframe,text = "万元")            #金额单位标签

loan_label.grid(row = 0)              #使用 grid()方法布局组件，3 个组件在同一行
loan_entry.grid(row = 0,column = 1)
unit_label.grid(row = 0,column = 2)

years_label = Label(uframe,text = "贷款年限:")       #贷款年限标签
noy = IntVar()                                       #创建一个获取年限的变量 noy
noy.set(1)                                           #默认为一年

#创建一个下拉列表框组件，该组件来自于 ttk 模块，其值为变量 noy
years_combobox = ttk.Combobox(uframe,width=12,textvariable=noy)
years_combobox["value"] = list(range(1,31))

text = StringVar()                                  #创建一个字符串变量
text.set("12 期")                                   #用于设置总期数

#创建显示总期数的标签，其文字为 text 变量
term_label = Label(uframe,width=4,textvariable=text)

years_label.grid(row = 1,column = 0)     #用 grid()方法管理第 2 行组件
years_combobox.grid(row = 1,column = 1)
term_label.grid(row = 1,column = 2)

#下拉列表框组件的事件函数
def change_combobox(*args):
    num = years_combobox.get()           #首先获取下拉列表框中的数值
    num = 12*int(num)                    #将年转替换为期数
    string = str(num) + "期"
    text.set(string)                     #重新设置总期数标签的文字
```

```
#绑定下拉框事件函数
years_combobox.bind("<<ComboboxSelected>>",change_combobox)

#以下组件为利率设置组件
intetrest_label = Label(uframe,text = "贷款利率:")
intetrest_entry = Entry(uframe,width=15,bg="cyan")
sign_label = Label(uframe,text = "%")

intetrest_label.grid(row = 2)                          #用 grid()方法管理第 3 行组件
intetrest_entry.grid(row = 2,column = 1)
sign_label.grid(row = 2,column = 2)

v = IntVar()                                           #定义一个整数变量
v.set(1)                                               #用于获取单选按钮的值

#创建 2 个单选按钮，用于设置还款方式，数值分别为 1 和 2
acmr = Radiobutton(uframe,text="等额本息",value=1,
               variable=v,bg="yellow")
apmr = Radiobutton(uframe,text="等额本金",value=2,
               variable=v,bg="yellow")
acmr.grid(row = 3,column = 0,sticky=E)                 #布置在第 4 行
apmr.grid(row = 3,column = 2,sticky=W)

#创建计算按钮
button = Button(uframe,text = "计算",bg="grey")
button.grid(row=4,column = 1)                          #显示在第 5 行
```

在下框架中添加显示还款金额的表格，代码如下：

```
tree = ttk.Treeview(dframe,show="headings")           #用树组件显示表格数据
scroll = Scrollbar(command=tree.yview)                #给树组件添加滚动条
tree.config(yscrollcommand=scroll.set)

names = ("terms","payment","interest","principal")    #每列表头的名称
tree["columns"] = names
tree.column("terms", width=4,anchor="center")         #设置列属性
tree.column("payment", width=30,anchor="center")
tree.column("interest", width=30,anchor="center")
tree.column("principal", width=30,anchor="center")

tree.heading("terms", text="期数")                     #每列表头的显示名称
tree.heading("payment", text="还款总额")
tree.heading("interest", text="还款本金")
tree.heading("principal", text="还款利息")
tree.pack(side = TOP,fill=BOTH,expand=1)
```

最后定义按钮事件函数，代码如下：

```
def press_button(*args):
    A = loan_entry.get()                              #获取贷款金额文本框中的数值
    i = intetrest_entry.get()                         #获取利率文本框中的数值
    n = years_combobox.get()                          #获取贷款年限下拉列表框中的数值
```

```
#清空树组件的内容
contents = tree.get_children()
for item in contents:
    tree.delete(item)

#如果贷款金额、利率和年限都不为空
if A and i and n:
    A = int(A)*10000                        #将字符串转换为数值
    i = float(i)/100
    n = int(n)*12
    choice = v.get()                        #获取单选按钮的值
    if choice == 1:                         #如果为1,表示选择等额本息
        Pk,Aks,Iks = acm(A,n,i)             #调用等额本息函数
        Pk = round(Pk,2)                    #将每月还款总额保留两位有效数字

        #计算还款本金总额和利息总额,并保留两位有效数字
        sAks,sIks = round(sum(Aks),2),round(sum(Iks),2)
        values = ("总金额",Pk*n,sAks,sIks)

        #表格的第1行显示总金额的情况
        tree.insert("",0,values=values)

        #第2~361行显示每期还款的总额、本金和利息
        for k in range(n):
            term = str(k+1)+"期"
            Ak = round(Aks[k],2)
            Ik = round(Iks[k],2)
            values = (term,Pk,Ak,Ik)
            tree.insert("",k+1,values=values)

    if choice == 2:                         #如果为2,则表示选择等额本金
        Pks,Ak,Iks = apm(A,n,i)             #调用等额本金函数
        Ak = round(Ak,2)
        sPks,sIks = round(sum(Pks),2),round(sum(Iks),2)
        values = ("总金额",sPks,Ak*n,sIks)
        tree.insert("",0,values=values)
        for k in range(n):
            term = str(k+1)+"期"
            Pk = round(Pks[k],2)
            Ik = round(Iks[k],2)
            values = (term,Pk,Ak,Ik)
            tree.insert("",k+1,values=values)

else:           #如果没有输入贷款金额、贷款年限和贷款利率,则给出提示
    messagebox.showinfo('提示','请输入正确的信息')

#最后绑定按钮事件函数
button.bind('<Button-1>',press_button)
```

运行上面的程序,显示房贷计算器的功能如图 1.16 所示。

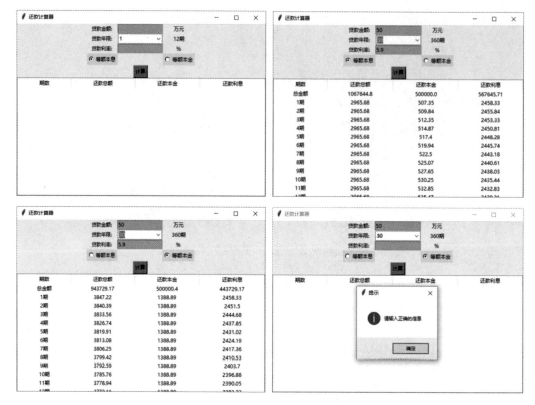

图 1.16　房贷计算器的功能展示

在定义按钮的事件函数中用到了未介绍过的条件分支 if 语句，详见第 2 章中的相关内容。

可以看到，GUI 版主要简化了程序的输入和输出，使用脚本版需要有 Python 基础，而使用 GUI 版并没有要求。

接下来的章节，笔者会在"老裴的科学世界"专栏中和读者一起讨论生活中有趣的科学计算问题。

第2章　复杂公式程序化

第1章中的公式比较简单，程序化的过程也不复杂，首先将公式中的物理量用变量替换，然后根据对应的运算法则组成表达式即可，也可以理解为公式的直接翻译。本章将结合复杂的公式介绍更多的 Python 基础知识。

2.1　出　租　车　费

某市的出租车收费标准如下：

- 行程不超过 3km 时，收费 10 元；
- 行程超过 3km 但不超过 10km 时，在收费 10 元的基础上，超过 3km 的部分每公里收费 1.4 元；
- 行程超过 10km 时，超过部分每公里按 1.4 元收费外，再加收 50% 的回程空驶费。

设乘客搭乘路程为 x，车费为 y，则其函数关系式为：

$$y = \begin{cases} 10 & 0 < x \leqslant 3 \\ 10 + (x-3) \times 1.4 & 3 < x \leqslant 10 \\ 10 + (10-3) \times 1.4 + (x-10) \times 1.4 \times 1.5 & x < 10 \end{cases} \tag{2.1}$$

公式（2.1）是一个线性分段函数，其图像如图 2.1 所示，三条线段有不同的斜率。

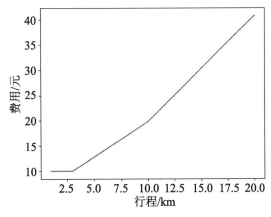

图 2.1　出租车费用分段示意图

接下来，结合分段函数介绍 Python 中的条件分支、错误和异常等知识。

2.1.1　条件分支

1．if语句

【实例 2.1】　定义函数计算出租车乘客分别搭乘 2.9km、7.8km 和 13.2km 的路程需支付的费用。

要准确计算出租车费，首先要弄清行程 x 所在的范围，然后调用相应的表达式计算费用。Python 中可以使用 if 语句实现分段函数，格式如下：

```
if 条件:
    语句
……
```

if 后接**条件**（Condition），并以冒号（:）结尾，要执行的语句如果另起一行则必须缩进，本书中称之为**子句**（Clause），其工作原理如下：

（1）执行 if 语句，计算条件的值。

（2）如果值为 **True** 或**非 None、非 0** 对象，则执行其子句，否则忽略子句。

（3）继续执行后面的语句。

在 Shell 中举例如下：

```
>>> a,b,c,d,e = 1,2,True,0.,None
>>> if a:                        #条件的值为整数对象，执行子句
        print("Quite Good")
Quite Good
>>> if a < b:                    #条件的值为 True，执行子句
        print("Not Bad")
Not Bad
>>> if c:                        #条件的值为 True
        print("Good News")
Good News
>>> if d or e:                   #条件的值为 None，忽略子句
        print("Bad News")
>>> if d and e:                  #条件的值为 0，忽略子句
        print("Bad News")
```

由上例可以看到，条件可以由单个对象或各种表达式组成。语句后的冒号（:）至关重要，既标志 if 语句的结束，也是其子句的开始，说明接下来的子句隶属于该 if 语句，与函数定义时函数头后的冒号具有相同的意义。

于是，对于出租车的费用，可以用如下算法来描述。

算法 2.1　出租车费计算。

输入：行程 $x \leftarrow x_0$

输出：车费 y

1. if $0 < x \leqslant 3$

　　1.1 $y \leftarrow 10$

2. if $3 < x \leqslant 10$

　　2.1 $y \leftarrow 10+(x-3)*1.4$

3. if $x > 10$

　　3.1 $y \leftarrow 10+(10-3)*1.4+(x-10)*1.4*1.5$

4. print y

将上述算法翻译成 Python 程序如下：

```
1 x = 2.9                                    #行程
2 if 0 < x <=3:
3     y = 10
4 if 3 < x <=10:
5     y = 10 + (x - 3)*1.4
6 if x > 10:
7     y = 10 + (10 - 3)*1.4 + (x - 10)*1.4*1.5
8 print("行程%fkm 需要花费%f 元."%(x,y))
```

输出结果为：

```
行程 2.900000km 需要花费 10.000000 元.
```

分析上述算法的程序流程如下：

根据逐行运行的规则，程序先定义了行程变量 x=2.9，然后执行第 2 行的 if 语句，由于 0<x=2.9≤3，满足条件，则执行其子句，即第 3 行中的定义变量 y 并赋值 10；接下来程序继续执行，因为 x=2.9 不满足第 4 行和第 6 行 if 语句的条件，所以不执行第 5 行和第 7 行，最后执行第 8 行，打印变量 y=10 到屏幕上。

同样的道理，对于行程 x=7.8 和 x=13.2，程序运行时只执行满足条件 if 语句中的子句，而忽略不满足条件 if 语句中的子句，因而这种结构也被称为**条件分支结构**。

总结：x=2.9、7.2、13.8 时程序的执行顺序分别为 1~2~3~4~6~8、1~2~4~5~6~8 及 1~2~4~6~7~8，由于条件分支语句的存在，程序将跳跃式地执行。

需要特别注意的是，虽然 if 语句与函数头都是以冒号（：）结尾，隶属于其中的语句块另起一行时都需要严格缩进，但函数体中定义的变量是局部变量，而 if 子句中定义的变量仍然是全局变量。如图 2.2 所示，按照前文中关于程序的层级划分，第 3、5、7 行语句都位于第 2 层级，但第 2 层级定义的变量 y 却能被位于第 1 层级的第 8 行语句调用，说明 y 是全局变量。

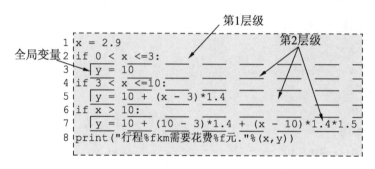

图 2.2　程序层级关系

为什么采用这样的设计？原因是函数的定义是为了封装一段逻辑，而 if 语句是为表达逻辑服务的，它可以服务于函数定义。事实上，关于函数，我们更关心的是其返回的值，对于其逻辑实现使用的变量可能并不那么关注。例如，将一个复杂逻辑关系封装成函数，在函数体内使用了 100 个变量，调用函数时这 100 个变量如果作为全局变量将会消耗更多的内存空间，而作为局部变量，在函数调用后直接被销毁，则可以优化内存空间。

为了更方便地调用上述代码，可以将其定义为如下函数：

```
1 def taxi_fee(x):
2   if 0 < x <= 3:                    #在函数体内使用 if 语句
3     return 10
4   if 3 < x <=10:
5     return 10 + (x - 3)*1.4
6   if x > 10:
7     return 10 + (10 - 3)*1.4 + (x - 10)*1.4*1.5
```

调用该函数如下：

```
>>> taxi_fee(2.9)
10
>>> taxi_fee(7.8)
16.72
>>> taxi_fee(13.2)
26.519999999999996
```

由以上代码可以看出，return 语句是函数的终止语句，如果位于函数体代码块中间的 return 语句被成功执行，则其后的语句将被忽略。

总结：x=2.9、7.2、13.8 时，函数体内语句的执行顺序分别为 2～3、2～4～5 及 2～4～6～7。

📖 **延伸阅读：if 语句的快捷表达**

当 if 子句只有简单的一行时，可以直接在冒号（:）后接上语句，而无须另起一行并缩进。修改 taxi_fee()函数如下：

```
def taxi_fee(x):
    if 0 < x <=3: return 10
    if 3 < x <=10: return 10 + (x - 3)*1.4
    if x > 10: return 10 + (10 - 3)*1.4 + (x - 10)*1.4*1.5
```

2．if-else语句

【**实例2.2**】　由于生活质量的提高，该市将出租车收费标准调整为 3 公里内收费 12 元，10 公里以内超出 3 公里的部分按 2 元/公里收费，超出 10 公里的部分增加 60%，试在 taxi_fee()函数的基础上编制一个能实时调价的运费计算函数。

taxi_fee()函数的定义域为（0,+∞)，当输入的参数为负数里程时，函数将返回 None，当输入复数（比如 1+1j）时程序出错，例如：

```
>>> taxi_fee(-1)
>>> taxi_fee(1+1j)
Traceback (most recent call last):
  File "<pyshell#10>", line 1, in <module>
    taxi_fee(1+1j)
  File "D:\工作\Python 科学计算基础\程序\chapter 2\taxi_fee.py", line 17, in
taxi_fee
    if 0<x<=3:
TypeError: '<' not supported between instances of 'int' and 'complex'
```

报错提示为整数与复数无法进行加法运算，出错的原因是没有对行程 x 的值域进行完整的限定。为解决该问题，可以使用 **if-else** 语句对输入参数的范围进行更具体的约束，格式如下：

```
if 条件:
    语句
    ……
else:
    语句
    ……
```

因为 if-else 语句的条件为互补关系，所以 else 语句可以忽略条件。如果 if 语句满足执行条件，则执行其子句，而 else 子句将被忽略，反之亦然。具体的工作原理为：

（1）执行 if 语句，计算条件的值。

（2）如果值为 **True** 或非 **None**、非 **0** 对象，则执行 if 子句而忽略 else 子句。

（3）否则忽略 if 子句，执行 else 子句。

（4）继续执行后面的语句。

除了数据类型的约束外，解决实例 2.2 还需要将免费公里数、超过公里数等作为函数的参数，以增强函数的适用范围。

约束行程 x 为(0,+∞)内的实数，同时设 d_1 公里内固定费用为 pp，超出 d_1 公里的部分每公里单价为 p，超出 d_2 公里时每公里在 p 的基础上增加 m 倍。

算法 2.2　出租车费计算。

输入：行程 $x \leftarrow x_0$

输出：车费 y

1．if type(x) is int or float

1.1 if $0 < x \le d_1$

    1.1.1 $y \leftarrow pp$

1.2 if $d_1 < x \le d_2$

    1.2.1 $y \leftarrow pp+(x-d_1)*p$

1.3 if $x > d_2$

    1.3.1 $y \leftarrow pp+(d_2-d_1)*p+(x-d_2)*p*(1+m)$

1.4 if $x \le 0$

    1.4.1 $y \leftarrow 0$

2. else

    2.1 raise error("Wrong type input")

3. return y

结合算法 2.2 和实例 2.2 中的条件，定义新的出租车费函数如下，

```
1 def taxi_fee1(x,d1 = 3,d2 = 10,pp = 10,p = 1.4,m = 0.5):
2    if isinstance(x,(int,float)):          #如果 x 为整数或浮点数,则执行其子句
3        if 0 < x <= d1:
4            y = pp
5        if d1 < x <= d2:
6            y = pp + (x - d1)*p
7        if x > d2:
8            y = pp + (d2 - d1)*p + (x - d2)*p*(1 + m)
9        if x <= 0:                          #当 x<0 时, 不收费
10           y = 0
11   else:                    #相当于 if not instance(x,(int,float)),执行子句
12       raise TypeError("输入类型错误")
13   return y
```

调用函数举例如下，

```
>>> taxi_fee1(11,pp = 12,p = 2,m = 0.6)    #求解例 2.2
29.2
>>> taxi_fee1(1+1j)                         #raise 语句抛出异常
Traceback (most recent call last):
  File "<pyshell#8>", line 1, in <module>
    taxi_fee1(1+1j)
  File "D:\工作\Python 科学计算基础\程序\chapter 2\taxi_fee.py", line 36, in taxi_fee1
    raise TypeError("输入类型错误")
TypeError: 输入类型错误
```

调用函数时，首先执行第 2 行的 if 语句，如果行程 x 为整数或浮点数对象，则执行其中的子句第 3～10 行。第 3～10 行由 4 个 if 语句组成，根据 x 的取值执行满足条件的子句，计算费用 y，而不满足条件的子句将被忽略，最后将费用 y 作为函数值返回。如果 x 为整数或浮点数以外的其他对象，则程序执行第 12 行的 raise 语句，raise 语句主动抛出异常，程序运行中断。

总结：当行程 $x=11$ 和 1+1j 时，函数体内的程序执行过程分别为 2～3～5～6～7～9～

13 及 2～11～12。

3．分支嵌套

上例函数的实现中，首先利用 if-else 语句限定函数输入参数的类型，然后分别在各自的子句内实现新的逻辑。例如，在 if 子句中实现车费计算公式，使用了新的 if 分支语句，这种表达也被称为**分支嵌套**。分支语句中有一个分支称为**二层分支嵌套**，有多个分支则称为**多层分支嵌套**。

在编写分支嵌套程序时应特别注意缩进。例如，上例中第一个 if 语句后的所有子句都应该缩进，而子句却是以 if 语句开始的，所以其后需要进行第 2 次缩进。

```
if isinstance(x,(int,float)):
    if 0 < x <= d1:              #作为第 1 个分支的子句，第 1 次缩进
        y = pp                  #作为第 2 个分支的子句，第 2 次缩进
```

无论分支嵌套多少次，在函数体范围内的变量 y 都是全局变量，可以被其后的语句使用。

延伸阅读：instance()函数

内置函数 instance()用于对象类型的检查，其输入参数的格式为 instance（object，classinfo）。其中，object 为对象（实例），classinfo 可以是类名或它们组成的元组。举例如下：

```
>>> isinstance(2,float)           #对象 2 是否为浮点数
False
>>> isinstance(2,(float,int))      #对象 2 是否为浮点数或者整数
True
#"老裴"是否是整数、浮点数或者字符串
>>> isinstance("老裴",(float,int,str))
True
```

更多关于 instance()函数的应用场景，请关注本书后面的内容。

4．if-elif-else 语句

if-else 语句适合表达式只有两种分支的情形，当分支超过两种情形时将不再适用，此时可以使用 if-elif-else 语句实现更多的可能性，格式如下：

```
if 条件 1:
    语句
    ……
elif 条件 2:
    语句
    ……
elif 条件 3:
    语句
    ……
……
else:
    语句
    ……
```

条件 1、2、3…和 else（被忽略的条件）形成全部的可能性，满足其中一个条件，其他条件都将得不到满足，对应的子句代码块也不会被执行。

在定义 taxi_fee1() 函数时，首先约束了行程 x 的数据类型为实数，然后通过 if 嵌套语句对 x 进行了范围划分。使用 if-elif-else 语句改写 taxi_fee1() 函数如下：

```python
def taxi_fee2(x,d1 = 3,d2 = 10,pp = 10,p = 1.4,m = 0.5):
    if isinstance(x,(int,float)):
        if 0 < x <= d1:
            y = pp
        elif d1 < x <= d2:
            y = pp + (x - d1)*p
        elif x > d2:
            y = pp + (d2 - d1)*p + (x - d2)*p*(1 + m)
        else:                                #等同于 x ≤ 0
            y = 0
    else:
        raise TypeError("输入类型错误")
    return y
```

当约束了 x 的数据类型为实数域后，if-elif-else 语句将组成一个完整的实数域。以上就是关于条件分支的知识点，后面的内容中将会有一些使用条件分支的场景。

📖 **延伸阅读：高级赋值语句**

赋值语句等号右边可以使用 if-else 语句，例如：

```python
>>> a = 10
>>> b = a if a > 10 else a - 10
>>> b
0
```

这相当于如下代码的快捷表达。

```python
if a > 10:
    b = a
else:
    b = a - 10
```

2.1.2　错误与异常

前面章节中多次遇到了程序提示错误的情形，其原因是程序在执行的过程中发现问题而导致无法继续执行，其根源在于语句中存在错误。Python 中的常见错误包括**语法错误**（Syntax Error）和**异常**（Exception）。

1. 语法错误

初学者常犯的错误是，在编写语句或表达式时，没有严格遵守 Python 语法而导致无法运行，例如：

```
>>> a = 2.
>>> if a > 1 print("Good")
SyntaxError: invalid syntax
```

出错原因是 if 语句必须以冒号（:）结尾，在 print 语句前加上 ":" 后程序就能正常运行了。如果语句无法执行，会通过报错来提醒开发者进行针对性的调试，如 SyntaxError: invalid syntax 表示无效的语法。

2. 异常

虽然程序语句在语法上是正确的，但是在执行时也可能会出现错误，这种错误叫作异常。看下面的情形：

```
>>> 1/0
Traceback (most recent call last):
  File "<pyshell#1>", line 1, in <module>
    1/0
ZeroDivisionError: division by zero              #0 作为除数
>>> prinnt("Good")
Traceback (most recent call last):
  File "<pyshell#2>", line 1, in <module>
    prinnt("Good")
NameError: name 'prinnt' is not defined          #prinnt 未定义
>>> "2" + 2
Traceback (most recent call last):
  File "<pyshell#3>", line 1, in <module>
    "2" + 2
TypeError: must be str, not int                  #不同数据类型做加法
```

由以上示例可以看出，错误提示信息会提示引发错误的语句所在的模块、行数、错误类型及对错误的描述，这样可以方便开发者进行代码调试。异常有多种不同的类型，例如上例中的 ZeroDivisionError、NameError 和 TypeError，这些异常因为是 Python 自带的，所以也被称为**内置异常**。

3. raise语句

在编写程序时，如果知道会有异常发生，则可以让程序主动抛出异常。例如函数 taxi_fee()，其输入参数为实数时程序正常执行，而为实数范围以外的参数时程序就会抛出异常。如果熟悉该函数，程序员在调用时应尽量避免；而对于不熟悉该函数的用户，则可以通过引发异常进行提醒，例如在 taxi_fee1()函数的定义中使用了 raise 语句让程序主动抛出异常。raise 语句的使用格式为：

```
raise ErrorType("异常描述")
```

举例如下：

```
>>> raise NameError('HiThere')
Traceback (most recent call last):
  File "<pyshell#3>", line 1, in <module>
    raise NameError('HiThere')
```

```
NameError: HiThere
```

4．try-except语句

另外一种主动抛出异常的方式是使用 try-except 语句，格式如下：

```
try:
    语句
    ……
except ErrorType:
    语句
    ……
```

工作原理如下：

（1）执行 try 子句（try 和 except 之间的语句）。

（2）如果没有异常发生，则忽略 except 子句，然后执行第（5）步。

（3）如果执行 try 子句时有异常发生，则忽略剩下的子句，执行 except 语句。如果 except 子句中发生的异常类型和实际发生的异常匹配，则执行 except 子句，然后执行第（5）步。

（4）如果 except 语句后的异常类型和实际发生的异常不匹配，则忽略 except 子句，并根据 try 子句中的异常报错并终止程序。

（5）执行后面的语句。

改写 taxi_fee ()函数，让其具备非实数输入的错误提示功能，代码如下：

```
def taxi_fee3(x):
    try:
        if 0 < x <=3: return 10
        elif 3 < x <=10: return 10 + (x - 3)*1.4
        elif x > 10: return 10 + (10 - 3)*1.4 + (x - 10)*1.4*1.5
        else : return 0
    except TypeError as err:
        print(err)
```

在 Shell 中调用函数：

```
>>> taxi_fee3(1+1j)
'<' not supported between instances of 'int' and 'complex'
```

提示错误为复数和整数不能进行比较运算。也可以自定义错误描述，将 except 语句和其子句修改如下：

```
except TypeError:
        print("输入类型错误")

>>> taxi_fee3(1+1j)
输入类型错误
```

替换 TypeError 为其他异常类型，如 NameError：

```
except NameError:
    print("输入类型错误")

>>> taxi_fee3(1+1j)
```

```
Traceback (most recent call last):
  File "<pyshell#5>", line 1, in <module>
    taxi_fee3(1+1j)
  File "D:\工作\Python 科学计算基础\程序\chapter 2\taxi_fee.py", line 58, in
taxi_fee3
    if 0 < x <=3: return 10
TypeError: '<' not supported between instances of 'int' and 'complex'
```

由于实际异常类型为 TypeError，而 except 语句后接的是 NameError，二者并不匹配，则程序会跳过 except 子句，提示错误并终止运行，类似于执行 raise 语句。当程序中可能需要处理多个类型的异常时，可以将其组成元组，例如：

```
except (NameError,TypeError):
    print("输入类型错误")

>>> taxi_fee3(1+1j)
输入类型错误
```

try 语句后可以接多个 except，其格式如下：

```
try:
    语句
    ……
except ErrorType:
    语句
    ……
except ErrorType:
    语句
    ……
```

类似于条件分支，同时只会处理一个异常。修改 taxi_fee3()函数如下，使用未定义的变量 y。

```
def taxi_fee4(x):
    try:
        if 0 < x <=3: return 10
        elif 3 < x <=10: return 10 + (x - 3)*1.4
        elif y > 10: return 10 + (10 - 3)*1.4 + (x - 10)*1.4*1.5
        else : return 0
    except NameError:
        print("未定义变量名")
    except TypeError:
        print("输入类型错误")

>>> taxi_fee3(11)
未定义变量名
>>> taxi_fee3(1+1j)
输入类型错误
```

可以看到，由于 Python 代码是逐行执行的，因此异常处理只与异常发生的先后顺序有关，而和 except 语句的先后顺序无关。

📖 **延伸阅读**：raise 与 try-except 的区别

虽然 raise 语句与 try-except 语句都能处理异常，但前者处理异常后程序中断，后者如果处理异常成功则继续执行其后的语句。例如：

```
a,b,c = 1,0,2

if b == 0:
    raise ZeroDivisionError("零作除数")
print(c)

try:
    a/b
except ZeroDivisionError as err:
    print(err)
print(c)
```

两段程序的输出结果分别为：

```
Traceback (most recent call last):
  File "D:\工作\Python 科学计算基础\程序\chapter 2\raise_and_tryexcept. py",
line 11, in <module>
    raise ZeroDivisionError("零作除数")
ZeroDivisionError: 零作除数
```

和

```
division by zero
2
```

5. assert语句

assert 语句也称断言语句，其语法为：

```
assert 条件 [,args]
```

中括号内的 args 为异常提示字符串，可选择性地输入。assert 语句用 raise 语句描述为：

```
if not 条件:
    raise AssertionError(args)
```

条件得以满足，则程序忽略该条语句继续运行，若条件不满足，则抛出异常，是一种简洁的异常处理方式。举例如下：

```
>>> assert 1                        #正常运行
>>> assert 0, "错误"                 #抛出异常时，提示字符串 args="错误"
Traceback (most recent call last):
  File "<pyshell#0>", line 1, in <module>
    assert 0, "错误"
AssertionError: 错误
>>> a,b = 1,2
>>> assert a < b                     #条件得到满足，正常运行
>>> assert a > b                     #条件得不到满足，抛出异常
Traceback (most recent call last):
  File "<pyshell#4>", line 1, in <module>
```

```
    assert a > b
AssertionError
>>> assert True
>>> assert False
Traceback (most recent call last):
  File "<pyshell#6>", line 1, in <module>
    assert False
AssertionError
```

【实例 2.3】　定义一个函数，计算一元二次方程的根。

一元二次方程

$$ax^2+bx+c=0\ (a\neq 0)$$

有 3 个系数 a、b、c，求根公式为：

$$x=\frac{-b\pm\sqrt{b^2-4ac}}{2a}$$

将系数 a、b、c 作为函数的输入参数，且对 $a=0$ 和 $a\neq 0$ 的情形分开讨论。

- 如果 $a=0$，则 b 的取值也要分为 $b=0$ 和 $b\neq 0$ 两种情况讨论；
- 如果 $a\neq 0$，则需要判断判别式 Δ 的符号，$\Delta\geqslant 0$ 时为实数根，$\Delta<0$ 时为复数根。

定义函数如下：

```
def root(a,b,c):
    if a == 0:                        #如果 a=0
        if b == 0:                    #且 b=0
            assert c == 0             #判断 c 是否为 0，不为 0，则抛出异常
            return                    #否则函数返回 None，后面的语句忽略
        else:                         #如果 a=0，但 b 不为 0
            return -c/b               #返回一个根，后面的程序忽略

    delta = b**2 - 4*a*c              #如果 a 不等于 0，计算判别式
    if delta >= 0:                    #如果判别式大于等于 0，调用 math 库中的平方根函数
        from math import sqrt
    else:                             #否则调用 cmath 库中支持复数运算的平方根函数
        from cmath import sqrt
    r1 = 0.5*(-b + sqrt(delta))/a     #计算并返回两个根
    r2 = 0.5*(-b - sqrt(delta))/a
    return r1,r2
```

在 Shell 中调用该函数：

```
>>> root(0,0,0)                       #返回 None
>>> root(0,0,2)                       #因为 c 不为 0，抛出异常
Traceback (most recent call last):
  File "<pyshell#1>", line 1, in <module>
    root(0,0,2)
  File "D:\工作\Python 科学计算基础\程序\chapter 2\roots.py", line 5, in root
    assert c == 0
AssertionError
>>> root(1,2,1)                       #x²+2x+1=0 的根
```

```
(-1.0, -1.0)
>>> root(1,2,3)                            #x²+2x+3=0 的根
((-1+1.4142135623730951j), (-1-1.4142135623730951j))
```

当然，由于我们知道在 a=0 时会有异常发生，于是还可以使用 try-except 语句让程序主动抛出异常，重新定义函数如下：

```
def root1(a,b,c):
    try:                                   #a 不为 0 时，执行下面的程序
        delta = b**2 - 4*a*c
        if delta >= 0:
            from math import sqrt
        else:
            from cmath import sqrt
        r1 = 0.5*(-b + sqrt(delta))/a
        r2 = 0.5*(-b - sqrt(delta))/a
        return r1,r2
    except ZeroDivisionError as err:       #a 为 0 时提示异常
        print("一元二次方程二次系数 a 不为 0")
```

调用上面的函数，结果如下：

```
>>> root1(0,1,2)
一元二次方程二次系数 a 不为 0
>>> root1(1,2,1)
(-1.0, -1.0)
>>> root1(1,2,3)
((-1+1.4142135623730951j), (-1-1.4142135623730951j))
```

换句话说，在编写程序时，分支语句可以与 try-except 语句配合使用。

以上就是条件分支语句和异常处理的基本内容，在后续的章节中将会用到这些内容，特别是条件分支语句。

2.2 调 和 级 数

对于无穷级数

$$\sum_{n=1}^{\infty} \frac{1}{n^a} \tag{2.2}$$

当 $a>1$ 时收敛，$a\leq 1$ 时发散。特别是，当 $a=1$ 时，公式（2.2）被称为**调和级数**（Harmonic Series）。

调和级数的发散速度是常被关心的问题。换句话说，对于下面的数列：

$$S_n = 1 + \frac{1}{2} + \frac{1}{3} + \cdots + \frac{1}{n} \tag{2.3}$$

其发散程度如何，最简单的方法是将（n，S_n）的值呈现出来。图 2.3 给出了 n=10、100、1000、10 000 时 S_n 的变化，可以看出，调和级数发散得非常慢。

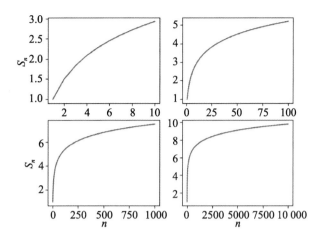

图 2.3 不同 n 取值时的 S_n

接下来将结合公式（2.3）介绍更多的 Python 基础编程知识。

2.2.1 while 循环

1. 基本用法

【实例 2.4】 在屏幕上打印出 (n, S_n)，$n=1, 2, 3, \cdots, 10$。

虽然公式（2.3）中只有一个变量 n，但是其表达式的长度并不固定，而是与变量 n 有关，具体为：

$$S_1 = 1$$

$$S_2 = 1 + \frac{1}{2}$$

$$S_3 = 1 + \frac{1}{2} + \frac{1}{3}$$

$$\cdots$$

S_n 是关于 n 倒数的求和公式，根据前面所学的知识，打印调和级数前 10 个值需编写 10 条 print 语句，即：

```
print(1,1)
print(2,1+1/2)
print(3,1+1/2+1/3)
......
```

随着 n 的增大，编程工作量也随之增加。有什么方法可以减少编程量呢？计算机语言利用**循环**（Loop）结构来完成这种重复性的工作，Python 中的循环结构主要有 while 和 for，首先介绍 while 循环。while 循环结构的格式为：

```
while 条件:
    语句
    ......
```

和 if 语句一样，条件值为 **True** 或非 **None**、非 **0** 对象时将重复执行其后的语句，否则终止循环。类似地，while 语句以冒号（:）结尾，其后的语句块严格缩进，表示隶属于该循环语句，也被称为**循环体**，循环体中的语句从上至下重复执行，直至循环终止。于是，调和级数 S_n 可按照如下算法求得。

算法 2.3　调和级数

输入：项数

输出：调和级数

1. $s \leftarrow 0, i \leftarrow 1, n \leftarrow n_0$

2. while $i \leq n$

    2.1 $s \leftarrow s+1/i$

    2.2 print i, s

    2.3 $i \leftarrow i+1$

将上述算法翻译成 Python 程序求解实例 2.4，设 $n=10$，代码如下：

```
s = 0
i,n = 1,10
while i <= n:
    s += 1/i                        #加法赋值语句，等同于 s = s + 1/i
    print("调和项数 n=%d 时,Sn=%f"%(i,s))
    i += 1                          #等同于 i = i + 1
```

上段程序的输出结果为：

```
调和项数 n=1 时,Sn=1.000000
调和项数 n=2 时,Sn=1.500000
调和项数 n=3 时,Sn=1.833333
调和项数 n=4 时,Sn=2.083333
调和项数 n=5 时,Sn=2.283333
调和项数 n=6 时,Sn=2.450000
调和项数 n=7 时,Sn=2.592857
调和项数 n=8 时,Sn=2.717857
调和项数 n=9 时,Sn=2.828968
调和项数 n=10 时,Sn=2.928968
```

下面分析程序流程。首先定义变量 s、i 和 n，s 为调和项数求和，初始值 s=0。while 循环运行的条件是 i≤n=10，否则循环终止。

循环重复执行的语句分 3 个步骤：

（1）将 s+1/i 赋值给变量 s。

（2）在屏幕上打印出 i 和 s。

（3）将 i+1 赋值给 i。

具体来说，程序运行开始时 s=0，i=1，n=10，然后执行 while 循环。

第 1 次循环判断，因为 1≤10 为 True，则执行循环体内的语句：

$$s=s+\frac{1}{i}=0+\frac{1}{1}=1$$

print 1, 1

i=i+1=1+1=2

第 2 次循环判断，此时 s=1，i=2，因为 2≤10 为 True，则继续执行循环体内的语句：

$$s=s+\frac{1}{i}=1+\frac{1}{2}=1.5$$

print 2, 1.5

i=i+1=2+1=3

第 3 次循环判断，此时 s=1.5，i=3，因为 3≤10 为 True，则继续执行循环体内的语句：

$$s=s+\frac{1}{i}=1.5+1/3=1.833$$

print 3, 1.833

i=i+1=3+1=4

以此类推，第 11 次循环判断，此时 s=2.928968，i=11，因为 11≤10 为 False，循环终止。

为了更方便调用，将调和级数封装成函数，代码如下：

```
def hamonic(n):
    s,i = 0,1
    while i <= n:
        s += 1/i
        i += 1
    return s

>>> hamonic(10)
2.9289682539682538
```

从以上介绍可以看出，循环条件的值必须从 True、非 None 或非 0 变为 False、None 或 0，否则循环将不会终止，而陷入**无限循环**。例如将语句 i += 1 注释掉，程序将会一直执行。当然，通过在循环体中修改条件的值，比如对上面的程序稍做修改，也可以使循环终止。

```
s,flag = 0,True
i,n = 1,10
while flag:
    s += 1/i
    print("调和项数 n=%d 时,Sn=%f"%(i,s))
    i += 1
    if i > n:                        #如果 i > n, flag = False, 循环将终止
        flag = False
```

flag 的初始值为 True，如果不将其改变为 False、None 或 0，循环将永远不会终止。

▤ 延伸阅读：while-else 语句

Python 中通过 while-else 语句实现在循环条件值为 False、None 或 0 时执行 else 子句，例如：

```
s = 0
i,n = 1,10
while i <= n:
    s += 1/i
    print("调和项数 n=%d 时,Sn=%f"%(i,s))
    i += 1
else:
    print("%d 大于%d 时循环终止"%(i,n))
```

2．break和continue语句

对于上例，除了通过改变 flag 的值让循环终止外，还可以使用 **break 语句**主动跳出循环。break 语句一般和 if 语句配合使用，例如：

```
s = 0
i,n = 1,10
while True:
    s += 1/i
    print("调和项数 n=%d 时,Sn=%f"%(i,s))
    i += 1
    if i > n:                    #当 i>n 时，循环终止
        break
```

【实例 2.5】 在屏幕上打印出 (n, S_n)，n=1,3,5,7,9。

要打印出奇数调和级数，可以用 if 语句作为判断，例如：

```
s = 0
i,n = 1,10
while i <= n:
    s += 1/i
    if i % 2 != 0:               #如果 i 不为偶数，则执行 print 语句
        print("调和项数 n=%d 时,Sn=%f"%(i,s))
    i += 1
```

输出结果为：

```
调和项数 n=1 时,Sn=1.000000
调和项数 n=3 时,Sn=1.833333
调和项数 n=5 时,Sn=2.283333
调和项数 n=7 时,Sn=2.592857
调和项数 n=9 时,Sn=2.828968
```

除了以上方法外，还可以使用 **continue 语句**。在循环中体中加上 continue，表示跳过**当次循环**，不再执行其后的语句，但不影响前面语句的执行。与 break 语句一样，continue 语句也一般和 if 语句配合使用，例如：

```
s = 0
i,n = 0,9
while i <= n:
```

```
    i += 1
    s += 1/i
    print("此时 n=%d"%i)
    if i % 2 == 0:              #当i为偶数时，跳过本次循环，不执行其后的print语句
        continue
    print("调和项数 n=%d 时,Sn=%f"%(i,s))
```

程序运行结果为：

```
此时 n=1
调和项数 n=1 时,Sn=1.000000
此时 n=2                        #依旧执行 continue 前的语句
此时 n=3
调和项数 n=3 时,Sn=1.833333
此时 n=4
此时 n=5
调和项数 n=5 时,Sn=2.283333
此时 n=6
此时 n=7
调和项数 n=7 时,Sn=2.592857
此时 n=8
此时 n=9
调和项数 n=9 时,Sn=2.828968
此时 n=10
```

根据笔者的编程经验，在编写循环算法时最好先写出算法的**雏形**，然后从初始值开始逐次执行循环体内的语句，观察变量值的变化，实时调整算法，类似于实例 2.4 中的程序流程分析过程。

【**实例 2.6**】　用二分法求方程 $x=1+\sin x$ 的根。

首先将原方程变换为如下形式：

$$f(x)=x-1-\sin x$$

此时问题转化为 $f(x)$ 的零点问题，非线性方程的根可能有一个、多个或者无数个，常采用数值法求解。数值法得到的并不是精确解，而是满足 $|f(x_0)|<\varepsilon$（ε 足够小）的近似解 x_0。

二分法（Bisection）的思路是：首先确定大致区间 $[a, b]$，并确保在该区间内至少有一个根，比如 $f(a)$ 和 $f(b)$ 的符号相反，根据罗尔定理，方程必有一个根在 $[a, b]$ 内；取区间中点 $m=\dfrac{a+b}{2}$ 计算 $f(m)$，观察 $f(m)$ 与 $f(a)$ 和 $f(b)$ 的符号关系，如果 $f(m)$ 与 $f(a)$ 符号相反，则求解区间由 $[a, b]$ 缩小为 $[a, m]$，否则求解区间缩小为 $[m, b]$；重复以上运算，直到 $|f(m)|<\varepsilon$，ε 为精度，如 $\varepsilon=$1e-6。显然，整个过程需要重复改变求解区间，可以使用 while 循环实现，循环终止条件用精度 ε 来控制。将以上过程用伪代码描述如下：

算法 2.4　二分法

输入：方程、求解区间及精度

输出：区间内的 1 个根

1. $a \leftarrow a_0$, $b \leftarrow b_0$, $\varepsilon \leftarrow \varepsilon_0$, $f \leftarrow f_0$

2. $m \leftarrow \dfrac{a+b}{2}$

3. while $|f(m)| \geqslant \varepsilon$

    3.1 if $f(m) f(a) \leqslant 0$

        3.1.1 $b \leftarrow m$

    3.2 else

        3.2.1 $a \leftarrow m$

    3.3 $m \leftarrow \dfrac{a+b}{2}$

将以上算法翻译为 Python 程序：

```
def bisection(f,a,b,eps = 1e-6):
    m = (a + b)/2                    #区间中点
    while abs(f(m)) >= eps:          #如果区间中点的函数值小于精度，则执行循环
        if f(m)*f(a) <= 0:           #如果[a,m]的符号不相同
            b = m                    #将区间缩小为[a,m]
        else:
            a = m                    #否则将区间缩小为[m,b]
        m = (a + b)/2                #求新区间的中点
    return m
```

不难发现，前文实例中所有的算法伪代码与实际的 Python 代码非常相似，所以 Python 也被当作一种开发和验证算法的语言，首先将复杂的算法用 Python 程序实现并对其验证，然后使用其他计算机语言再次实现算法。

因此，对于后文中的实例，若无特殊要求，将不再给出算法伪代码。

要调用 bisection()函数，需要先定义描述方程 f(x)的函数，对于实例 2.6 定义为：

```
from math import sin
def f(x):
    return x - 1 - sin(x)
```

计算[0,2]上的一个根：

```
>>> a,b = 0,2
>>> x = bisection(f,a,b)
>>> x
1.9345626831054688
```

除了二分法，还有一些其他计算方程根的方法，例如应用更广泛的牛顿法。相较于后者，前者的稳定性更好，但后者的收敛速度更快。如果要分析二分法的收敛速度，需要将每次循环迭代得到的 m 值保存并显示，如何将序列数据进行保存呢？请读者继续阅读下面的内容。

2.2.2 列表和元组

【实例 2.7】 定义一个调和级数函数，输入参数 n，返回数列$(S_1, S_2, \cdots, S_n)$。

到目前为止，我们所接触的对象基本上都是单值对象，如整数、浮点数或复数。对于

实例 2.7，需要一种**容器型**的数据类型来存储数列，Python 自带的**列表**（list）能满足该需求。在 hamonic()函数的基础上稍做修改，代码如下：

```
def hamonic1(n):
    s,i = 0,1
    ls = []                        #初始化空列表
    while i <= n:
        s += 1/i
        i += 1
        ls.append(s)               #每次循环将 s 对象添加到列表的末尾
    return ls
```

上段程序中，调用了列表对象的 append()方法将元素添加到列表的末尾。在 Shell 中调用该函数：

```
>>> a = hamonic1(10)
>>> a
[1.0, 1.5, 1.8333333333333333, 2.083333333333333, 2.283333333333333, 2.449
9999999999997, 2.5928571428571425, 2.7178571428571425, 2.8289682539682537,
2.9289682539682538]
```

可以看出，函数不仅返回单值对象，还可以返回**多值对象**。事实上，Python 中的函数可以返回任何对象。

乍一看，列表似乎与数学中的向量非常类似，但不完全如此。接下来将介绍更多关于列表的知识。

1．创建列表

列表（List）用中括号（[]）表示，其中，元素用逗号（,）隔开。例如：

```
>>> x = []                                    #空列表
>>> x = list()                                #用 list()函数创建列表
>>> type(x)
<class 'list'>
>>> y = [1,2,3.0,"John"]                       #列表元素为整数和字符串
>>> z = [(1.0,2),[23,"Bob",5],[[21,3],['Jim',4.0]]]#列表元素为元组和列表
```

作为一种**可变容器型**的数据结构，列表几乎可以存储任何对象，包括列表对象自身，其中的元素有序地进行存放。

2．索引和切片

列表中每个元素都有一个**索引**（Index），用以确定元素在列表中的位置，索引必须是**整数**。如图 2.4 所示为列表中索引和元素的对应关系（以变量 y 和 z 为例），Python 中的索引都是从 0 开始的，即第 1 个元素的索引为 0，第 2 个元素的索引为 1，以此类推。通过索引访问列表中的元素，代码如下：

```
>>> y[0]                        #y 的第一个元素
1
>>> y[3]                        #y 的最后一个元素
```

```
'John'
>>> y[4]                              #索引超出范围
Traceback (most recent call last):
  File "<pyshell#20>", line 1, in <module>
    y[4]
IndexError: list index out of range
```

当索引超出范围时抛出异常。

Python 中允许使用**负数索引**，-1 对应末尾元素，-2 对应倒数第 2 个元素，以此类推。例如：

```
>>> y[-1]
'John'
>>> y[-2]
3.0
```

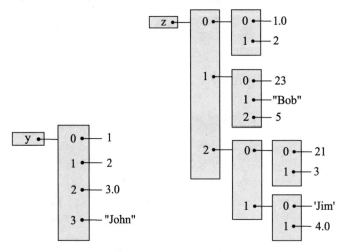

图 2.4　列表的索引

如果列表的元素中有列表，则采用层次索引的方式访问单个对象，例如：

```
>>> z[0][0]                #z[0]是一个列表对象，z[0][0]是 z[0]的第一个元素
1.0
>>> z[2][1][0]             #z[2]是一个列表对象，z[2][1]也是一个列表对象
'Jim'
```

除了索引之外，列表还支持**切片**（Slice）操作，切片操作返回的仍然是列表对象。举例如下：

```
>>> a = [1,2,3,4,5,6,7,8,9,10]
```

要获取列表的前 3 个元素，常规的方法如下：

```
>>> [a[0],a[1],a[2]]
[1, 2, 3]
```

显然这种方法的通用性较差。当然也可以使用 while 循环，例如：

```
a = [0,1,2,3,4,5,6,7,8,9]
```

```
i,x = 0,[]
while i < 3:
    x.append(a[i])
    i += 1
```

虽然以上方法从逻辑上讲没有问题，也确实能解决问题，但在 Python 中并不常用，笔者也不推荐这样"不 Pythonic"的代码，因为使用**切片**解决上述问题非常方便：

```
>>> a[0:3]
[0, 1, 2]
```

a[0:3]表示从索引为 0 的元素起到索引为 3 的元素止，但不包括索引为 3 的元素。通常，如果索引从 0 开始，则可以忽略 0，例如：

```
>>> a[:3]
[0, 1, 2]
```

取第 3~5 个元素，索引为 2~4：

```
>>> a[2:5]
[2, 3, 4]
```

取索引 3 以后的所有元素，可以为：

```
>>> a[3:10]
[3, 4, 5, 6, 7, 8, 9]
>>> a[3:]                              #索引 10 可以忽略
[3, 4, 5, 6, 7, 8, 9]
```

由于列表支持负数索引，所以对于倒数第 2 个元素前的所有元素及最后两个元素，用切片获取的方式为：

```
>>> a[:-2]
[0, 1, 2, 3, 4, 5, 6, 7]
>>> a[-2:]
[8, 9]
```

切片也支持跳跃式地获取元素，例如每隔 2 个元素取 1 个元素：

```
>>> a[::2]
[0, 2, 4, 6, 8]
>>> a[:6:3]                            #前 6 个元素中每 3 个元素取 1 个
[0, 3]
```

即前面的切片为范围，后面的数为跳跃间隔。不过，以下切片表示列表逆序：

```
>>> a[::-1]
[9, 8, 7, 6, 5, 4, 3, 2, 1, 0]
```

如果要复制列表，可以通过下列方式：

```
>>> a[:]
[0, 1, 2, 3, 4, 5, 6, 7, 8, 9]
```

以上列表索引和切片操作的可视化如图 2.5 所示。

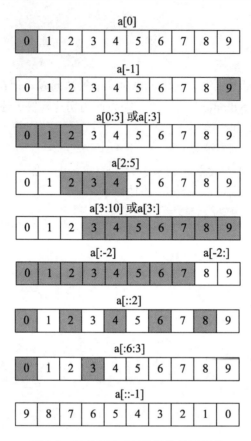

图 2.5　列表索引和切片操作的可视化

列表的常用索引和切片操作如表 2.1 所示。

表 2.1　列表的常用索引和切片操作

x[i]	返回索引为i的元素，索引从0开始，索引i表示第i+1个元素
x[-i]	返回从末尾计算的第i个元素，末尾元素索引为-1，倒数第2个元素索引为-2
x[i:j]	返回索引从i到j-1的所有元素
x[:j]	返回索引从0到j-1的所有元素
x[i:]	返回索引i后的所有元素，包括索引为i的元素
x[i:j:p]	返回索引从i到j-1的所有元素，以p为增量
x[::-1]	列表逆序
x[:]	复制列表

3．列表的方法

在第 1 章中，我们用现实世界比拟程序世界，比如现实世界中**苹果**这个名称对应于程序世界中的**类**，看得到摸得着的**苹果实物**对应于程序世界中的**对象**。每个苹果对象都有其特有的属性，如颜色、大小和重量等，还有一些主动或被动的行为，如生长、被吃等；对应于程序世界，对象也有**属性**和**行为**，行为也被称为**方法**，如果读者暂时无法理解，可参考第 3 章中的相关内容。

　　对象方法的定义过程和函数相同，或者说方法是函数的另一种称谓，调用时只需在对象后加上小数点（.），后接方法名及其中的参数即可（取成员运算）。列表对象的常用方法如表 2.2 所示。

表 2.2　列表对象的常用方法

list.append(obj)：将一个对象添加到列表的末尾，只能是一个对象

实例：

```
>>> a = [1,"John",2.3]
>>> a.append(5)                    #将整数 5 添加至列表末尾
>>> a
[1, 'John', 2.3, 5]
>>> a.append([1,2])                #将列表[1,2]添加至列表末尾
>>> a
[1, 'John', 2.3, 5, [1, 2]]
>>> a[0] = 2                       #修改列表的元素
>>> a
[2, 'John', 2.3, 5, [1, 2]]
```

list.extend(seq)：将一个容器对象的所有值依次添加至列表末尾

实例：

```
>>> b = (1,2,"Tom")
>>> a.extend(b)
>>> a
[2, 'John', 2.3, 5, [1, 2], 1, 2, 'Tom']
```

list.count(obj)：统计某个元素在列表中出现的次数

实例：

```
>>> a.count(1)
1
>>> a.count(a[2])
1
>>> a.count(-1)                    #如果元素不在列表中，返回 0 次
0
```

list.index(obj)：统计某个元素在列表中第一次出现时的索引

实例：

```
>>> a.index(2.3)
2
>>> a.index(a[-1])                 #最后一个元素的索引
7
```

（续）

list.insert(index,obj)：将对象obj插入列表的index位置
实例：
```
>>> a.insert(3,[3,2])                    #在索引 3 的位置插入列表[3,2]
>>> a
[2, 'John', 2.3, [3, 2], 5, [1, 2], 1, 2, 'Tom']
```

list.pop(index=-1)：删除列表中的一个元素（默认为末尾元素）并返回
实例：
```
>>> a.pop()                              #默认删除末尾元素
'Tom'
>>> a
[2, 'John', 2.3, [3, 2], 5, [1, 2], 1, 2]
>>> a.pop(2)                             #默认索引为 2 的元素
2.3
>>> a
[2, 'John', [3, 2], 5, [1, 2], 1, 2]
```

list.remove(obj)：删除列表中的元素obj，如果obj在列表中有多个，则删除第一个
实例：
```
>>> a.remove(1)                          #删除元素 1
>>> a
[2, 'John', [3, 2], 5, [1, 2], 2]
>>> a.remove(-1)                         #如果元素不在列表中，则提示错误
Traceback (most recent call last):
  File "<pyshell#37>", line 1, in <module>
    a.remove(-1)
ValueError: list.remove(x): x not in list
```

list.reverse()：将列表逆序
实例：
```
>>> a.reverse()
>>> a
[2, [1, 2], 5, [3, 2], 'John', 2]
```

list.sort(key,reverse=False)：列表排序，默认是升序，key为一个函数
实例：
```
>>> b = [1,5,3,2,1,-1.0]
>>> b.sort()                             #升序排序
>>> b
[-1.0, 1, 1, 2, 3, 5]
>>> c = [(1,2,3),(2,3,4),[3,4]]
#根据列表的第一个元素大小排序
>>> c.sort(key = lambda x:x[0],reverse = True)
>>> c
[[3, 4], (2, 3, 4), (1, 2, 3)]
```

注：obj = object，seq = sequence，sequence是类list和tuple这种有序容器数据类型的统称。

4．列表的运算

列表也支持一些运算，但非常有限，包括加法运算、乘法运算和成员运算，如表 2.3 所示。

表 2.3　列表的运算

+：将两个列表对象顺序组合
实例：
`>>> [1,2,3] + [3,"john"]`
`[1, 2, 3, 3, 'john']`

*：重复列表中的元素
实例：
`>>> [0]*5`
`[0, 0, 0, 0, 0]`
`>>> [2,3]*3`
`[2, 3, 2, 3, 2, 3]`

in：判断元素是否在列表中，如果存在则返回True，否则返回False
实例：
`>>> a = [1,2,3,"Bob",[2,3],(2,)]`
`>>> 1 in a`
`True`
`>>> 4 in a`
`False`
`>>> "Bob"in a`
`True`
`>>> (2,) in a`
`True`

成员运算符 in 用于判断某个元素是否在容器中，返回的是 bool 对象。如果在容器中，则返回 True，否则返回 False，可以配合 not 逻辑运算符使用。例如：

```
>>> a = [1,2,(4,5)]
>>> 1 in a
True
>>> 4 in a
False
>>> 4 not in a
True
>>> 4 in a[2]
True
```

5．元组

元组（Tuple）在之前的学习中已多次提到过，是类似于列表的一种数据类型，用()表示，其中的元素用逗号（,）隔开，其索引、切片、运算规则与列表相同，但列表的一些方法在元组中没有。因为元组是一旦创建就无法修改的数据类型，所以没有能改变其中元素的方法，只有 index()和 count()方法，类似于常量。

```
>>> t = ()                                #创建空元组
>>> t = tuple()                           #调用 tuple()函数创建元组
>>> a,b = [1,2],(1,2)
>>> a[0] = 10
>>> a
[10, 2]
>>> b[0] = 1                              #尝试修改元组的元素
Traceback (most recent call last):
  File "<pyshell#6>", line 1, in <module>
    b[0] = 1
TypeError: 'tuple' object does not support item assignment
```

以下操作可以实现列表和元组类型的互换：

```
>>> tuple(a)
(10, 2)
>>> list(b)
[1, 2]
```

列表和元组可用于描述数学中的向量和矩阵，但元素的类型要保持一致，例如：

```
>>> v = [3.0,4.0,1.0]
>>> mat = [[2,3,4],[4,1,2],[1,4,5]]       #内部列表的长度相同
>>> v
[3.0, 4.0, 1.0]
>>> mat
[[2, 3, 4], [4, 1, 2], [1, 4, 5]]
>>> mat[0]                                #mat[0]为列表类型
[2, 3, 4]
>>> mat[1]                                #mat[1]也为列表类型
[4, 1, 2]
>>> mat[0][0]
2
```

在对列表和元组数据类型有了初步的了解后，接下来介绍 Python 中更常见的 for 循环。

延伸阅读：括号内的句法

通过对前面内容的学习我们知道，编写 Python 代码必须严格遵守其语法规则，比如严格缩进，但对于括号中的内容并没有特殊的要求，只要保证括号成对即可。举例如下：

```
>>> a = (2,    2,3)
>>> a
(2, 2, 3)
>>> b = [1,
          2,4]
>>> b
[1, 2, 4]
>>> type(
        a)
<class 'tuple'>
```

```
>>> def fun(a,
            b,c):
    return a + b + c
>>> fun(1,2,3)
6
```

2.2.3　for 循环

1. 基本用法

对于列表和元组这样的容器数据类型，常常需要访问其中的一个和多个元素，此时可通过遍历整个序列的方式来完成。除了 while 循环外，Python 还提供了另一种循环结构——**for 循环**，其使用格式如下：

```
for el in iterable:
    语句
    ……
```

其中，iterable 是**可迭代对象**，暂时可以理解为支持 for 循环的容器型数据类型，el 为可迭代对象中的元素，语句以冒号（:）结尾，循环体严格遵循缩进规则。列表和元组都是可迭代对象，例如：

```
>>> for el in [1,3,4,6]:
        print(el)
1
3
4
6

>>> for el in ([1,2,3],['John','Jim']):
        print(el)
[1, 2, 3]
['John', 'Jim']
```

与 while 循环不同，for 循环的循环次数一般是确定的，与可迭代对象的长度有关。

2. 循环嵌套

由上面的代码可以看出，使用 for 循环结构会遍历可迭代对象中的元素，如果元素是**多值对象**，则无法遍历每一个单值对象，此时可以通过**循环嵌套**或**多重循环**来解决。例如：

```
>>> a = [1,2,3],['John','Jim']
>>> for el in (a):
        for sel in el:          #该循环体对元组中的每个元素 el 进行操作
            print(sel)          #该循环体对当前 el 中的每个元素 sel 进行操作
1
2
```

```
3
John
Jim
```

分析程序流程，执行第 1 个 for 循环（外部循环），对列表 a 中的每个元素进行操作。由于 a 只有两个元素，所以外部循环执行两次。

（1）第 1 次外部循环，获取 a 的第 1 个元素[1,2,3]，执行第 2 个 for 循环（内部循环），依次遍历[1,2,3]，如下：

1.1 第 1 次内部循环，打印 1；

1.2 第 2 次内部循环，打印 2；

1.3 第 3 次内部循环，打印 3。

（2）第 2 次外部循环，获取 a 的第 2 个元素['John','Jim']，执行第 2 个 for 循环（内部循环），依次遍历['John','Jim']，如下：

2.1 第 1 次内部循环，打印'John'；

2.2 第 2 次内部循环，打印'Jim'。

（3）循环结束。

不难发现，多重循环的执行次数为单循环次数的乘积，上例中第 1 重循环的次数为 2，第 2 重循环的次数为 3，则循环总次数为 2×3=6。

需要注意的是，for 循环只能应用于可迭代对象，并不支持单值对象，例如：

```
>>> for el in [[1,2],3]:
        for sel in el:
            print(sel)
1
2
Traceback (most recent call last):
  File "<pyshell#17>", line 2, in <module>
    for sel in el:
TypeError: 'int' object is not iterable
```

解释器对列表的第 2 个元素——整数 3 执行内部循环操作时，发现它不是可迭代对象，则抛出异常。解决的办法是利用条件语句 if-else 分两种情况讨论，具体如下：

```
>>> from collections import Iterable     #导入可迭代对象类 Iterable
>>> for el in ([1,2],3):
        if isinstance(el,Iterable):      #如果元素为可迭代对象，则执行内部循环
            for sel in el:
                print(sel)
        else:                            #否则直接打印
            print(el)
1
2
3
```

for 循环同样支持 break 和 continue 语句，用法和 while 循环相似，while 循环也支持多重循环，并且二者能组合使用。

【实例 2.8】 求数字 1、2、3 可组成多少个不重复的 3 位数，并将结果存储在列表中。

对于该实例，首先使用循环语句生成所有可能的三位数，然后利用条件语句判断是否重复，具体代码如下：

```
n = 0                                    #初始化计数器
number_list = []                         #初始列表，存储满足条件的数
for i in [1,2,3]:                         #百位的可能性
    for j in [1,2,3]:                     #十位的可能性
        for k in [1,2,3]:                 #个位的可能性
            if i != j and i != k and j != k:   #如果百、十、个位不重复
                n += 1                    #计数加 1
                number = 100*i+10*j+k     #计算该数
                number_list.append(number)    #将该数存储在列表中
```

计算结果如下：

```
>>> n
6
>>> number_list
[123, 132, 213, 231, 312, 321]
```

虽然只创建了 6 位数，但循环仍然执行了 3×3×3=27 次，原因是 21 次不满足条件，循环体内的语句没有被执行，这也意味着可以使用 continue 语句，但条件正好相反。例如：

```
n = 0
number_list = []
for i in [1,2,3]:
    for j in [1,2,3]:
        for k in [1,2,3]:
            if i == j or i == k or j == k:     #如果重复，则跳过本次循环
                continue
            n += 1
            number = 100*i+10*j+k
            number_list.append(number)
```

也可以使用 while 多重循环实现，代码如下：

```
n = 0
number_list = []
i = 1
while i < 4:
    j = 1
    while j < 4:
        k = 1
        while k < 4:
            if i != j and i != k and j != k:
                n += 1
                number = 100*i+10*j+k
                number_list.append(number)
            k += 1
        j += 1
    i += 1
```

不难发现，for 多重循环较之 while 多重循环简洁，读者可自行分析程序流程。

3. range 对象

【实例 2.9】 用 for 循环求 S_{100}。

要使用 for 循环，首先要构造可迭代对象。对于求 S_{100} 来说，需要遍历 $1, 2, 3, \cdots, 100$，如果像实例 2.8 一样手动创建列表作为可迭代对象，则显然不切实际。Python 提供了快速创建等差数列的 range 对象，其创建格式如下：

```
range(stop)
range(start,stop[,step])
```

所有参数必须为整数，中括号内的参数表示是默认值参数（可选参数），后续讲解中将沿用这种函数参数的表述。看下面的实例：

```
>>> range(5)
range(0, 5)
>>> type(range(5))              #类型为 range 对象
<class 'range'>
>>> for i in range(5):
        print(i)

0
1
2
3
4
```

如果只有一个 stop 参数，则 start 默认从 0 开始，构造步长 step=1 的等差数列，但不包括 stop；也可以通过调整 start，设置 step 来构造更多的等差数列，如果不设置 step，则默认 step=1。例如：

```
>>> range(1,5)
range(1, 5)
>>> for i in range(1,10,3):
        print(i)

1
4
7
```

step 也可以是负整数，此时生成降序的等差数列；

```
>>> range(10,0,-1)
range(10, 0, -1)
```

调用 list() 和 tuple() 函数可实现类型的转换：

```
>>> list(range(1,9,2))
[1, 3, 5, 7]
>>> tuple(range(2,10))
(2, 3, 4, 5, 6, 7, 8, 9)
>>> list(range(10,0,-1))
[10, 9, 8, 7, 6, 5, 4, 3, 2, 1]
```

于是，可重新定义调和级数的函数如下：

```
def hamonic2(n):
    s = 0
    for i in range(n):
        s += 1/(i+1)
    return s

>>> hamonic2(100)
5.187377517639621
```

显然该函数较之使用 while 循环的 hamonic()函数更简洁,不过仍然称不上 Pythonic。为什么这样讲?继续学习后面的内容,便会得到答案。

4. enumerate对象

在遍历可迭代对象时,要同时访问元素的索引和值,可以使用 enumerate 对象,其创建格式如下:

```
enumerate(iterable [,value])
```

必选参数为可迭代对象,可选参数 value 为索引起始值,默认 value=0。举例如下:

```
>>> lst = [1,"Bob",3,4]
>>> enumerate(lst)
<enumerate object at 0x000001572B5DA090>
>>> list(enumerate(lst))                #默认索引从 0 开始
[(0, 1), (1, 'Bob'), (2, 3), (3, 4)]
>>> list(enumerate(lst,1))              #设置起始索引为 1
[(1, 1), (2, 'Bob'), (3, 3), (4, 4)]
```

可以看到,enumerate 对象也是可迭代对象,可以通过 list()操作将其转化为列表,其元素为(index, element)。既然是可迭代对象,就可以使用 for 循环遍历,如下:

```
>>> for i,val in enumerate([1,"Bob",3,4]):
        print(i,val)
0 1
1 Bob
2 3
3 4
```

range 和 enumerate 对象常与 for 循环搭配使用。循环是为了解决重复工作而存在的,循环体中定义的是重复工作的逻辑关系,循环语句是不变的,变化的是变量值。

【实例 2.10】 采用复化梯形公式求定积分 $\int_1^2 \dfrac{\sin x}{1+x}\mathrm{d}x$。

高等数学中定积分的计算要求被积函数的原函数存在,但在工程实践中,积分函数可能不确定,更不用说原函数了,所以在科学计算中更广泛地使用**数值积分**(Numerical Integration)。

下面以一重定积分为例,简要介绍数值积分的原理。如图 2.6 所示,定积分 $\int_a^b f(x)\mathrm{d}x$ 的几何意义为积分函数 $f(x)$、积分区间[a, b]与 x 轴组成区域的面积。数值积分是一种近似求解的方法，首先将积分区间划分为多个微小区间，每个微小区间 dx 与积分函数组成的所有曲边梯形 S_{1234} 面积之和即所求定积分，然后用斜边梯形 T_{1234} 近似代替曲边梯形 S_{1234}。如果区间 dx 足够小，则可以认为数值积分的结果无限接近精确解。

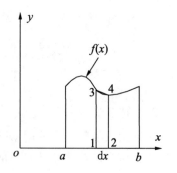

根据以上分析可知，数值积分并不要求被积函数存在原函数，也不强制要求被积函数有明确的表达式，而只需已知微小区间 dx 上下限对应的函数值即可，这也是数值积分的适用性更强的原因。

图 2.6　一重数值积分原理示意图

采用不同公式近似计算曲边梯形 S_{1234} 的面积，就得到不同的数值积分方法。例如上例中用斜边梯形 T_{1234} 近似计算曲边梯形 S_{1234} 的面积，也称为复化梯形公式。具体计算过程如下：

将积分区间[a, b]等分为 N 个子区间[x_k, x_{k+1}]，k=0, 1, …, N-1，每个区间的面积为：

$$I_k = \int_{x_k}^{x_{k+1}} f(x)\mathrm{d}x \approx \frac{x_{k+1}-x_k}{2}[f(x_k)+f(x_{k+1})]$$

将子区间的面积求和得到复化梯形公式如下：

$$I = \int_a^b f(x)\mathrm{d}x \approx \sum_{k=0}^{N-1} \frac{x_{k+1}-x_k}{2}[f(x_k)+f(x_{k+1})]$$

为方便使用，一般将区间划分为等步长，即 $h = \frac{b-a}{N}$，于是公式可改写为：

$$I = \int_a^b f(x)\mathrm{d}x \approx \frac{h}{2}\left[f(a)+2\sum_{k=1}^{N-1}f(x_k)+f(b)\right]$$

定义等步长复化梯形公式函数如下：

```
def trapz(f,a,b,N):
    h = (b-a)/N                       #区间步长
    I = 0                            #积分初始值
    for i in range(N):               #循环 N 次
        x1 = a + i*h                 #当前区间下限
        x2 = a + (i + 1)*h           #当前区间上限
        S = 0.5*h*(f(x1) + f(x2))    #当前区间的面积
        I += S                       #累计面积
    return I
```

由于被积函数也是 trapz()的参数，因此需要先定义被积函数。例如计算 $\int_0^1 x^2\mathrm{d}x$，定义被积函数为：

```
def f(x):
    return x**2
```

在 Shell 中计算如下：

```
>>> trapz(f,0,1,10)
0.3350000000000001
>>> trapz(f,0,1,100)
0.33335
```

上述积分的精确解为 1/3。可以发现，随着步长 N 的增大，数值积分的精度在增加。

对于实例 2.10，定义被积函数为：

```
from math import sin
def f(x):
    return sin(x)/x
```

在 Shell 中计算如下：

```
>>> trapz(f,1,2,100)
0.6593287878588805
>>> trapz(f,1,2,1000)
0.6593298952497534
```

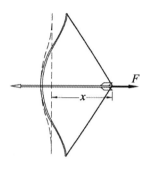

图 2.7　拉弓示意图

trapz() 函数需要被积函数作为参数，但实践中被积函数并不一定已知，例如下面的问题。

如图 2.7 所示，某人对拉弓时的弓弦伸长量 x 与所需拉力 F 进行了统计，如表 2.4 所示。

表 2.4　x 与 F 的关系

弓弦伸长量 x/m	所需拉力 F/N
0.00	0
0.05	37
0.10	71
0.15	104
0.20	134
0.25	161
0.30	185
0.35	207
0.40	225
0.45	239
0.50	250

x=0.50 时放箭，试计算箭离弦的初始速度，假设箭的质量 m=0.075kg。

根据能量原理，箭离弦时箭的动能与拉弓所做的功相等，即：

$$\frac{1}{2}mv^2 = \int_0^{0.5}F\mathrm{d}x$$

等式右边需要求定积分，虽然拉力 F 是伸长量 x 的函数，但并不确定，此时 trapz()

函数将失效，可以定义一个新的函数，使其有更好的适用性。

```
def new_trapz(x,y):
    assert len(x) == len(y)              #如果 x 和 y 元素长度不等，则抛出异常
    N = len(x) - 1
    I = 0
    for i in range(N):
        I += 0.5*(x[i+1] - x[i])*(y[i+1] + y[i])
    return I
```

new_trapz()函数输入两个参数，分别为积分子区间的横坐标 x 及各横坐标对应的函数值 y，类型是可迭代对象，如列表或元组。len()函数用于计算可迭代对象的长度，详见 2.2.4节。计算箭离弦的初始速度如下：

```
>>> import math
>>> m = 0.075                                    #箭的质量
>>> x = [0,0.05,0.10,0.15,0.20,0.25,0.30,0.35,0.40,0.45,0.50] #伸长量
>>> y = [0,37,71,104,134,161,185,207,225,239,250] #对应伸长量所需要的力
>>> Fx = new_trapz(x,y)                           #拉力做功
>>> Fx
74.39999999999999
>>> v = math.sqrt(2*Fx/m)                         #初始速度
>>> v
44.54211490264017
```

对于已知被积函数的情形，new_trapz()同样适用，如对于实例 2.9：

```
>>> x,y = [],[]
>>> for i in range(101):
        x.append(1+i/100)
>>> for xi in x:
        y.append(f(xi))
>>> new_trapz(x,y)
0.6593287878588804
```

先求出积分子区间的横坐标 x，然后通过被积函数求得 y，最后调用 new_trapz()函数进行计算即可。不难发现，new_trapz()并不要求积分子区间为等步长。

数值积分可以扩展至高维，比如二重数值积分是体积求和，此时需要使用二重循环，读者可以自行尝试。

2.2.4 函数和对象

接下来介绍 Python 中常用的内置可迭代对象及用于操作可迭代对象的函数。函数有 len()、sum()、max()、min()、all()、any()等，可迭代对象包括 map、filter 和 zip 等。

1. len()和sum()函数

len(iterable)函数返回可迭代对象的长度，即可迭代对象中元素的个数。sum(iterable [,value])函数返回可迭代对象中所有元素之和，可以在可迭代对象后添加一个数，则将会

返回可迭代对象所有元素之和再加上该数值。

```
>>> a = [5,4.5,2,0,2,4,1]
>>> len(a)
7
>>> len((14,3,"john"))
3
>>> len(range(1,100,2))
50
>>> sum([2,3,4])
9
>>> sum(range(10),2)
47
```

在前面的介绍中，大部分自定义函数的输入参数都是单值对象，而 len() 和 sum() 函数的输入参数却是多值的可迭代对象。事实上，Python 中函数的参数可以是任意对象，读者可以在后面的知识点介绍中自行感受和总结。

2．max()和min()函数

如果可迭代对象中的元素全为数字，则 max(iterable[,key]) 和 min(iterable[,key]) 函数分别返回其中最大和最小的元素。

```
>>> max([1,3,5,3])
5
>>> min((1,3,5,3))
1
```

如果可迭代对象中的元素为列表或者元组，则所有元素的类型和长度都必须相同。

```
>>> a =[(1,3),(2,2),(3,1),(3,2)]
>>> max(a)
(3, 2)
>>> b= [[1,3,3],[3,1,3],[2,5,3]]
>>> min(b)
[1, 3, 3]
```

参数 key 为函数类型，如果 key 不为空，则返回对应函数值最大的元素。例如：

```
>>> max([(1,2,3),[2,4],("2",2),range(4)],key = len)
range(0, 4)
```

此时参数 key 为 len() 函数，max() 函数返回的是长度最大的元素。例如：

```
>>> for el in ((1, 2, 3),[2, 4], ('2', 2)):
        print(len(range(0, 4)) > len(el))
True
True
True
```

3．all()和any()函数

如果可迭代对象中的所有元素为 True 或非 None、非 0，则 all() 函数返回 True，否则返回 False；如果可迭代对象中存在 True 或非 None、非 0 的元素，则 any() 函数返回 True，否则返回 False。下面以列表和元组进行举例。

```
>>> all([1,2,0,1])
False
>>> all([1,2,2,1])
True
>>> all((True,1,None))
False
>>> all([True,1,False])
False
>>> any([0,0,False,None])
False
```

4. map对象

map 是映射的意思，map(function,*iterables)能实现函数与可迭代对象的映射，并返回一个 map 对象，map 对象可转换为列表和元组对象。具体如下：

```
>>> g = lambda x : x**2
>>> m = map(g,range(8))
>>> m
<map object at 0x0000015C02890B70>
>>> list(m)                          #转换为列表
[0, 1, 4, 9, 16, 25, 36, 49]
```

上述过程可以描述为由$(x_0, x_1, \cdots, x_n)$到$\{f(x_0), f(x_1), \cdots, f(x_n)\}$的映射，类似于：

```
>>> m1 = []
>>> for i in range(8):
        m1.append(g(i))
>>> m1
[0, 1, 4, 9, 16, 25, 36, 49]
```

如果函数输入的是多个参数，则其后的可迭代对象与参数个数对应，并且每个可迭代对象的长度应相等。例如：

```
>>> f = lambda x,y : x + y
>>> m1 = map(f,[1,2,3],(2,3,5))
>>> list(m1)
[3, 5, 8]
```

此时可以更加简洁地重新定义调和级数函数 S_n：

```
def hamonic3(n):
    return sum(map(lambda i:1/(i+1),range(n)))

>>> hamonic3(100)
5.187377517639621
```

首先通过 map 实现从$(1, 2, 3, \cdots, n)$到$(1, 1/2, 1/3, \cdots, 1/n)$的映射，然后使用 sum()函数对可迭代对象求和即可得到调和级数 S_n。显然，hamonic3()函数非常简洁，而且运行效率更高，可以称得上是 Pythonic 的代码。

要想求得调和级数 S_n 的前 n 项，可以通过直接调用 hamonic3()函数创建 map 对象来实现。例如：

```
>>> list(map(hamonic3,range(1,11)))
[1.0, 1.5, 1.833333333333333, 2.083333333333333, 2.283333333333333, 2.4
99999999999997, 2.5928571428571425, 2.7178571428571425, 2.828968253968
2537, 2.9289682539682538]
```

显然，使用 map 可以将 math 库中的所有函数进行改写，将其变为多值函数，例如：

```
from math import sin,cos
def my_sin(x):
    return list(map(sin,x))
def my_cos(x):
    return list(map(cos,x))
```

举例如下：

```
>>> my_sin([1,3,4])
[0.8414709848078965, 0.1411200080598672,-0.7568024953079282]
>>> my_cos((1,3,4))
[0.5403023058681398, -0.9899924966004454, -0.6536436208636119]
```

5. filter对象

filter(function, iterable)实现可迭代对象中的元素过滤。元素作为参数传入 function 函数，若满足函数条件将被存放在新的 filter 对象中。例如，对于过滤偶数，代码如下：

```
>>> f = filter(lambda x:x%2 == 0,range(9))
>>> f
<filter object at 0x0000017299DD5630>
>>> list(f)
[0, 2, 4, 6, 8]
```

过滤长度为 2 的可迭代对象，代码如下：

```
>>> a = [(2,3,4),[2,3],[[2,3],range(2,4)]]
>>> f1 = filter(lambda x:len(x) == 2,a)
>>> list(f1)
[[2, 3], [[2, 3], range(2, 4)]]
```

6. zip对象

zip(*iterables)将多个可迭代对象中索引对应的元素打包成元组，从而构成 zip 对象。例如：

```
>>> a = (1,"2",2)
>>> b = ["bob",2,4.0]
>>> c = range(3,6)
>>> z = zip(a,b,c)
>>> z                              #zip 对象
<zip object at 0x0000017299E55788>
>>> list(z)
[(1, 'bob', 3), ('2', 2, 4), (2, 4.0, 5)]
```

如果输入的可迭代对象长度不一致，则按长度最小的对象进行组合。例如：

```
>>> c = range(3,5)
>>> list(zip(a,b,c))
[(1, 'bob', 3), ('2', 2, 4)]
```

灵活地使用以上对象，可以让代码更加优雅、美观，也更 Pythonic。

需要注意的是，在 Python 2 中，range()、zip()和 filter()返回的是列表对象，而 Python 3 中返回的是可迭代对象。

【实例 2.11】 建立表 2.4 中弓弦伸长量 x 与拉力 F 的函数关系式。

在实例 2.10 中，设某次拉弓弓弦伸长量 x=0.42m，如何估算此时箭离弦的速度呢？由于 x= 0.42m 所需的拉力 F 未知，无法调用 new_trapz()函数进行做功计算，进而无法估算箭离弦的初始速度。如果根据表 2.4 中的离散点建立起伸长量 x 与拉力 F 的函数关系式，则对于任意的 x 都能计算出拉力 F，此时方可调用 trapz()或 new_trapz()完成计算。

插值和**拟合**是建立实测离散点数据函数关系的常用方法。二者的区别在于：前者建立的函数关系式要求经过每一个数据点；而后者不需要函数关系式经过每一个点，但要求尽可能接近数据点，更注重反映数据的趋势。如图 2.8 所示。

面对实际问题，该用插值还是拟合有时候容易确定，有时候则不明确。当然，根据上文的描述可以大致总结一些规律：当数据量小、精确度高且不重复时优先使用插值；当数据量大、有噪声且存在重复数据时优先使用拟合。下面介绍如何使用**拉格朗日插值法**求解实例 2.11。

拉格朗日插值法是通过 n+1 个不重复数据点（如表 2.5 所示）构造 n 次多项式的方法，其构造的多项式为：

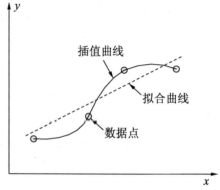

图 2.8　插值与拟合的关系

$$P_n(x) = \sum_{i=0}^{n} y_i l_i(x) \tag{2.4}$$

其中，l_i 也被称为基函数：

$$l_i(x) = \frac{x-x_0}{x_i-x_0} \cdot \frac{x-x_1}{x_i-x_1} \cdot \cdots \cdot \frac{x-x_n}{x_i-x_n} = \prod_{j=0,j \neq i}^{n} \frac{x-x_i}{x_i-x_j} \tag{2.5}$$

n=1 时，拉格朗日插值多项式为：

$$P_1(x) = y_0 l_0(x) + y_1 l_1(x)$$

其中，

$$l_0(x) = \frac{x-x_1}{x_0-x_1} \qquad l_1(x) = \frac{x-x_0}{x_1-x_0}$$

n=2 时，拉格朗日插值多项式为：

$$P_2(x) = y_0 l_0(x) + y_1 l_1(x) + y_2 l_2(x)$$

其中，

$$l_0(x) = \frac{x-x_1}{x_0-x_1} \cdot \frac{x-x_2}{x_0-x_2}$$

$$l_1(x) = \frac{x-x_0}{x_1-x_0} \cdot \frac{x-x_2}{x_1-x_2}$$

$$l_2(x) = \frac{x-x_0}{x_2-x_0} \cdot \frac{x-x_1}{x_2-x_1}$$

以此类推。读者可自行验证多项式是否经过数据点集。

表 2.5　离散数据点集

x_0	x_1	x_2	…	x_n
y_0	y_1	y_2	…	y_n

根据以上公式，定义拉格朗日插值多项式函数如下：

```
def lagrange(x,X,Y):
    assert len(X) == len(Y)             #数据的元素个数要一致
    n = len(X)                          #获取数据点数量
    Pn = 0                              #初始化多项式值
    for i in range(n):
        bi = 1                          #初始化第 i 个基函数值
        for j in range(n):
            if j != i:
                bi *= (x-X[j])/(X[i]-X[j])   #计算第 i 个基函数值
        Pn += Y[i]*bi                    #累计多项式值
    return Pn
```

lagrange()函数的参数包括数据点集(X, Y)及横坐标 x。求解伸长量 x=0.42m 时所需的拉力 F 如下：

```
>>> X = [0,0.05,0.10,0.15,0.20,0.25,0.30,0.35,0.40,0.45,0.50]
>>> Y = [0,37,71,104,134,161,185,207,225,239,250]
>>> F = lagrange(0.42,X,Y)
>>> F
230.647774294016
```

上述程序是用索引的方式实现的，也可以不用索引的方式实现，例如：

```
def new_lagrange(x,X,Y):
    assert len(X) == len(Y)
    Pn = 0
    for xi,yi in zip(X,Y):              #使用 zip 对象
        bi = 1
        for xj in X:
            if xi != xj:
                bi *= (x-xj)/(xi-xj)
        Pn += yi*bi
    return Pn
```

除了拉格朗日插值多项式外，还有牛顿插值、埃尔米特插值、样条插值及分段线性插值等插值法，读者可以自行定义。

2.2.5 函数进阶

1. 闭包

上节中的 lagrange()函数将数据集(X, Y)作为输入参数，无法使用 map 进行多值运算，解决该问题可以将点集预先定义在函数体内，例如：

```
def new_lagrange(x):
    X = [0,0.05,0.10,0.15,0.20,0.25,0.30,0.35,0.40,0.45,0.50]
    Y = [0,37,71,104,134,161,185,207,225,239,250]
    Pn = 0
    for xi,yi in zip(X,Y):
        bi = 1
        for xj in X:
            if xi != xj:
                bi *= (x-xj)/(xi-xj)
        Pn += yi*bi
    return Pn
```

举例如下：

```
>>> x = [0,0.16,0.24,0.37,0.42]            #计算多个伸长量下的拉力
>>> list(map(new_lagrange,x))
[0.0, 110.220403728384, 155.8671064227839, 214.89410302361603, 230.647774
294016]
```

此时 new_lagrange()函数虽然可以进行多值计算，但实用性降低，当数据集发生变化时需要修改函数的内容，造成使用上的不便。Python 支持的**内嵌函数**可以解决该问题。内嵌函数是指在函数体内定义的函数，例如：

```
def outer(x):
    def inner(y):
        return x+y
    return inner
```

上段程序的层级关系如图 2.9 所示，参数 x 的作用域在第 1 层级（外部函数 outer()的函数体内），类似全局变量，能被第 2 层级访问；而参数 y 的作用域在第 2 层级（内部函数 inner()的函数体内），类似局部变量，无法被第 1 层级访问，这也意味着想让 outer()函数返回的对象与 inner()函数有关，只能是返回 inner()函数本身，因为 inner()函数内的任意变量位于第 2 层级，无法被第 1 层级访问。第 1 章中就已经讲过函数也是对象，也能被返回。

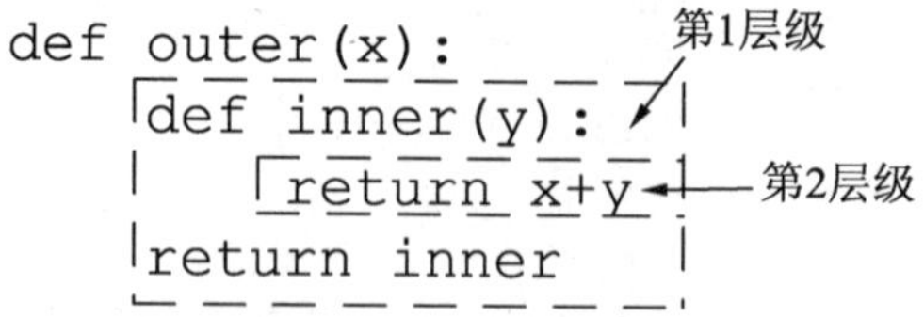

图 2.9　内嵌函数的层级关系

在 Shell 中调用 outer()函数如下：

```
>>> x,y = 10,20
>>> out = outer(x)              #调用外部函数
>>> out
<function outer.<locals>.inner at 0x0000017B061A3620>
>>> type(out)                   #返回内部函数对象
<class 'function'>
>>> out(y)                      #调用内部函数
30
>>> outer(x)(y)                 #因为 out(x)是函数，函数再被调用，所以有两个括号
30
```

上述代码执行流程如下，首先将参数 x 的值 10 传给 outer()函数，返回一个 inner()函数，然后将参数 y 的值 20 传递给该 inner()函数，返回结果 30。这种在函数内定义函数，内部函数调用外部函数变量的结构形式也被称为**闭包**（Closure）。

于是，可以重新定义 new_lagrange()函数如下：

```
def data(X,Y):                      #外层函数获取数据
    assert len(X) == len(Y)
    def lagrange(x):                #内层函数实现插值多项式
        Pn = 0
        for xi,yi in zip(X,Y):
            bi = 1
            for xj in X:
                if xi != xj:
                    bi *= (x-xj)/(xi-xj)
            Pn += yi*bi
        return Pn
    return lagrange
```

在 Shell 中举例如下：

```
>>> X = [0,0.05,0.10,0.15,0.20,0.25,0.30,0.35,0.40,0.45,0.50]
>>> Y = [0,37,71,104,134,161,185,207,225,239,250]
>>> lag = data(X,Y)                        #返回内部的 lagrange()函数
>>> x = [0,0.16,0.24,0.37,0.42]
>>> list(map(lag,x))                       #调用
[0.0, 110.220403728384, 155.8671064227839, 214.89410302361603, 230.647774
294016]
```

此时就解决了数据集发生变化时的问题，自定义类也可以解决这种问题，详见第 3 章。

2．装饰器

上例中外部函数 data()的参数是可迭代对象，如果让其参数为函数对象，能实现怎样的功能呢？看下面的例子。

```
import time                              #导入内置的 time 模块
def timeit(func):
    def inner(*args):
        start = time.time()              #记下当前时间
        res = func(*args)                #调用函数 func()
```

```
        time.sleep(0.1)                          #暂停0.1s
        end = time.time()                        #记下当前时间
        consuming = (end - start)*1000           #时间差转换为ms
        print("函数运行耗时%fms"%consuming)
        return res
    return inner
```

以上函数中，外部函数 timeit()的参数为一个函数 func()，内部函数 inner()为该函数
func()提供参数，在 Shell 中举例如下：

```
>>> inner = timeit(sum)                          #参数为 sum()函数
>>> s = inner([1,2,3])                           #执行 sum([1,2,3])，并计时
函数运行耗时 100.140095ms
>>> s
6
```

相当于：

```
>>> timeit(sum)([1,2,3])
函数运行耗时 100.735188ms
6
```

此时，timeit()函数能以如下样式添加在新定义的函数前：

```
@timeit
def my_sum(iterable):
    return sum(iterable)
```

在 Shell 中举例如下：

```
>>> s = my_sum([1,2,3])
函数运行耗时 100.818157ms
>>> s
6
```

相当于调用 my_sum()函数时先自动执行：

```
my_sum = timeit(my_sum)
```

@timeit 可以放置在任意自定义函数前，能为函数提供额外的通用运算计时功能，也
被称为**装饰器**（Decorater），本质是一个外部函数。

装饰器是否可以传入参数呢？外部函数 timeit()传入的是要修饰的函数，要给装饰器
添加参数，只能通过更外层的函数传入，例如：

```
def timeit(multiplier):
    def mid(func):
        def inner(*args):
            start = time.time()
            res = func(*args)
            time.sleep(0.1)
            end = time.time()
            consuming = (end - start)* multiplier
            print("函数运行耗时%fms"%consuming)
            return res
        return inner
    return mid
```

在 Shell 中举例如下：

```
>>> mid = timeit(1000)          #返回中间函数
>>> inner = mid(sum)            #返回内部函数，参数为 sum()函数
>>> s = inner([1,2,3])          #执行 sum([1,2,3])并计时
函数运行耗时 100.106955ms
>>> s
6
```

相当于：

```
>>> timeit(1000)(sum)([1,2,3])
函数运行耗时 100.483418ms
6
```

此时，可以将带参数的 timeit()函数装饰在自定义函数前。

```
@timeit(1000)
def my_sum(iterable):
    return sum(iterable)
```

在 Shell 中调用如下：

```
>>> s = my_sum(range(100))
函数运行耗时 100.117207ms
>>> s
4950
```

相当于在调用 my_sum()函数前先自动执行：

```
my_sum=timeit(1000)(my_sum)
```

以上就是对闭包和装饰器的简要介绍，如果读者觉得不易理解，可以跳过这部分内容，并不会影响后续内容的学习。接下来的内容将介绍高阶的列表用法。

2.2.6　列表解析

1. 基本用法

通过以上知识点的学习不难发现，实现可迭代对象元素之间的映射是常见的操作。除了使用 map，Python 也提供了另外一种实现方法，即**列表解析**（List Comprehension），其使用格式为：

```
[expr for el in iterable]
```

列表解析式返回的是列表对象。例如，用列表解析式实现序列$(1,1/2,1/3,...,1/n)_{n=10}$：

```
>>> [1/(i+1) for i in range(10)]
[1.0, 0.5, 0.3333333333333333, 0.25, 0.2, 0.16666666666666666, 0.142857142
85714285, 0.125, 0.1111111111111111, 0.1]
```

或者是：

```
>>> [1/i for i in range(1,11)]
```

```
[1.0, 0.5, 0.3333333333333333, 0.25, 0.2, 0.16666666666666666, 0.142857142
85714285, 0.125, 0.1111111111111111, 0.1]
```

其功能与如下程序相同。

```
>>> ls = []
>>> for i in range(1,11):
        ls.append(1/i)
>>> ls
[1.0, 0.5, 0.3333333333333333, 0.25, 0.2, 0.16666666666666666, 0.142857142
85714285, 0.125, 0.1111111111111111, 0.1]
```

但表达更简洁。于是，函数 hamonic3() 也可以改写为：

```
def hamonic4(n):
    return sum([1/(i+1) for i in range(n)])
```

2. 进阶用法

列表解析式中可以带有条件语句，此时将生成满足条件的列表，其格式为：

```
[expr for el in iterable if condition]
[expr1 if condition else expr2 for el in iterable]
```

比如实现序列(1,1/3,1/5,1/7,…)，用列表解析式实现为：

```
>>> [1/i for i in range(1,11) if i%2 != 0]
[1.0, 0.3333333333333333, 0.2, 0.14285714285714285, 0.1111111111111111]
```

功能与如下代码相同：

```
>>> ls = []
>>> for i in range(1,11):
        if i%2 != 0:
            ls.append(1/i)
>>> ls
[1.0, 0.3333333333333333, 0.2, 0.14285714285714285, 0.1111111111111111]
```

仅配合 if 语句使用时，if 语句在 for 循环后；配合 if-else 语句使用时，则 if-else 在 for 循环之前。比如实现如下序列(1,0, 1/3,0,1/5,0,1/7,0,…)，使用列表解析式为：

```
>>> [1/i if i%2 != 0 else 0 for i in range(1,11)]
[1.0, 0, 0.3333333333333333, 0, 0.2, 0, 0.14285714285714285, 0, 0.111111111
1111111, 0]
```

还可以是更简洁的表达[[False,True][i%2]]：

```
>>> [[0,1/i][i%2] for i in range(1,11)]
[1.0, 0, 0.3333333333333333, 0, 0.2, 0, 0.14285714285714285, 0, 0.11111111
11111111, 0]
```

上例列表的元素与其索引有固定的关系，假设是对一个没有规律的序列(4,5,3,2,12,4,9)进行如下操作，奇数项乘方，偶数项开平方，则可以通过创建 enumerate 对象并结合列表解析一起实现。

```
>>> from math import sqrt
>>> a = [4,5,3,2,12,4,9]
```

```
>>> [val**2 if i%2 ==0 else sqrt(val) for i,val in enumerate(a)]
[16, 2.23606797749979, 9, 1.4142135623730951, 144, 2.0, 81]
```

列表解析式也支持多重循环，每重循环中也可以带有 if 语句。比如获取矩阵的对角线元素：

```
>>> mat = [[1,2,3],[4,5,6],[7,8,9]]
>>> [el for i,row in enumerate(mat) for j,el in enumerate(row) if i == j]
[1, 5, 9]
```

读者可自行配合使用 if 语句和列表的 append()方法实现相同的功能。

【实例 2.12】　用高斯-勒让德公式计算如下积分：

$$I_1 = \int_{-1}^{1} \frac{\mathrm{d}x}{1+x^2}$$

$$I_2 = \int_{-1}^{1} \sqrt{(1+x^2+y)}\mathrm{d}x\mathrm{d}y$$

$$I_3 = \int_{0}^{1} \int_{-1}^{0} \int_{-1}^{1} axye^{bz}\mathrm{d}x\mathrm{d}y\mathrm{d}z \quad (a=1,b=1)$$

在区间[-1,1]上，一、二、三重积分的高斯-勒让德公式为：

$$\int_{-1}^{1} f(x)\mathrm{d}x = \sum_{k=1}^{n} w_k f(x_k)$$

$$\int_{-1}^{1} \int_{-1}^{1} f(x,y)\mathrm{d}x\mathrm{d}y = \sum_{k=1}^{n} \sum_{m=1}^{n} w_k w_m f(x_k,y_m)$$

$$\int_{-1}^{1} \int_{-1}^{1} \int_{-1}^{1} f(x,y,z)\mathrm{d}x\mathrm{d}y\mathrm{d}z = \sum_{k=1}^{n} \sum_{m=1}^{n} \sum_{l=1}^{n} w_k w_m w_l f(x_k,y_m,z_l)$$

其中，n 为积分点数，x_k、y_m、z_l 为积分点坐标，w_k、w_m、w_l 为与之对应的权重系数，$n=1\sim6$ 时的值参照表 2.6。

表 2.6　高斯-勒让德积分点坐标和权重系数

积分点数 n	积分点坐标	权 重 系 数
1	0.000 000 000 000 000	2.000 000 000 000 000
2	±0.577 350 269 189 626	1.000 000 000 000 000
3	±0.774 596 669 241 483	0.555 555 555 555 556
	0.000 000 000 000 000	0.888 888 888 888 889
4	±0.861 136 311 594 053	0.347 854 845 137 454
	±0.339 981 043 584 856	0.652 145 154 862 546
5	±0.906 179 845 938 664	0.236 926 885 056 189
	±0.538 469 310 105 683	0.478 628 670 499 366
	0.000 000 000 000 000	0.568 888 888 888 889

（续）

积分点数 *n*	积分点坐标	权 重 系 数
6	±0.932 469 514 203 152	0.171 324 492 379 170
	±0.661 209 386 466 265	0.360 761 573 048 139
	±0.238 619 186 083 197	0.467 913 934 572 691

事实上，NumPy 库的子模块 np.polynomial.legendre 中定义了计算积分点坐标和权重系数的函数 leggauss()，其输入参数为积分点数 *n*。

```
>>> import numpy as np                          #导入 NumPy 并简写为 np
>>> loc,w = np.polynomial.legendre.leggauss(2)         #2 个高斯积分点
>>> loc                                         #积分点坐标
array([-0.57735027,  0.57735027])
>>> w                                           #与坐标对应的权重系数
array([1., 1.])
>>> loc,w = np.polynomial.legendre.leggauss(3)         #3 个高斯积分点
>>> loc                                         #积分点坐标
array([-0.77459667,  0.        ,  0.77459667])
>>> w                                           #与坐标对应的权重系数
array([0.55555556, 0.88888889, 0.55555556])
>>> type(loc)                                   #查看类型为 N 维数组
<class 'numpy.ndarray'>
>>> w[0]                                        #K 可以是类似于列表的索引元素
1.0
>>> loc[1]
0.5773502691896257
```

上例中的 loc 和 w 是一种新的数据类型——**数组**，可以像列表一样索引其中的元素，详见第 4 章。需要注意的是，由 leggauss()函数计算得到的积分点坐标和权重系数较表 2.6 的精度更高，上例显示更少的有效数字是显示问题。

接下来取两个积分点（*n*=2），计算实例 2.11 中 I_1 和 I_2，首先获取积分点坐标和权重系数，代码如下：

```
import numpy as np
loc,w = np.polynomial.legendre.leggauss(2)
```

然后定义被积函数，代码如下：

```
from math import sqrt
def f1(x):
    return 1/(1+x**2)

def f2(x):                                      #输入参数为序列类型
    return sqrt(1 + x[0]**2 + x[1]**2)
```

接下来将积分点坐标和权重系数代入高斯-勒让德公式，代码如下：

```
I1 = w[0]*f1(loc[0]) + w[1]*f1(loc[1])
I2 = w[0]*w[0]*f2((loc[0],loc[0])) + \
     w[0]*w[1]*f2((loc[0],loc[1])) + \
     w[1]*w[0]*f2((loc[1],loc[0])) + \
```

```
        w[1]*w[1]*f2((loc[1],loc[1]))
```

计算结果为：

```
>>> I1
1.4999999999999998
>>> I2
5.163977794943223
```

选择积分点数越多，计算精度越高，同时计算量也将增大。

如果要在区间[a, b]上使用高斯-勒让德积分公式，首先要将区间[a, b]转换为区间 [-1,1]，对于一重积分，令 $x = \dfrac{1}{2}[(a+b) + t(b-a)]$，则

$$\int_a^b f(x)\mathrm{d}x = \frac{1}{2}(b-a)\int_{-1}^1 f\left(\frac{1}{2}[t(b-a)+(a+b)]\right)\mathrm{d}t$$

同理，可对二、三重积分区间进行转换，请读者自行完成。

有了上述知识作为基础，定义通用高斯-勒让德积分函数如下，以下是一重积分函数。

```
import numpy as np                           #导入 NumPy
#fun 为被积函数，xlim 为积分区间上下限，args 为被积函数常数
def gl_quad1d(fun,n,xlim = None,args =()):
    if xlim is None:                         #如果 xlim 缺省，则默认区间为 [-1,1]
        a,b = -1,1
    else:
        a,b = xlim[0],xlim[1]

    if not callable(fun):                    #如果被积函数为常数
        return (b-a)*fun                     #则返回矩形面积
    loc,w = np.polynomial.legendre.leggauss(n)     #获取积分点坐标和权重函数
    ab1,ab2 = (b-a)/2,(a+b)/2

    #列表解析求积分公式的每一项
    s = [ab1*w[i]*fun(ab1*v+ab2,*args) for i,v in enumerate(loc)]
    return sum(s)                            #将每一项求和
```

对于实例中的积分 I_1，计算如下：

```
>>> gl_quad1d(f1,2)                  #2 个积分点
1.5
>>> gl_quad1d(f1,3)                  #3 个积分点
1.5833333333333335
>>> gl_quad1d(f1,6)                  #6 个积分点
1.5707317073170737
>>> gl_quad1d(f1,4,[0,1])            #4 个积分点，积分区间改为[0,1]
0.7854029763114512
```

上段程序中调用的内置函数 callable()用于判断参数是否为函数对象：

```
>>> callable(1)
False
>>> callable([2,3])
False
```

```
>>> callable(lambda x:x)
True
```

函数体中的列表解析式等同于下面的程序：

```
s = []
for i,v in enumerate(loc):
    el = ab1*w[i]*fun(ab1*v+ab2,*args)
    s.append(el)
```

📋 延伸阅读：==与 is 的区别

在定义 gl_quad1d()函数中，判断积分上下限时用的是 is 关键字，而非==运算符，二者的区别是什么呢？用下面的例子予以说明。

```
>>> a = [1,2,3]
>>> b = a              #a 和 b 引用同一个对象，b 是别名
>>> c = [1,2,3]        #c 为一个新对象，但与 a 和 b 的值相同
>>> id(a)              #a 和 b 有相同的地址
2730148602568
>>> id(b)
2730148602568
>>> id(c)              #c 为新地址
2730148493448
>>> a == b             #a 与 b 的值相等
True
>>> a == c             #a 与 c 的值相等
True
>>> a is b             #a 和 b 引用相同的对象
True
>>> a is c             #a 和 c 引用不同的对象
False
```

再看另一种情形：

```
>>> a = 4
>>> b = a
>>> c = 4
>>> id(a)
1361407088
>>> id(b)
1361407088
>>> id(c)
1361407088
>>> a == b
True
>>> a == c
True
>>> b == c
True
>>> a is b
True
>>> a is c
True
```

不难发现，==运算符用于判断对象的值是否相等，而 is 关键字用于判断对象是否有相同的地址。下面的语句：

```
>>> a = [1,2,3]
>>> b = [1,2,3]
>>> c = 3
>>> d = 3
```

创建了 2 个列表对象和 1 个整数对象，如图 2.10 所示。为什么 Python 要采用这样的设定呢？详见后面的延伸阅读：可变对象和不可变对象。

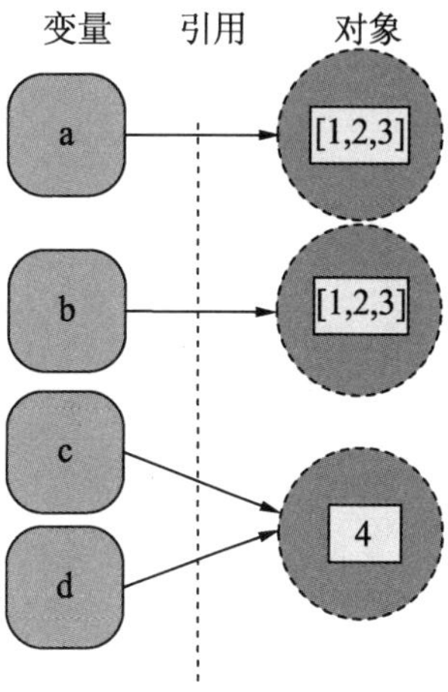

图 2.10　引用关系

在 gl_quad1d()函数的基础上，定义二重积分函数如下：

```
def gl_quad2d(fun,n,xlim = None,ylim = None,args=()):
    if xlim is None:
        a,b= -1,1
    else:
        a,b= xlim[0],xlim[1]
    if ylim is None:
        c,d = -1,1
    else:
        c,d = ylim[0],ylim[1]
    if not callable(fun):
        return (b-a)*(d-c)*fun
    loc,w = np.polynomial.legendre.leggauss(n)
    ab1,ab2 = (b-a)/2,(a+b)/2
    cd1,cd2 = (d-c)/2,(c+d)/2
    s = [ab1*cd1*w[i]*w[j]*fun((ab1*v1+ab2,cd1*v2+cd2),*args)
        for i,v1 in enumerate(loc)
        for j,v2 in enumerate(loc)]     #二重循环的列表解析计算积分公式的每一项
    return sum(s)
```

对于实例中的积分 I_2，计算如下：

```
>>> gl_quad2d(f2,3)                #三个积分点
5.119873333243082
>>> gl_quad2d(f2,3,[0,1],[0,1])    #改变积分区间
1.2807972309409306
```

函数体中的列表解析式等同于下面的程序：

```
s = []
for i,v1 in enumerate(loc):
    for j,v2 in enumerate(loc):
        el = ab1*cd1*w[i]*w[j]*fun((ab1*v1+ab2,cd1*v2+cd2),*args)
        s.append(el)
```

同理，定义三重积分函数为：

```
def gl_quad3d(fun,n,xlim = None,ylim = None,zlim = None,args=()):
    if xlim is None:
        a,b = -1, 1
    else:
```

```
                    a,b= xlim[0],xlim[1]
                if ylim is None:
                    c,d = -1,1
                else:
                    c,d = ylim[0],ylim[1]
                if zlim is None:
                    e,f = -1,1
                else:
                    e,f = zlim[0],zlim[1]
                if not callable(fun):
                    return (b-a)*(d-c)*(f-e)*fun
                loc,w = np.polynomial.legendre.leggauss(n)
                ab1,ab2 = (b-a)/2,(a+b)/2
                cd1,cd2 = (d-c)/2,(c+d)/2
                ef1,ef2 = (f-e)/2,(e+f)/2
                s = [ab1*cd1*ef1*w[i]*w[j]*w[k]*\
                    fun((ab1*v1+ab2,cd1*v2+cd2,ef1*v3+ef2),*args)
                    for i,v1 in enumerate(loc)
                    for j,v2 in enumerate(loc)
                    for k,v3 in enumerate(loc)]#三重循环的列表解析计算积分公式的每一项
                return sum(s)
```

对于实例中的积分 I_3，首先定义积分函数：

```
from math import exp
def f3(x,a,b):
    return a*x[0]*x[1]*exp(b*x[2])
```

然后调用函数计算如下：

```
>>> gl_quad3d(f3,3,xlim=[0,1],ylim=[-1,0],args=(1,1))
-0.5875842321700031
```

同样，函数体中的列表解析式等同于：

```
s = []
for i,v1 in enumerate(loc):
    for j,v2 in enumerate(loc):
        for k,v3 in enumerate(loc):
            el = ab1*cd1*ef1*w[i]*w[j]*w[k]*\
                fun((ab1*v1+ab2,cd1*v2+cd2,ef1*v3+ef2),*args)
            s.append(el)
```

事实上，对于高斯-勒让德积分公式，我们并不关心每一项的数值，仅关心的是求和，如果用列表来存储积分公式的每一项，然后用求和函数求和，则浪费了内存空间。可以将上面的程序修改如下：

```
s = 0
for i,v1 in enumerate(loc):
    for j,v2 in enumerate(loc):
        for k,v3 in enumerate(loc):
            el = ab1*cd1*ef1*w[i]*w[j]*w[k]*\
                fun((ab1*v1+ab2,cd1*v2+cd2,ef1*v3+ef2),*args)
            s += el
```

除此之外，还可以使用下面内容中介绍的生成器对象实现积分公式的定义。

2.2.7　生成器

【实例 2.13】　生成序列(S_1, S_2, S_n)，n=10000。

1. 生成器表达式

从前面学习中了解到，列表解析式的内容写在中括号（[]）中，如果将中括号换成小括号将会发生什么？返回的类型将会是元组吗？

```
>>> g = (1/(i+1) for i in range(10))
>>> g
<generator object <genexpr> at 0x000002C22E613B48>
>>> type(g)
<class 'generator'>
>>> list(g)
[1.0, 0.5, 0.3333333333333333, 0.25, 0.2, 0.16666666666666666, 0.142857142
85714285, 0.125, 0.1111111111111111, 0.1]
```

可以看到，返回的类型并不是元组，而是一个 **generator 对象**，也被称为**生成器**。生成器也是一种可迭代对象，但与列表和元组有区别，比如不支持索引。前文所有的列表解析表达式都可以将中括号改为小括号，返回对应的生成器对象，读者可以自行操作。

生成器的作用是什么？下面分别用生成器和列表存储实例 2.12 的序列，并对比生成速度和占用内存。

```
#计算级数 Sn 的函数
def hamonic3(n):
    return sum(map(lambda i:1/(i+1),range(n)))

import time                                    #导入 time 模块
from sys import getsizeof                      #导入对象内存占用计算函数

n = 10000                                      #确定数列数量为 10000
tic = time.time()                             #开始计时，记下当前时间戳
Sa = [hamonic3(i) for i in range(1,n+1)]       #用列表储存数列
toc = time.time()                             #结束计时，记下此时时间戳
time_spent_of_Sa = toc - tic                   #两个时间戳之差即为计算时间

tic = time.time()
Sb = (hamonic3(i) for i in range(1,n+1))        #用生成器来存储数列
toc = time.time()
time_spent_of_Sb = toc - tic

print("列表解析创建列表所需时间为%fs"%time_spent_of_Sa)
print("创建生成器所需时间为%fs"%time_spent_of_Sb)
print("Sa 所占用内存为%d"%getsizeof(Sa))
print("Sb 所占用内存为%d"%getsizeof(Sb))
```

运行结果如下（笔者计算机上的运行时间）：

```
列表解析创建列表所需时间为 6.568789s
创建生成器所需时间为 0.000000s
Sa 所占用内存为 87624
Sb 所占用内存为 88
```

可以看到，用生成器的方式来存储(S_1, S_2, …, S_n)所需的时间相比列表存储需要的时间少很多。当然时间并不是 0s，只是由于时间过短，小数点后 0 太多而无法显示在屏幕上，此时生成器占用的内存更少。

为什么创建生成器会如此快，而且占用的内存如此少呢？因为在创建列表时会生成全部的元素。而生成器只是生成推导元素的规则（公式），当对生成器进行操作时会根据规则实时计算所需的元素，换句话说就是需要的时候才执行，并非立刻产生全部的结果。生成器在生成元素时仍然需要时间（比如遍历生成器），本质上并不会节省时间，但却会节省大量内存。换句话说，如果我们并不关心对象本身，而是需要遍历对象中的元素，则可以定义生成器函数。这也是为什么在 Python 2 中的 range、map、zip 都是函数，返回的都是列表；而在 Python 3 中都改为类生成器对象的原因。

```
>>> import sys
>>> a = range(10000)
>>> b = list(a)
>>> sys.getsizeof(a)
48
>>> sys.getsizeof(b)
90112
```

生成器对象是如何执行规则的呢？具体就是在需要访问生成器对象中的元素时，会调用其__next__()方法，例如：

```
>>> Sb.__next__()
1.0
>>> Sb.__next__()
1.5
```

__next__()方法命名以双下划线包裹，这种方法也称为对象的**特殊方法**（Special Method），具体内容详见第 3 章。

2. 生成器函数

除了使用类似列表解析式的方式创建生成器之外，另一种方式是通过定义返回生成器的函数来创建生成器。例如：

```
def generator_fun():
    yield 1

def value_fun():
    return 1


>>> generator_fun
```

```
<generator object generator_fun at 0x000001B648BB3AF0>
>>> value_fun
<function value_fun at 0x000001B6466C1E18>
```

由以上代码可以看出，将 return 换成 yield，以 yield 语句结尾的函数将不再是普通函数，而是生成器函数。对于实例 2.12，可定义如下生成器函数：

```
def Sn_generator(n):
    for i in range(1,n+1):
        yield hamonic3(i)
```

遍历生成器的元素：

```
>>> for i in Sn_generator(5):
        print(i)
1.0
1.5
1.8333333333333333
2.083333333333333
2.283333333333333
```

总结以上知识点，创建生成器对象的方法有两种：一种是用类列表解析式生成，另一种是通过定义生成器函数。显然，对于实例 2.12，使用第一种方法更简洁、优雅。但是对于一些复杂问题，第一种方法无法满足要求时可以采用第二种。例如下面的实例：

```
def chain(*iterables):
    for it in iterables:
        for el in it:
            yield el

>>> chain([1,2,3],range(3,5),(2,3))
<generator object chain at 0x00000233A0EA3AF0>

>>> for i in chain([1,2,3],range(3,5),(2,3)):
        print(i)
1
2
3
3
4
2
3
```

可以看出 chain() 将多个可迭代对象连接成一个可迭代对象。当然，该问题的复杂度也不高，仍然可以采用解析表达式实现，代码如下：

```
def chain1(*iterables):
    return (el for it in iterables for el in it)
```

虽然 chain1() 函数使用了 return 语句，但其返回的值仍然是一个生成器对象。

对于实例 2.11 中的 gl_quad1d()、gl_quad2d() 和 gl_quad3d() 函数，如果将列表解析 [] 换成 ()，功能不会发生变化，读者可自行尝试。

【实例 2.14】创建一个生成器函数，其元素为可迭代对象的相邻元素对，比如输入为 [1,2,3,4]，生成器元素为 (1,2),(2,3),(3,4)。

定义生成器函数如下：

```
def pair_wise(L):
    pool = tuple(L)          #并不是所有的可迭代对象都支持索引，所以先转换为元组
    n = len(pool)                           #获取对象长度
    assert n >= 2,"可迭代对象长度至少为2"     #如果元素少于2个，则抛出异常
    indices = list(range(n-1))              #获取可迭代对象的索引
    for i in indices:
        yield (pool[i],pool[i+1])
```

在 Shell 中调用该函数：

```
>>> for el in pair_wise([1,2,3,4]):
        print(el)
(1, 2)
(2, 3)
(3, 4)
```

有了 pair_wise()函数，则实例 2.10 中的 new_trapz()函数可以重新定义为：

```
def new_trapz(x,y):
    assert len(x) == len(y)
    N = len(x)
    s = (0.5*(x[j]-x[i])*(y[j]+y[i]) for i,j in pair_wise(range(N)))
    return sum(s)
```

通过以上内容的学习，结合循环语句和可迭代对象，相信读者对 Python 中实现更复杂的数学公式有了一定的理解。接下来的内容将介绍新的数据类型：字符串、集合和字典。

2.3 演讲的重点

阿里巴巴前 CEO 马云先生于 2018 年 5 月在香港大学演讲时，有一段话是这样的：

"香港大学颁发的社会学博士，不仅仅是对我的认可，更是对企业家这个群体永不放弃精神的认可。

我认为企业家是社会中的科学家。企业家和科学家有许多相似之处，我们都需要承担风险，我们都需要创新。科学家知道如何正确做事，企业家懂得有效地做事。对于大部分人来说，是因为看见，然后相信。但像我们，是因为相信，所以看见。"

如果想通过计算机程序解析马云先生这段话的主题，最直接的方式就是统计演讲内容中哪些词出现的次数最多，即**高频词统计**。

图 2.11 为上段话除去标点符号、代词、介词、副词、关联词之后排名前五的高频词，其中，企业家（4 次）、科学家（3 次）出现的次数最多，可以初步判断此段落的主题与企业家和科学家有关（上段内容确实是在阐述科学家与企业家的关系）。

⏴说明：虽然本章的主题是**复杂公式程序化**，词频统计中没有明确的公式表达式，但也需要遵照一定的逻辑关系，这种逻辑关系不使用公式表示，读者不必在意这个问题。

接下来的内容将结合词频统计来介绍 Python 中的字符串、字典和集合。

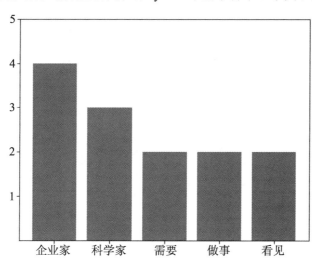

图 2.11　排名前五的词

2.3.1　字符串

1. 创建字符串

在第 1 章中我们提到过字符串类型，即用成对的单引号、双引号、三引号包裹的对象，例如：

```
>>> s1 = "I love Python"
>>> s2 = "湖工老裴"
>>> s1
'I love Python'
>>> s2
'湖工老裴'
>>> s3 = ""                    #空字符串
>>> s3
''
>>> s4 = str()                 #调用 str()函数创建字符串
>>> s4
''
>>> s5 = str(123)              #整数 123 转换为字符串
>>> s5
'123'
>>> int(s5)                    #将字符串转换为整数
123
>>> float(s5)                  #将字符串转换为浮点数
123.0
```

字符串是以单个字符（包括标点符号、空格）为一个元素的可迭代对象，意味着索引和切片操作对字符串同样可用，同时支持 for 循环。例如：

```
>>> s1[1]
' '
>>> s1[:3]
'I l'
>>> s2[-2:]
'老裴'
>>> len(s1)                        #字符串的长度，包括空格
13
>>> for char in s2:
        print(char)
湖
工
老
裴
>>> "i" in s1                      #判断字符是否在字符串中
False
```

与列表一样，字符串也支持加法和乘法运算。例如：

```
>>> s = "abc"
>>> s1 = "abc"
>>> s2 = "123"
>>> s1 + s2
'abc123'
>>> s1*3
'abcabcabc'
```

马云先生演讲的内容很长，创建字符串时可以使用续行符\实现续行（与第 1 章中语句过长续行一样）：

```
>>> s = "香港大学颁发的社会学博士，不仅仅是对我的认可，\
更是对企业家这个群体永不放弃精神的认可。\
我认为企业家是社会中的科学家。\
企业家和科学家有许多相似之处，我们都需要承担风险，\
我们都需要创新。科学家知道如何正确做事，\
企业家懂得有效地做事。对于大部分人来说，\
是因为看见，然后相信。但像我们，\
是因为相信，所以看见。"
>>> s
'香港大学颁发的社会学博士，不仅仅是对我的认可，更是对企业家这个群体永不放弃精神的认可。我认为企业家是社会中的科学家。企业家和科学家有许多相似之处，我们都需要承担风险，我们都需要创新。科学家知道如何正确做事，企业家懂得有效地做事。对于大部分人来说，是因为看见，然后相信。但像我们，是因为相信，所以看见。'
```

除了续行外，在创建字符串时还可能会遇到一些特殊的要求，比如让字符串在打印时自动换行、输出特殊符号等。这些特殊要求通过转义字符实现，比如：

```
>>> s = "我爱 Python\nPython 爱我"
>>> s
'我爱 Python\nPython 爱我'            #访问字符串
>>> print(s)                        #print()函数打印字符串
```

```
我爱 Python
Python 爱我
>>> s = "我爱 Python\\Python 爱我"
>>> s
'我爱 Python\\Python 爱我'
>>> print(s)
我爱 Python\Python 爱我
```

可以看到，\n 为换行符，\\ 为反斜杠，更多的转义字符描述见表 2.7。为何在 Shell 中访问字符串 s 和打印 s 的结果不同呢？详见第 3 章。

表 2.7　更多的转义字符及描述

符　号	描　述	部 分 实 例
\	续行符	`>>> print("我爱\'Python\'")`
\n	换行符	我爱'Python'
\\	反斜杠	`>>> print("我爱\"Python\"")`
\'	单引号	我爱"Python"
\"	双引号	`>>> name = "老裴"`
\t	横向制表符	`>>> gender = "男"`
\v	纵向制表符	`>>> print("姓名\t 性别\n%s\t%s"%(name,gender))`
\ooo	八进制3位数字符	姓名　性别
\xhh	十六进制3位数字符	老裴　男

演讲内容被创建为字符串后，需要对字符串进行系列操作，逐步统计出高频主题词。汉语句子和英语句子不同，英语句子中词与词之间通过空格分隔，相当于存在边界，如 I love Python，而汉语语句中没有边界，如"我是中国人"，边界应为"我 是 中国人"。所以，接下来的首要工作是将句子进行分割，专业术语称为**中文分词**；然后去除段落中的标点符号（。、，）、代词（我、我们）、介词（对于、作为）、副词（都）、关联词（但、然而）等非主题词，这些词也被称为**停用词**（Stop Words），停用词的统计不仅消耗资源，而且影响对主题的分析；最后对剩下的词语进行词频统计。

总结主题词频率统计的步骤为：

（1）对字符串 s 进行中文分词得到 words 列表；

（2）去掉 words 中的停用词，得到 left_words 列表；

（3）统计 left_words 中每个词出现的频率。

2．字符串的方法

中文分词是**中文 NLP**（Natural Language Processing，自然语言处理）中的一个研究课题。本例采用手动分词，将词语（包括标点符号）用"/"隔开，即定义新的字符串为：

```
sents = "香港大学/颁发/的/社会学/博士/，/不/仅仅/是/对/我/的/认可/，\
/更/是/对/企业家/这个/群体/永不放弃/精神/的/认可。"
```

```
/我/认为/企业家/是/社会/中/的/科学家/。\
/企业家/和/科学家/有/许多/相似之处/，/我们/都/需要/承担/风险/，\
/我们/都/需要/创新/。/科学家/知道/如何/正确/做事/，\
/企业家/懂得/有效/地/做事/。/对于/大部分/人/来说/，\
/是/因为/看见/，/然后/相信/。/但/像/我们/，\
/是/因为/相信/，/所以/看见/。"
```

然后调用字符串的 split()方法：

```
>>> sents.split("/")
['香港大学', '颁发', '的', '社会学', '博士', '，', '不', '仅仅', '是', '对',
'我', '的', '认可', '，', '更', '是', '对', '企业家', '这个', '群体', '永不放
弃', '精神', '的', '认可。', '我', '认为', '企业家', '是', '社会', '中', '的',
'科学家', '。', '企业家', '和', '科学家', '有', '许多', '相似之处', '，', '我们
', '都', '需要', '承担', '风险', '，', '我们', '都', '需要', '创新', '。',
'科学家', '知道', '如何', '正确', '做事', '，', '企业家', '懂得', '有效', '地',
'做事', '。', '对于', '大部分', '人', '来说', '，', '是', '因为', '看见', '，',
'然后', '相信', '。', '但', '像', '我们', '，', '是', '因为', '相信', '，',
'所以', '看见', '。']
```

split()方法将字符串按字符（/）进行分割，并将结果存储在列表中。接下来的工作是去除停用词，根据前面所学的知识，首先想到的就是利用 for 循环进行操作。

```
words = sents.split("/")
stop_words = ("，","。","的","我","我们","是","对","都","因为")   #读者自行补全
left_words = []                          #创建空列表
for word in words:                       #遍历列表中的词
    if word in stop_words:               #如果词是停用词，则跳出本次循环
        continue
    left_words.append(word)              #否则将词添加至 left_words 列表中
```

或者使用更简洁的列表解析式：

```
left_words = [word for word in words if word not in stop_words]
```

上面的程序将去除了停用词后的词语存放在 left_words 列表中。需要注意的是，本例并未列出全部的停用词，读者可以在本例的基础上自行修改。

较之列表和元组，字符串的方法更多，下面根据类型进行统计，详见表 2.8。

表 2.8　字符串的常用方法统计

类　　型	名　　称	描　　述
大小写转换	title()	标题样式
	upper()	所有字母大写
	lower()	所有字母小写
	swapcase()	大小写交换，即大写变小写，小写变大写
	captitalize()	首字母大写，其他小写
查找与统计	count(sub[,start[,end]])	子字符串的出现频率
	find(sub[,start[,end]])	子字符串的索引，存在多个时返回第1个，不存在则返回-1

（续）

类　型	名　称	描　述
查找与统计	rfind(sub[,start[,end]])	同find()，但返回最后一个索引
	index(sub[,start[,end]])	同find()，不存在则报错
	rindex(sub[,start[,end]])	同rfind()，不存在则报错
字符串操作	join(iterable)	拼接字符串
	center(width[,fillchar])	字符串在width长度内居中对齐，如果width大于字符串长度，则用字符填充
	ljust(width[,fillchar])	字符串向左对齐
	rjust(width[,fillchar])	字符串向右对齐
	strip([chars])	沿左右两边修剪字符串，默认修剪空格
	lstrip([chars])	沿左边修剪字符串，默认修剪空格
	rstrip([chars])	沿右边修剪字符串，默认修剪空格
	replace(old,new[,count])	字符串替换
	split(sep=None,maxsplit=-1)	从左至右分割字符串，返回列表。maxsplit设置分割数量，默认-1表示全部分割
	rsplit(sep=None,maxsplit=-1)	从右至左分割字符串，返回列表
内容判断	isalnum()	是否全为字母和数字
	isalpha()	是否全为字母
	isdigit()	是否全为数字
	islower()/isupper()	是否全为小/大写
	istitle()	是否为标题样式
	startwith(prefix[,start[,end]])	是否以固定格式开头
	endwith(suffix[,start[,end]])	是否以固定格式结尾

对于字符串的大小写转换方法，举例如下：

```
>>> url = "wWw.Pythonscitificcomputing.org"
>>> url.title()
'Www.Pythonscitificcomputing.Org'
>>> url.upper()
'WWW.PYTHONSCITIFICCOMPUTING.ORG'
>>> url.lower()
'www.pythonscitificcomputing.org'
>>> url.swapcase()
'WwW.pYTHONSCITIFICCOMPUTING.ORG'
>>> url.capitalize()
'Www.pythonscitificcomputing.org'
```

对于字符串的查找和统计方法，接着上例：

```
>>> url.count("Python")
1
>>> url.count("i",3)
```

```
4
>>> url.count(".")                  #全部统计
2
>>> url.count(".",5,len(url))       #从索引 5 开始统计到末尾
1
>>> url.find("Python")              #Python 的索引，返回首字母的索引
4
>>> url.find("i",10)               #从索引 10 开始计算第 1 个 i 的索引
12
>>> url.find("ii")                 #如果在字符串中找不到则返回-1
-1
>>> url.rfind("i",10)              #如果存在多个，则返回最后一个索引
24
>>> url.index("ii")               #不存在则报错
Traceback (most recent call last):
  File "<pyshell#41>", line 1, in <module>
    url.index("ii")
ValueError: substring not found
```

对于字符串的诸多操作，首先是字符串的拼接操作。下面介绍两种方法，一种是加法运算符，另一种是 join()方法，后者的参数为可迭代对象。

```
>>> a = "123"
>>> b = "45"
>>> a + b
'12345'
>>> lst = ["1","2","3","4","5"]     #为可迭代对象
>>> s = "".join(lst)               #空字符串调用 join()方法
>>> s
'12345'
>>> s.join(lst)                    #非空字符串调用 join()方法
'1|12345|2|12345|3|12345|4|12345|5'
```

下面代码中的 center()、ljust 和 rjust()用于调整字符串进行对齐，参数 width 设置对齐长度，fillchar 为长度不足时的填充项。

```
>>> s = "我爱 Python"
>>> len(s) < 10                    #长度小于 10
True
>>> s.center(10)
' 我爱 Python '
>>> s.center(10,"*")
'*我爱 Python*'
>>> s.ljust(10)
'我爱 Python '
>>> s.ljust(10,"#")
'我爱 Python##'
>>> s.rjust(10)
'  我爱 Python'
>>> s.rjust(10,"^")
'^^我爱 Python'
>>> s.rjust(5,"^")                 #长度大于填充长度则不变
'我爱 Python'
```

strip()、lstrip()和 rstrip()方法用于修剪字符串，其中，strip()从首尾开始修剪，lstrip()从左边开始修剪，rstrip()从右边开始修剪，默认修剪空格，可以设置修剪的字符集 chars。

```
>>> s1 = " 我爱 Python  "
>>> s1.strip()                  #从首尾开始修剪空格
'我爱 Python'
>>> s1.lstrip()                 #修剪左边的空格
'我爱 Python  '
>>> s1.rstrip()                 #修剪右边的空格
' 我爱 Python'
>>> s1.strip("我")
' 我爱 Python '
```

为什么无法将"我"修剪掉呢？原因是"我"不在首部或者尾部。例如：

```
>>> s2 =  "我爱 Python 我"
>>> s2.strip("我")               #我在首尾
'爱 Python'
>>> s2.lstrip("我")
'爱 Python 我'
>>> s2.rstrip("我")
'我爱 Python'
>>> s3 = "我我爱我他爱 Python 我"
>>> s3.strip("我")               #我在首部
'爱我他爱 Python'
>>> s3.strip("爱")               #爱不在首部
'我我爱我他爱 Python 我'
>>> s3.strip("我爱")             #逐次修剪直到首尾都不是 chars 中的字符
'他爱 Python'
>>> s3.strip("爱我")
'他爱 Python'
```

当设置字符集 chars 时，会依次对字符进行修剪，直到字符串的首尾都不是 chars 中的字符为止。自定义 my_strip()函数实现 strip()方法的功能，代码如下：

```
def my_strip(string,chars):
    for _ in string:
        for char in chars:
            start = string[0]
            end = string[-1]
            if char == start:
                string = string[1:]
            if char == end:
                string = string[:-1]
    return string
```

调用函数举例：

```
>>> s3 = "我我爱我他爱 Python 我"
>>> my_strip(s3,"我爱")
'他爱 Python'
>>> my_strip(s3,"爱我")
'他爱 Python'
```

replace()方法用于替换字符串中的子串：

```
>>> s = "我爱我的祖国"
>>> s.replace("我","他")              #将我换成他
'他爱他的祖国'
>>> s.replace("我","他",1)            #只换第一个
'他爱我的祖国'
>>> s.replace("我","他",2)            #换 2 个
'他爱他的祖国'
>>> s.replace("我","他",3)            #换 3 个
'他爱他的祖国'
>>> s.replace("我","他们")            #将"我"换成"他们"
'他们爱他们的祖国'
>>> s.replace("祖国","家乡")          #将"祖国"换成"家乡"
'我爱我的家乡'
```

对于字符串内容判断的方法，举例如下：

```
>>> s1 = "abc123"
>>> s2 = "Abc"
>>> s3 = "1998"
>>> s1.isalnum()
True
>>> s2.isalpha()
True
>>> s3.isdigit()
True
>>> s2.islower()
False
>>> s2.isupper()
False
>>> s1.startswith("a")
True
>>> s1.endswith("a")
False
```

3. 格式化输出

在第 1 章中我们介绍了利用百分号（%）格式化输出字符串的方法。除此之外，还可以调用字符串对象的 format()方法实现字符串的格式化输出，而且功能更强大，这种方法也称为 Format 用法。例如：

```
>>> name = "老裴"
>>> age = 34
>>> print('{0} is a man. '.format(name))
老裴 is a man.
>>> print('{0} is {1} years old. '.format(name, age))
老裴 is 34 years old.
```

Format 用法是在字符串中用大括号（{}）作为占位符，然后调用字符串对象的 format()方法进行匹配。有多种匹配方式，常见的是通过索引进行匹配。索引是指对象位置的编号，Python 中的索引从整数 0 开始，依次增加且不重复。

```
>>> print('{1} is {0} years old. '.format(name, age))
34 is 老裴 years old.
```

name 和 age 为 format()方法的输入参数，name 在第 1 位，其索引为 0，age 紧跟其后，其索引为 1。通过在大括号（{}）中设置索引即可实现变量与（{}）的对应。

如果大括号（{}）内部不设置索引，则根据 format()方法中参数的先后顺序进行默认匹配，也可以认为默认大括号（{}）内的索引从 0 开始，依次增加。例如：

```
>>> print('{} is {} years old. '.format(name, age))
老裴 is 34 years old.
```

除了索引外，还可以通过参数赋值的形式进行匹配，例如：

```
>>> print("'姓名': {name}, '年龄':{age}".format(name = name, age= age))
'姓名': 老裴, '年龄':34
>>> print("'姓名': {name}, '年龄':{age}".format(name = "老裴", age= 34))
'姓名': 老裴, '年龄':34
```

表 2.9 给出了常见的 Format 用法的高级占位形式。

表 2.9　Format用法的高级占位

格　式	描　述	实　例
{:.2f}	保留小数点后两位	```>>> print("{:.2f}".format(3.1415926))``` 3.14
{:+.2f}	保留小数点后两位	```>>> print("{:+.2f}".format(1))```　　　#带正号 +1.00
{:+.2f}	保留小数点后两位	```>>> print("{:+.2f}".format(-1))```　　　#带负号 -1.00
{:.0f}	四舍五入取整	```>>> print("{1:.0f},{0:.0f}".format(-1.453,2.645))``` 3,-1
{:0>3d} {:x<3d} {:y^6d}	整数向左补齐3位（用0） 整数向右补齐3位（用x） 整数居中补齐6位（用y）	```>>> print("{:0<3d},{:x<3d},{:y^6d}".format``` (3,33,33)) 300,33x,yy33yy
{:,}	逗号分隔的数字格式	```>>> print("{:,}".format(1687514.34))``` 1,687,514.34
{:.3%}	保留3个有效数字的百分数	```>>> print("{:.3%}".format(1.4))``` 140.000%
{:.2e}	科学计算法	```>>> print("{:.2e}".format(1.4))``` 1.40e+00
{:.3E}	科学计算法	```>>> print("{:.3E}".format(1.4))``` 1.400E+00
{:b}	二进制数	```>>> print("{:b}".format(21))``` 10101

（续）

格　式	描　述	实　例
{:o}	八进制数	`>>> print("{:o}".format(21))` `25`
{:x}	十六进制数	`>>> print("{:x}".format(223))` `df`
{:X}	十六进制数（字母大写）	`>>> print("{:X}".format(223))` `DF`

📖 **延伸阅读：字符串前的 r 和 u**

看下面的字符串：

```
>>> s1 = "我爱\nPython"
>>> s2 = u"我爱\nPython"
>>> s3 = r"我爱\nPython"
>>> print(s1)
我爱
Python
>>> print(s2)
我爱
Python
>>> print(s3)
我爱\nPython
```

在字符串前加上 u，表明字符串将以 Unicode 格式进行编码；加上 r 表示非转义的原始字符串，转义字符将不起作用。

2.3.2　集合

1．创建集合

去除马云先生讲话内容中的停用词后，需要进行**去重操作**获取关键词，有些词可能会出现多次，比如企业家出现过 4 次，因此首先想到的是用循环进行操作。

```
key_words = []                    #创建一个空的关键词列表
for word in left_words:           #遍历去除停用词后的列表
    if word not in key_words:     #如果 word 没有在 key_words 列表中出现
        key_words.append(word)    #则将 word 添加到 key_words 列表中

>>> key_words
['香港大学', '颁发', '社会学', '博士', '不', '仅仅', '认可', '更', '企业家',
'这个', '群体', '永不放弃', '精神', '认可。', '认为', '社会', '中', '科学家',
'和', '有', '许多', '相似之处', '需要', '承担', '风险', '创新', '知道', '如何',
'正确', '做事', '懂得', '有效', '对于', '大部分', '人', '来说', '看见', '然后',
'相信', '但', '像', '所以']
```

除了上述方法，还可以利用**无序不重复**的数据类型——**集合**（Set）实现相同的功能。

```
>>> key_words = set(left_words)
>>> key_words
{'社会', '科学家', '人', '不', '大部分', '企业家', '认可', '和', '有', '风险',
'来说', '认为', '永不放弃', '正确', '承担', '博士', '这个', '群体', '知道',
'对于', '香港大学', '但', '精神', '需要', '像', '如何', '然后', '相信', '更',
'所以', '懂得', '许多', '中', '创新', '社会学', '仅仅', '相似之处', '有效',
'看见', '做事', '认可。', '颁发'}
>>> type(key_words)
<class 'set'>
```

集合用大括号（{}）表示，其中元素用逗号（,）隔开，和列表一样也是一种**可变容器类数据类型**。除了用 set 类实例化创建集合外，另外一种创建集合的方式与创建列表、元组类似，例如：

```
>>> set1 = {1,3,"中国","上海",3,1}
>>> set1
{'上海', 1, '中国', 3}
```

集合也是一种可迭代对象，支持集合解析式，例如：

```
>>> set2 = {i for i in range(5)}
>>> set2
{0, 1, 2, 3, 4}
>>> len(set2)
5
>>> 6 in set2
False
```

2. 集合的方法

集合也有一些常用的方法及实例，见表 2.10。

表 2.10　集合的常用方法

set.add(obj)：为集合添加单个元素

set.update(obj)：为集合添加多个元素

实例：
```
>>> a = set()
>>> a.add(23)                    #只能添加单个元素
>>> a
{23}
>>> a.add("a")
>>> a
{'a', 23}
>>> a.update([1,2])              #可以是列表
>>> a
{1, 2, 'a', 23}
>>> a.update({3,"2"})           #也可以是集合
>>> a
{1, 2, 3, 23, '2', 'a'}
```

（续）

set.difference(other)：返回前后集合的差集，同运算符 "-"

set.difference_update(other)：将原集合更新，不返回值

实例：

```
>>> a = {3,4,5}
>>> b = {1,3,6}
>>> a - b
{4, 5}
>>> a.difference(b)
{4, 5}
>>> b - a
{1, 6}
>>> a
{3, 4, 5}
>>> a.difference_update(b)                    #不返回集合
>>> a
{4, 5}
```

set.symmetric_difference (other)：集合的对称差集，同运算符 "^"

set. symmetric_difference _update(other)：集合的对称差集，同运算符 "^"

实例：

```
>>> a.symmetric_difference(b)
{1, 3, 4, 5, 6}
>>> b.symmetric_difference(a)
{1, 3, 4, 5, 6}
>>> a^b
{1, 3, 4, 5, 6}
>>> a.symmetric_difference_update(b)
>>> a
{1, 3, 4, 5, 6}
```

set.intersection(other)：集合的交集，同运算符 "&"

set.intersection_update(other)：集合的交集，同运算符 "&"

实例：

```
>>> a.intersection(b)
{1, 3, 6}
>>> b.intersection(a)
{1, 3, 6}
>>> a&b
{1, 3, 6}
>>> a.intersection_update(b)
>>> a
{1, 3, 6}
```

（续）

set.union(other)：集合的并集，同运算符 "|"
实例：

```
>>> a.union(b)
{1, 3, 6}
>>> a|b
{1, 3, 6}
```

set.copy()：复制集合
实例：

```
>>> b = a.copy()
>>> b
{1, 3, 6}
>>> c = b                              #复制与赋值的区别详见下文
>>> c
{1, 3, 6}
```

set.pop()：随机从集合中移除元素
实例：

```
>>> a.pop()
1
>>> a
{3, 6}
```

set.discard(obj)和set.remove(obj)：从集合中移除存在的元素，如果元素不存在，discard()不报错，remove()报错
实例：

```
>>> a.discard(1)
>>> a
{3, 6}
>>> a.discard(3)
>>> a
{6}
>>> a.remove(3)
Traceback (most recent call last):
  File "<pyshell#75>", line 1, in <module>
    a.remove(3)
KeyError: 3
```

set.clear()：清空集合
实例：

```
>>> a.clear()
>>> a
set()
```

继续前面的高词频统计工作，去重操作之后即可调用列表的 count()方法对 key_words 中的每个词进行频率统计，并将词与词频以元组的形式成对存储在列表中。代码如下：

```
>>> counter = [(word,left_words.count(word)) for word in key_words]
>>> counter
[('然后', 1), ('仅仅', 1), ('永不放弃', 1), ('创新', 1), ('所以', 1), ('如何',
 1), ('大部分', 1), ('颁发', 1), ('做事', 2), ('相信', 2), ('正确', 1),
('像', 1), ('有', 1), ('科学家', 3), ('认可。', 1), ('社会', 1), ('企业家', 4),
('懂得', 1), ('来说', 1), ('但', 1), ('许多', 1), ('和', 1), ('这个', 1),
('对于', 1), ('社会学', 1), ('群体', 1), ('需要', 2), ('香港大学', 1), ('精神', 1),
('相似之处', 1), ('风险', 1), ('中', 1), ('知道', 1), ('更', 1), ('看见', 2),
('承担', 1), ('有效', 1), ('认可', 1), ('不', 1), ('博士', 1), ('认为', 1),
('人', 1)]
```

然后对列表元素根据词频的大小进行排序：

```
>>> counter.sort(key = lambda x:x[1],reverse = True)
>>> counter
[('企业家', 4), ('科学家', 3), ('相信', 2), ('做事', 2), ('需要', 2), ('看见', 2),
('不', 1), ('人', 1), ('但', 1), ('对于', 1), ('创新', 1), ('社会', 1),
('懂得', 1), ('相似之处', 1), ('所以', 1), ('社会学', 1), ('有效', 1), ('更', 1),
('许多', 1), ('香港大学', 1), ('群体', 1), ('中', 1), ('博士', 1), ('来说', 1),
('认可。', 1), ('然后', 1), ('正确', 1), ('永不放弃', 1), ('仅仅', 1), ('知道', 1),
('像', 1), ('承担', 1), ('认为', 1), ('如何', 1), ('这个', 1), ('风险', 1),
('认可', 1), ('有', 1), ('精神', 1), ('和', 1), ('颁发', 1), ('大部分', 1)]
```

以上就是对中文进行词频统计的全过程，最简洁的完整程序如下：

```
words = sents.split('/')
stop_words = ("，","。","的","我","我们","是","对","都","因为")
left_words = [word for word in words if word not in stop_words]
key_words = set(left_words)
counter = [(word,left_words.count(word)) for word in key_words]
counter.sort(key = lambda x:x[1],reverse = True)
```

【实例 2.15】 用字符串描述化学反应方程式，并统计每种元素原子在各化合物中的数量。

化学方程式由化合物、加法运算符、等号及化合物前的系数组成，对于一氧化碳在氧气中燃烧，公式表示为：

$$2CO+O_2=2CO_2$$

用字符串可以描述为：

```
>>> equation1 = "2CO + O2 = 2CO2"
>>> equation1
'2CO + O2 = 2CO2'
```

而对于石灰水与二氧化碳的反应，公式表示为：

$$Ca(OH)_2+CO_2=CaCO_3+H_2O$$

用字符串可以描述为：

```
>>> equation2 = "Ca(OH)2 + CO2 = CaCO3 + H2O"
>>> equation2
'Ca(OH)2 + CO2 = CaCO3 + H2O'
```

化学元素最多由两个字母组成，若元素只有一个字母，则大写；若元素有两个字母，则首字母大写，另一个字母小写。多元素组成的离子用小括号组合，小括号后接数量。首先将方程式分解成等式左边和等式右边，代码如下：

```
>>> left,right = equation1.split("=")
>>> left
'2CO + O2 '
>>> right
' 2CO2'
```

接下来获取左右两边的化合物，rts 和 pds 分别为 reactants（反应物）和 products（生成物）的缩写。代码如下：

```
>>> rts = left.split("+")
>>> pds = right.split("+")
>>> rts
['2CO ', ' O2 ']
>>> pds
[' 2CO2']
```

然后修剪描述化合物字符串中的空格，代码如下：

```
>>> rts = [r.strip() for r in rts]
>>> pds = [r.strip() for r in pds]
>>> rts
['2CO', 'O2']
>>> pds
['2CO2']
```

接着统计各化合物的系数，即如果化合元素的第一个字符为数字字符则将其转化为数字，不为数字则系数为 1，并将化合元素的系数清 0。代码如下：

```
>>> rts_co = [int(r[0]) if r[0].isdigit() else 1 for r in rts]
>>> pds_co = [int(r[0]) if r[0].isdigit() else 1 for r in pds]
>>> rts_co
[2, 1]
>>> pds_co
[2]
>>> rts = [r[1:] if r[0].isdigit() else r for r in rts]
>>> pds = [r[1:] if r[0].isdigit() else r for r in pds]
>>> rts
['CO', 'O2']
>>> pds
['CO2']
```

然后列出各化合物中的单个元素，该过程需要对化合物字符串的每个元素逐一判断，为方便起见，定义如下处理单个化合物的函数：

```
def decompose_elements(cpd):
    elements = []                          #初始化元素列表
    for el in cpd:
        if el.isupper():                   #如果元素为大写，添加至列表
            elements.append(el)
        #如果为小写，则将列表最后一个元素移除，与 el 组合重新添加
        if el.islower():
```

```
            end = elements.pop()
            elements.append(end + el)
        if el.isdigit():                        #如果为数字字符
            end = elements.pop()                #将最后的元素移除
            num = int(el)                       #然后将数字字符转换为整数 num
            for _ in range(num):
                elements.append(end)            #将最后的元素添加 num 个
    return elements
```

举例如下：

```
>>> m1 = "CuSO4"
>>> m2 = "C2H5OH"
>>> decompose_elements(m1)
['Cu', 'S', 'O', 'O', 'O', 'O']
>>> decompose_elements(m2)
['C', 'C', 'H', 'H', 'H', 'H', 'H', 'O', 'H']
```

有些化合物中带有括号，需要先去除括号。定义下面的函数将有括号的化合物先转换为无括号的形式：

```
def remove_bracket(cpd):
    while True:
        start = cpd.find("(")                   #获取左括号的索引
        if start != -1:                         #如果括号存在
            end = cpd.find(")")                 #获取右括号的索引
            replaced = cpd[start:end + 2]       #获取要替换的子串
            mid = replaced[1:-2]                #获取括号中的子串
            num = int(cpd[end + 1])             #获取括号后的数字，转换为整数 num
            reactant = cpd.replace(replaced,mid*num)    #用 num 个子串代替
        else:
            break
    return cpd
```

举例如下：

```
>>> m1 = "Cu2(OH)2CO3"
>>> m2 = "CaSO4(H2O)2"
>>> m3 = remove_bracket(m1)                     #移除括号
>>> m3
'Cu2OHOHCO3'
>>> m4 = remove_bracket(m2)
>>> m4
'CaSO4H2OH2O'
>>> decompose_elements(m3)                      #列出单个元素
['Cu', 'Cu', 'O', 'H', 'O', 'H', 'C', 'O', 'O', 'O']
>>> decompose_elements(m4)
['Ca', 'S', 'O', 'O', 'O', 'O', 'H', 'H', 'O', 'H', 'H', 'O']
```

接下来用集合去重（各化合物中元素的计次同上例），然后调用列表的 count() 方法计次，留给读者自行完成。

2.3.3 字典

1. 创建字典

虽然前面已经完成了词频统计工作，但将词与词频以元组的形式存储在列表中并不方便后续查询，Python 内置了一种**可变容器型数据类型**——**字典**（Dictionary，简称 dict），可以更方便、快捷地查找词和词频。接着上节的例子：

```
>>> d = dict(counter)
>>> d
{'企业家': 4, '科学家': 3, '相信': 2, '做事': 2, '需要': 2, '看见': 2, '不': 1,
'人': 1, '但': 1, '对于': 1, '创新': 1, '社会': 1, '懂得': 1, '相似之处': 1,
'所以': 1, '社会学': 1, '有效': 1, '更': 1, '许多': 1, '香港大学': 1, '群体': 1,
'中': 1, '博士': 1, '来说': 1, '认可。': 1, '然后': 1, '正确': 1, '永不放弃': 1,
'仅仅': 1, '知道': 1, '像': 1, '承担': 1, '认为': 1, '如何': 1, '这个': 1,
'风险': 1, '认可': 1, '有': 1, '精神': 1, '和': 1, '颁发': 1, '大部分': 1}
>>> type(d)
<class 'dict'>
```

dict()操作将列表转换为字典。可以看到，字典和集合都是用大括号（{}）表示，元素用逗号（,）隔开，字典是以键值（key:value）的形式成对存储数据的，一对键值代表一个元素，但字典的键是**不可变对象**，不可变对象的介绍参考延伸阅读。下面介绍更多创建字典的方法。代码如下：

```
>>> d = dict()                        #创建空字典
>>> d
{}
>>> d["name"] = "张三"                 #向字典中添加元素
>>> d["age"] = 18
>>> d
{'name': '张三', 'age': 18}
>>> d["age"] = 19                      #字典中的 key 是唯一的，只是更新 value
>>> d
{'name': '张三', 'age': 19}
>>> d1 = {1:2,"Python":29}            #直接在{}中以 key:value 创建
>>> d1
{1: 2, 'Python': 29}
#通过 zip 对象创建，同上例
>>> d2 = dict(zip(("张三","John","Bob"),(90,84,63)))
>>> d2
{'张三': 90, 'John': 84, 'Bob': 63}
#通过参数赋值的方式，key 将会被转换为字符串
>>> d3 = dict(a = 1,b = 2,c = "John")
>>> d3
{'a': 1, 'b': 2, 'c': 'John'}
#通过 keys 可迭代对象创建，可设默认值
>>> d4 = d.fromkeys(["N","Fx","Fy"],None)
```

```
>>> d4
{'N': None, 'Fx': None, 'Fy': None}
```

📖 **延伸阅读：可变和不可变对象**

看下面的例子：

```
>>> a = 1                          #变量 a 引用值为 1 的整数对象
>>> id(a)
1379560464
>>> a = 2                          #变量 a 引用值为 2 的整数对象
>>> id(a)
1379560496
>>> c = [1,2,3]
>>> id(c)
1192077930248
>>> c.append(4)
>>> c
[1, 2, 3, 4]
>>> id(c)                          #对象的值发生变化，但其内存地址不变
1192077930248
```

对于上例中的赋值语句：

```
>>> a = 1
>>> a = 2
```

首先在内存中创建一个值为 1 的整数对象，变量 a 引用该对象；然后在内存中创建一个值为 2 的整数对象，并用变量 a 来引用它，整数 1 和 2 的**内存地址不相同**；此时值为 1 的整数对象没有被任何变量引用，根据 Python 的内存管理机制，值为 1 的整数对象占用的内存被释放。实际上，整数对象一旦创建，其值是不能改变的，这种对象被称为**不可变对象**（Immutable Object），整数、浮点数、字符串和元组都是**不可变对象**。

再看变量 c 引用的列表对象：

```
>>> c = [1,2,3]
>>> id(c)
1192077930248
>>> c.append(4)
>>> c
[1, 2, 3, 4]
>>> id(c)
1192077930248
```

列表对象在添加元素前后**内存地址不变**，表明列表对象添加元素时，并不是在内存中创建了一个新的列表对象，而是在当前对象中直接操作，这种值可以改变的对象被称为**可变对象**（Mutable Object），列表、集合、字典都是可变对象。

上述过程的可视化如图 2.12 所示。

由于整数是不可变的对象，所以：

```
>>> a = 1
>>> b = 1
```

```
>>> id(a) == id(b)
True
```

即不可变对象的值相同，则内存地址必然相同。而列表是可变对象，例如：

```
>>> c = [1,2,3]
>>> d = [1,2,3]
>>> id(c) == id(d)
False
>>> e = c
>>> id(e) == id(c)
True
>>> c[0] = 999
>>> c
[999, 2, 3]
>>> d
[1, 2, 3]
>>> e
[999, 2, 3]
```

改变不可变对象的值时，内存地址也不发生改变。

由于赋值语句是建立对象与变量之间的引用关系，变量 e 引用了和变量 c 相同的对象，所以 c 的值发生变化，e 的值也随之变化，但变量 d 引用的是新对象，其值不发生变化，如图 2.13 所示。

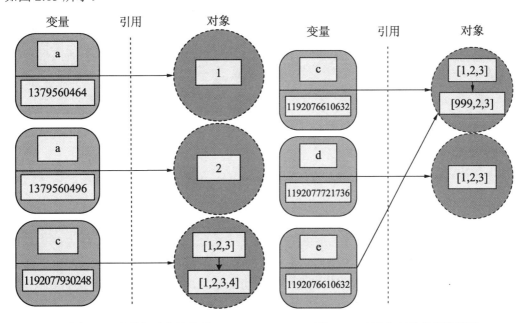

图 2.12　变量与对象的关系　　　　图 2.13　变量与对象的引用关系

如果要复制（在内存中创建一个值相同的对象）一个可变对象时，可以调用 copy 模块中的 copy() 函数，或者可变对象自带的 copy() 方法，例如：

```
>>> import copy
>>> a = [1,2,3]
>>> b = a
>>> c = copy.copy(a)
>>> d = a.copy()
>>> a[0] = 9
>>> a
[9, 2, 3]
>>> b
[9, 2, 3]
>>> c
[1, 2, 3]
>>> d
[1, 2, 3]
```

此时可以更深入地理解 Python 中函数的参数传递：

```
def mutable(x,L=[]):
    L.append(x)
    return L
```

以上函数将元素 x 添加到列表 L 中，在 Shell 中调用如下：

```
>>> L = [1,2]
>>> x = 3
>>> mutable(x,L)
[1, 2, 3]
>>> L
[1, 2, 3]
>>> x
3
```

可以发现，将列表[1,2]作为参数传递给函数，在函数体内，直接改变列表的值为[1,2,3]，用中间变量来理解传递过程如下：

```
def mutable(x,L=[]):
    L1 = L
    x1 = x
    L1.append(x1)
    return L1
```

首先新建变量 L1 和 x1，L1 引用实参可变对象 L，x1 引用不可变对象 x，然后将 x1 添加到 L1 引用的对象中，因为引用的是同一个可变对象，所以以实参可变对象的值也发生了变化。通过上例可以总结，Python 中函数参数传递的本质是引用的传递。

2. 字典的方法

字典的常用方法与示例描述见表 2.11。

表 2.11 字典的常用方法与示例

dict.get(key[,value])：获取key对应的value
实例：
```
>>> d = {"name" : "张三","age" : 18}
>>> d.get("age")
18
>>> d["age"]                #如果 key 在字典中，两种获取值的方法一样
18
>>> d["sex"]                #如果 key 不在字典中，则报错
Traceback (most recent call last):
  File "<pyshell#68>", line 1, in <module>
    d["sex"]
KeyError: 'sex'
>>> d.get("sex",1)         #如果是 get()方法则不报错，返回设置 value，默认为 None
1
```

dict.setdefault(key[,value])：与get()类似
实例：
```
>>> d.setdefault("age",20)          #如果 key 存在，则返回 value
18
#key 不存在，则添加 key 至字典，默认 value 为 None
>>> d.setdefault("sex")
>>> d
{'name': '张三', 'age': 18, 'sex': None}
#key 不存在，则添加 key 至字典，并且返回设定 value
>>> d.setdefault("score",98)
98
>>> d
{'name': '张三', 'age': 18, 'sex': None, 'score': 98}
```

dict.keys()：返回字典的keys，为dict_keys可迭代对象
实例：
```
>>> d.keys()
dict_keys(['name', 'age', 'sex', 'score'])
>>> type(d.keys())              #为 dict_keys 可迭代对象
<class 'dict_keys'>
>>> list(d.keys())             #将 dict_keys 对象转换为列表对象
['name', 'age', 'sex', 'score']
>>> for key in d.keys():       #遍历所有的 key
        print(key)
name
age
sex
score
>>> "name" in d               #更快捷地判断 key 是否在字典中
True
>>> "kin" in d.keys()
False
```

（续）

dict.values()：返回字典的values，为dict_values可迭代对象

实例：

```
>>> d.values()              #可迭代对象，和 dict_key 本质上一样，名称不同
dict_values(['张三', 18, None, 98])
>>> list(d.values())
['张三', 18, None, 98]
```

dict.items()：返回字典的(key,value)对，为dict_items可迭代对象

实例：

```
>>> d.items()              #可迭代对象，元素为成对(key,value)
dict_items([('name', '张三'), ('age', 18), ('sex', None), ('score', 98)])
>>> list(d.items())
[('name', '张三'), ('age', 18), ('sex', None), ('score', 98)]
```

dict.update(other)：将字典other中的元素更新到dict中

实例：

```
>>>d = dict(name = "张三",age = 18)
>>> d
{'name': '张三', 'age': 18}
>>> d1 = {"name":"李四","sex":"female"}
>>> d.update(d1)          #更新时如果 key 存在，则更新 value，key 不存在，则添加
>>> d
{'name': '李四', 'age': 18, 'sex': 'female'}
```

dict.copy()：复制字典

实例：

```
>>> d2 = d.copy()
>>> d2
{'name': '李四', 'age': 18, 'sex': 'female'}
>>> d3 = d              #建立引用
>>> d3
{'name': '李四', 'age': 18, 'sex': 'female'}
```

dict.pop(key[,value])：按key删除字典中元素

实例：

```
>>> d.pop("name",20)      #如果 key 存在，则返回 key 对应的 value
'李四'
>>> d.pop("a")            #如果 key 不存在，无 value 参数，则报错
Traceback (most recent call last):
  File "<pyshell#96>", line 1, in <module>
    d.pop("a")
KeyError: 'a'
>>> d.pop("a",20)         #如果 key 不存在，有 value 参数，则返回 value 参数的值
20
>>> d
{'age': 18, 'sex': 'female'}
```

（续）

dict.popitem()：随机返回并删除字典中的一个元素
实例：
`>>> d`
`{'age': 18, 'sex': 'female'}`
`>>> d.popitem()`
`('sex', 'female')`
`>>> d`
`{'age': 18}`

dict.clear()：清空字典
实例：
`>>> d.clear()`
`>>> d`
`{}`

3．Counter对象

回到词频统计的问题上。除了上例中的方法外，更快捷的解决方案是使用内置模块 collections 中的 Counter 对象：

```
>>> from collections import Counter
>>> c1 = Counter('我是中国人,我爱中华人民共和国')
>>> c1
Counter({'我': 2, '中': 2, '国': 2, '人': 2, '是': 1, ',': 1, '爱': 1,
'华': 1, '民': 1, '共': 1, '和': 1})
>>> type(c1)
<class 'collections.Counter'>
>>> issubclass(Counter,dict)
True
>>> dict(c1)
{'我': 2, '是': 1, '中': 2, '国': 2, '人': 2, ',': 1, '爱': 1, '华': 1,
'民': 1, '共': 1, '和': 1}
```

可以看到，Counter 对象对句子中的每个字（包括标点）都进行了频率统计，并且以 key:value 的形式存储在 Counter 对象中。前面介绍过，字符串是以单个字符为元素的可迭代对象。Counter 对象和字典非常相似，通过 issubclass()函数判断，Counter 是字典的**子类型**，它与字典有一样的属性和方法，子类型的概念请读者参考第 3 章中类的继承。于是，完整的词频统计求解程序可以修改为：

```
words = sents.split("/")
stop_words = (", ",","。","的","我","我们","是","对","都","因为")
left_words = [word for word in words if word not in stop_words]
key_words = set(left_words)
from collections import Counter
counter = Counter(left_words)
>>> counter
Counter({'企业家': 4, '科学家': 3, '需要': 2, '做事': 2, '看见': 2, '相信': 2,
'香港大学': 1, '颁发': 1, '社会学': 1, '博士': 1, '不': 1, '仅仅': 1, '认可': 1,
```

```
'更': 1, '这个': 1, '群体': 1, '永不放弃': 1, '精神': 1, '认可。': 1, '认为': 1,
'社会': 1, '中': 1, '和': 1, '有': 1, '许多': 1, '相似之处': 1, '承担': 1,
'风险': 1, '创新': 1, '知道': 1, '如何': 1, '正确': 1, '懂得': 1, '有效': 1,
'对于': 1, '大部分': 1, '人': 1, '来说': 1, '然后': 1, '但': 1, '像': 1, '所以': 1})
```

使用 Counter 对象避免了使用循环，速度更快，而且代码更优雅。将词语和词频以 key:value 成对存储到字典中后，可以非常方便地供大家查找使用。

```
>>> counter1.get("企业家")
4
```

字典查找非常快速，有人做过实验，将字典元素从 1000 增加至 10 000 000 个，查找时间只增加了 2.8 倍，但这样的高效是建立在消耗内存的基础上的。如果读者对原理感兴趣，可参考相关书籍。

4．sorted()函数

sorted(iterable,key,reverse)函数用于对可迭代对象进行排序，前面在介绍列表的方法时我们接触过 list.sort()方法，该方法只针对列表，并且 sorted(iterable,key,reverse)函数返回列表，而 list.sort()方法返回 None。例如：

```
>>> a = [1,5,3,2,1,-1.0,-2.0]
>>> b = a[:]
>>> r = a.sort()                    #返回 None，对列表进行排序
>>> type(r)
<class 'NoneType'>
>>> a
[-2.0, -1.0, 1, 1, 2, 3, 5]
>>> rs = sorted(b)
>>> rs
[-2.0, -1.0, 1, 1, 2, 3, 5]
```

列表默认按升序排列，参数 reverse=True 时可调整为降序。参数 key 为一个排序函数，例如：

```
>>> b
[1, 5, 3, 2, 1, -1.0, -2.0]
>>> rs = sorted(b,key = lambda x:x>0)    #将小于 0 的元素排在前面
>>> rs
[-1.0, -2.0, 1, 5, 3, 2, 1]
>>> rs = sorted(b,key = lambda x:x*-1)   #降序排列
>>> rs
[5, 3, 2, 1, 1, -1.0, -2.0]
>>> rs = sorted(b,key = lambda x:x**2)   #按元素的平方大小排序
>>> rs
[1, 1, -1.0, 2, -2.0, 3, 5]
```

字典排序是对元素的 key 进行排序，并且 key 必须支持比较运算，例如：

```
>>> d = {1:"我",4:10,2:"Python"}
>>> rd = sorted(d)
>>> rd
[1, 2, 4]
```

如果要根据元素的 value 大小对 key 进行排序，可以设置 key 函数，但必须保证 value 支持比较运算，例如：

```
>>> d1 = {"张三":100,"李四":200,"王五":150}
>>> rd1 = sorted(d1,key=lambda x:d1.get(x))
>>> rd1
['张三', '王五', '李四']
```

因为返回的是列表，如果对字典进行排序，原字典将存储在列表中，例如：

```
>>> c = {"name":"张三","money":100},{"name":"李四","money":200},{"name":
"王五","money":150}
>>> rc = sorted(c,key=lambda x:x.get("money"))
>>> rc
[{'name': '张三', 'money': 100}, {'name': '王五', 'money': 150}, {'name':
'李四', 'money': 200}]
```

【实例 2.16】 用字典存储网格数据。

网格数据的存储一般采用如下规则，这里以二维矩形网格举例介绍。如图 2.14 所示，网格由**节点**（Nodes）和**单元**（Elements）组成，每个节点和单元都有唯一的编号。

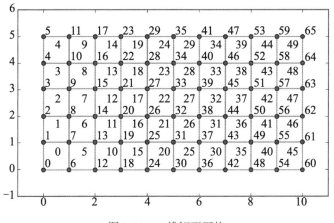

图 2.14   二维矩形网格

节点存储坐标值，单元仅存储节点的编号，比如 0 号节点，其坐标为(0, 0)；0 号单元，其节点编号按逆时针排序为(0, 6, 7, 1)。

为了快速查找节点和单元，用字典对象分别存储所有节点和单元，节点的编号为 key，坐标值为 value；单元的编号为 key，组成单元的节点编号为 value。例如：

```
>>> nodes = {0:(0,0)}
>>> elements = {0:(0,6,7,1)}
>>> nodes.get(0)
(0, 0)
>>> elements.get(0)
(0, 6, 7, 1)
```

对于图 2.14 所示的均匀二维网格，只需要确定网格的总长和宽及划分段数即可计算节点的坐标，例如：

```
>>> xlim,ylim = 10,5                                  #网格的总长和宽
>>> nx,ny = 10,5                                       #长和宽方向的分段数
>>> X = [i*xlim/nx for i in range(nx+1)]              #节点的横坐标
>>> Y = [i*ylim/ny for i in range(ny+1)]              #节点的纵坐标
>>> X
[0.0, 1.0, 2.0, 3.0, 4.0, 5.0, 6.0, 7.0, 8.0, 9.0, 10.0]
>>> Y
[0.0, 1.0, 2.0, 3.0, 4.0, 5.0]
```

如果节点和单元的编号规则确定，则可以确定单元的节点编号组成，比如图 2.14 中的节点和单元编号由上至下分布。于是定义二维网格均匀划分函数如下：

```
def rect_mesh(xlim,ylim,nx,ny):
    nx = int(nx)                                      #将 nx 和 ny 转换为整数
    ny = int(ny)
    X = [i*xlim/nx for i in range(nx+1)]
    Y = [i*ylim/ny for i in range(ny+1)]
    points = {((ny+1)*i+j):(v,w) for i,v in enumerate(X)
             for j,w in enumerate(Y)}                 #字典推导的方式生成节点和单元
    elements = {(ny*k+m):((ny+1)*k+m,(ny+1)*l+m,
                         (ny+1)*l+n,(ny+1)*k+n)
               for k,l in pair_wise(range(nx+1))
               for m,n in pair_wise(range(ny+1))}
    return points,elements
```

需要注意的是，上面的函数中用到了实例 2.14 中定义的 pair_wise()函数，在 Shell 中调用 pair_wise()函数如下：

```
>>> points,elements = rect_mesh(2,2,2,2)
>>> points
{0: (0.0, 0.0), 1: (0.0, 1.0), 2: (0.0, 2.0), 3: (1.0, 0.0), 4: (1.0, 1.0),
5: (1.0, 2.0), 6: (2.0, 0.0), 7: (2.0, 1.0), 8: (2.0, 2.0)}
>>> elements
{0: (0, 3, 4, 1), 1: (1, 4, 5, 2), 2: (3, 6, 7, 4), 3: (4, 7, 8, 5)}
```

实例 2.16 的网格由 9 个节点组成 4 个单元，读者可参考图 2.14 验证其准确性。

2.3.4 数据类型总结

通过对前面内容的学习，我们已经熟悉了 Python 内置的 4 种容器型数据类型，包括列表、元组、字典和集合，对于这 4 种数据类型的异同点总结见表 2.12。

表 2.12 4 种数据类型比较

	列表（list）	元组（tuple）	集合（set）	字典（dict）
显示	[,]	(,)	{,}	{k1:v1,k2:v2}
可否重复	可	可	否	key不可重复
是否有序	是	是	否	否
是否能修改	是	否	是	是
是否可迭代对象	是	是	是	是
访问元素方式	A、B、C	A、B、C	C	C、D

注：A表示索引，B表示切片，C表示遍历，D表示访问key。

- 列表是有序的可变数据类型，支持索引和切片，增加了访问元素的灵活性，但列表的查询时间随长度的增加而增大。
- 元组可看作不可修改的列表，其操作速度比列表快，当需要存储不可修改的数据时，可考虑元组。
- 字典是一种无序的通过 key 来索引的可变数据类型，key 不可重复。字典的查询速度快，不随长度增加而显著增加，但消耗内存。
- 集合是一种无序的不重复的可变数据类型，可用于去重；无查询方法，但有类似数学中集合的相关操作。

读者应深刻理解 4 种数据结构的特点，并根据实际应用场景来选择。

2.4　本章小结

在第 1 章的基础上，本章介绍了更多关于 Python 编程的高阶知识，主要包括：

- **条件分支**：用于解决问题分多种情况讨论时的逻辑语句，包括 if 语句、if-else 语句和 if-elif-else 语句。
- **异常**：也称为例外，是一种程序员没有预料到或超出可控范围的错误。可以通过 raise 语句、assert 语句主动抛出异常，也可以使用 try-except 语句捕捉异常。
- **列表**：一种有序的容器型可变数据类型。
- **元组**：有序的容器型数据类型，但值不可变。
- **集合**：无序不重合的容器型数据类型，可描述数学中的集合。
- **字典**：无序且以 key:value 形式存储元素的容器型数据类型，其 key 不重复。
- **字符串**：在程序中描述文字的数据类型。
- **属性和方法**：对象是组成程序世界的实体，类是对象的抽象。对象有一些属性和行为，行为用方法来描述，本质上是函数。
- **不可变对象**：值不能改变的对象，比如整数、浮点数、bool、字符串和元组。
- **可变对象**：值能改变的对象，比如列表、集合、字典。
- **循环**：用于解决大量重复代码的编写。主要包括 while 循环和 for 循环，while 循环的次数由终止条件决定；for 循环需要配合**可迭代对象**执行，for 循环的次数由可迭代对象的长度决定。可以通过 break 语句主动终止循环，continue 语句用于跳过当次循环。
- **可迭代对象**：能够配合 for 循环的对象，如列表、元组、集合、字典、range、enumerate、map、zip 和 filter 等。
- **生成器**：一种特殊的可迭代对象，并不一次性地创建可迭代对象中的元素，仅存储生成元素的规则，需要时执行规则逐一生成元素，对于大型数据可节省大量的内存空间。

- **闭包**：一种外部函数返回内部函数的结构，内部函数可调用外部函数中的对象。
- **装饰器**：对于闭包结构，如果外部函数的输入参数为函数时，则可以将外部函数以"@函数名"的形式装饰在任意自定义函数前，本质上是一个外部函数。
- **函数参数传递**：本质上是引用的传递。

2.5 习　题

1. 定义函数用于描述符号函数。符号函数的表达式为：

$$f(x)=\begin{cases}1 & x>0 \\ 0 & x=0 \\ -1 & x<0\end{cases}$$

2. 定义函数描述如下分段函数：

$$N(x)=\begin{cases}0 & x<0 \\ x & 0\leqslant x<1 \\ 2-x & 1\leqslant x<2 \\ 0 & x\geqslant 2\end{cases}$$

3. 用牛顿法求非线性方程 $x=1+\sin x$ 的根。首先将方程转换为：

$$f(x)=x-1-\sin x$$

给定初值 x_0，牛顿法的迭代格式为：

$$x_{n+1}=x_n-\frac{f(x_n)}{f'(x_n)}$$

$f'(x_n)$ 为 x_n 处的导数值。抄写下面的程序，并给定不同的初始值 x_0，计算方程的根。

```python
from math import sin,cos
def newton(f,df,x0,eps = 1e-6,N=100):
    x = x0
    n = 0
    while abs(f(x)) >= eps and n < N:
        x = x - f(x)/df(x)
        n += 1
    return x

def f(x):
    return x - 1 - sin(x)

def df(x):
    return 1 - cos(x)
```

4. 用列表和元组存储恒星的参数数据。

```
data = [
    ("Alpha Centauri A",      4.3, 0.26, 1.56),
    ("Alpha Centauri B",      4.3, 0.077, 0.45),
    ("Alpha Centauri C",      4.2, 0.00001, 0.00006),
    ("Barnard's Star",        6.0, 0.00004, 0.0005),
    ("Wolf 359",              7.7, 0.000001, 0.00002),
    ("BD +36 degrees 2147",   8.2, 0.0003, 0.006),
    ("Luyten 726-8 A",        8.4, 0.000003, 0.00006),
    ("Luyten 726-8 B",        8.4, 0.000002, 0.00004),
    ("Sirius A",              8.6, 1.00, 23.6),
    ("Sirius B",              8.6, 0.001, 0.003),
    ("Ross 154",              9.4, 0.00002, 0.0005),
]
```

列表的每个元素为一个元组，表示一颗恒星的数据，元组的元素分别为恒星的名称、与太阳的距离（光年）、亮度和光度。

根据距离、亮度和光度对恒星进行排序。

5．定义函数描述下面的公式并举例。

$$y_n = \begin{cases} x_n & n=0 \\ -\dfrac{1}{4}(x_{n-1} - 2x_n + x_{n+1}) & 1 \leqslant n < N-1 \\ x_n & n = N-1 \end{cases}$$

6．定义一个函数，计算某年某月某日是本年的第多少天，比如 2020 年 1 月 1 日是 2020 年的第 1 天。

7．平面上的路径由线段 $\{(x_0, y_0), (x_1, y_1), \ldots, (x_n, y_n)\}$ 组成，线段的长度为：

$$L = \sum_{i=0}^{n} \sqrt{(x_i - x_{i-1})^2 + (y_i - y_{i-1})^2}$$

定义函数，计算路径的长度，考虑两种不同的输入参数类型：
- 参数 x、y 分别为点的横、纵坐标列表；
- 参数 p 为由元组 (x_i, y_i) 组成的列表。

8．定义函数，实现人民币与其他币种的兑换。以美元和日元为例，设美元和日元的汇率分别为 7.7065 和 0.06657。

9．定义函数，描述下列展开式，当 n 取不同的整数时，观察各展开式的精度。

$$\frac{1}{1-x} = 1 + x + x^2 + \cdots = \sum_{n=0}^{\infty} x^n \qquad (x \in [-1,1])$$

$$e^x = 1 + x + \frac{x^2}{2!} + \frac{x^3}{3!} + \cdots = \sum_{n=0}^{\infty} \frac{x^n}{n!} \qquad (x \in R)$$

$$\cos x = 1 - \frac{x^2}{2!} + \frac{x^4}{4!} - \cdots = \sum_{n=0}^{\infty} (-1)^n \frac{x^{2n}}{(2n)!} \qquad (x \in R)$$

$$\sin x = x - \frac{x^3}{3!} + \frac{x^5}{5!} - \cdots = \sum_{n=0}^{\infty} (-1)^n \frac{x^{2n+1}}{(2n+1)!} \qquad (x \in R)$$

提示：阶乘可以调用 math.factorial() 函数。

10．估算圆周率 π。圆可以看成是正 N 多边形，$N \rightarrow \infty$。于是可以用正 N 多边形的周长估算圆的周长：

$$L = \sum_{i=0}^{N} \sqrt{(x_i - x_{i-1})^2 + (y_i - y_{i-1})^2} \approx 2\pi r$$

其中，$x_i = r\cos(2\pi i/N)$，$y_i = r\sin(2\pi i/N)$。令 $r=1$，当 N 确定时，等式左右两边仅剩下未知数 π，问题转化为非线性方程的求根问题。试用二分法和牛顿法求解 π。

11．用列表或元组描述矩阵，定义函数实现矩阵的转置和乘法，例如：

$$A = \begin{bmatrix} 1 & 2 & -1 \\ -3 & 1 & 5 \\ 8 & 1 & 9 \end{bmatrix} \qquad B = \begin{bmatrix} 3 & 2 & 5 \\ 4 & 1 & 6 \end{bmatrix}$$

计算 A^{T}、B^{T} 和 AB。

12．定义函数返回前 N 个质数的列表。一个大于 1 的自然数，除了 1 和它自身，不能被其他自然数整除的数叫作质数。

13．解决蓄水池问题。沿 x 轴方向等距依次放置不同高度的板子，挑选两个板子组成一个储水量最大的蓄水池。设板子间距都为 1，对于板子高度依次为 [1,4,3,2] 的情形，组成的最大蓄水池如图 2.15 所示。

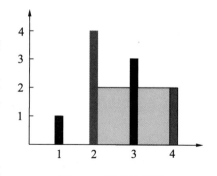

图 2.15　蓄水池问题

14．定义函数，描述牛顿插值多项式。对于通过点集牛顿插值多项式的表达式为：

$$P_n = a_0 + (x - x_0)a_1 + (x - x_0)(x - x_1)a_2 + \cdots + (x - x_0)\cdots(x - x_{n-1})a_n$$

由上式可得到递推关系为：

$$P_0(x) = a_n$$
$$P_1(x) = a_{n-1} + (x - x_{n-1})P_0(x)$$
$$\cdots\cdots$$
$$P_k(x) = a_{n-k} + (x - x_{n-k})P_{k-1}(x)$$
$$\cdots\cdots$$
$$P_n(x) = a_0 + (x - x_0)P_{n-1}(x)$$

系数 a_n 的计算式为：

$$a_0 = y_0 \quad a_1 = \nabla y_1 \quad a_2 = \nabla^2 y_2 \quad \cdots \quad a_n = \nabla^n y_n$$

其中，

$$\nabla y_i = \frac{y_i - y_0}{x_i - x_0} \quad i = 1,2,3,\cdots,n$$

$$\nabla^2 y_i = \frac{\nabla y_i - \nabla y_1}{x_i - x_1} \quad i = 2,3,\cdots,n$$

$$\nabla^3 y_i = \frac{\nabla^2 y_i - \nabla^2 y_2}{x_i - x_2} \quad i = 3,4,\cdots,n$$

$$\cdots\cdots$$

$$\nabla^n y_n = \frac{\nabla^{n-1} y_n - \nabla^{n-1} y_{n-1}}{x_n - x_{n-1}}$$

虽然公式复杂，但递推关系更适合程序设计。

15．定义贝塔函数。对于任意实数 $P, Q > 0$，贝塔函数的表达式为：

$$B(P,Q) = \int_0^1 x^P (1-x)^{Q-1} \mathrm{d}x$$

16．用标准的 for 循环重写下面的列表解析式。

```
q = [r**2 for r in [10**i for i in range(5)]]
```

17．用列表解析获取矩阵中位于偶数行的对角线元素。例如：

$$
\begin{array}{cccc}
1 & -3 & 4 & 9 \\
2 & \boxed{1} & -4 & 7 \\
7 & 4 & 3 & -1 \\
4 & -5 & 7 & \boxed{2}
\end{array}
$$

18．用列表解析重新定义实例 2.11 中的 lagrange()函数。

19．用闭包结构来描述抛物线方程，外部函数传入系数，内部函数传入坐标。

20．定义函数描述 N 次多项式并求其根。函数输入参数为多项式的系数，类型可以为列表、元组或字典，例如多项式：

$$P_3 = 2 - 6x + 3x^3$$

其系数描述分别为[2,-6,0,3]、(2,-6,0,3)或{0:2,1:-6,2:0,3:3}。

21．理解 copy 模块中 copy()和 deepcopy()函数的区别。

```
from copy import copy,deepcopy
lst = [1,2,[3,4],[5,[6,7]]]
copy1 = copy(lst)
copy2 = deepcopy(lst)
a1 = copy1[2]
a2 = copy2[2]

print("----------------")
print("lst 列表的地址:%d"%id(lst))
print("copy1 的地址:%d"%id(copy1))
print("copy2 的地址:%d"%id(copy2))
print("copy1 第 3 个元素的地址:%d"%id(a1))
```

```
print("copy2 第 3 个元素的地址:%d"%id(a2))

print("--------------")
print("修改 copy2 第 3 个元素的值")
a2[0] = 99
print("copy2:%r"%copy2)
print("lst:%r"%lst)
print("copy2 修改对对 lst 无影响")

print("--------------")
print("修改 copy1 第 3 个元素的值")
a1[0] = 99
print("copy1:%r"%copy1)
print("lst:%r"%lst)
print("copy1 修改对对 lst 有影响")
```

抄写并运行上段程序，修改 copy1 和 copy2 中第 4 个元素的值，根据输出变化，总结 copy()函数和 deepcopy()函数的区别。

老裴的科学世界

中文分词器

预备知识

1. 常用的分词方法

中文分词的目的是为了更好地理解语义。比如对于下面的句子：

武汉市长江大桥。

可以划分为，结果 1："武汉市／长江／大桥。"，结果 2："武汉／市长／江大桥。"，两种结果表达的语义天差地别。人工分词非常准确，但是效率低下；借助计算机进行分词能显著提高效率。常用的分词方法有基于统计的分词和基于规则的分词。

（1）基于统计的分词

基于统计的分词基于历史数据，历史数据也称为语料。比如 1998 年以来的"人民日报"的内容是目前常用的语料，首先将该语料进行精确分词，然后进行词频统计，可以是独立词频统计也可以是条件词频统计，如表 2.13 和表 2.14 所示。

表 2.13　独立词频统计（总词频为 N）

词	词　频
武汉	300
武汉市	120

（续）

词	词 频
市长	2000
长江	3000
大桥	40 000
江大桥	2

表 2.14 条件词频统计

词	词 频
武汉/市长	600
武汉市/长江	120
市长/江大桥	1
长江/大桥	2000

条件词频可以延伸到更深的方向，这里仅统计当前词后接另一个词的情形。然后计算两种分词结果的概率，假设每个词的出现是独立事件，则组成两个句子的概率分别为：

结果 1：

$$p = p_{(武汉市)} p_{(长江)} p_{(大桥)} = \frac{120}{N} \times \frac{3000}{N} \times \frac{40000}{N}$$

结果 2：

$$p = p_{(武汉)} p_{(市长)} p_{(江大桥)} = \frac{300}{N} \times \frac{2000}{N} \times \frac{2}{N}$$

根据概率大小做出判断，显然结果 1 的概率比结果 2 大，则输出结果 1。

假设组成句子的概率是条件概率，比如当前词与其后的一个词有关，则：

结果 1：

$$p = p_{(武汉市)} p_{(武汉市/长江)} p_{(长江)} p_{(长江/大桥)} p_{(大桥)}$$
$$= \frac{120}{N} \times \frac{120}{N} \times \frac{3000}{N} \times \frac{2000}{N} \times \frac{40000}{N}$$

结果 2：

$$p = p_{(武汉)} p_{(武汉/市长)} p_{(市长)} p_{(市长/江大桥)} p_{(江大桥)}$$
$$= \frac{300}{N} \times \frac{600}{N} \times \frac{2000}{N} \times \frac{1}{N} \times \frac{2}{N}$$

显然，可以将条件概率设置得更复杂，计算结果会更准确，但对语料的处理要求更高，运算量也更大。

（2）基于规则的分词

基于规则的分词方法依赖完整的词典和特定的规则，也被称为机械分词。比较著名的机械分词算法是我国台湾地区 Chih-Hao Tsai 的 MMSEG，原文为 MMSEG:A Word Identification

System for Mandarin Chinese Text Based on Two Variants of Maximum Matching Algorithm，下面简要介绍其工作原理。

假设句子 S 由单个字 C 组词：

$$S=C_1C_2C_3\cdots C_{n-1}C_n$$

从当前位置识别所有的块（chunk），块是最多包含 3 个词的组合，3 个词中的单字不需要在词典中，其他词必须在词典中，于是句子从当前 start 位置可以组成一个块集（chunks）如下：

$$chunks=\{C_{start}\cdots C_i, C_{i+1}\cdots C_j, C_{j+1}\cdots C_k \,|start\leqslant i<j<k\leqslant n|\}$$

比如有字典{武汉，武汉市，市长}，对于句子"武汉市长"可以得到所有可能的 chunks 为：

[武汉，市长]
[武汉，市，长]
[武汉市，长]
[武，汉，市长]
[武，汉，市]

如果 chunks 只有 1 个元素，则作为当次的分词结果，对未处理的部分继续重复以上工作。

如果 chunks 的元素长度大于 1，则根据以下规则 1~4 选择出最佳 chunk 作为当次分词结果，然后对未处理的部分重复以上工作。

也就说，MMSEG 是以 chunk 为单位的重复分词方法。下面介绍这 4 种规则。

规则 1 最大总词长

找到总词长最大的 chunk 作为候选块，对于上例，候选 chunk 的总词长如表 2.15 所示。

表 2.15　块的总词长

chunk	总　词　长
[武汉，市长]	4
[武汉，市，长]	4
[武汉市，长]	4
[武，汉，市长]	4
[武，汉，市]	3

如果候选块仅有一个，则作为最终结果，否则执行规则 2。

规则 2 最大平均词长

找到平均词长最大的 chunk 作为候选结果，对于上例，候选 chunk 的平均词长如表 2.16 所示。

表 2.16　块的平均词长

chunk	总　词　长
[武汉，市长]	4/2=2
[武汉，市，长]	4/3=1.333

（续）

chunk	总　词　长
[武汉市，长]	4/2=2
[武，汉，市长]	4/3=1.333

如果候选块仅有一个，则作为最终结果，否则执行规则 3。

规则 3 最小词长方差

找到词长方差最小的 chunk 作为候选结果，对于上例，候选 chunk 的平均词长如表 2.17 所示。

表 2.17　块的词长方差

chunk	总　词　长
[武汉，市长]	0
[武汉市，长]	1

如果候选块仅有一个，则作为最终结果，否则执行规则 4。

规则 4 单字词频最大

计算剩下候选 chunks 中的单字词频之和，大者为最后的结果。

以上就是对两种分词方法的简要介绍。开源的 Jieba 分词库就是基于统计的分词工具，没考虑条件概率，有兴趣的读者可以阅读其 Python 版的源码，这里不再赘述。接下来将结合 Python 实现基于 MMSEG 的中文分词器，并命名为 mmseg。

2. 递归函数

在前面的函数定义中，函数体内调用其他函数很常见，但如果调用函数自身，则称为递归函数。比如算术求和 $1+2+3+...+n$，用函数表示为 fsum(n)，也可以表示递推的形式：

```
  fsum(n)=fsum(n-1)+n
fsum(n-1)=fsum(n-2)+n-1
……
  fsum(2)=fsum(1)+2
    fsum(1) = 1
```

对于上面的递推关系，用递归函数描述如下：

```
def fsum(n):
    if n == 1:
        return 1
    return n + fsum(n-1)
```

调用函数：

```
>>> fsum(100)
5050
```

对于上例，递归函数的运行原理为：

$$fsum(100)$$
$$=100+fsum(99)$$
$$=100+99+fsum(98)$$
$$\cdots\cdots$$
$$=100+99+\ldots+2+fsum(1)$$
$$=100+99+\ldots+2+1$$

3. 文件读取

要实现 MMSEG，首先要有词典。词典应根据语料进行制作，不同的词典应用于不同的场景。比如从 1998 年以来"人民日报"中抽取的词典比较适合新闻类句子的切分，而对于一些专有领域，如经济学、土木工程、计算机专业，可能适用性将降低，原因是每个领域都有大量的专有名词存在，此时就需要根据自己的专业特点制作专有词典。

MMSEG 将使用网络上广为流传的从 1998 年以来"人民日报"中抽取的词典，其存储文件为 dict.txt，按行存储词、频次和词性，如图 2.16 所示。

图 2.16　存储在 txt 文件中的词典

Python 中的 with open 语句可读取 txt 文件，首先要获取文件的路径，比如将 dict.txt 文件存放在 D 盘中一个叫"词典"的文件夹内，文件路径为"D:\词典\dict.txt"。如果模块与文件在相同的路径下，则可以直接使用文件名，比如在 dict.txt 文件路径下创建名为 mmseg 的模块，并在其中输入：

```
filename = "dict.txt"
lexicon = {}
with open (filename,'r',encoding='utf8') as f:
    lines = f.readlines()
    for line in lines:
        line = line.strip()
```

```
        word,freq,tag = line.split(" ")
        lexicon[word] = float(freq)
```

with open 语句后接一个元组,filename 为文件路径,r 表示以读方式打开文件,encoding
参数为编码格式,上例为 UTF-8 编码。打开后的文件名称为 f,调用 readlines()方法可逐
行读取文件中的内容,返回的是列表类型,元素为单行内容。将词典中的词作为 key,(频
次,词性)作为 value 存储在字典中,运行模块,举例如下:

```
>>> lexicon.get("你好")
('725', 'l')
```

脚本版

了解了以上预备知识后,结合本书第 1、2 章所学的内容,逐步实现基于规则的分词。
为了更高效地查找词,首先建立词树结构,下面的 create_trie()函数将原先的词典
lexicon 对象构造成词树。其输入为词典 lexicon,输出为词树结构 trie,词树结构也是字典
数据类型,在 mmseg 模块中继续输入:

```
def create_trie(lexicon):
    trie = {}
    for word in lexicon:
        ptr = trie
        for char in word:
            if char not in ptr:
                ptr[char] = {}
            ptr = ptr[char]
        ptr[''] = ''
    return trie
```

词树结构的形式举例如下:

```
>>> lexicon = {"我":(1,'n'),"我是":(2,'l'),"人":(60,'k'),"人才":(28,"i")}
>>> lexicon
{'我': (1, 'n'), '我是': (2, 'l'), '人': (60, 'k'), '人才': (28, 'i')}
>>> trie = create_trie(lexicon)
>>> trie
{'我': {'': '', '是': {'': ''}}, '人': {'': '', '才': {'': ''}}}
```

可以看到,词树结构让查找更快捷。接下来根据词典将句子按 3 个词分割为 chunks,
在 mmseg 模块中继续输入:

```
def get_chunks(string,trie,start = 0,max_len = 3):
    str_len = len(string)
    if max_len == 0 or start == str_len:
        yield tuple()
    else:
        ptr = trie
        for i in range(start,str_len):
            if string[i] not in ptr:
                break
            ptr = ptr[string[i]]
            if '' in ptr:
```

```
            for chunk in get_chunks(string,trie,i+1,max_len=3):
                yield (string[start:i + 1],)+ chunk
```

函数参数 string 为需要分词的句子，trie 为根据已有词典构建的词树结构，start 为初始位置，max_len 为单次操作块的长度，默认为 3。运行 mmseg 模块并举例如下：

```
>>> trie = create_trie(lexicon)
>>> string = "武汉市长江大桥"
>>> chunks = get_chunks(string,trie)
>>> chunks
<generator object get_chunks at 0x000001DD14455728>
>>> list(chunks)
[('武', '汉', '市', '长', '江', '大', '桥'), ('武', '汉', '市', '长', '江',
'大桥'), ('武', '汉', '市', '长江', '大', '桥'), ('武', '汉', '市', '长江',
'大桥'), ('武', '汉', '市', '长江大桥'), ('武', '汉', '市长', '江', '大', '桥'),
('武', '汉', '市长', '江', '大桥'), ('武汉', '市', '长', '江', '大', '桥'),
('武汉', '市', '长', '江', '大桥'), ('武汉', '市', '长江', '大', '桥'), ('武汉',
'市', '长江', '大桥'), ('武汉', '市', '长江大桥'), ('武汉', '市长', '江', '大',
'桥'), ('武汉', '市长', '江', '大桥'), ('武汉市', '长', '江', '大', '桥'),
('武汉市', '长', '江', '大桥'), ('武汉市', '长江', '大', '桥'), ('武汉市',
'长江', '大桥'), ('武汉市', '长江大桥')]
```

get_chunks()函数返回的是生成器，调用 list()函数可将其转化为列表。通过以上步骤，已经将所有可能的 chunks 成功找出。接下来通过 4 个规则进行筛选。首先在 mmseg 模块中定义下面的 4 个函数对单个 chunk 进行统计，代码如下：

```
def chk_len(chunk):
    return sum(map(len, chunk))

def chk_avg_len(chunk):
    return sum(map(len, chunk)) / len(chunk)

def chk_var_len(chunk):
    avg_len = chk_avg_len(chunk)
    squares = map(lambda c: (len(c) - avg_len) ** 2, chunk)
    return sum(squares) / len(chunk)

def chk_wf_sum(lex):
    def calc_sum(chunk):
        chunk = filter(lambda w: len(w) == 1, chunk)
        wf_list = map(lex.get, chunk)
        return sum(wf_list)
    return calc_sum
```

chk_len()、chk_avg_len()和 chk_var_len()函数分别统计单个 chunk 的总词长、平均词长和词长方差，输入均为单个 chunk；chk_wf_sum()是一个嵌套函数，通过词典 lex 统计单个 chunk 的词频。有了统计函数，在 mmseg 模块中定义一个通用规则函数 make_rule()，代码如下：

```
def make_rule(func, get_max=True):
    def rule(chunks):
        max_or_min = get_max and max or min
        target = max_or_min(map(func, chunks))
        return lambda c: func(c) == target
    return rule
```

make_rule()函数用于制定规则，调用该函数根据 4 个统计函数制定 4 个规则并存储在列表中，代码如下：

```
rules=[make_rule(chk_len),
    make_rule(chk_avg_len),
    make_rule(chk_var_len, get_max=False),
    make_rule(chk_wf_sum(lexicon))]
```

然后根据 4 个规则进行筛选并实现分词，定义 mmseg()分词函数如下：

```
def mmseg(string,lex,trie):
    string = string.strip()
    string_len = len(string)
    start = 0
    while start < string_len:
        chunks = tuple(get_chunks(string,trie,start))
        for rule in rules:
            if len(chunks) == 1:
                break
            chunks = tuple(filter(rule(chunks), chunks))
        assert len(chunks) == 1
        word = chunks[0][0]
        start += len(word)
        yield word
```

运行模块并举例如下：

```
>>> trie = create_trie(lexicon)
>>> string = "武汉市长江大桥"
>>> token = mmseg(string,lexicon,trie)
>>> list(token)
['武汉市', '长江大桥']
>>> string = "研究生研究生命"
>>> token = mmseg(string,lexicon,trie)
>>> list(token)
['研究生', '研究', '生命']
```

分词效果较为理想，MMSEG 分词算法非常依赖词典，当句子中出现新词时算法的准确性将大大降低，这也意味着需要及时更新词典。

以上就是对 MMSEG 机械分词算法的初步实现，由于汉语语句的复杂性，上面的内容并没有对语句进行预处理，比如句子中的符号和英文字母等，这些留给读者自行完成。

Web 版

与 GUI 版的区别在于，Web 版在浏览器上运行，首先使用 HTML 语言制作 Web 页面，然后使用 Web 框架实现逻辑模块与 HTML 之间的数据交互，本例应用的 Web 框架为 Flask，读者应确保其已安装。

对于本例，首先完成 HTML 页面制作。创建一个名为 segmentation、后缀为 html 的文件，并在其中输入如下内容：

```html
<!DOCTYPE html>
<html lang = "en">
<head>
    <meta charset = "utf-8" >
    <title>中文分词器</title>
</head>
<body>
    <h1>
        <font size="8" color="purple">老裴的科学世界</font>
    <h1>
    <br/>
    <h2 align = "center">
        <font size="6" color="red">中文分词器</font>
    <h2>
    <div align="center">
    <form action = "/" method = "post">
        <textarea name = "string" style = "width:50%;height:300px;font-size:20px">{{show}}
        </textarea>
        <br/>
        <input type="submit" value="分词">
    </form>
    </div>
    <br/>
    <div align="center">
    <textarea value = ""
            style = "width:50%;height:200px;font-size:20px">
        {{data}}
     </textarea>
    </div>
</body>
</html>
```

直接在浏览器上打开 segmentation.html，得到如图 2.17 所示的页面。

图 2.17　分词应用页面

然后再组织文件如图 2.18 所示。

templates	2020-04-29 14:06	文件夹	
app.py	2020-07-07 19:19	PY 文件	1 KB
dict.txt	2018-11-16 15:37	文本文档	4,953 KB
mmseg.py	2020-07-07 17:01	PY 文件	3 KB

图 2.18　组织文件

其中，dict.txt 为词典，mmseg.py 为上例创建的分词模块，将 segmentation.html 文件放在 templates 文件夹中，然后在 app.py 模块中输入如下内容：

```python
from flask import Flask,render_template,request
from mmseg import mmseg,lexicon,create_trie
trie = create_trie(lexicon)
app = Flask(__name__)


@app.route('/',methods = ["GET","POST"])
def data_tansfer():
    string = request.form.get("string")
    if not string:
        string = ""
    data = mmseg(string,lexicon,trie)
    data = ",".join(list(data))
    return render_template("segmentation.html",data = data,show=string)

if __name__ == "__main__":
    app.run()
```

在命令窗口运行 app.py 模块，结果如图 2.19 所示。

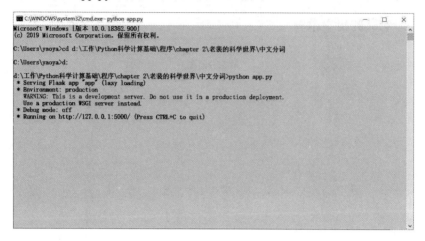

图 2.19　运行 app.py

然后根据提示在浏览器中输入 http://127.0.0.1:5000/，并在应用页面中输入需要分词的句子，单击分词按钮可以完成分词，结果如图 2.20 所示。也可以通过 http://www.scipei.com/tools/mmseg/访问该应用。

图 2.20　应用举例

以上就是简单的基于规则的分词器应用的实现，基本涵盖了第 1、2 章中所学的大部分知识。对于 Flask 的使用仅一笔带过，细节内容读者可参考相关书籍。

第 3 章 公式对象化

通过对前面内容的学习，相信大家对 Python 中的对象已经不再陌生，对象是构成程序世界的元素。对于 Python 中内置的数据类型，通过固定的方式来创建对象。那么 Python 中是否能根据用户的需求实现自定义对象呢？答案是肯定的。创建并使用自定义对象的编程也称为**面向对象编程**。本章将结合一些实例介绍如何自定义对象并灵活地使用。

3.1 抛物线对象

在第 1 章中我们采用了多种方式来描述抛物线公式，比较高效的方式是通过函数。不过，那些编程方式并不符合人类的思维模式。人类在认识世界的过程中，习惯性地根据实体的属性和行为将其泛化，然后对实物进行具体化。

例如，人们在研究汽车时，需要统计各种汽车的信息。首先根据汽车共有的**属性**和**行为**制定一个表格，当对一辆具体的汽车进行信息登记时，只需要将汽车的属性和行为填写在表格中实现具体描述即可，填写好的每一张表格对应的就是一辆汽车的具体信息。换句话说，表格就是对汽车信息的泛化，在面向对象的程序设计中对应于**汽车信息类**（class），而填写好的具体信息的表格则对应汽车信息**对象**（object），或者说是汽车信息的**实例**（instance），对象就是类的实例。

如图 3.1 所示，汽车信息表中泛化了汽车的属性和行为，属性包括长度、宽度、高度和即时速度等（用户可以根据需要随意添加属性，例如添加识别码和品牌等）；行为只给出了汽车加速，该行为描述时间与汽车实时速度的关系。

可以看到，**制定表的过程就是对汽车信息进行泛化（抽象）的过程**，对应于面向对象程序设计中**定义类**的过程；在表中填写具体的信息，就能对应现实生活中一辆真实存在的汽车（如读者的汽车），也就是具体化过程，对应于程序设计，也就是**将类对象化或实例化**的过程。需要注意的是，后续章节中将频繁地提到对象和实例，二者所指为同一东西。

不同类型的汽车会有不同的长、宽、高，对于具体的汽车，这些信息一般都是静态的，我们将其称为**静态属性**（类似于常量）；即时速度是一个**动态属性**，它和时间有关；汽车的加速行为一般是一个函数，在面向对象编程中称为对象的**方法**（**行为**），不同汽车的加速行为可能会存在差异，因此需要用不同的方法进行描述。

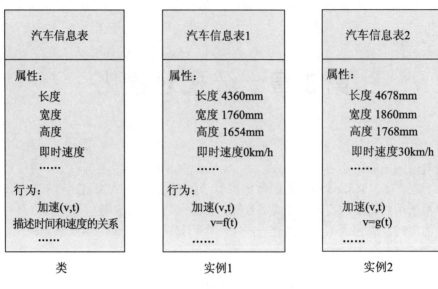

图 3.1　类与实例（汽车）

对于抛物线公式（1.1），是否也可以进行对象化描述呢？答案是肯定的。该抛物线有 3 个属性，分别为常数系数 a、b、c，行为只有一个，即根据横坐标 x 计算纵坐标 y，具体绘制抛物线类与对象的示意图如图 3.2 所示。

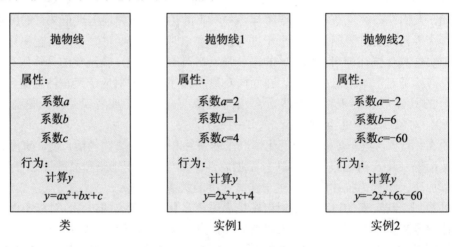

图 3.2　类与对象（抛物线）

不难发现，面向对象的程序设计，其核心工作就是**抽象出对象的属性和行为**，类似于制定出图 3.1 和图 3.2 中的表，实例化的过程相对简单，只需要填表即可。Python 是面向对象的语言，那么在 Python 中是如何绘制以上的表呢？或者说是如何定义类的呢？下面将结合抛物线公式介绍如何定义类。

3.1.1　定义类

将实体对象进行抽象并定义为类，也可以理解为定义新的数据类型，或者用户自定义数据类型，其基本格式如下：

```
class ClassName:
    语句
    ......
```

类的定义以 class 关键字开头，然后接类名，类名一般首字母大写，最后以冒号（:）结尾，类中的内容另起一行并严格缩进（类似于函数的定义）。如果类名由多个单词组成，则每个单词的首字母大写。以下定义一个抛物线类，命名为 Parabola：

```
class Parabola:
    pass
```

以上程序定义了 Parabola 类，但类中的内容只有一行 pass 语句。pass 可以理解为占位语句，同样适用于函数的定义。当用户对类或者函数中的内容还没有完全确定时，可以暂时用 pass 代替其中的内容，这只是为了保证程序的完整性，而不做任何事情。前文多次提到过，类只是实物的抽象，构成程序世界的是实例对象，因此必须要将抽象的类实例化才能使用，实例化操作非常简单，如下：

```
>>> p = Parabola()
>>> type(p)
<class '__main__.Parabola'>
>>> isinstance(p,Parabola)
True
```

上面的语句通过 Parabola()创建了一个抛物线对象 p，也称为类的实例化操作，就好比实现了填表的过程。调用 isinstance()函数可以判断 p 是 Parabola 类的实例，并且创建过程类似于函数的调用。

显然，上面创建的对象并不能对真正的抛物线进行描述，因为一条抛物线需要有 3 个具体的系数。是否可以在创建抛物线对象时像函数一样传入系数参数，并赋予抛物线属性和行为呢？答案是肯定的。

3.1.2　属性和方法

1. __init__()方法

前文介绍过，类就像是一张空表，制表的工作就好比是定义类，而类的对象化（实例化）就是填表的过程，这样就实现了数据的存储。在计算机程序中如何填表（创建对象）呢？Python 通过在类中定义__init__()方法来实现，继续定义 Parabola 类：

```
class Parabola:
    def __init__(self,a,b,c):
        self.a = a
        self.b = b
        self.c = c
```

以上代码在类中定义了一个函数，名称为__init__。Python 中将定义在类中的函数称为**方法**（Method），而前后由两个下划线包裹的函数也称为**特殊方法**（Special Method）。类的__init__()特殊方法也被称为初始化方法或者构造方法，其用于创建实例对象，可以传入参数，但不返回值。

具体而言，上例中，抛物线类 Parabola 的__init__()方法有 4 个参数，其中，self 代表抛物线**实例本身**，a、b、c 则表示抛物线实例对象的系数。__init__()方法内部的赋值语句如下：

```
self.a = a
self.b = b
self.c = c
```

等号左边的变量以 self 开头，该种类型的变量也称为当前实例对象的属性。换言之，以 self. attribute 形式定义的变量就是**实例属性**，上面的语句将传入的参数与**实例属性**进行绑定。实例属性的名称不要求与传入参数名一致，如何取名取决于程序员，例如：

```
self.a_co = a
self.b_co = b
self.c_co = c
```

在完成 Parabola 类的初始化方法__init__()定义后，即可通过调用 Parabola(*args)创建实例对象。与函数调用一样，传入参数要保持一致，例如：

```
>>> p1 = Parabola(1,2,3)
>>> p2 = Parabola(a = 2,b = -4,c = -60)
>>> p2
<__main__.Parabola object at 0x000001E1E962B160>
>>> p3 = Parabola(1,2)
Traceback (most recent call last):
  File "<pyshell#0>", line 1, in <module>
    p3 = Parabola(1,2)
TypeError: __init__() missing 1 required positional argument: 'c'
```

可以看到，Parabola(*args)操作实质上是调用了对象的__init__()方法，但定义__init__()方法时需要传入 4 个参数。为什么 Parabola(*args)实例化操作只需要后 3 个参数呢？因为第一个参数 self 代表的是**实例本身**，self 关键字将输入参数 a、b、c 与**对象的属性**（attribute）a、b、c 关联起来，从而实现了表格的填写工作。对象可以访问其属性，例如：

```
>>> p1.a,p1.b,p1.c
(1, 2, 3)
>>> p2.a,p2.b,p2.c
(2, -4, -60)
```

当抛物线对象被创建后，其系数是确定的。可以通过重新赋值的方式修改抛物线的系数，例如：

```
>>> p1.a = 10
>>> p1.a
10
```

此时，p1 描述的是另外一条抛物线。查看属性值变化后，抛物线对象的地址如下：

```
>>> p3 = Parabola(4,2,1)
>>> p4 = Parabola(4,2,1)
>>> id(p3)
1871648699336
>>> id(p4)
1871648685640
>>> p3.b = 100
>>> id(p3)
1871648699336
```

不难发现，自定义的抛物线对象是可变对象。当然，通过代码设置可以让可变对象实现不可变对象的功能。

在了解了初始化方法__init__()的作用后，对于上节中的代码：

```
class Parabola:
    pass
```

Parabola 类没有定义初始化方法__init__()，程序在执行时会调用默认的__init__()方法，类似于下面的功能：

```
class Parabola:
    def __init__(self):
        pass
```

不是所有的类都需要定义初始化方法__init__()。对于该类，在实例化时不需要传入任何参数，初始化方法中也未定义任何的实例属性。Python 中类的实例化操作与函数调用看起来相似，因此规定类名大写以示二者的区别。

和大多数面向对象的编程语言一样，Python 中用 obj.attribute 方式访问**实例属性**，用 obj.method()方式调用**实例方法**。

2. 实例方法

抛物线除了有 3 个系数属性外，还有通过横坐标 x 求纵坐标 y 的行为。为了便于描述，后续内容中将对象的行为统称为方法。给类定义方法相当于在类中定义一个函数，例如：

```
    def calculate_y(self,x):
        a,b,c = self.a,self.b,self.c
        return a*x**2 + b*x + c

>>> p1 = Parabola(1,2,3)
>>> p1.calculate_y(10)
123
```

上面的程序给 Parabola 类添加了方法 calculate_y()。该方法输入两个参数：第 1 个参数是 self 关键字，表示实例本身；第 2 个参数 x 表示需要计算 y 坐标对应的横坐标。这种第 1 个参数为 self 的方法也称为**实例方法**。实例方法的调用采用 obj.method()方式实现，传入参数时忽略第 1 个参数 self。

为什么定义在__init__()方法中的实例属性变量 a、b、c，可以在 calculate_y()方法中访问呢？这就是 self 的作用：通过 self.attribute 的方式使得实例属性能够在类中的任何位置得以访问。而在 calculate_y()方法中的重新定义的变量 a、b、c 不以 self 开头，类似于函数中的局部变量无法在类的其他位置访问。

关于对象的属性和方法说明如下：

对象的属性和方法本质上是变量和函数，只是将其封装在类中，只能被对象访问和调用，如 obj.attribute 和 obj.method()，而变量和函数的访问与调用没有这方面的限制。由于方法也是函数，所以其定义规则与函数的定义规则保持一致。

程序中的对象对应于现实世界中的实物，给对象的属性和方法命名时，属性一般用**名词**，而方法一般用**动词或者动名词**。如果方法采用动名词，则动词与名词之间用下划线隔开，如 calculate_y。

方法也可以不返回值。例如，修改 calculate_y()方法如下：

```
    def calculate_y(self,x):
        a,b,c = self.a,self.b,self.c
        self.x = x
        self.y = a*x**2 + b*x + c
>>> p2 = Parabola(2,-1,4)
>>> p2.calculate_y(5)
>>> p2.x
5
>>> p2.y
49
```

此时调用 calculate_y()方法不返回 x 对应的 y 坐标值，但给对象添加了两个新的属性 x 和 y 用于存储当前的 x 和 y 坐标值。新的属性 x 和 y 只能在调用 calculate_y()方法后才会存在，例如：

```
>>> p3 = Parabola(3,2,1)
>>> p3.x
Traceback (most recent call last):
  File "<pyshell#1>", line 1, in <module>
    p3.x
AttributeError: 'Parabola' object has no attribute 'x'
>>> p3.calculate_y(3)
>>> p3.x
3
>>> p3.y
34
```

如果想要某些属性在实例化后就能够立即被访问，则该属性应该在__init__()方法中预先进行定义。

需要注意的是，类的方法属于同一层级，定义时应该保证相同的缩进，如下：

```
class Parabola:
    def __init__(self,a,b,c):
        pass
    def calculate_y(self,x):
        pass
```

📖 **延伸阅读：特殊属性__dict__**

接上例，在 Shell 中输入：

```
>>> p1.__dict__
{'a': 1, 'b': 2, 'c': 3}
```

访问抛物线对象 p1 的__dict__属性，返回对象的属性字典，对象的属性名及对应的值以 key:value 的形式存储，这种前后被两个下划线包裹的属性称为**特殊属性**（Special Attribute）。换一种说法，对象的属性存储在特殊属性__dict__中，其数据类型为字典。这意味着可以通过以下方式给对象赋予新属性。

```
>>> p1.d = 10                  #相当于在__dict__属性中添加了元素d:10
>>> p1.d
10
>>> p1.__dict__
{'a': 1, 'b': 2, 'c': 3, 'd': 10}
>>> p1.__dict__['e'] = 20      #给p1添加新属性
>>> p1.e
20
```

换言之，可以重写抛物线类，代码如下：

```
class Parabola1:
    def calculate_y(self,x):
        a,b,c = self.a,self.b,self.c
        return a*x**2 + b*x + c
```

通过实时定义实例属性的方式也可以进行坐标计算：

```
>>> p2 = Parabola1()
>>> p2.a,p2.b,p2.c = 2,3,4      #实时定义实例属性
>>> p2.calculate_y(10)
234
```

也可以直接给__dict__添加元素来增加实例属性：

```
>>> p2.__dict__.update(dict(a = 1,b = 2,c = 3))
>>> p2.a,p2.b,p2.c
(1, 2, 3)
>>> p2.calculate_y(10)
123
```

虽然没有给 Parabola1 类定义__init__()方法，也能实现一样的功能，但是这是一种隐式实现，不符合 Python 之禅（编写 Python 代码的总体建议，读者通过输入 import this 可以进行阅读）中"显式优于隐式"的理念。

3. __call__()方法

对于抛物线而言，通过 calculate_y()方法计算纵坐标轴并不符合常规思维。Python 提供了特殊方法__call__()，其功能是将实例对象当函数使用，将 calculate_y 修改为__call__，代码如下：

```
    def __call__(self,x):
        a,b,c = self.a,self.b,self.c
        return a*x**2 + b*x + c

>>> p1 = Parabola(2,3,4)
>>> p1(10)
234
```

虽然__call__()方法实现了 calculate_y()方法的功能，并且更加符合常规思维，但是__call__()方法只能定义一个行为。

当然，由于之前已经定义了 calculate_y()方法，__call__()方法可以直接调用该方法实现相同的功能，例如：

```
    def __call__(self,x):
        self.calculate_y(x)
        return self.y
```

此时的__call__()方法先调用了对象的 calculate_y()方法，给对象添加了新属性 x 和 y 坐标值，并将当前的 y 坐标值返回。需要注意的是，由于调用的是实例方法，应该用 obj.method()的方式，而此时的 obj 就是 self，调用实例方法时第一个参数 self 被忽略，所以调用格式为 self.calculate_y(x)。

4. __repr__()方法

接上例，当在 Shell 中查看抛物线对象时：

```
>>> p1
<__main__.Parabola object at 0x000001A5F67AA6A0>
```

其描述为 Parabola object 和一串看不懂的字符。如果想让自定义对象更易懂，则可以在类中定义__repr__()方法，例如：

```
    def __repr__(self):
        return "Parabola(a={},b={},c={})".format(self.a,self.b,self.c)

>>> p1 = Parabola(2,3,4)
>>> p1
Parabola(a=2,b=3,c=4)
```

可以看到，当在 Shell 中访问抛物线对象 p1 时，在屏幕上打印出其名称与系数的数值，这样不仅直观，而且也便于理解。

汇总上述内容，抛物线类的完整定义如下：

```
class Parabola:
```

```
    def __init__(self,a,b,c):
        self.a = a
        self.b = b
        self.c = c

    def __call__(self,x):
        self.calculate_y(x)
        return self.y

    def calculate_y(self,x):
        a,b,c = self.a,self.b,self.c
        self.x = x
        self.y = a*x**2 + b*x + c

    def __repr__(self):
        return "Parabola(a={},b={},c={})".format(self.a,self.b,self.c)
```

虽然__init__()、__call__()和__repr__()是特殊方法，但是在定义时都必须以 self 作为第一个关键字，所以它们都是**实例方法**。

📖 延伸阅读：__str__()和__repr__()

特殊方法__str__()和__repr__()都可以给对象添加说明，但是__str__()方法仅在使用 print()函数时调用，而__repr__()方法在 Shell 中访问时调用。当没有__str__()方法可用时，使用 print()函数将调用__repr__()方法，具体代码如下：

```
class A:
    def __str__(self):
        return "A"

class B:
    def __repr__(self):
        return "B"

class C:
    def __str__(self):
        return "C"
    def __repr__(self):
        return "CC"
```

在 Shell 中的代码实例如下：

```
>>> a = A()
>>> b = B()
>>> c = C()
>>> a                        #没有__repr__()方法可调用
<__main__.A object at 0x000001E1F45C7B38>
>>> b                        #调用__repr__()方法
B
>>> c                        #调用__repr__()方法
CC
>>> print(a)                 #调用__str__()方法
A
>>> print(b)                 #如果没有__str__()方法，则调用__repr__()方法
```

```
B
>>> print(c)                    #优先调用__str__()方法
C
```

这样就可以解释第 2 章中在 Shell 中访问字符串和打印字符串的显示结果为什么不一样了。

通过前面的学习，我们已经对类的定义和对象的实例化有了基本的理解，接下来将进一步介绍更多面向对象编程的知识。

3.2 鸡 蛋 对 象

对于第 1 章中介绍的抛物线公式和煮蛋公式，二者在命名上有所不同，前者以实物（抛物线）命名，后者以行为命名。对于前者，很容易根据抛物线这个实物抽象出抛物线类。由于后者以行为命名，要描述这个行为，可以找到这个行为的主体，然后将其抽象为类，并通过定义实例方法来实现对行为的描述。煮蛋公式的主体是鸡蛋，行为是被煮，鸡蛋还有一些属性，包括质量、比热容、导热系数、入水前的温度、蛋黄温度，以及被煮时周围的水温，于是鸡蛋类的抽象如图 3.3 所示。

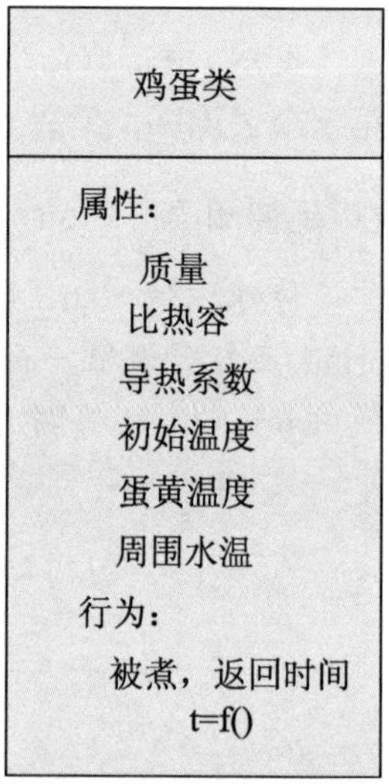

3.2.1 类属性

前文定义抛物线类时的属性均为**实例属性**，以 self.attribute=attribute 的形式实现定义，它只能被实例化的对象访问，而不能被类访问，例如：

图 3.3　抽象鸡蛋类

```
>>> p = Parabola(2,3,4)
>>> p.a
2
>>> Parabola.a
Traceback (most recent call last):
  File "<pyshell#2>", line 1, in <module>
    Parabola.a
AttributeError: type object 'Parabola' has no attribute 'a'
```

可以这样理解，类只是一张空表，必须要填表（实例化）后才能对表中的内容进行查看（访问）。因为空表中没有任何内容，所以无法访问具体信息。

不过，某些实物具有一些公共属性，例如所有鸡蛋的密度 d、比热容 c 和热传导系数 K 都是相同的，这些公共属性可以事先就填写在表中，这样可以减少填表（实例化）的工作量。定义类时，可以将这些公共属性作为**类属性**，例如**鸡蛋类 Egg** 的定义如下：

```
from math import log,pi
class Egg:
    d,c,K = 1.038,3.7,5.4e-3                 #定义类属性
    counter = 0
    def __init__(self,M,T0 = None):
        self.M = M
        self.T0 = T0 if T0 is not None else 4
        self.Ty = 70
        self.Tw = 100
        Egg.counter += 1                     #每创建一个实例,计数器+1

    def cook(self):
        M,Ty,Tw,T0 = self.M,self.Ty,self.Tw,self.T0
        d,c,K = Egg.d,Egg.c,self.K
        numerator = M**(2/3)*c*d**(1/3)
        denominator = K*pi**2*(4*pi/3)**(2/3)
        ln = log(0.76*(T0 - Tw)/(Ty - Tw))
        t = numerator/denominator*ln
        return t
>>> egg = Egg(45)
>>> egg.cook()
304.1482186246178
```

上段程序中定义了一个鸡蛋类并命名为 Egg,除了 **self** 参数外,初始化方法__init__()
传入了两个参数,一个为必选参数——鸡蛋的质量 M,一个为默认值参数——鸡蛋的初始
温度 T0。接下来的语句如下:

```
d,c,K = 1.038,3.7,5.4e-3
```

在类中直接定义了 3 个变量,这些变量不是定义在方法内部,而是与方法位于同一层
级,并且不以 self.attribute = attribute 的形式定义,这些属性也称为**类属性**。与实例属性不
同,类属性可以被类访问,例如:

```
>>> Egg.c
3.7
```

需要注意的是,在定义实例方法 cook()时,采用了两种方式访问类属性:

```
d,c,K = Egg.d,Egg.c,self.K
```

鸡蛋的密度 d 和比热容 c 是通过类访问,而导热系数 K 是通过实例访问。该实例中并
没有导热系数 K 的属性,那为什么程序仍然可以正常运行呢?原因是,在执行程序时,对
于语句 K = self.K,会先查找实例有没有 K 属性,如果有,则直接使用 self.K,如果没有,
则会查找有没有类属性 K,如果有,则令 self.K = Egg.K,例如:

```
>>> egg = Egg(30)                            #创建一个 Egg 对象
>>> egg.K
0.0054
>>> egg.cook()                               #K=0.0054 时的完美煮蛋时间
232.10853180454967
>>> egg.K = 0.005                            #修改实例属性 K
>>> Egg.K                                     #类属性不变
```

```
0.0054
>>> egg.cook()                    #K=0.005 时的完美煮蛋时间发生变化
250.67721434891362
>>> egg.K                         #实例有属性 K 时，直接使用 K 的值，不访问类属性 K
0.005
>>> Egg.d = 1.1                   #修改类属性 d
>>> egg.cook()                    #d=1.1 时的完美烹煮时间也发生了变化
255.57201898032523
>>> egg.d                         #通过实例访问类属性
1.1
>>> egg.__dict__                  #实例 egg 并没有 d 属性
{'M': 30, 'T0': 4, 'Ty': 70, 'Tw': 100, 'K': 0.005}
>>> egg.counter                   #Egg 类共创建了两个实例对象
2
```

通过上面的实例，总结类属性和实例属性的区别如下：

- 类属性一般是公共属性，而实例属性是个别属性；将公共属性定义为类属性，将会减少实例化时需要定义的实例属性；
- 实例属性不能通过类直接访问，而只能通过实例访问；
- 类属性可以通过类访问，也可以通过实例访问。

既然属性分为实例属性和类属性，那么方法是否也分为实例方法和类方法呢？类方法与实例方法的区别又是什么呢？详见后面章节中的内容。不过，在了解什么是类方法前，首先来学习什么是静态方法。

3.2.2 静态方法

前面定义的方法都用于实例对象调用，那么有没有一种方法能被实例和类同时调用呢？答案是肯定的，那就是**静态方法**。在上面的 Egg 类中定义计算系数 co 的方法，代码如下：

```
    @staticmethod
    def calc_co(M):
        d,c,K = Egg.d,Egg.c,Egg.K
        numerator = M**(2/3)*c*d**(1/3)
        denominator = K*pi**2*(4*pi/3)**(2/3)
        return numerator/denominator

>>> Egg.calc_co(10)
125.55912017478275
>>> egg = Egg(10)
>>> egg.calc_co(10)
125.55912017478275
```

在 calc()方法中增加了@staticmethod 装饰器，该方法被称为**静态方法**。静态方法的第一个参数可以不是 self 关键字，意味着该方法内部不能调用**实例属性**，但可以调用**类属性**。**静态方法**可以被实例和类同时调用。

静态方法的第一个参数也可以是 self，此时在方法内部既能调用**实例属性**，也能调用**类属性**。但调用该静态方法时必须要输入实例对象作为参数，比如：

```
@staticmethod
def calc_co(self,M):
    d,c,K = Egg.d,Egg.c,self.K
    numerator = M**(2/3)*c*d**(1/3)
    denominator = K*pi**2*(4*pi/3)**(2/3)
    return numerator/denominator


>>> egg = Egg(10)
>>> Egg.calc_co(egg,10)
125.55912017478275
>>> egg.calc_co(egg,10)
125.55912017478275
```

显然，带有 self 参数的静态方法让程序变得更复杂；而不带 self 参数的静态方法就像是一个独立函数，只是只能通过类或实例进行调用，不像独立函数可以直接调用那么方便。

从前文可知，实例属性不能被类调用，而只能被实例调用。那么实例方法是否也是如此呢？看下面的例子：

```
class A:
    def __init__(self,x):
        self.x = x


>>> a = A(1)
>>> a.x
1
>>> A.__init__(a,10)
>>> a.x
10
>>> a.__init__(20)
>>> a.x
20
```

可以看到，对象调用实例方法的第一个参数 self 被省略，因为 self 代表的就是自身；类也可以调用实例方法，但第一个参数是对象本身，不能省略。

3.2.3　层级关系

对于前面的鸡蛋类 Egg，让我们分析一下程序的层级关系，如图 3.4 所示。

从其他模块中导入的 log() 函数、pi 变量与 Egg 类属于第 1 层级，可以在下面的层级中访问或调用它们。类变量 d、c、K 和 counter，以及实例方法 __init__() 和 cook() 属于第 2 层级，它们定义在 Egg 类的内部，只能通过 Egg 类或其实例对象访问或调用。定义在实例方法中以 self 关键词开头的实例属性，如 self.M 和 self.T0 等，可以在实例方法内部访问，而在方法中的临时变量属于局部变量，如 K 和 numerator 等，除了在本方法内部外，无法在其他任何地方被访问。

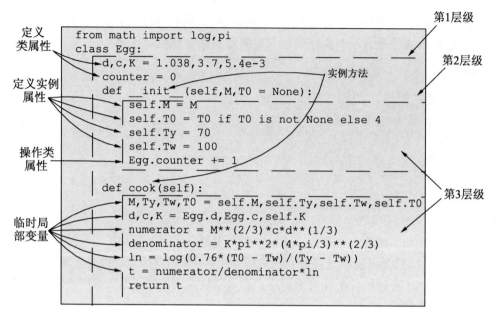

图 3.4　鸡蛋类 Egg 的层级关系

通过对以上内容的学习，我们了解了什么是类属性和静态方法，以及类属性与实例属性、实例方法与静态方法的区别。接下来将结合实例介绍更多特殊方法。

3.3　向量对象

在数学中常常用多个数值来描述一些量，例如平面坐标系中的点用两个实数(x, y)描述，三维坐标系中的点用 3 个实数(x, y, z)描述，建立 N 维线性方程组时，用$(x_1, x_2, \ldots, x_n)$来描述未知量。

无论是(x, y)、(x, y, z)，还是$(x_1, x_2, \ldots, x_n)$，都可以称为向量。向量的几何表达是一条从原点指向该点的带箭头的线段，图 3.5 为向量的几何描述举例。箭头所指为向量的方向，线段长度代表向量的大小。与向量对应的量叫标量，如单个数字，标量有大小，但没有方向。

设 n 元向量 $\boldsymbol{x}=(x_0, x_1, \cdots, x_{n-1})$和 $\boldsymbol{y}=(y_0, y_1, \cdots, y_{n-1})$，向量有如下运算法则：

向量的加法：$\boldsymbol{x}+\boldsymbol{y}=(x_0+y_0, x_1+y_1, \cdots, x_{n-1}+y_{n-1})$

向量的减法：$\boldsymbol{x}-\boldsymbol{y}=(x_0-y_0, x_1-y_1, \cdots, x_{n-1}-y_{n-1})$

向量与数相乘：$a\boldsymbol{x}=(ax_0, ax_1, \cdots, ax_{n-1})$

向量的点乘：$\boldsymbol{x} \cdot \boldsymbol{y}=(x_0y_0, x_1y_1, \cdots, x_{n-1}y_{n-1})$

向量的模：$\left\|\boldsymbol{y}\right\| = (y_0^2 + y_1^2 + \cdots, y_{n-1}^2)^{1/2}$

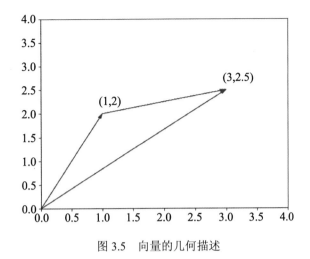

图 3.5　向量的几何描述

接下来介绍如何在 Python 中实现描述向量的数据类型。

3.3.1　运算符

在第 2 章中我们尝试用列表或者元组描述向量和矩阵，无论是列表，还是元组都无法直接实现向量的运算，因此需要重新定义描述向量的数据类型，即定义向量类 Vector，其数值可以用列表或元组来描述。例如，初始化方法的参数设置为元组或列表，定义 Vector类如下：

```
class Vector:
    def __init__(self,v):
        self.v = v

    def __repr__(self):
        return 'Vector%s'%(tuple(self.v),)

>>> v1 = Vector((1,3,4))
>>> v2 = Vector([1,2,3])
>>> v1
Vector(1, 3, 4)
>>> v2
Vector(1, 2, 3)
```

如果需要对向量初始化输入的类型加以限制，如限为元组、列表等序列类型，则可以稍微修改代码如下：

```
from collections import Sequence        #导入 Sequence
class Vector:
    def __init__(self,v):
        if isinstance(v,Sequence):      #如果 v 是 Sequence 的实例
            self.v = v
        else:                            #否则抛出异常
            raise TypeError
```

可以看到，Sequence 类型是一个序列类型的集合。

📖 延伸阅读：限制数据类型的时机

虽然上例对 Vector 的输入类型进行了限制，看起来似乎让程序更严谨了，但是这种严谨是以牺牲运行效率为代价的。如果熟悉程序中每个函数的输入参数类型或者对象的初始化参数类型，就可以避免可能由于类型原因产生的错误。例如，在调用函数或者初始化对象前就对类型加以批量限制，这样不仅使代码可读性更强，也可以提高程序的运行效率。程序一般由输入、核心运算和输出结果组成。在输入中对数据类型加以限制是常见的手段。例如，在注册某网站的账号时，账户名称不能有运算符，邮箱输入中必须有@等。这也可以认为是数据的预处理，经过预处理的数据能满足核心程序的需求，增加了程序的运行效率，也能有效地减少核心代码的工作量。

接下来定义向量对象的加法运算方法。根据前面所学的知识，将其命名为 add，实现两个向量对应元素的相加，返回一个新的向量对象，代码如下：

```
def add(self,other):
    re = tuple(a + b for a,b in zip(self.v,other.v))
    return Vector(re)
```

接上例：

```
>>> v1.add(v2)    #v1 + v2
Vector(2, 5, 7)
>>> v2.add(v1)    #v2 + v1
Vector(2, 5, 7)
```

同样，可以定义向量的减法和乘法等诸多运算，读者可自行完成。

1. __add__()方法

虽然 add()方法实现了向量的加法运算，但不像数学运算那样直观。可喜的是，Python 中提供了诸多实现对象运算符的特殊方法，如__add__()即可实现对象采用加法运算符（+）进行运算，代码如下：

```
def __add__(self,other):
    re = tuple(a + b for a,b in zip(self.v,other.v))
    return Vector(re)

>>> v1 + v2
Vector(2, 5, 7)
>>> v2 + v1
Vector(2, 5, 7)
>>> v1.__add__(v2)
Vector(2, 5, 7)
```

可以发现，__add__()和 add()方法实现了完全相同的功能，但__add__()方法允许向量对象通过操作符（+）进行操作。

2. __sub__()方法

同理，__sub__()特殊方法实现对象通过减法运算符进行运算，例如：

```
    def __sub__(self,other):
        re = tuple(a - b for a,b in zip(self.v,other.v))
        return Vector(re)

>>> v1 - v2
Vector(0, 1, 1)
>>> v2 - v1
Vector(0, -1, -1)
>>> v1.__sub__(v2)
Vector(0, 1, 1)
```

3. __mul__()方法

接下来定义__mul__()特殊方法来实现采用乘法运算符计算向量的数乘或者内积，由于输入的可以是数也可以是向量，所以需要对类型进行判断，代码如下：

```
    def __mul__(self,other):
        if isinstance(other,(int,float)):
            re = tuple(a*other for a in self.v)
        else:
            re = tuple(a*b for a,b in zip(self.v,other.v))
        return Vector(re)

>>> v1*2
Vector(2, 6, 8)
>>> v1*v2
Vector(1, 6, 12)
>>> v1.__mul__(2)
Vector(2, 6, 8)
>>> v2.__mul__(v1)
Vector(1, 6, 12)
```

需要注意的是，如果将乘数放在左边，解释器会报错，例如：

```
>>> 2*v1
Traceback (most recent call last):
  File "<pyshell#5>", line 1, in <module>
    2*v1
TypeError: unsupported operand type(s) for *: 'int' and 'Vector'
```

原因是，__mult__()方法默认对象在运算符左边，想要解决该问题，只需要定义__rmult__()即可，该方法的对象在运算符右边。在类中写入如下语句即可完成定义：

```
    __rmul__ = __mul__

>>> 2*Vector((2,3,4))
Vector(4, 6, 8)
```

类似地，也会有__radd__()和__rsub__()等特殊方法。

4．__truediv__()方法

定义__truediv__()特殊方法可以实现通过乘法运算符对向量中的所有元素进行除法运算，例如：

```
def __truediv__(self,v):
    re = tuple(a/v for a in self.v)
    return Vector(re)

>>> v1 = Vector((1,3,4))
>>> v1/3
Vector(0.3333333333333333, 1.0, 1.3333333333333333)
>>> v1.__truediv__(3)
Vector(0.3333333333333333, 1.0, 1.3333333333333333)
```

5．__pow__()方法

定义__pow__()特殊方法可以实现通过幂运算符对所有元素进行幂运算，例如：

```
def __pow__(self,n):
    re = tuple(a**n for a in self.v)
    return Vector(re)

>>> v1**2
Vector(1, 9, 16)
>>> v1.__pow__(2)
Vector(1, 9, 16)
```

除了以上算术运算符外，更多的特殊方法对应的运算符如表 3.1 所示。

表 3.1　特殊方法与运算符

类　　别	方　法　名	运算符或函数
一元运算	__neg__	-
	__pos__	+
	__abs__	abs()
比较运算	__lt__	<
	__le__	<=
	__eq__	==
	__ne__	!=
	__gt__	>
	__ge__	>=
算术运算	__floordiv__	//
	__mod__	%
	__divmod__	divmod()
	__round__	round()

（续）

类　　别	方　法　名	运算符或函数
增量赋值运算	__iadd__	+=
	__isub__	-=
	__imul__	*=
	__itruediv__	/=
	__imod__	%=
	__ipow__	**=

上面的特殊方法只是对运算符的描述。Python 中提供的特殊方法非常多，下面具体介绍其中几个特殊方法。

3.3.2　其他特殊方法

接下来根据向量对象的功能需求介绍一些特殊方法。

1. __len__()和__abs__()方法

如果希望向量对象能被 Python 内置的函数调用，例如被 len()和 abs()函数调用，则可以通过定义__len__()和__abs__()特殊方法实现：

```
    def __len__(self):
        return len(self.v)                          #返回元素的个数

    def __abs__(self):
        return sum(a*a for a in self.v)**0.5    #返回向量的模

>>> len(v1)
3
>>> abs(v1)
5.0990195135927845
```

2. __getitem__()和__setitem__()方法

可以通过定义__getitem__和__setitem__()特殊方法来实现采用索引和切片的方式访问和修改向量中的元素，前提是 obj.v 属性支持索引和切片操作。

```
    def __setitem__(self,key,value):
        l = list(self.v)            #元组是不可修改的，所以先将其转化为列表
        l[key] = value              #修改列表中的元素
        self.v = tuple(l)           #重新给向量的属性 v 赋值

    def __getitem__(self,key):
        return self.v[key]

>>> v1 = Vector((1,3,4))
```

```
>>> v1[2]
4
>>> v1[:2]
(1, 3)
>>> v1[0] = 2
>>> v1
Vector(2, 3, 4)
>>> for i in v1:
        print(i)

2
3
4
>>> 9 in v1
False
```

可以看出，通过给对象定义__getitem__()特殊方法，使得对象能支持 for 循环运算，但它并不是可迭代对象，可以通过 collections 模块中的 Iterable 类进行测试，代码如下：

```
>>> from collections import Iterable
>>> isinstance(v1,Iterable)
False
>>> isinstance([],Iterable)
True
>>> isinstance((),Iterable)
True
>>> isinstance({},Iterable)
True
```

3. __contains__ ()方法

通过给对象定义__contains__()特殊方法，可使用 in 运算来判断向量中是否存在某元素，代码如下：

```
    def __contains__(self,el):
        return el in self.v

>>> v1 = Vector((4,3,4,5))
>>> 9 in v1
False
>>> 4 in v1
True
```

更多的特殊方法这里不一一赘述，读者可以自行查阅相关的学习资源。前面我们定义了向量对象，并实现了向量对象通过运算符进行运算，接下来介绍如何设计自己的库。

3.4 平面几何

前面几节中定义的数据类型（类）都是相互独立的，本节将结合平面几何的相关知识，介绍如何使用面向对象的编程思想定义一个简单的平面几何运算库，实现多种自定义数据类型的相互融合，并将该库打包上传至 PyPi 供所有的 Pythoner 使用。

平面几何中最基本的单元是平面上的点，点构成线，线构成面。常见的几何形状包括三角形、矩形、圆形和多边形等。本例将以平面上的点、线、圆为主体，实现各种对象的创建并确定各对象之间的位置关系。

第一步抽象出类，分析各个对象具备的属性和方法。平面上的点实际上就是二元向量，实现了二元向量相当于就实现了平面上的点，而且几何运算中会涉及大量的向量运算，因此首先需要定义好二元向量。

图 3.6 给出了将要定义的**二元向量类**（Vec2）和**平面上点类**（Point）的属性和方法。点类型除了拥有二元向量类的全部属性和方法外，还有另外两个方法描述与其他对象的位置关系。同理，直线类和圆类的属性和行为如图 3.7 所示。

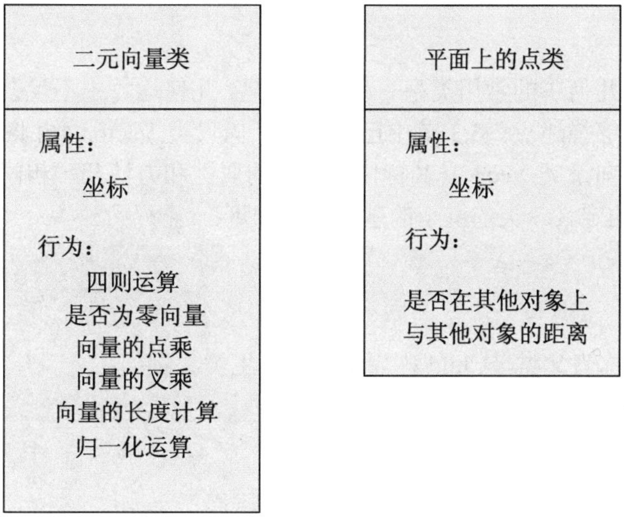

图 3.6　二元向量和平面上的点

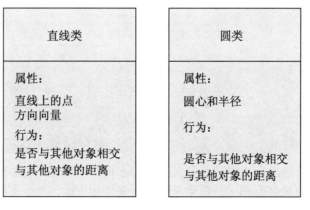

图 3.7　直线类和圆类的属性和行为

　　通过简单分析可以发现，二元向量类与点类有诸多相同的属性和方法，如果将"点是否在其他对象上"看作"点是否与其他对象相交"，则所有的对象都至少有两个相同的方法，即"是否与其他对象相交"和"与其他对象的距离"；对于不同对象共有的属性和方法，有什么办法能达到重复利用，以减少代码量并方便维护的效果呢？

　　接下来结合平面几何库的搭建过程，介绍类的继承、类方法、方法重载、库的打包和安装，以及发布至 PyPi 等知识点。

3.4.1　类的继承

1. 基本用法

　　首先定义平面几何中的常用类型——二元向量。几何运算中不仅会涉及大量的向量运算，而且向量也能够描述点。3.3 节中已经定义了向量类 Vector，并将其保存在 vector 模块文件中，而二元向量类 Vec2 是其特例，二者的属性和方法几乎相同，于是可以通过**类的继承**实现 Vec2 的定义。类的继承的基本格式如下：

```
class Child(Parent):
    语句
    ......
```

其中，Parent 称为**父类**，Child 称为**子类**或**派生类**。例如：

```
class A:
    x = 10
    def __init__(self,y):
        self.y = y

    def add(self,z):
        return self.y + z

class B(A):
    pass

>>> a = A(10)
>>> b = B(20)
>>> a.x,b.x
(10, 10)
>>> a.y,b.y
(10, 20)
>>> b.add(10)
30
```

　　不难发现，B 类继承自 A 类，A 是父类，B 是子类。虽然在定义 B 类时没写入任何内容，但是创建的 b 对象却有和 a 对象完全相同的属性和方法，类似于遗传。类的继承是一种快速定义新类的方式，可以减少代码冗余，进而提高编程效率，降低维护成本。

2. 模块导入

接下来通过继承 Vector 类实现 Vec2 类的定义。首先找到 vector 模块所在路径，在同目录下新建文件夹 planimetry，笔者计算机上的目录如图 3.8 所示。

planimetry	2019/6/3 10:14	文件夹	
egg.py	2019/5/31 16:46	PY 文件	1 KB
geometry_.py	2018/1/19 12:34	PY 文件	81 KB
parabola.py	2019/5/30 15:59	PY 文件	1 KB
vector.py	2019/6/2 16:25	PY 文件	2 KB

图 3.8　planimetry 文件夹

在 planimetry 文件夹中创建两个模块文件 vec2.py 和 __init__.py，如图 3.9 所示。

| __init__.py | 2019/6/3 12:04 | PY 文件 | 0 KB |
| vec2.py | 2019/6/3 12:29 | PY 文件 | 1 KB |

图 3.9　planimetry 文件夹中的文件

要实现定义在 vec2.py 模块中的 Vec2 类继承位于 vector.py 模块中的 Vector 类，需要解决模块间内容的导入问题。下面分 3 种情况来讨论。

先在 vec2.py 模块中写入一行语句：

```
a = 1
```

__init__.py 模块中不写入任何内容，即为空文件。Python 中的 planimetry 也称为包（Package），模块 vec2.py 与 vector.py 的路径关系如图 3.10 所示。

第一种情况：如果 vector.py 调用 egg.py 中的 Egg 类，就需要在 vector.py 中写入：

```
planimetry
    --- vec2.py
vector.py
egg.py
```

图 3.10　路径关系

```
import egg
egg = egg.Egg(10)
```

或者使用 from 导入：

```
from egg import Egg
egg = Egg(10)
```

第二种情况：如果 vector.py 调用 vec2.py 中的对象 a，与第一种情况相比只需要在模块前加上文件名即可。

```
import planimetry.vec2 as pv
a = pv.a
from planimetry.vec2 import a
```

第三种情况：如果 vec2.py 调用 vector.py 中的 Vector 类，则需要将 Vector 所在的路径添加到搜索路径中，在 vec2.py 文件中写入如下内容即可。

```
import sys
sys.path.append('..')            #'.'代表的是同级目录，'..'代表上一级目录，以此类推
from vector import Vector
```

将 Vector 类导入到 vec2.py 后，即可通过继承定义 Vec2 类：

```
class Vec2(Vector):
    pass

>>> v = Vec2((1,2,4))            #创建一个向量对象
>>> isinstance(v,Vector)         #对象是 Vector 类的实例
True
>>> issubclass(Vec2,Vector)      #Vec2 是 Vector 的子类
True
>>> v.v
(1, 2, 4)
>>> v**2                         #Vec2 对象继承了 Vector 对象的所有属性和方法
Vector(1, 4, 16)
```

需要注意的是，Python 中的两个模块是不能同时相互导入的，例如 A.py 导入了 B.py 中的内容，那么 B.py 中的内容就不能导入 A.py 中的内容，只能是单向导入，不可以双向调用。所以对于上例，如果 vector.py 中写入了导入 vec2.py 内容的语句，则在 vec2.py 导入 vector.py 中的内容时，需要将 vector.py 中导入 vec2.py 的语句删除或者注释掉，否则会出错。

3. 方法重载

继承的作用不仅在于此，也可以在父类的基础上添加或者修改子类的内容。例如，要给 Vec2 添加一个初始化参数——参考向量，并且默认为原点，则可以通过**重载类的初始化方法**快速实现。所谓重载就是重新定义类的方法，Vec2 对象本身就有初始化方法 __init__()，其继承自 Vector，但不能满足要求，于是重新定义其 __init__() 方法如下：

```
class Vec2(Vector):
    def __init__(self,v,ref = (0,0)):
        Vector.__init__(self,v)      #调用 vector 类的初始化方法
        self.ref = ref
```

也可以通过 super 关键字定义：

```
class Vec2(Vector):
    def __init__(self,v,ref = (0,0)):
        super(Vec2,self).__init__(v) #相当于调用 vector 类的初始化方法
        self.ref = ref

>>> v = Vec2((4,3,2))
>>> v
Vector(4, 3, 2)                       #__repr__()方法被继承，但类名没有被修改
>>> v.v
(4, 3, 2)
>>> v.ref
(0, 0)
```

虽然 Vec2 继承了 Vector 的 __repr__()方法，但是打印在屏幕上的名称仍然是 Vector。如何让类名正确显示呢？这里介绍两种方法，一种是利用对象的 __class__.__name__ 属性，另一种是通过方法重载。方法重载请读者自行完成，前者只需改写 Vector 的 __repr__()方法即可。

```
    def __repr__(self):
        return self.__class__.__name__+'%s'%(tuple(self.v),)

>>> v = Vec2((4,3,2))
>>> v
Vec2(4, 3, 2)
>>> v.__class__
<class '__main__.Vec2'>
>>> v.__class__.__name__
'Vec2'
```

可以看到，对象的特殊属性 __class__ 返回对象隶属的类，而 __class__.__name__ 则返回类的名称。

4. __new__()方法

前面介绍过，__init__()是一个实例方法，调用该方法首先需要创建一个实例，那这个实例是怎么来的呢？事实上，该实例来自 __new__()方法。在 vec2.py 模块中继续写入如下代码：

```
class NewVec2:
    def __new__(cls,*args):
        if len(args) == 1:              #如果参数个数为 1
            return Vector(args[0])      #返回 Vector 对象
        return Vec2(*args)              #否则返回 Vec2 对象
```

上面的程序定义了 NewVec2 类，__new__()方法的第一参数必须是 **cls**，表示类本身（**self** 为对象本身），该方法根据输入参数的数量创建不同的实例对象，代码如下：

```
>>> v1 = NewVec2((1,2))                 #1 个参数，返回 Vector 对象
>>> v1
Vector(1, 2)
>>> v2 = NewVec2((1,2),(0,2))           #2 个参数，返回 Vec2 对象
>>> v2
Vec2(1, 2)
```

__init__()方法不返回对象，但 __new__()方法必须返回一个对象，它在 __init__()方法前调用。也就是说，如果没有重载类的 __new__()方法，类在实例化时会先调用其默认的 __new__()方法创建一个对象，然后该对象调用其 __init__()方法实现参数的初始化。看下面的例子，首先定义一个 A 类，如下：

```
class A:
    def __init__(self,a):
        self.a = a
```

然后调用类默认的__new__()方法创建一个对象，其第一个参数是类自身，代码如下：

```
>>> a = A.__new__(A)
```

但此时的对象 a 并没有 a 属性：

```
>>> a.a
Traceback (most recent call last):
  File "<pyshell#5>", line 1, in <module>
    a.a
AttributeError: 'A' object has no attribute 'a'
```

只有在调用对象的__init__()方法后才会给对象添加 a 属性，例如：

```
>>> a.__init__(10)
>>> a.a
10
```

也可以通过类调用__init__()方法实现，但此时的第一个参数 self 不能省略，例如：

```
>>> A.__init__(a,20)
>>> a.a
20
```

5．继承内置类型

内置类型元组 tuple 自带一些方法，而且很适合描述向量。是否可以继承 tuple 定义 Vec2 类呢？答案是肯定的，而且还能节省代码量。接下来介绍 Vec2 类的另一种定义方式——继承 tuple。

首先注释掉 vec2.py 模块中的所有内容，然后继续输入如下代码：

```
class Vec2(tuple):                              #继承 tuple
    def __new__(cls,*args):                     #定义__new__()方法
        if len(args) == 1: args = args[0]
        return tuple.__new__(cls,tuple(args))   #返回 tuple 对象
```

上述程序定义了 Vec2 类的__new__()方法，使其返回一个 tuple 对象，接下来举例如下：

```
>>> v = Vec2(1,2)                  #如果输入参数长度为2，则返回 tuple(args)
>>> v
(1, 2)
>>> v.count(2)
1
>>> v1 = Vec2((2,3))               #如果输入参数长度为1，则返回 tuple(args[0])
>>> v1
(2, 3)
```

可以看到，Vec2 继承了 tuple 的其他方法，因为描述的是二元向量，所以在父类的基础上再添加一些功能，例如定义返回横、纵坐标的方法，代码如下：

```
    def x(self):
        return self[0]            #self 是对象自身，0 索引为第一个元素

    def y(self):
        return self[1]
```

```
>>> v = Vec2(2,3)
>>> v.x()
2
>>> v.y()
3
```

📖 延伸阅读：property 装饰器

如果想去掉括号，以更简洁的方式访问横、纵坐标，则可以在方法上加上 property 装饰器。property 装饰器能将不传入其他参数的实例方法，用类似于访问属性的方式调用，即：

```
    @property
    def x(self):
        return self[0]
>>> v = Vec2(2,3)
>>> v.x
2
```

除此以外，Vec2 对象还应具备一些运算功能，请参考 3.3 节的相关内容。完整定义 Vec2 类如下：

```
from math import sqrt,hypot
class Vec2(tuple):
    def __new__(cls,*args):
        if len(args) == 1: args = args[0]
        return tuple.__new__(cls,tuple(args))

    @property
    def x(self):                    #横坐标
        return self[0]

    @property
    def y(self):                    #纵坐标
        return self[1]

    def __add__(self,other):        #定义加法
        return Vec2(a + b for a,b in zip(self,other))

    __radd__ = __add__              #定义右加法

    def __sub__(self,other):        #定义减法
        return Vec2(a - b for a,b in zip(self,other))

    __rsub__ = __sub__              #定义右减法

    def __mul__(self,other):        #定义乘法
        if isinstance(other,(int,float)):
            return Vec2(a*other for a in self)
        return Vec2(a*b for a,b in zip(self,other))

    __rmul__ = __mul__
```

```
    def __truediv__(self,v):          #定义除法
        return Vec2(a/v for a in self)


    __rtruediv__ = __truediv__


    def __abs__(self):                 #计算模
        return sqrt(self.dot(self))


    def dot(self,other):               #计算点乘
        return sum(self*other)


    def cross(self,other):             #计算叉乘，仅支持二元向量
        ox,oy = other
        return self[0]*oy - self[1]*ox


    def perpendicular(self):           #计算垂直向量，仅支持二元向量
        return Vec2(-self[1],self[0])


    def normalized(self):              #归一化处理
        return self/abs(self)
```

以上内容通过继承内置类型元组 tuple，实现了二元向量 Vec2 类型。和 3.3 节中的 Vector 相比，新添加了二元向量的**叉乘计算、垂直向量计算和归一化处理**。有了上面的基础，接下来我们可以定义更多的平面几何类型。

3.4.2　更多知识

1．基类

本节的目的是搭建一个简易的平面几何运算库，主要包括点、直线和圆 3 种数据类型，并且要计算相互之间的位置关系。这些数据类型之间有很多重复的方法，例如对象是否与其他对象相交，对象与其他对象的距离。为了节省代码，可以先定义一个类，在其中定义所有对象共有的方法（也可以包括属性），然后让其他对象继承该类，在本书中笔者将该类称为**基类**。基类本质上就是父类，一般针对某一具体问题进行抽象，例如接下来要定义的就是平面中的**几何形状基类**。在 planimetry 文件夹下新建文件 base.py，并在其中写入如下代码：

```
class Geometry:
    def intersect(self, other):
        raise NotImplementedError

    def distance(self, other):
        raise NotImplementedError
```

上面的程序将平面几何形状的基类命名为 Geometry，它只有两个方法，分别为 intersect() 和 distance()，前者判断几何实体之间的位置关系，后者计算实体之间的距离，两个方法都是抛出名为 NotImplementedError 的异常，该异常提示方法未实现。

2. 多继承

基类 Geometry 定义好后，其他几何实体就能继承它来定义。首先是点的定义，其性质和向量类似。当一个类仅继承一个类时，也称为**单继承**；当一个类需要继承多个类的功能时，则可以通过**多继承**得以实现，其基本格式如下：

```
class Child(Parent1,Parent2,…,ParentN):
    语句
    ……
```

单继承子类只有一个父类，多继承子类有多个父类。在 planimetry 文件夹中新建文件 point.py，并在其中输入如下代码：

```
from vec2 import Vec2            #从 vec2 模块导入 Vec2
from base import Geometry        #从 base 模块导入 Geometry
class Point(Vec2, Geometry):     #多继承格式
    def __repr__(self):
        return 'Point(%.2f, %.2f)' % (self[0], self[1])

>>> p1,p2 = Point(1,2),Point(3,4)
>>> p1
Point(1.00, 2.00)
>>> p2
Point(3.00, 4.00)
>>> p1 + p2                      #返回向量
(4, 6)
>>> p1 - p2                      #返回向量
(-2, -2)
>>> p.distance_to(p)            #抛出异常
Traceback (most recent call last):
  File "<pyshell#12>", line 1, in <module>
    p.distance_to(p)
  File "D:\工作\Python 科学计算基础\程序\chapter 3\planimetry\base.py", line
7, in distance_to
    raise NotImplementedError
NotImplementedError
```

以上通过多继承实现了点（Point）的定义。点的四则运算返回的是向量对象，同时继承了 Vec2 和 Geometry 对象的属性和方法。

延伸阅读：多重继承

多继承是指一个类同时继承多个类，而多重继承则是从深度上进行继承。

首先定义 A 类：

```
class A:
    x = 1
```

然后定义 B 类，让其继承 A 类：

```
class B(A):
    y = 2
```

接下来定义 C 类，让其继承 B 类：

```
class C(B):
    z = 3

>>> C.x
1
>>> C.y
2
```

可以看到，C 类通过多重继承获得了 A 和 B 的类属性，多继承和多重继承的使用，应该根据用户自身的需求而选择。

3. 类方法

点定义完成后，接下来定义直线（Line），同样是继承基类 Geometry。根据平面几何的基础知识可知，两点组成一条直线，首先通过两点描述直线，在 planimetry 文件夹下新建模块文件 line.py，并在其中写入如下代码：

```
from base import Geometry          #从 base 模块导入 Geometry
from point import Point            #从 point 模块导入 Point
class Line(Geometry):
    def __init__(self,*points):
        if len(points) == 1:points = points[0]
        self.p1 = points[0]
        self.p2 = points[1]
        self.v = points[1] - points[0]

    def __repr__(self):
        return 'Line(%r to %r)'%(self.p1,self.p2)
```

直线有 3 个属性，分别为直线上的两个点和直线的方向向量。众所周知，除了用两点描述直线外，还有很多种方法，例如用一个点和方向向量进行描述。换句话说，当一个对象有多种可能的实例化途径时，如何同时实现初始化呢？可以通过定义类方法得以实现。在 Line 类中继续写入如下代码：

```
@classmethod
def from_vector(cls,point,vector):
    p = point + vector
    return Line(point,Point(p))
```

from_vector()方法被装饰器@classmethod 装饰，该方法称为**类方法**。类方法和__new__()方法类似，第一个输入参数也不是对象 self，而是类本身 cls，并且返回的必须是一个对象。该方法的输出参数为直线上的一个点及直线的方向向量，首先通过计算得到直线上的另一个点，然后返回一个 Line 对象，跳出类定义的内部，在 **line.py** 文件中继续写入如下代码：

```
if __name__ == "__main__":
    p1,p2 = Point(1,2),Point(2,3)
    v = p2 - p1
    l1 = Line(p1,p2)
```

```
l2 = Line.from_vector(p1,v)
l3 = l1.from_vector(p2,v)
```

运行该模块，并在 Shell 中输入如下内容：

```
>>> l1
Line(Point(1.00, 2.00) to Point(2.00, 3.00))
>>> l2
Line(Point(1.00, 2.00) to Point(2.00, 3.00))
>>> l3
Line(Point(2.00, 3.00) to Point(3.00, 4.00))
```

可以看到，类方法可以直接被类调用，也可以被实例调用。

延伸阅读：if __name__ == "__main__"语句

在 line.py 模块中定义了 Line 类型，后续会被其他程序频繁地调用，但在编写 line 模块时，避免不了要对代码进行测试。常见的做法是直接在模块里写入测试代码，如上例中定义的点 p1、p2 和直线 l1、l2、l3。如果这些测试代码在测试完后不删除，其他模块在调用 line.py 模块时，这些定义的对象可能也会被一并导入至新的模块中，这可能会引起程序的混乱。因此在测试完成后，务必将测试代码删除，如果不想删除，可以在测试代码前面加上：

```
if __name__ == "__main__":
    测试语句
```

这样，当 line 模块被导入至新的模块中时，测试语句将不会被执行，从而避免了测试语句中定义的对象被导入至新模块中的问题。该语句的作用是，如果程序执行入口是该模块本身，才会执行测试语句，意味着只有 line.py 模块被运行时，测试语句才会被执行，而被调用时不会执行测试语句。

总结：如果模块是要被执行的，则可不使用 if __name__ == "__main__"语句;如果模块仅仅是被调用而且又需要测试，则建议在测试语句的前面加上 if __name__ == "__main__" 语句。

前面介绍了点和直线的初步定义，接下来定义圆的类型，它同样是继承 Geomerty 基类。在 planimetry 文件夹下新建文件 **circle.py**，并在其中写入如下代码：

```
from base import Geometry
class Circle(Geometry):
    def __init__(self, center, radius):
        self.c = center
        self.r = radius


    def __repr__(self):
        return 'Circle(%r,%.2f)'%(self.c,self.r)
```

跳出类定义，在 circle.py 文件中继续写入如下代码：

```
if __name__ == "__main__":
    from point import Point
    p = Point(0,0)
```

```
        r = 5
        c = Circle(p,r)
```

运行模块后，在 Shell 中输入如下内容：

```
>>> c
Circle(Point(0.00, 0.00),5.00)
```

完成了点、直线和圆的初步定义（仅包括__init__()和__repr__()方法）后，接下来介绍 3 种几何实体之间的运算。

4. 函数定义在哪里

点、直线和圆都有相交判断和距离计算，而且是两两相互的。以距离计算为例，如果定义为函数，只需要定义 6 个即可，因为"点到直线的距离"和"直线到点的距离"可以用一个函数进行描述。于是可以将平面几何运算定义为函数，然后在对象的方法中进行调用。首先，对需要定义的函数进行统一命名，如表 3.2 所示。

表 3.2 平面几何运算函数

相 交 判 断		
函数及其参数	**返 回 类 型**	**意　义**
point_intersect_point(point,point)	False或交点	点与点相交
point_intersect_line(point,line)	False或交点	点与直线相交
point_intersect_circle(point,circle)	False或交点	点与圆相交
line_intersect_line(line,line)	False或交点	直线与直线相交
line_intersect_circle(line,circle)	False或交点	直线与圆相交
circle_intersect_circle(circle,circle)	False或交点	圆与圆相交
距 离 计 算		
point_distance_point(point,point)	距离	点与点的距离
point_distance_line(point,line)	距离	点与直线的距离
point_distance_circle(point,circle)	距离	点与圆的距离
line_distance_line(line,line)	距离	直线与直线的距离
line_distance_circle(line,circle)	距离	直线与圆的距离
circle_distance_circle(circle,circle)	距离	圆与圆的距离

函数命名完成后，就可以逐一进行定义了。不过，现在面临这样一个问题：这些函数应该定义在哪里？前面介绍过，两个模块是不能相互导入的，现在 3 个模块 point.py、line.py 和 circle.py 是有单向导入关系的，line.py 导入了 point.py 中的内容，即 point.py 中不能从 line.py 中导入内容。为了避免相互导入的冲突且方便代码管理，可以将所有函数定义在同一个模块中。例如，在 planimetry 文件夹中创建 utils.py 文件，将所有的函数定义其中。需要注意的是，如果其他模块要从 utils.py 中导入内容，则在给 utils.py 添加内容时，应避免相互导入。接下来在该模块中定义上述函数。

（1）点与点的运算

点与点的相交判断实质上就是重合判断，点与点的距离实质上是由两点构成向量的模。相交判断函数和距离函数的输入参数相同，均为两个 Point 对象，但返回的值不同，前者返回 False 或 Point 对象，后者返回浮点数，例如：

```
def point_intersect_point(p1,p2):
    if p1.x == p2.x and p1.y == p2.y:
        return p1
    return False

def point_distance_point(p1,p2):
    return abs(p1 - p2)
```

📖 延伸阅读：测试程序

在编写程序的过程中，难免需要对完成的程序进行实时测试，如测试上面定义的两个函数。这两个函数的输入参数是 Point 对象，测试时需要从 point.py 文件中导入 Point，而后期给 Point 对象定义方法时，又需要从 utils.py 模块中导入这些函数，这与 Python 中模块不能相互导入相违背。当然，可以在测试时导入，测试完成后将导入的语句全部删除，这是一种可行方案，但过于烦琐。另外一种不需要修改模块的方法是在 planimetry 文件夹里新建一个 test.py 模块，然后在该模块中导入所有需要的内容，例如：

```
from point import Point
from utils import point_intersect_point,point_distance_point
```

运行该模块，在 Shell 中进行测试：

```
>>> p1,p2 = Point(2,1),Point(1,2)
>>> point_intersect_point(p1,p2)
False
>>> point_distance_point(p1,p2)
1.4142135623730951
```

如果觉得新建 test.py 模块麻烦，想直接在 utils.py 模块中进行测试，也可以使用前面介绍的 if __name__ == "__main__"语句，在 utils.py 模块中继续输入如下代码：

```
if __name__ == "__main__":
    from point import Point
    p1,p2 = Point(2,1),Point(1,2)
```

因为测试语句只有在本模块在运行时才会被执行，在被导入时会被忽略，所以即使 point.py 模块导入了 utils.py 模块中的内容，也不会影响程序的正常运行。读者在测试程序时，可以根据自身的需要选择多种不同的程序测试方法。

（2）点与直线的运算

点与直线的相交计算是判断点是否在直线上，实际上是三点共线问题。如图 3.11a 所示，点 p_1 和 p_2 构成向量 $\boldsymbol{v}$，p_1 和 p_0 构成向量 $\boldsymbol{v_1}$，如果三点共线，则向量 $\boldsymbol{v}$ 和 $\boldsymbol{v_1}$ 共线，根

据向量叉乘的定义有 $v \times v_1 = 0$，否则点不与直线相交。

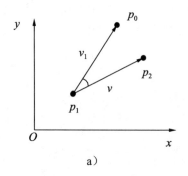

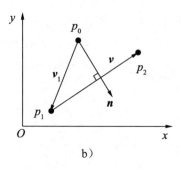

图 3.11　点与直线运算示意图

点到直线的距离计算：

- 如果点在直线上，则距离为 0；
- 如果点不在直线上，如图 3.11b 所示，首先获取直线 p_1p_2 的垂直向量 n，由 p_1 和 p_0 构成向量 v_1，则点 p_0 到直线的距离为 $\|n_0 \cdot v_1\|$，其中，n_0 为 n 的单位向量（归一化向量）。

于是，定义点与直线的运算函数，其输入参数均为一个 Point 对象和一个 Line 对象，前者返回 False 或 Point 对象，后者返回浮点数，代码如下：

```
def point_intersect_line(p0,l):
    v1 = l.p1 - p0
    cross = l.v.cross(v1)            #向量的叉乘
    if cross:                        #如果不为 0，则返回 False
        return False
    return p0                        #否则返回点 p0


def point_distance_line(p0,l):
    if point_intersect_line(p0,l):   #如果点在直线上，则返回 0
        return 0.
    n = l.v.perpendicular()          #否则计算直线的垂直向量
    n0 = n.normalized()              #垂直向量归一化
    v1 = l.p1 - p0
    return abs(n0*v1)                #计算向量点乘的模
```

在 test.py 模块中进行测试。先在其中输入如下内容：

```
from line import Line
from utils import point_intersect_line,point_distance_line
```

运行模块并在 Shell 中进行测试：

```
>>> p1,p2 = Point(2,1),Point(1,2)
>>> l = Line(p1,p2)
>>> p = Point(0,0)
>>> point_intersect_line(p,l)
```

```
False
>>> point_distance_line(p,l)
1.5811388300841895
```

（3）点与圆的运算

点与圆的相交判断只需要求出点到圆心的距离 d，如果 $d=c.r$，则与圆相交于该点。

点与圆的距离为 $|d-c.r|$，定义点与圆的运算函数，其输入参数均为一个 Point 对象和一个 Circle 对象，前者返回 False 或 Point 对象，后者返回浮点数。代码如下：

```
def point_intersect_circle(p0,c):
    d = abs(p0-c.c)                        #计算点与圆心的距离
    if d == c.r:return p0
    return False

def point_distance_circle(p0,c):
    d = abs(p0-c.c)
    return abs(c.r - d)
```

在 utils.py 模块中使用 if __name__ == "__main__"语句进行测试，代码如下：

```
if __name__ == "__main__":
    from point import Point
    from circle import Circle
    c = Point(0,0)
    r = 3
    circle = Circle(c,r)
    p0 = Point(1,1)

>>> point_distance_circle(p0,circle)
1.5857864376269049
>>> point_intersect_circle(p0,circle)
False
```

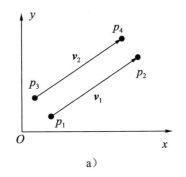 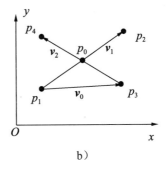

图 3.12 直线与直线的运算

（4）直线与直线的运算

平面内的两条直线，不平行或重合则相交。判断平行更简单，如图 3.12a 所示，直线 p_1p_2 和 p_3p_4 的方向向量分别为 v_1 和 v_2，则有：

- 如果两个向量的叉乘 $cross=v_1×v_2=0$，则两直线平行或者重合，当作不相交处理；

- 如果 $cross \neq 0$，则使用如下方式计算交点：如图 3.12b 所示，由点 p_1 和 p_3 构成向量 $\boldsymbol{v}_0$，计算向量叉乘的比值 $t=(\boldsymbol{v}_0 \times \boldsymbol{v}_2)/(\boldsymbol{v}_1 \times \boldsymbol{v}_2)$，则交点 p_0 的坐标为 $p_1+t\boldsymbol{v}_1$。定义两直线相交判断函数，其输入参数为两个 Line 对象，如果相交，则返回交点 Point 对象，不相交，则返回 False。代码如下：

```python
def line_intersect_line(la,lb):
    v1,v2 = la.v,lb.v              #直线的方向向量
    cross = v1.cross(v2)          #方向向量的叉乘
    if cross == 0:                 #如果两直线平行或者重合
        return False              #返回 False
    v0 = la.p1 - lb.p1            #计算 v0 向量
    t = v2.cross(v0)/cross        #计算向量叉乘比值 t
    return la.p1 + v1*t            #返回交点
```

对于直线与直线的距离，首先判断是否相交，如果相交，则距离为 0，否则在直线 p_1p_2 上任意找一点，求该点到直线 p_3p_4 上的距离即可。

定义时需要调用直线相交判断函数，其输入参数为两个 Line 对象，返回值为浮点数，代码如下：

```python
def line_distance_line(la,lb):
    if line_intersect_line(la,lb):  #如果直线与直线相交，则距离为 0
        return 0.
    p0 = la.p1
    return point_distance_line(p0,lb)  #否则返回指向上一点到另一直线的距离
```

请读者自行测试上述函数的准确性。

（5）直线与圆的运算

直线与圆的相交判断方法很多，前面已经定义了一些现成的函数，尽可能利用这些已经定义好的函数来解决问题。

如图 3.13 所示，要计算直线与圆的交点，首先判断直线与圆是否相交，只需要计算圆心 c 到直线 p_1p_2 的距离 d，点到直线的距离函数在前面已经定义过，此处可以直接调用。

- 如果 $d>c.r$，则二者不相交；
- 否则计算直线 p_1p_2 方向向量 $\boldsymbol{v}_1$ 的垂直向量 $\boldsymbol{n}$，根据垂直向量 $\boldsymbol{n}$ 和圆心 c，可以计算 $p_0=c-\boldsymbol{n}_0 d$，然后计算线段 p_1p_0 的长度 $h=\sqrt{r^2-d^2}$，则直线与圆的交点坐标为 $p_0 \pm h\boldsymbol{v}_{10}$，其中，$\boldsymbol{n}_0$ 为 $\boldsymbol{n}$ 的单位向量，$\boldsymbol{v}_{10}$ 为 $\boldsymbol{v}_1$ 的单位向量（归一化向量）。

圆与直线的距离为圆心到直线的距离 $|d-c.r|$。

运算函数的输入参数均为一个 Line 对象和一个 Circle 对象，前者相交，则返回交点 Point 对象，否则返回 False，后者返回浮点数。

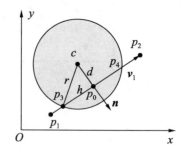

图 3.13　直线与圆的运算示意图

```python
def line_intersect_circle(l,c):
    d = point_distance_line(c.c,l)       #计算点到直线的距离
```

```
    if d > c.r:
        return False
    n = l.v.perpendicular()                    #直线的垂直向量 n
    n0 = n.normalized()
    p0 = c.c - n0*d
    h = sqrt(abs(c.r*c.r- d*d))
    v0 = l.v.normalized()
    return p0 + v0*h,p0 - v0*h

def line_distance_circle(l,c):
    d = point_distance_line(c.c,l)
    return abs(c.r - d)
```

请读者自行测试运算函数的准确性。

（6）圆与圆的运算

对于圆与圆的相交判断如图 3.14 所示，首先计算两圆心的距离 d。

- 如果 $d > r_1 + r_2$ 或者 $d < |r_1 - r_2|$，则两圆不相交，前者相离，后者内含；
- 如果 $d = 0$ 且 $r_1 = r_2$，则两圆重合；
- 否则按照如下方式计算交点：根据勾股定理，计算圆心 c_1 到交线的距离 $a^2 = \left(r_1^2 - r_2^2 + d^2\right)/2d$，则交点 p_0 的坐标为 $p_0 = c_1 + (c_2 - c_1)a/d$，然后计算交线线

段的半弦长 $h = \sqrt{r_1^2 - a^2}$。根据直线 $c_1 c_2$ 的垂直向量

得到交线的方向向量 $\boldsymbol{n}$，则直线与圆的交点坐标为 $p_0 \pm h\boldsymbol{n}_0$，其中，$\boldsymbol{n}_0$ 为 $\boldsymbol{n}$ 的单位向量（归一化向量）。

圆与圆的距离计算公式如下：

- 如果 $d > |r_1 - r_2|$，则两圆距离为 $|d - (r_1 + r_2)|$；
- 否则为 $|d - (r_1 - r_2)|$。

两圆运算函数的输入参数均为两个 Circle 对象，前者根据位置关系分别返回 False、"Infinity"和交点 Point 对象；后者返回浮点数，代码如下：

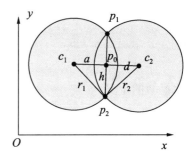

图 3.14　圆与圆的运算示意图

```
def circle_intersect_circle(c1,c2):
    v = c2.c - c1.c
    r1,r2 = c1.r,c2.r
    o1,o2 = c1.c,c2.c
    d = point_distance_point(o1,o2)
    if d > r1 + r2 or d < abs(r1 - r2):
        return False
    elif d ==0 and r1 == r2:return "Infinity"            #重合
    else:
        a = (r1*r1 - r2*r2 + d*d)/(2*d)
        p0 = o1 + v*a/d
        h = sqrt(r1*r1 - a*a)
        n = v.perpendicular()
        n0 = n.normalized()
```

```
        return p0 + n0*h,p0 - n0*h
def circle_distance_circle(c1,c2):
    r1,r2 = c1.r,c2.r
    o1,o2 = c1.c,c2.c
    d = point_distance_point(o1,o2)
    if d <= abs(r1 - r2):return abs(d- (r1 - r2))
    return abs(d - (r1 + r2))
```

事实上，还有直线与点的运算、圆与点的运算，以及圆与直线的运算没有定义成函数，以上 3 种运算可以用点与直线的运算、点与圆的运算，以及直线与圆的运算函数进行描述，快速定义如下：

```
def line_intersect_point(l,p0):
    return point_intersect_line(p0,l)

def line_distance_point(l,p0):
    return point_distance_line(p0,l)

def circle_intersect_point(c,p0):
    return point_intersect_circle(p0,c)

def circle_distance_point(c,p0):
    return point_intersect_circle(p0,c)

def circle_intersect_line(c,l):
    return line_intersect_circle(l,c)

def circle_distance_line(c,l):
    return line_distance_circle(l,c)
```

于是，在 utils.py 模块中就完成了平面内的点、直线和圆三者之间相交判断和距离计算函数的定义。

5. eval()函数

以上共有 18 个函数，调用起来并不是很方便。很容易想到，将所有相交判断函数和距离运算函数各定义成两个公共函数，通过判断输入参数类型来调用不同的函数。例如，定义下面的公共相交判断函数 intersect()：

```
def intersect(a,b):
    if isinstance(a,Point):
        if isinstance(b,Point):
            return point_intersect_point(a,b)
        if isinstance(b,Line):
            return point_intersect_Line(a,b)
        ......
    ......
```

以上固然是一种可行的方案，但需要用到大量的条件分支语句，本例只有 3 个几何对象，当对象数量增多时，条件分支将呈几何倍数增长。于是我们用一种更简单、高效的方式来定义 intersect()函数，即利用内置的 **eval()函数**。

eval()函数能将字符串当 Python 表达式执行，例如：

```
>>> x,y = 1,3
>>> eval("x+1")
2
>>> print("x+1")
x+1
>>> g = lambda x:x**2
>>> eval("g(y)+2")
11
>>> eval('g'+'(y)')
9
```

utils.py 中自定义的函数是按规则命名的，如 point_intersect_line(p0,l)函数，p0 是 Point 对象，l 是 Line 对象，可以通过 obj.__class__.__name__ 属性访问对象的类名，代码如下：

```
>>> p0 = Point(2,3)
>>> p1,p2 = Point(3,4),Point(2,3)
>>> l = Line(p1,p2)
>>> s_p = p0.__class__.__name__
>>> s_l = l.__class__.__name__
>>> s_p
'Point'
>>> s_l
'Line'
```

类名的第一个字母一般都是大写，所以调用字符串的 lower()方法将其转化为小写，代码如下：

```
>>> s_p.lower()
'point'
>>> s_l.lower()
'line'
```

将二者进行组合并使用 eval()函数进行运算，代码如下：

```
>>> s = s_p.lower() + '_intersect_' + s_l.lower()
>>> s
'point_intersect_line'
>>> s1 = '(p0,l)'
>>> s = s + s1
>>> s
'point_intersect_line(p0,l)'
>>> eval(s)
Point(2.00, 3.00)
```

于是，可以定义 connect_obj()函数如下：

```
def connect_obj(a,b,do_string):
    a_s = a.__class__.__name__.lower()
    b_s = b.__class__.__name__.lower()
    s = a_s + do_string + b_s
    return s
```

这样就能根据输入参数的类型来确定到底来调用哪一个函数：

```
>>> p0,p1,p2,c = Point(3,4),Point(2,3),Point(3,4),Point(0,0)
>>> l = Line(p1,p2)
```

```
>>> cir = Circle(p0,2)
>>> connect_obj(p0,l,"_intersect_")
'point_intersect_line'
>>> connect_obj(cir,l,"_intersect_")
'circle_intersect_line'
```

然后利用 eval()函数实现通用函数 intersect()和 distance()的定义，代码如下：

```
def intersect(a,b):
    s1 = connect_obj(a,b,"_intersect_")
    s2 = '(a,b)'
    try:
        return eval(s1 + s2)
    except NameError as e:
        print(e)

def distance(a,b):
    s1 = connect_obj(a,b,"_distance_")
    s2 = '(a,b)'
    try:
        return eval(s1 + s2)
    except NameError as e:
        print(e)
```

在 utils.py 中进行测试，代码如下：

```
>>> p0,p1,p2,c = Point(3,4),Point(2,3),Point(3,4),Point(0,0)
>>> l = Line(p1,p2)
>>> cir = Circle(p0,2)
>>> distance(p2,l)
0.0
>>> intersect(p2,l)
Point(3.00, 4.00)
>>> intersect(cir,l)
((1.585786437626905, 5.414213562373095), (4.414213562373095, 2.585786437626905))
```

现在回到 Point、Line 和 Circle 类的方法定义上，上述 3 个类都是继承自 Geometry，都有 intersect()和 distance()两个方法。如果重载这些方法，比如在 Point 类定义中写入：

```
    def intersect(self,other):
        return 0.

    def distance(self,other):
        pass

>>> p1,p2 = Point(1,2),Point(3,4)
>>> p1.intersect(p2)
0.0
```

再调用这些方法时将不再抛出异常。可以这样理解：Python 是逐行执行的，如果在同一模块中定义两个名称完全相同的函数，程序在执行时会以后面定义的函数为准。例如，在同一个模块中定义如下两个函数并调用：

```
def test_func(a):
    return a
```

```
def test_func(a,b):
    return a + b

>>> test_func(2)
Traceback (most recent call last):
  File "<pyshell#2>", line 1, in <module>
    test_func(2)
TypeError: test_func() missing 1 required positional argument: 'b'
>>> test_func(2,3)
5
```

由以上代码可见，后面定义的 test_func()函数将前面的同名函数覆盖了。方法重载也是如此。于是，在基类中定义一些抛出异常的方法，如果子类有这些方法，则重载后不再抛出异常，如果子类没有这些方法，则直接通过抛出异常来进行错误提示。

完整定义 Point、Line 和 Circle 的代码如下：

point.py
```
from vec2 import Vec2
from base import Geometry
from utils import intersect,distance
class Point(Vec2, Geometry):
    def __repr__(self):
        return 'Point(%.2f, %.2f)' % (self[0], self[1])

    def intersect(self,other):
        return interselt(self,other)

    def distance(self,other):
        return distance(self,other)
```

line.py
```
from base import Geometry
from point import Point
from utils import intersect,distance
class Line(Geometry):
    def __init__(self,*points):
        if len(points) == 1:points = points[0]
        self.p1 = points[0]
        self.p2 = points[1]
        self.v = points[1] - points[0]

    def __repr__(self):
        return 'Line(%r to %r)'%(self.p1,self.p2)

    @classmethod
    def from_vector(cls,point,vector):
        p = point + vector
        return Line(point,Point(p))

    def intersect(self,other):
        return intersect(self,other)

    def distance(self,other):
        return distance(self,other)
```

```
circle.py
from base import Geometry
from utils import intersect,distance
class Circle(Geometry):
    def __init__(self, center, radius):
        self.c = center
        self.r = radius

    def __repr__(self):
        return 'Circle(%r,%.2f)'%(self.c,self.r)

    def intersect(self,other):
        return intersect(self,other)

    def distance(self,other):
        return distance(self,other)
```

通过对这些知识的学习，相信读者已经对面向对象的编程有了一定的理解，下面总结一些经验如下：

- 首先根据问题抽象出类，对于多个对象的问题，分析对象的共性，抽象出基类，然后继承；
- 多建模块，如要定义多种数据类型时，考虑一种数据类型单独创建一个模块，这样不仅增强了程序的可读性，而且对单个模块逐一进行测试也减少了调试工作，从而降低了后期维护成本；
- 所有对象的方法可先以函数的形式定义在同一个模块中，然后在方法中进行调用，集中管理这些函数。

3.4.3 打包

1. 文件组织

现在，planimetry 文件夹下已经定义好了多个模块，但这些模块并不能直接在 Python 中调用，而需要将这些模块打包成库并安装才能使用。为了方便介绍更多的知识点，我们将原有的文件进行重新组织。首先新建一个文件夹，并命名为 planimetry-master，然后在其中新建文件夹 planimetry 和一个模块文件 setup.py。接下来将前面定义好的 utils.py 模块和 test.py 模块放置在 planimetry 文件夹中，并在其中新建一个名为 entity 的文件夹，再将前面已经定义好的 __init__.py、base.py、vec2.py、point.py、line.py 和 circle.py 文件放到 entity 文件夹中。于是，planimetry-master 文件夹下的模块位置关系如图 3.15 所示。

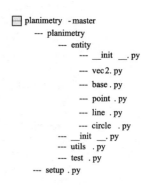

图 3.15　模块位置关系图

打包时组织模块文件没有特殊规定，完全可以根据自己的喜好进行，但笔者在组织文件时新建了文件夹 entity，并将所有的平面实体对象放入其中，而 utils.py 模块并没有被放入，utils.py 位于 entity 的内部模块（如 point.py）的上一层级。

2. 修改模块

接下来需要修改模块文件中的导入语句。同一层级的导入语句需要在模块文件前加上一个点号（.），上一层级的导入语句需要加上两个点号（..），具体代码如下：

```
point.py
from .vec2 import Vec2
from .base import Geometry
from ..utils import intersect,distance

line.py
from .base import Geometry
from .point import Point
from ..utils import intersect,distance

circle.py
from .base import Geometry
from ..utils import intersect,distance
```

以上模块修改完成后，在 setup.py 文件中输入如下内容：

```
from setuptools import setup
setup(name='planimetry',
      version='1.0.0',
      description='simple lib for planimetry',
      author='Pei Yaoyao',
      author_email='yaoyao.bae@foxmail.com',
      url = 'https://github.com/YaoyaoBae/planimetry',
      packages=['planimetry','planimetry.entity'],
      )
```

setup()函数也可以从 distutils.core 模块导入：

```
from distutils.core import setup
```

setup()函数输入参数比较多，如上例中的库名称、版本、描述、作者、作者电邮、网址和包等。planimetry 库包括两个包：planimetry 和 planimetry/entity，包中都必须有 __init__.py 模块。

3. 文件打包

以上步骤完成后，即完成了库的安装和打包。首先在 Windows 命令窗口中切换路径至 planimetry-master\setup.py 所在的路径，如笔者计算机（Windows 操作系统）上的路径为 d:\工作\Python 科学计算基础\程序\chapter 3\planimetry-master，如图 3.16 所示。

```
C:\Users\yaoya>cd d:\工作\Python科学计算基础\程序\chapter 3\planimetry-master
```

图 3.16　切换文件路径

切换完成后，继续输入 python setup.py install，如图 3.17 所示。

```
d:\工作\Python科学计算基础\程序\chapter 3\planimetry-master>python setup.py install
```

图 3.17　安装库

短暂的等待后，命令窗口提示安装完成，之后可以在 Python 中像标准库一样进行调用。例如：

```
>>> from planimetry.entity.point import Point
>>> p = Point(3,4)
>>> p
Point(3.00, 4.00)
```

可以看到，planimetry 已经安装完成。但此时只是成功安装到了单机上，如果读者想将其分享给朋友，只需将文件分享出去，使用者按照上面通用的方式安装即可，也可以在命令窗口中输入 python setup.py sdist，如图 3.18 所示。

```
d:\工作\Python科学计算基础\程序\chapter 3\planimetry-master>python setup.py sdist
```

图 3.18　生成打包文件

之后会在 planimetry-master\dist 文件夹中生成一个 planimetry-1.0.0.tar.gz 文件，将该程序解压后会得到源码文件，按照上面提示的步骤即可完成安装。

如图 3.19 所示，如果输入 python setup.py bdist_wininst，则会生成一个名为 planimetry-1.0.0.win-amd64.exe 的可执行文件，该文件只能在 Windows 操作系统下安装。

```
d:\工作\Python科学计算基础\程序\chapter 3\planimetry-master>python setup.py bdist_wininst
```

图 3.19　生成 exe 可执行文件

如图 3.20 所示，如果输入 python setup.py bdist_wheel，则会生成一个名为 planimetry-1.0.0.py3-none-any.whl 的文件，该文件直接采用 pip 命令安装。例如，文件 planimetry-1.0.0.py3-none-any.whl 的路径为 d:\工作\Python 科学计算基础\程序\chapter 3\planimetry-master\dist，先在命令窗口中切换到该路径，然后通过 pip install planimetry-1.0.0.py3-none-any.whl 命令进行安装，或者通过 pip install + 路径/文件名的方式进行安装，如图 3.21 所示。

```
d:\工作\Python科学计算基础\程序\chapter 3\planimetry-master>python setup.py bdist_wheel
```

图 3.20　生成 wheel 文件

```
d:\工作\Python科学计算基础\程序\chapter 3\planimetry-master\dist>pip install planimetry-1.0.0-py3-none-any.whl
```

图 3.21　安装 wheel 文件

4．快速调用

到目前为止，虽然完成了 planimetry 库的安装，但当库中的包过多时，调用太复杂。例如，上例中调用 Point，需要定位到 point 模块。如果想从 entity 直接调用，则可在其下的__init__.py 文件中输入，如下代码：

```
planimetry\entity\__init__.py
from .vec2 import Vec2
from .point import Point
from .line import Line
from .circle import Circle
from .base import Geometry
```

输入完成后需要重新安装库。对程序的任意修改都需要重新安装库。修改并重新安装库后，举例如下：

```
>>> from planimetry.entity import Point,Line
>>> p1,p2 = Point(3,2),Point(2,4)
>>> l = Line(p1,p2)
>>> from planimetry.utils import intersect,distance
>>> intersect(p1,p2)
False
>>> intersect(p1,l)
Point(3.00, 2.00)
>>> distance(p1,p2)
2.23606797749979
```

同样，如果想通过 planimetry 库更快捷地导入 Point 和 Line 等对象，只需在其__init__.py 文件中写入相关内容，例如：

```
planimetry\__init__.py
from .entity import *
from .utils import *
```

修改并重新安装库后，举例如下：

```
>>> from planimetry import *
>>> p,p1,p2 = Point(0,0),Point(1,1),Point(0,0)
>>> p3 = Point(4,3)
>>> l1 = Line(p1,p2)
>>> l2 = Line(p3,p2)
>>> c = Circle(p,1)
>>> intersect(p,l1)
Point(0.00, 0.00)
>>> p.intersect(l1)
Point(0.00, 0.00)
>>> distance(c,l2)
1.0
>>> intersect(c,l1)
((-0.7071067811865475, -0.7071067811865475), (0.7071067811865475, 0.7071
067811865475))
>>> l1.intersect(l2)
(0.0, 0.0)
>>> l1.distance(l2)
0.0
```

可以看到，由于在 planimetry 库中定义了几何运算函数，同时给几何对象也定义了相关的方法，所以可以采用调用函数和对象方法这两种方式进行几何运算。

5. 导入限制

utils.py 模块中定义了大量的函数，在 planimetry__init__.py 中通过语句 from utils import * 将所有函数都导入当前模块中，但笔者只希望 intersect()和 distance()函数被导入，最简单的方式是修改导入语句为 from utils import intersect,distance。

除此以外，如果一定要使用全导入语句的形式，则可以采用如下两种方法进行限制。

（1）第一种方法

除了 intersect 和 distance()函数外，在其他不希望被导入的函数名前加上一个下划线，如_point_distance_point，这样通过 from utils import * 的方式将无法调用名称以下划线开头的对象。在同一路径下新建两个模块文件 test1.py 和 test2.py，然后在其中分别写入代码。

test1.py 文件如下：

```
_x = 100
__y = 200

def add():
    return __add()

def _add():
    return _x + __y

def __add():
    return _x + __y
```

test2.py 文件如下：

```
from test1 import *
a = add()
print("100+200=%d"%a)
b = _add()
print("100+200=%d"%b)
```

运行模块 test2，结果如下：

```
100+200=300
Traceback (most recent call last):
  File "D:\工作\Python 科学计算基础\程序\chapter 3\test2.py", line 4, in
<module>
    b = _add()
NameError: name '_add' is not defined
>>> _x
Traceback (most recent call last):
  File "<pyshell#0>", line 1, in <module>
    _x
NameError: name '_x' is not defined
>>> __x
Traceback (most recent call last):
  File "<pyshell#1>", line 1, in <module>
```

```
      __x
NameError: name '__x' is not defined
```

可以看到，通过 from module_name import *的形式无法将名称以下划线开头（一个下划线和两个下划线）的对象导入当前模块中。修改 test2.py 的内容如下：

test2.py 文件修改如下：

```
from test1 import _x,_add
a = _add()
print("100+200=%a"%a)
print(_x)
from test1 import __x
```

运行模块，结果如下：

```
100+200=300
100
Traceback (most recent call last):        #无法导入__x
  File "D:\工作\Python 科学计算编程入门与实战\程序\chapter 3\test2.py", line 5,
in <module>
    from test1 import __x
ImportError: cannot import name '__x'
```

可以发现，名称以一个下划线开头的对象不能通过 from module_name import *的方式导入，但是可以通过 from module_name import _name 的方式导入，而以两个下划线开头的对象都无法导入，只能在所在模块中发挥作用。同样，在类中也会有相同的情形，举例如下：

```
class A:
    def __init__(self,x,y):
        self.__x = x
        self._y = y

    def add(self):
        return self._add()

    def _add(self):
        return self.__add()

    def __add(self):
        return self.__x + self._y

>>> a = A(2,3)
>>> a.__x                            #无法访问命名以两个下划线开头的属性
Traceback (most recent call last):
  File "<pyshell#11>", line 1, in <module>
    a.__x
AttributeError: 'A' object has no attribute '__x'
>>> a._y                             #可访问命名以一个下划线开头的属性
3
>>> a.add()
5
>>> a._add()                         #可调用命名以一个下划线开头的方法
5
>>> a.__add()                        #不能调用命名以两个下划线开头的方法
```

```
Traceback (most recent call last):
  File "<pyshell#14>", line 1, in <module>
    a.__add()
AttributeError: 'A' object has no attribute '__add'
```

（2）第二种方法

在 utils 模块中写入如下内容。

```
__all__ = ["intersect","distance"]
```

在使用 from module_name import * 时，只会将 intersect()和 distance()函数导入到当前模块中。

3.4.4　发布到 PyPi

现在，我们可以将上面打包好的文件发送给其他人使用，如果想让全世界的 Pythoner 使用 pip 进行便捷安装，则需要将其发布到 https://pypi.org/ 上。步骤如下：

（1）在 https://pypi.org/ 上注册账号。

（2）创建用户验证文件…/.pypirc，.pypirc 文件是一个后缀为 pypirc 的无名称文件，例如笔者的 Windows 操作系统下的该文件位置为 c:\User\yaoy\.pypirc。用记事本打开该文件，并在其中输入如下内容：

```
[distutils]
index-servers =
    pypi

[pypi]
repository: https://upload.pypi.org/legacy/
username: xxxxxxxx
password: xxxxxxxx
```

其中，username 和 password 对应注册的 PyPi 账号和密码。

（3）在 Windows 命令窗口中输入 python setup.py sdist upload 命令，如图 3.22 所示。

```
d:\工作\Python科学计算基础\程序\chapter 3\planimetry-master>python setup.py sdist upload
```

图 3.22　上传至 PyPi

上传完成后，就能在 https://pypi.org/ 中搜索到该库，如图 3.23 所示。

此时全世界联网的 Pythoner 就能使用 pip 安装该库了。pip 安装命令如下：

```
pip install planimetry
```

细心的读者可能会注意到，在使用 python setup.py sdist upload 命令上传至 PyPi 时，系统会建议使用 twine 上传，原因是前面的上传方式可能会被盗取密码。首先安装 twine，然后上传，命令如下：

```
pip install twine
python setup.py sdist
```

```
twine upload dist/*
```

其中，第 2 行命令将创建 planimetry-master/dist 文件夹和安装文件，第 3 行命令将库
上传至 PyPi。

图 3.23　成功上传至 PyPi

3.5　本章小结

本章主要介绍了面向对象编程的一些知识，包括以下知识点。

- **类与对象**：类就像是一张制定好的空表，有具体的格式，但没有填写内容，如简历
  模板。而对象是一份实实在在的简历，里面填好了个人信息。
- **实例属性**：在实例方法中，以 self.attribute=attribute 形式定义的属性被称为实例属
  性，它只能被实例对象调用，而不能被类调用。
- **类属性**：在类中以普通赋值语句定义的变量也被称为类属性，它可以被类调用，也
  可以被实例调用。一般而言，类属性描述对象的共性，实例属性描述对象的个性。
- **实例方法**：定义在类中，第一个输入参数必须是 **self** 关键字的方法，该方法可以被
  对象调用，也可以被类调用。被对象调用时省略第一个参数 **self**，被类调用时第一
  个参数必须是对象。
- **静态方法**：被@staticmethod 装饰器装饰的方法即静态方法，它可以被类和对象调用，
  和独立函数很相似。
- **类方法**：被@classmethod 装饰器装饰的方法即类方法，其第一个参数必须是类本身，
  将返回一个对象。类方法可以被类调用，也可以被实例调用，调用时省略第一个参
  数类本身。
- **类的继承**：一种快速新建类的方式。当新定义的类与已有的类有很多共性时，新类
  继承已有类，新类也称为子类，已有类也称为父类。定义子类时，可在父类的基础

上修改和增加功能。类的继承有效地降低了代码的冗余，提高了开发效率，从而降低了维护成本。

- **方法重载**：在定义类的方法时，如果该类本身已有该方法，对该方法重新定义使其实现新的功能，即方法重载，其本质上就是后者覆盖前者。
- **特殊属性和方法**：以双下划线开头且以双下划线结尾约定俗成的属性和方法，即特殊属性和特殊方法。例如，__dict__、__class__为特殊属性，__init__()、__new__()和__add__()为特殊方法。特殊属性和特殊方法对应特殊性质和特殊功能。
- **多继承与多重继承**：多继承是一个类继承自多个类，即子类同时有多个父类，是从广度上的功能扩展；多重继承反映了类继承的层次关系，例如 B 继承 A，C 继承 B，则 C 也能继承 A 的功能，是从深度上的功能扩展。
- **打包**：按既定规则组织管理模块文件，使得其他用户能通过特定的方法安装文件，安装后可直接调用。

3.6 习　　题

1. 给 Parabola 类添加实例方法 root()，用于计算抛物线的零点。

2. 定义一个银行账户类，属性有户名、账号和余额等，方法有存钱、取钱和余额查询等。

3. 定义一个电话簿类，属性有姓名和电话，方法有通过姓名查询电话、添加人名和电话、删除人名和电话等。

4. 定义类，描述下面的公式：

$$f(x;a,w)=e^{-ax}\sin(wx)$$

a、w 为属性，通过初始化方法传入；定义__call__()方法计算不同 x 对应的函数值。

5. 定义类，描述出租车的费用公式，并求解实例 2.1。

6. 定义类，描述复数，并实现复数的运算功能。

7. 定义类，描述拉格朗日插值和牛顿插值。

8. 收集常见的差分公式，包括前向差分、后向差分和中心差分，定义类用以描述这些公式。

9. 收集常见的数值积分公式，包括梯形公式和复化梯形公式、Simpson 公式和复化 Simpson 公式、Newton-Cotes 公式和 Romberg 公式，定义类，描述这些公式。

10. 线性弹簧在弹性极限范围内的伸长量 x 与所需拉力 F 的关系为：

$$F=kx$$

k 为弹簧的刚度。弹簧的弹性能量 P 为：

$$P = \frac{1}{2}kx^2$$

试定义类，描述线性弹簧，其初始化方法传入弹簧的刚度 k，force() 和 engery() 方法用于计算不同伸长量 x 下的拉力 F 和弹性能量 P。

对于非线性弹簧，拉力 F 与伸长量 x 的关系为：

$$F=f(x)$$

而弹性势能计算公式为：

$$P = \int_0^x f(t)\mathrm{d}t$$

定义新类，描述非线性弹簧，并以非线性弹簧 $F=a\sin(x)$ 举例。

11．实现第 2 章中"老裴的科学世界"专栏里的中文分词器的面向对象版本。

老裴的科学世界

球的运动轨迹

预备知识

1．问题描述

质量为 m 的球以初速度 v_0、初始角度 θ 发射，在重力和空气阻力的作用下形成如图 3.24 所示的运动轨迹。假设空气阻力的计算公式为：

$$F=C_D v$$

C_D 为系数，则描述球运动轨迹的常微分方程为：

$$\frac{\mathrm{d}^2 x}{\mathrm{d}t^2} = -\frac{C_D}{m}\frac{\mathrm{d}x}{\mathrm{d}t}\sqrt[4]{\left(\frac{\mathrm{d}x}{\mathrm{d}t}\right)^2 + \left(\frac{\mathrm{d}y}{\mathrm{d}t}\right)^2}$$

$$\frac{\mathrm{d}^2 y}{\mathrm{d}t^2} = -\frac{C_D}{m}\frac{\mathrm{d}y}{\mathrm{d}t}\sqrt[4]{\left(\frac{\mathrm{d}x}{\mathrm{d}t}\right)^2 + \left(\frac{\mathrm{d}y}{\mathrm{d}t}\right)^2} - g$$

在已知球的质量 m、初速度 v_0 和初始角度 θ 的情况下，计算球体的飞行时间和射程。设 $C_D=0.03\mathrm{kg/(m\cdot s)}^{1/2}$，$g=9.80665\mathrm{m/s}^2$。

2．求解常微分方程

只有成功求解上面的常微分方程，才能得到球的运动轨迹。一阶常微分方程的通用表达式为：

$$u'=f(t, u)$$

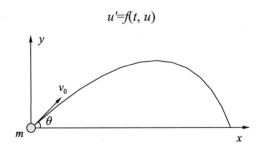

图 3.24　球的运动轨迹

其中，$u'=du/dt$，$f(t, u)$ 为已知函数。方程的解包含一个任意常数，要确定该常数必须已知曲线的一个点，即一个附加条件：

$$u(a)=\alpha$$

对于 n 阶常微分方程：

$$u^{(n)}=f(t, u, u', \cdots, u^{(n-1)})$$

可以转换为 n 个一阶常微分方程：

$$u_0' = u_1 \quad u_1' = u_2 \quad u_2' = u_3 \quad \cdots \quad u_n' = f(t, u_0, u_1, \cdots, u_{n-1})$$

其中：

$$u_0=u \quad u_1=u' \quad u_2=u'' \cdots u_{n-1}=u^{(n-1)}$$

一阶常微分方程需要一个附加条件，n 阶常微分方程需要 n 个附加条件。如果这些条件都在同一个 t 值处给定，则称该类问题为初值问题（Initial Value Problem），具体附加条件为：

$$u_0(a)=\alpha_0 \quad u_1(a)=\alpha_1 \quad u_2(a)=\alpha_2 \quad \cdots \quad u_{n-1}(a)=\alpha_{n-1}$$

例如，下面的问题为初值问题：

$$u''=-0.5u'-t \quad u(0)=0 \quad u'(0)=1$$

如果附加条件在不同 t 值处给定，比如：

$$u''=-0.5u'-t \quad u(0)=0 \quad u'(3)=1$$

则上述问题为边值问题（Boundary Value Problem）。

本例仅讨论初值问题的求解。为了便于描述，用向量的形式来表达 n 阶常微分方程的初值问题，即

$$\boldsymbol{u}'=\boldsymbol{F}(t, \boldsymbol{u}) \quad \boldsymbol{u}(a)=\boldsymbol{\alpha}$$

其中，

$$\boldsymbol{F}(t, \boldsymbol{u})=\begin{bmatrix} u_1 \\ u_2 \\ u_3 \\ \cdots \\ f(t, \boldsymbol{u}) \end{bmatrix}$$

对于函数 $F(t, u)$，其参数 u 为 n 元向量，返回的也是 n 元向量。

（1）前向欧拉法

对于一阶常微分方程，最简单的数值求解方法是前向欧拉法，其迭代公式为：

$$\boldsymbol{u}_{k+1}=\boldsymbol{u}_k+\Delta t\boldsymbol{F}(t_k, \boldsymbol{u}_k)$$

其中，$\boldsymbol{u}_k$ 对应 t_k 时刻的近似解，Δt 为时间步长，如果为均匀时间步长，记 $t_k=k\Delta t$, $k=0$, 1, $\cdots$, n。

举个例子，求解：

$$u''=-0.5u'-t \quad u(0)=0 \quad u'(0)=1$$

令 $u_0=u$, $u_1=u'$，等价的一阶常微分方程为：

$$\boldsymbol{u}' = \boldsymbol{F}(t,\boldsymbol{u}) = \begin{bmatrix} u_0' \\ u_1' \end{bmatrix} = \begin{bmatrix} u_1 \\ -0.5u_1 - t \end{bmatrix}$$

初始条件为：

$$\boldsymbol{u}(0) = \boldsymbol{u}_0 = \begin{bmatrix} 0 \\ 1 \end{bmatrix}$$

设 $\Delta t=0.1$，则 $t_1=0.1$ 时的近似解为：

$$\boldsymbol{u}_1 = \boldsymbol{u}_0+\Delta t\boldsymbol{F}(t_0,\boldsymbol{u}_0) = \begin{bmatrix} 0 \\ 1 \end{bmatrix} + 0.1\times \begin{bmatrix} 1 \\ -0.5\times1-0 \end{bmatrix} = \begin{bmatrix} 0.1 \\ 0.95 \end{bmatrix}$$

$$\boldsymbol{u}_2 = \boldsymbol{u}_1+\Delta t\boldsymbol{F}(t_1,\boldsymbol{u}_1) = \begin{bmatrix} 0.1 \\ 0.95 \end{bmatrix} + 0.1\times \begin{bmatrix} 0.95 \\ -0.5\times0.95-0.1 \end{bmatrix} = \begin{bmatrix} 0.195 \\ 0.8925 \end{bmatrix}$$

$$\cdots\cdots$$

以此类推，即可求得 t_k 时刻的 $\boldsymbol{u}_k$，$\boldsymbol{u}_k$ 的第一个元素为此时的解。

（2）龙格库塔法

龙格库塔法有很多种形式，常见的是四阶龙格库塔法，其迭代公式为：

$$\boldsymbol{K}_{0k}=\Delta t\boldsymbol{F}(t_k, \boldsymbol{u}_k)$$

$$\boldsymbol{K}_{1k} = \Delta t\boldsymbol{F}\left(t_k + \frac{\Delta t}{2}, \boldsymbol{u}_k + \frac{\boldsymbol{K}_{0k}}{2} \right)$$

$$\boldsymbol{K}_{2k} = \Delta t\boldsymbol{F}\left(t_k + \frac{\Delta t}{2}, \boldsymbol{u}_k + \frac{\boldsymbol{K}_{1k}}{2} \right)$$

$$\boldsymbol{K}_{3k}=\Delta t\boldsymbol{F}(t_k+\Delta t, \boldsymbol{u}_k+\boldsymbol{K}_{2k})$$

$$\boldsymbol{u}_{k+1} = \boldsymbol{u}_k + \frac{1}{6}(\boldsymbol{K}_{0k} + 2\boldsymbol{K}_{1k} + 2\boldsymbol{K}_{2k} + 3\boldsymbol{K}_{3k})$$

$K_{0k} \sim K_{3k}$ 均为系数。

　　为了节省篇幅，这里仅介绍前向欧拉法和四阶龙格库塔法两种求解常微分方程的数值解法，并且仅给出迭代公式，而未进行理论推导。理论推导部分及更多的求解方法请读者自行查阅相关书籍。

3. 初识ndarray对象

　　上述求解方法中，函数 $F(t, u)$ 是向量函数，u 是一个向量，同时在迭代公式中也需要进行向量运算。3.3 节中定义的 Vector 对象可以描述 u。除此之外，Python 的第三方库 NumPy 中定义了描述 N 维数组的对象 ndarray，维度为 1 时可描述向量，它也支持向量运算，例如：

```
>>> import numpy as np              #首先必须安装了 NumPy 库
#调用 array()函数创建一维数组，输入参数可以为序列类型
>>> v1 = np.array([1,2,3])
>>> v2 = np.array([2,7,4])
>>> v1
array([1, 2, 3])
>>> v2
array([2, 7, 4])
>>> v1 + v2
array([3, 9, 7])
>>> v1/v2
array([0.5       , 0.28571429, 0.75      ])
>>> v1 - v2
array([-1, -5, -1])
>>> v1*v2
array([ 2, 14, 12])
>>> v1*3
array([3, 6, 9])
```

　　更多关于 ndarray 对象的知识点请参阅第 4 章。

（1）定义求解器

　　有了以上内容作为铺垫，即可定义常微分方程的求解器。首先定义求解器的基类，命名为 OdeSolver,其实例属性包括 $F(t, u)$ 函数、初始时刻 t_0、初值条件向量 u_0 和均匀时间步长 Δt，这些属性通过初始化方法__init__()传入；另外的属性 T 和 U 分别用于存储时刻 $\{t_k\}$ 及向量 $\{u_k\}$。solve()方法进行迭代求解，其传入一个参数 k，为迭代次数。新建模块 odesolver.py，并在其中输入如下代码：

```
import numpy as np
class OdeSolver:
    def __init__(self,F,t0,u0,dt):
        self.F = F                    #F(t,u)函数
        self.t0 = t0                  #初始化时刻
        self.u0 = u0                  #初始条件
        self.dt = dt                  #时间增量
        self.T = None                 #时刻集合
        self.U = None                 #向量 u_k 集
```

```
    def step(self,F,t,u,dt):
        pass

    def solve(self,k):
        F = self.F
        u = self.u0
        dt = self.dt
        t = self.t0
        self.T = [t]
        self.U = [u]
        for _ in range(k):
            t,u = self.step(F,t,u,dt)
            self.T.append(t)
            self.U.append(u)
        self.T = np.array(self.T)
        self.U = np.array(self.U)
```

step()方法用于设置迭代公式，不同的求解方法对应不同的 step()方法；solve()函数用于设置求解时长，并存储时刻{t_k}及向量{u_k}，和求解方法无关。

接下来，在基类 OdeSolver 的基础上定义前向欧拉法和四阶龙格库塔法，分别命名为 ForwardEuler 和 RungeKutta，通过重载 step()方法实现方法区分。继续在模块中输入如下代码：

```
class ForwardEuler(OdeSolver):
    def step(self,F,t,u,dt):
        u = u + dt*F(t,u)
        t = t + dt
        return t,u

class RungeKutta(OdeSolver):
    def step(self,F,t,u,dt):
        K0 = dt*F(t,u)
        K1 = dt*F(t + dt/2,u + K0/2)
        K2 = dt*F(t + dt/2,u + K1/2)
        K3 = dt*F(t + dt,u + K2)
        u = u + (K0 + 2*K1 + 2*K2 + K3)/6.0
        t = t + dt
        return t,u
```

完成定义后，求解下面的常微分方程：

$$u''=-0.5u'-t \quad u(0)=0 \quad u'(0)=1$$

首先定义 $F(t, u)$函数，然后设置参数并创建求解。在 odesolver.py 模块中继续输入如下代码：

```
if __name__ == "__main__":
    def F(t,u):
        u1 = u[1]
        return np.array([u1,-0.5*u1-t])

    t0 = 0                          #起始时间
    u0 = np.array([0,1])            #初始条件
    dt = 0.1                        #时间步长
```

```
        s1 = ForwardEuler(F,t0,u0,dt)        #创建求解器
        s2 = RungeKutta(F,t0,u0,dt)
        s1.solve(5)                          #求解5步
        s2.solve(5)
```

运行模块，查看计算结果如下：

```
>>> s1.T                                #时刻 tk 集合
array([0. , 0.1, 0.2, 0.3, 0.4, 0.5])
>>> s2.T == s1.T
array([ True,  True,  True,  True,  True,  True])
>>> s1.U                                #与时间节点相对应的向量 uk
array([[0.        , 1.        ],
       [0.1       , 0.95      ],
       [0.195     , 0.8925    ],
       [0.28425   , 0.827875  ],
       [0.3670375 , 0.75648125],
       [0.44268563, 0.67865719]])
>>> s2.U
array([[0.        , 1.        ],
       [0.09737656, 0.94631172],
       [0.18902454, 0.88548773],
       [0.2742479 , 0.81787605],
       [0.35238457, 0.74380771],
       [0.42280476, 0.66359762]])
```

属性 U 的第 1 列为 $\{u_{0k}\}$，第 2 列为 $\{u_{1k}\}$。可以看到，两种方法计算结果有差异，原因为计算精度不同。

（2）求解

在定义好常微分方程的通用求解器后，即可将其用于计算球的运动轨迹。球的轨迹方程由两个二阶常微分方程描述，具体如下：

$$x'' = -\frac{C_D}{m}x'v^{1/2} \quad x(0)=0 \quad x'(0)=v_0\cos\theta$$

$$y'' = -\frac{C_D}{m}y'v^{1/2} - g \quad y(0)=0 \quad y'(0)=v_0\sin\theta$$

其中，$v = \sqrt{x'^2 + y'^2}$。

首先将其转化为一阶常微分方程组，令

$$\boldsymbol{u} = \begin{bmatrix} u_0 \\ u_1 \\ u_2 \\ u_3 \end{bmatrix} = \begin{bmatrix} x \\ x' \\ y \\ y' \end{bmatrix}$$

于是有：

$$\boldsymbol{u}' = \boldsymbol{F}(t, \boldsymbol{u}) = \begin{bmatrix} u_0' \\ u_1' \\ u_2' \\ u_3' \end{bmatrix} = \begin{bmatrix} u_1 \\ -\dfrac{C_D}{m} u_1 \sqrt[4]{u_1^2 + u_3^2} \\ u_3 \\ -\dfrac{C_D}{m} u_3 \sqrt[4]{u_1^2 + u_3^2} - g \end{bmatrix}$$

初始条件为:

$$\boldsymbol{u}_0 = \begin{bmatrix} 0 \\ v_0 \cos\theta \\ 0 \\ v_0 \sin\theta \end{bmatrix}$$

前面定义的求解器计算终止条件为迭代 k 步,而球运动的终止条件是当 y 坐标再次为 0 时,即 u_3=0。对于本问题,需要重载求解器的 solve()方法。本例采用龙格库塔方法求解,新定义 Solver 类继承自 RungeKutta,在 odesolver.py 的同目录下新建 ball.py 模块,并在其中输入如下代码:

```
from odesolver import RungeKutta
import numpy as np
class Solver(RungeKutta):
    def solve(self,y_end = 0):
        F = self.F
        u = self.u0
        dt = self.dt
        t = self.t0
        selt.T = [t]
        self.U = [u]
        while True:
            t,u = self.step(F,t,u,dt)
            self.T.append(t)
            self.U.append(u)
            if u[2] <= y_end:
                break
        self.T = np.array(self.T)
        self.U = np.array(self.U)
```

然后定义球类 Ball。继续在模块中输入如下代码:

```
from math import sqrt,sin,cos,pi
class Ball:
    def __init__(self,m,v0,theta):
        self.m = m                    #球的质量
        self.v0 = v0                  #初始速度
        self.theta = theta            #初始角度
        self.Cd = 0.03                #系数
        self.g = 9.80665              #重力加速度
```

```
    def F(self,t,u):                            #定义 F(t,u)函数，作为实例的方法
        u1 = u[1]
        u3 = u[3]
        Cd = self.Cd
        m = self.m
        g = self.g
        a = -(Cd/m)*u1(u1**2+u3**2)**0.25
        b = -(Cd/m)*u3(u1**2+u3**2)**0.25-g
        return np.array([u1,a,u3,b])

    def fly(self,dt = 0.01):
        m = self.m
        v0 = self.v0
        theta = self.theta
        F = self.F
        t0 = 0                                   #初始时间
        u0 = np.array([0,v0*cos(theta),0,v0*sin(theta)])    #初始条件
        solver = Solver(F,t0,u0,dt)              #创建求解器
        solver.solve()                           #求解
        self.T = solver.T                        #飞行历时
        self.X = solver.U[:,0]                   #飞行轨迹的 x 坐标
        self.Vx = solver.U[:,1]                  #飞行历时对应的 x 方向速度
        self.Y = solver.U[:,2]                   #飞行轨迹的 y 坐标
        self.Vy = solver.U[:,3]                  #飞行历时对应的 y 方向速度
        self.range = self.X[-1]                  #射程
        self.flying_last = self.T[-1]            #飞行时间
```

接下来计算质量 m=0.25kg 的球以初始速度 v_0=50m/s、初始角度 θ=30° 发射时，其射程和飞行时间。在模块中继续输入如下代码：

```
if __name__ == "__main__":
    from math import pi
    m = 0.25
    v0 = 50
    theta = 30
    theta = theta/180*pi
    ball = Ball(m,v0,theta)
    ball.fly()
```

运行模块，查看计算结果如下：

```
>>> ball.range
61.846375427717945
>>> ball.flying_last
3.4799999999997
```

结合第 4、5 章的相关知识绘制球的运动轨迹以及球的速度随时间变化的图示，如图 3.25 和 3.26 所示。

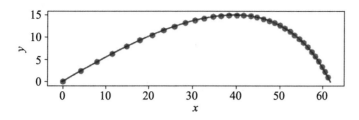

图 3.25 球的运动轨迹

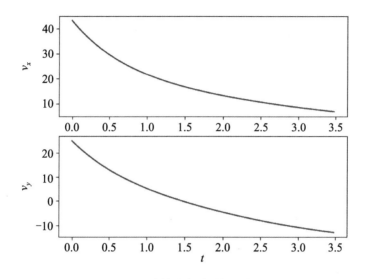

图 3.26 球的速度随时间而变化

对象的属性是可以修改的,例如修改球的初始角度并重新计算:

```
>>> ball.theta = 50/180*pi
>>> ball.fly()
>>> ball.range
53.50106190400732
>>> ball.flying_last
4.87999999999994
```

以上就是球的运动轨迹问题的求解过程。当然,笔者写的代码不是最完美的,读者可以根据自己的需求进行修改。例如,球的空气阻力计算公式具有不确定性,通过适当的修改可增加程序的适应性。

第4章 公式向量化

向量化描述在科学计算中非常常见，它能更好地表达科学计算。例如在第 3 章"老裴的科学世界"中，使用向量函数 $u'=F(t, u)$ 描述 n 阶常微分方程组；统计学中用 $z=w^T x+b$ 描述逻辑回归；线性代数中用 $AX=b$ 描述线性方程组等。如何在 Python 中快速实现向量化的公式呢？或者尽可能让程序与向量化的公式统一，就像编写标量公式一样呢？答案就是灵活地使用 NumPy，它是本章介绍的重点内容。

4.1 地表温度辐射

人们非常关注天气，会根据一天中温度的变化实时增减衣服，一般来说这个温度是指地球表面的温度，对于地底温度却鲜有人关心。本例将分析地表温度向地底辐射的规律。

图 4.1 所示的坐标系中，z 轴方向垂直向下，指向地心，地表深度坐标为 $z=0$，任意时刻 t 在任意深度 z 的温度用函数 $T(z, t)$ 表示。假设地表温度是时间的周期函数，可表示为：

$$T(0, t)=T_0+A\cos(\omega t) \tag{4.1}$$

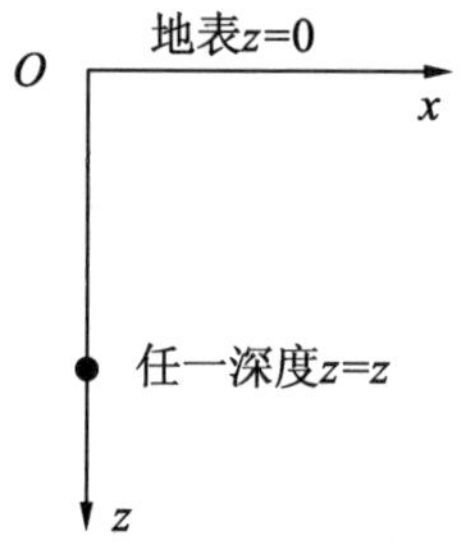

根据热传导模型，可推演出地底任意深度 z 的温度随时间的变化规律为：

图 4.1 地底深度坐标表示

$$T(z,t) = T_0 + Ae^{-az} \cos(\omega t - az) \quad a = \sqrt{\frac{\omega}{2k}} \tag{4.2}$$

其中：

- T_0 为地表平均温度；
- A 为地表温度最大变化率；
- ω 为函数周期；
- k 为地层的导热系数，一般取 $10^{-6}\,mm^2/s$。

当 $z=0$ 时，公式（4.2）可退化成（4.1）。本例不考虑其他复杂因素对地底温度的影响。图 4.2 所示为 $t=0$、$t=9$ 和 $t=14$ 这 3 个不同时刻且不同深度的温度分布规律。从图中可以看出，当深度 $z>1$m 时，地表对地底温度的影响已经非常微小了。需要注意的是，$t=0$ 并不代表凌晨 0 点，而是周期函数的起点。根据该周期函数的特点，$t=0$ 的时刻一般代表温度最高的中午，t=9 的时刻相当于晚上 9 点，t=14 的时刻相当于凌晨 2 点。

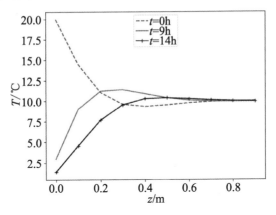

图 4.2　不同时刻下温度随深度变化的趋势

4.1.1　向量化表达

【**实例 4.1**】　某地区某天的地表平均温度 T_0=10℃，最大变化率 A=10℃，试估算中午时刻该地区地表温度及地底温度随深度的分布规律。

首先根据问题描述抽象出地底温度类，如图 4.3 所示。然后对照类的属性和方法编写程序如下：

```
frommathimportcos,sqrt,exp,pi
class GroundTem:
    def __init__(self,T0,A,k = 1e-6,w = 24):
        self.T0 = T0                #初始地表温度
        self.A = A                  #最大变化率
        self.k = k*3600             #单位换算
        self.w = 2*pi/w             #周期换算
        self.a = sqrt(self.w/self.k/2)    #计算系数 a

    def __call__(self,z,t):
        T0,A,w,k,a = self.T0,self.A,self.w,self.k,self.a
        return evaluate_depthz(z,t,T0,A,w,k,a)

def evaluate_depthz(z,t,T0,A,w,k,a):      #函数返回 t 时刻深度 z 处的温度
    return T0 + A*exp(-a*z)*cos(w*t - a*z)
```

温度类

属性：

　　地表平均温度 T_0

　　温度变化率 A

　　周期 w

　　导热系数 k

行为：

　　任意点温度的计算

图 4.3　地底温度类

在该模块中定义了一个地层温度类 GroundTem（Ground Temperature 的缩写）和一个温度计算函数，温度类初始化方法 __init__() 的输入参数为地表平均温度 T0、地表温度最大变化率 A，以及两个默认参数地层导热系数 k 和周期 ω（24 小时）。

在初始化方法中对默认参数 k 和 ω 进行了预处理，并且按公式（4.2）定义了系数 a。

函数 evaluate_depthz()是对公式（4.2）的描述，该函数返回的是单值，实例对象的__call__()
方法直接调用该函数。

根据公式（4.2）的特点，$t=0$ 时刻最接近中午，并且当深度 $z>1m$ 时，地表温度对地
层温度影响微乎其微，所以仅计算 $z=0, 0.1m, 0.2m, \cdots, 1.0m$ 处的温度即可揭示地表温度
向地底的辐射规律。由于 evaluate_depthz()是单值函数，因此需要重复计算不同深度 z 对
应的温度值，使用 for 循环实现。对于实例 4.1，求解如下：

```
>>> gt = GroundTem(10,10)    #创建一个地层温度实例，参数为地表平均温度和最大变化率
>>> gt(0,0)                  #计算 0 时刻地表 z=0 的温度，调用__call__()方法
20.0
>>> z=[i*0.1 for i in range(11)]    #创建深度 z 列表
>>> z
[0.0, 0.1, 0.2, 0.3, 0.4, 0.5, 0.6, 0.7, 0.8, 0.9, 1.0]
>>> T = [gt(zi,0) for zi in z]  #计算深度z=0, 0.1m, 0.2m, …, 1.0m处的温度
>>> T
[20.0, 14.506672753485287, 11.06810154838486, 9.613455820469103, 9.331813
49703089, 9.513468588353247, 9.761522009458334, 9.930715077862688, 10.008
94946814869, 10.02880980457306, 10.023287874602318]
```

以上程序在计算温度列表 T 时，对于不同深度 z=0, 0.1m, 0.2m, …, 1.0m，调用了 11
次 gt 对象的 __call__()方法，并将每次计算结果有序地添加到温度列表 T 中，使得 z 和 T
一一对应起来。当然也可以使用 map 对象，例如：

```
>>> z = (i*0.1 for i in range(11))
>>> T1 = list(map(gt,z,[0]*11))
>>> T1
[20.0, 14.506672753485287, 11.06810154838486, 9.613455820469103, 9.331813
49703089, 9.513468588353247, 9.761522009458334, 9.930715077862688, 10.008
94946814869, 10.02880980457306, 10.023287874602318]
```

将上述求解过程封装到 evaluate_depthz()函数中，此时输入参数 z 为序列类型，降低
了用户的使用难度。重新定义该函数如下：

```
def evaluate_depthz(z,t,T0,A,w,k,a):
    f = lambda zi: T0 + A*exp(-a*zi)*cos(w*t - a*zi)    #函数中定义函数
    return [f(zi) for zi in z]
```

此时，函数返回的是一个列表，接下来计算会更便捷：

```
>>> gt = GroundTem(10,10)
>>> gt([0],0)                   #由于 z 是序列对象，如果输入的是单值需转换类型
[20.0]
>>> z = (i*0.1 for i in range(11))     #创建不同深度 z 的序列对象
>>> gt(z,0)
[20.0, 14.506672753485287, 11.06810154838486, 9.613455820469103, 9.331813
49703089, 9.513468588353247, 9.761522009458334, 9.930715077862688, 10.008
94946814869, 10.02880980457306, 10.023287874602318]
```

这种让输入参数是序列、结果也是序列的思路，实际上是一种数据**向量化表达**的做法，
在科学计算中特别常见。向量化表达通过修改程序，让用户使用更方便、友好，但也增加
了程序员的编码工作。事实上，Python 著名的第三方库 NumPy 提供了一种更强大的数据

类型——ndarray，能实现"鱼和熊掌可兼得"。第 1 章中我们已经通过 pip 安装了 NumPy，接下来稍微修改 evaluate_depthz()函数如下：

```
import numpy as np                          #导入 NumPy，简写为 np
def evaluate_depthz(z,t,T0,A,w,k,a):        #t 时刻深度 z 处的温度
    return T0 + A*np.exp(-a*z)*np.cos(w*t - a*z)
```

可以看出，仅仅是在指数函数 exp()和余弦函数 cos()前面加上了 np，指明这些函数是从 NumPy 模块中导入的，而不是来自原先的 math 模块。需要注意的是，将 NumPy 简写为 np 已经成为笔者的一种惯例。举例如下：

```
>>> gt = GroundTem(10,10)
>>> gt(0,0)
20.0
>>> z = np.arange(0,1.1,0.1)                #arange()函数创建一维数组 z
>>> z
array([0. , 0.1, 0.2, 0.3, 0.4, 0.5, 0.6, 0.7, 0.8, 0.9, 1. ])
>>> T2 = gt(z,0)
>>> T2
array([20.        , 14.50667275, 11.06810155,  9.61345582,  9.3318135 ,
        9.51346859,  9.76152201,  9.93071508, 10.00894947, 10.0288098 ,
       10.02328787])
>>> type(z)
<class 'numpy.ndarray'>
>>> type(T2)
<class 'numpy.ndarray'>
```

以上程序更简洁地实现了实例 4.1 的解，并且计算速度更快，读者可以自行测试。可以看出，z 和 T_2 都是 ndarray 对象，结合 NumPy 中的 exp()和 cos()函数，能快速实现**向量的元运算**，这些函数也被称为**元运算函数**，通用表达式为：

$$f(\boldsymbol{x})=(f(x_0), f(x_1), \cdots, f(x_{n-1}))$$

例如：

$$\cos(\boldsymbol{x})=(\cos(x_0), \cos(x_1), \cdots, \cos(x_{n-1}))$$

其中，$\boldsymbol{x}=(x_0, x_1, \cdots, x_{n-1})$。

接下来分析下面的语句中每个变量的数据类型及其执行过程。

```
T0 + A*np.exp(-a*z)*np.cos(w*t - a*z)
```

上式中：T0、A、t 为整型，a 和 w 为浮点型，均为单值对象；z 为 ndarray 类型，是描述向量的多值对象。在 Shell 中实时观察运算过程：

```
>>> import numpy as np
>>> T0,A,t = 10,10,0                        #定义标量参数
>>> w = 0.2617993877991494
>>> a = 6.03001045465223
>>> z = np.arange(0,1.1,0.1)
>>> a*z                                     #标量与 ndarray 数组相乘,每个元素乘以该标量
array([0.        , 0.60300105, 1.20600209, 1.80900314, 2.41200418,
       3.01500523, 3.61800627, 4.22100732, 4.82400836, 5.42700941,
       6.03001045])
>>> -a*z                                    #数组所有元素取负
```

```
array([-0.        , -0.60300105, -1.20600209, -1.80900314, -2.41200418,
       -3.01500523, -3.61800627, -4.22100732, -4.82400836, -5.42700941,
       -6.03001045])
>>> np.exp(-a*z)                        #以 e 为底，所有数组元素为幂进行运算
array([1.        , 0.5471671 , 0.29939183, 0.16381736, 0.08963547,
       0.04904558, 0.02683613, 0.01468385, 0.00803452, 0.00439622,
       0.00240547])
>>> np.cos(w*t - a*z)                    #计算原理同上
array([ 1.        ,  0.82363738,  0.35675708, -0.23596045, -0.74544877,
       -0.99199851, -0.88864533, -0.47184452,  0.11138775,  0.65533076,
        0.96812207])
>>> np.exp(-a*z)*np.cos(w*t - a*z)  #类似于向量点乘，数组中相同索引的元素相乘
array([ 1.00000000e+00,  4.50667275e-01,  1.06810155e-01, -3.86544180e-02,
       -6.68186503e-02, -4.86531412e-02, -2.38477991e-02, -6.92849221e-03,
        8.94946815e-04,  2.88098046e-03,  2.32878746e-03])
>>> T0 + A*np.exp(-a*z)*np.cos(w*t - a*z)#标量与数组相加，每个元素都加上该标量
array([20.        , 14.50667275, 11.06810155,  9.61345582,  9.3318135 ,
        9.51346859,  9.76152201,  9.93071508, 10.00894947, 10.0288098 ,
       10.02328787])
```

ndarray 对象和 3.3 节中定义的 Vector 对象都能实现向量化运算，事实上前者的功能要强大得多，而且速度更快。向量化运算大大减少了代码量，也让程序和标量函数一样，更接近公式表达。

通过前面实例的求解，总结一般问题的编程步骤如下：

（1）根据问题描述抽象出类。

（2）绘制类图，定义类的属性和方法，确定类之间的关系。

（3）实现类的定义，特别要考虑输入参数的类型，不同的数据类型将会影响核心程序的实现。

（4）反复调整程序。

接下来，一起来学习更多关于 ndarray 对象的知识吧。

4.1.2　ndarray 对象

1．基本属性

ndarray 对象是 NumPy 的核心数据类型，也被称为**多维数组**（N-Dimension Array），后文简称为**数组**，数组中的所有元素都是同一种数据类型。数组有一些基本属性，如表 4.1 所示。

表 4.1　ndarray对象的基本属性

名　　称	说　　明
ndim	数组的维度
shape	数组的形状
size	数组元素的数量

（续）

名　　称	说　　明
dtype	数组元素的类型
nbytes	存储数组需要的内存，单位是字节
T	数组轴逆序，二维数组可以描述矩阵的转置
flat	数组的一维迭代器对象
real	如果数组元素为复数，返回实部数组
imag	如果数组元素为复数，返回虚部数组

在 Shell 中举例如下：

```
>>> import numpy as np                    #导入 NumPy 并重命名为 np，惯用做法
>>> a = np.arange(10,dtype = float)       #创建一个一维数组，dtype 参数为数据类型
>>> b = np.array([[1,2,3],[4,5,6]],dtype = int)      #创建一个二维数组
>>> c = np.array([[1 + 1j,2 - 3j],[3 - 2j,5 + 3j]])    #创建一个二维复数数组
>>> d = np.array([[0,1,2,3,4,5,6,7,8,9]],dtype = float)  #创建一个二维数组
>>> e = np.array([[[2,3,3],[3,5,3]],[[1,5,4],[7,3,9]]])  #创建一个三维数组
>>> a
array([0., 1., 2., 3., 4., 5., 6., 7., 8., 9.])
>>> b
array([[1, 2, 3],
       [4, 5, 6]])
>>> c
array([[1.+1.j, 2.-3.j],
       [3.-2.j, 5.+3.j]])
>>> d
array([[0., 1., 2., 3., 4., 5., 6., 7., 8., 9.]])
>>> e
array([[[2, 3, 3],
        [3, 5, 3]],

       [[1, 5, 4],
        [7, 3, 9]]])
```

上面的程序通过 np.arange() 和 np.array() 函数创建了一个一维实数数组、两个二维实数数组、一个三维实数数组和一个二维复数数组，定义数组时可以通过 dtype 参数来设置数组元素的类型。

图 4.4 为一维数组、二维数组、三维数组的可视化效果。可以看到，一维数组可以描述向量，由标量有序排列构成；二维数组可以描述矩阵，由一维数组有序排列构成；三维数组由二维数组有序排列构成。以此类推，四维数组由三维数组有序排列构成。

访问数组的基本属性，程序代码如下：

```
>>> a.ndim,b.ndim,c.ndim,d.ndim,e.ndim      #数组维度分别为 1，2，2，2，3
(1, 2, 2, 2, 3)
>>> a.shape,b.shape,c.shape,d.shape,e.shape    #数组的形状
((10,), (2, 3), (2, 2), (1, 10),(2,2,3))
```

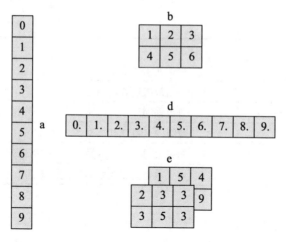

图 4.4   数组的可视化效果

从数学角度来看，数组 a 和 d 没有差别，但在 NumPy 中二者有着不同的维度和形状。数组是计算机中的概念，是用于存储相同类型数据的一种数据结构，可以用于描述数学中的向量和矩阵。数组的维度和数学中的维度空间也不相同，数组的维度与索引其中的元素的下标数量有关，比如访问数组 a、d、e 的第一个元素，程序代码如下：

```
>>> a[0],d[0][0],e[0][0][0]
(0.0, 0.0, 2)
```

a、d、e 索引中的元素需要的下标数量分别为 1、2、3，对应的维度就是一维、二维和三维。

数组的形状描述每个维度元素的多少，每个维度也被称为轴（axis），如图 4.5 所示。一维数组 a 只有 0 轴，轴的长度描述元素数量，即为 10；二维数组 b 和 d 的 0 轴方向与矩阵的行向量方向一致，1 轴方向与矩阵的列向量方向一致，轴的长度分别为 2 和 3，类似于矩阵的行数和列数；三维数组 e 的 0 轴描述二维数组的排列方向，1 轴与二维数组的 0 轴方向保持一致，2 轴与二维数组的 1 轴方向保持一致。换句话说，数组的形状以其最大构成单元到最小组成单元按数量进行排列。以三维数组 e 为例，三维数组的最大构成单元是二维数组，其数量为 2，所以数组形状的第 1 个元素为 2；次大构成单元为一维数组，数量为 2，所以数组形状的第 2 个元素为 2；最小构成单元为标量，数量为 3，所以数组形状的第 3 个元素为 3。于是三维数组 e 的形状为(2, 2, 3)。

数组形状返回的是元组，即使是一维数组，只有一根轴，但形状也是元组类型。数组形状的最后一个元素代表一维数组的构成，比如 a 数组的形状的最后一个元素为 10，最小构成单元数量为 10 个标量；e 数组形状的最后一个元素为 3，最小构成单元数量为 3 个标量。需要特别注意的是，一维数组 a 只有一根轴，虽然数组 d 与 a 的元素完全相同，但 d 是二维数组，有两根轴。

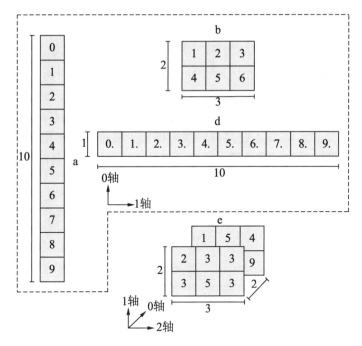

图 4.5　数组的形状与轴

继续访问其他属性，程序代码如下：

```
>>> a.T                          #一维数组的转置是其自身
array([0., 1., 2., 3., 4., 5., 6., 7., 8., 9.])
>>> d.T
array([[0.],
       [1.],
       [2.],
       [3.],
       [4.],
       [5.],
       [6.],
       [7.],
       [8.],
       [9.]])
>>> b.transpose()                #还可以调用 transpose()方法获得二维数组的转置
array([[1, 4],
       [2, 5],
       [3, 6]])
>>> c.transpose()
array([[1.+1.j, 3.-2.j],
       [2.-3.j, 5.+3.j]])
>>> e.transpose()
array([[[2, 1],
        [3, 7]],

       [[3, 5],
        [5, 3]],

       [[3, 4],
```

```
      [3, 9]]])
>>> a.T.shape,b.transpose().shape,d.T.shape,e.T.shape
((10,), (3, 2), (10, 1), (3, 2, 2))
```

需要注意的是，数学中矩阵的转置用 NumPy 中的二维数组表示就是 0 轴和 1 轴的位置进行交换，但本质上是轴的逆序。比如数组形状由(2, 3)变为(3, 2)或由(2, 2, 3)变为(3, 2, 2)。一维数组只有一根轴，逆序等于自身，无法直接实现转置，因此需要先将其转化为元素完全相同的二维数组，然后才能实现转置。比如先将数组 a 转化成数组 d，详见 4.2.1 节。同时，数组的轴逆序除了通过访问属性 T 之外，还可以调用其方法 transpose()，该方法的使用详见 4.2.1 节。

数组的 flat 属性返回一个遍历数组全部元素的迭代器。继续在 Shell 中输入如下内容：

```
>>> for el in c.flat:          #打印数组中的每一个元素
        print(el)
(1+1j)
(2-3j)
(3-2j)
(5+3j)
>>> np.array(e.flat)           #通过迭代器构造一维数组
array([2, 3, 3, 3, 5, 3, 1, 5, 4, 7, 3, 9])
```

事实上，结合循环和索引也可以访问数组的所有元素，例如：

```
>>> m,n = b.shape
>>> for i in range(m):
        for j in range(n):
            print(b[i][j])
1
2
3
4
5
6
```

数组的每个元素都有实部和虚部，如果是实数数组，则虚部返回 0。

```
>>> a.real
array([0., 1., 2., 3., 4., 5., 6., 7., 8., 9.])
>>> a.imag
array([0., 0., 0., 0., 0., 0., 0., 0., 0., 0.])
>>> c.real
array([[1., 2.],
       [3., 5.]])
>>> c.imag
array([[ 1., -3.],
       [-2.,  3.]])
```

接下来的属性与数据存储有关，程序代码如下：

```
>>> a.size,b.size,c.size,d.size,e.size          #数组的元素个数
(10, 6, 4, 10, 12)
>>> a.dtype,b.dtype,c.dtype,d.dtype,e.dtype      #数组元素的类型
```

```
(dtype('float64'), dtype('int32'), dtype('complex128'), dtype('float64'),
dtype('int32'))
>>> a.nbytes,b.nbytes,c.nbytes,d.nbytes,e.nbytes        #数组占用的内存空间
(80, 24, 64, 80, 48)
```

数组的 size 属性表示数组中元素的个数，dtype 属性为元素的数据类型，nbytes 属性对应数组占用的内存空间大小。数组的 nbytes 可由 size 和 dtype 属性计算得到。相应地，通过 nbytes 和 size 也可以计算每种 dtype 数据类型占用的内存大小，比如 float64 占用 80/10=8 个字节，int32 占用 24/6=4 个字节，complex128 占用 64/4 =16 个字节。

多维数组还有很多方法，但这些方法几乎都有相应的函数与之对应，后续内容中将一并进行介绍。

2．数据类型

前面的内容中已经对数据类型做了初步介绍，数组的类型是指每个元素的数据类型。NumPy 支持数值型和非数值型（字符串、自定义对象等）的数据类型，科学计算中主要使用数值型的数据类型，包括整数、浮点数、复数和布尔类型，如表 4.2 所示。

表 4.2　数组的数据类型

名　　称	描　　述
int	整型，如int8、int16、int32和int64，后接数字代表位数
uint	无符号整型，同样有uint8、uint16、uint32和uint64
float	浮点数，有float16、float32、float64和float128
complex	复数，有complex64、complex128和complex256
bool8	布尔类型，元素为True或False的数组

整型、无符号整型、浮点数和复数又提供了多种子类型可供用户选择，位数不同，值域和占用的内存大小也不同，浮点数的精度也存在区别。例如：

```
>>> a = np.array([1,2,3],dtype = np.int8)
>>> a.dtype
dtype('int8')
>>> a.nbytes                            #8 位整数每个元素占 1 个字节
3
>>> b = np.array([1,2,3],dtype = np.int16)
>>> b.nbytes                            #16 位整数每个元素占 2 个字节
6
```

调用数组的 astype()方法转换数组的数据类型，例如将整型数组转换为浮点型数组：

```
>>> c = a.astype(np.float)              #得到 c 数组，由 a 数组通过变换数据类型而来
array([1., 2., 3.])
```

整型数组与浮点型数组进行运算时，输出数组的数据类型为浮点型数组，例如：

```
>>> d = b + c                           #数据类型自动转换
>>> d
array([2., 4., 6.])
```

需要特别注意的是，在 NumPy 中有一种表示非数值的特殊数据类型 np.nan，为 Not a Number 的缩写。例如：

```
>>> np.arange(3)/0
array([nan, inf, inf])
```

可以看到，NumPy 中用 np.inf 来表达无穷大。

虽然 NumPy 中的数据类型很多，但是在后续的应用中读者会发现，使用 NumPy 对数据类型的要求并不严苛，即使不注意数据类型，大多数时候也不会影响计算结果，因为默认的数据类型和自动类型转换已经足够满足计算要求。

4.1.3 创建数组

创建数组即生成一个 ndarray 对象，实现初始化。前文通过调用 np.arange() 和 np.array() 函数创建了数组，np.array() 函数是最常见的数组创建方式，其输入参数可以是列表、元组和其他可迭代对象，甚至是另一个数组，例如：

```
>>> np.array(range(6))
array([0, 1, 2, 3, 4, 5])
>>> np.array(np.array([1,2,3]))
array([1, 2, 3])
```

以上这些容器型的数据类型在后续内容中统称为**类数组**（Array Like）。NumPy 中更多创建数组的函数见表 4.3。特别注意的是，为了节省空间，表中的函数名默认来自于 NumPy 库。按照 NumPy 导入惯例，在编写程序时如果调用这些函数，格式为 np.functionname()，本书正文部分仍然沿用这种格式。

表 4.3 数组创建函数

函数/对象名称	说　明
array(object[,dtype,…])	创建一个数组
arange([start,]stop[,step][,dtype])	用法类似于range对象，可生成等差数组
linspace(start,stop[,num,endpoint, …])	与arange()函数用法类似
logspace(start,stop[,num,endpoint, …])	用法和linspace()用法类似，但值域不同
zeros(shape[,dtype,order])	创建元素为0的数组
zeros_like(a[,dtype,order, …])	创建形状和类型与输入一致的zeros数组
ones(shape[,dtype,order])	创建元素为1的数组
np.ones_like(a[,dtype,order, …])	创建形状和类型与输入一致的ones数组
full(shape,value[,dtype,order])	创建由任意常数填充的数组
full_like(a,value[,dtype,order, …])	创建形状和类型与输入一致的full数组
empty(shape[,dtype,order])	创建无初始值的数组
empty_like(a[,dtype,order, …])	创建形状和类型与输入一致的empty数组

（续）

函数/对象名称	说　　明
identity(n[,dtype])	创建单位数组
eye(N[,M,k=0,dtype,order, …])	创建形状为(N,M)，对角线元素为1的数组，对角线可设置偏移
diag(v[,k])	抽取数组的对角线或根据一维数组创建对角线数组，可设置偏移
diagflat(v[,k])	将数组压缩至一维然后创建对角线数组，可设置偏移
diagonal(a[,offset,axis1,axis2])	返回数组指定的对角线
tri(N[,M,k,dtype])	创建元素为1的下三角数组
triu(m[,k])	返回目标数组的上三角数组
tril(m[,k])	返回目标数组的下三角数组
vander(x[,N,increasing])	创建范德蒙德数组
meshgrid(xi, …)	创建网格坐标数组
mgrid ogrid	创建网格坐标数组
fromfunction(function,shape[,dtype,…])	通过函数创建数组

注：在函数参数的说明中，小括号内的参数为必选参数，中括号内的参数为可选参数。

等差数列在科学计算中使用非常频繁，NumPy 中提供了两个快速创建等差数列的函数——np.arange()和 np.linspace()，二者均返回一维数组。参数 start 和 stop 为等差数列的起点和终点，step 为步长，num 为数量，endpoint 设置是否包括终点。前者不包括终点，后者默认包括终点，但通过设置 endpoint=False 可不包括终点。在 Shell 中举例如下：

```
>>> a = np.arange(0,2,0.2)          #创建 0~2 之间的等差数列，步长为 0.2
>>> a                               #不包含 2
array([0. , 0.2, 0.4, 0.6, 0.8, 1. , 1.2, 1.4, 1.6, 1.8])
>>> b = np.linspace(0,2,10)         #将 0~2 之间等分为 10 份
>>> b                               #包含 2
array([0.        , 0.22222222, 0.44444444, 0.66666667, 0.88888889,
       1.11111111, 1.33333333, 1.55555556, 1.77777778, 2.        ])
```

通过设置 np.linspace()函数的参数 endpoint 可修改数列是否包含终点，默认 endpoint= True 表示包含，如果修改为 False，代码如下：

```
>>> b = np.linspace(0,2,10,endpoint = False)
>>> b
array([0. , 0.2, 0.4, 0.6, 0.8, 1. , 1.2, 1.4, 1.6, 1.8])
```

np.logspace()和 np.linspace()函数类似，但元素不是线性而是对数分布，代码如下：

```
>>> c = np.logspace(0,2,5)                    #从 10**0~10**2
>>> c
array([  1.        ,   3.16227766,  10.        ,  31.6227766 ,
       100.        ])
```

以上数列都是升序排列，如果想要数组元素降序排列，则只需要设置相应参数即可。例如：

```
>>> np.arange(10,1,-1)
array([10, 9, 8, 7, 6, 5, 4, 3, 2])
>>> np.linspace(10,1,10)
array([10., 9., 8., 7., 6., 5., 4., 3., 2., 1.])
```

前面介绍的函数都是已知数组中的数据内容方能创建，有时候仅知道数组的形状，要实现快速初始化，则可以使用如下函数：

```
>>> a = np.zeros((2,3))              #shape=(2,3)
>>> a
array([[0., 0., 0.],
       [0., 0., 0.]])
>>> a.dtype
dtype('float64')
>>> np.ones((4,))
array([1., 1., 1., 1.])
>>> np.ones(4,dtype = np.int)        #shape = (4,)
array([1, 1, 1, 1])
```

数组的形状是元组类型，对于一维数组的创建，形状参数可简化为整数输入。可以看到，np.zeros()和np.ones()函数创建的数组默认的数据类型是浮点数。如果需要用0和1以外的数值填充数组，则可以使用np.full()函数。

```
>>> np.full(10,0.1)                  #shape=(10,)
array([0.1, 0.1, 0.1, 0.1, 0.1, 0.1, 0.1, 0.1, 0.1, 0.1])
>>> np.full((2,3),0.1)               #shape = (2,3)
array([[0.1, 0.1, 0.1],
       [0.1, 0.1, 0.1]])
```

在创建数组时，如果数组的初始值未知，还可以使用np.empty()函数。

```
>>> np.empty((2,3))
array([[6.23042070e-307, 3.56043053e-307, 1.37961641e-306],
       [6.23039015e-307, 6.23053954e-307, 9.34604358e-307]])
```

对于大型数组的初始化，np.empty()较之np.zeros()更快速，因为前者只是分配了内容，后者还进行了赋值，但需要确保在后续的程序中为数组进行赋值。

在科学计算中，一些特殊矩阵会被频繁地使用，比如单位方阵、对角矩阵等，可以通过如下函数快速创建可以描述它们的二维数组，程序代码如下：

```
>>> np.identity(4)                   #创建一个形状为(4,4)的单位数组
array([[1., 0., 0., 0.],
       [0., 1., 0., 0.],
       [0., 0., 1., 0.],
       [0., 0., 0., 1.]])
>>> np.eye(4)
array([[1., 0., 0., 0.],
       [0., 1., 0., 0.],
       [0., 0., 1., 0.],
       [0., 0., 0., 1.]])
```

np.eye()和 np.identity()函数一样，都能快速创建单位数组，但也有一些区别，前者的
参数 k 可以将数组的对角线向左或向右偏移 k 个单位。

```
>>> np.eye(4,k=-1)                    #k 为负，对角线向左偏移
array([[0., 0., 0., 0.],
       [1., 0., 0., 0.],
       [0., 1., 0., 0.],
       [0., 0., 1., 0.]])
>>> np.eye(4,k=1)                     #k 为正，对角线向右偏移
array([[0., 1., 0., 0.],
       [0., 0., 1., 0.],
       [0., 0., 0., 1.],
       [0., 0., 0., 0.]])
```

同时，np.eye()能创建轴形状不相同的数组，例如：

```
>>> np.eye(4,5)                       #shape= (4,5)
array([[1., 0., 0., 0., 0.],
       [0., 1., 0., 0., 0.],
       [0., 0., 1., 0., 0.],
       [0., 0., 0., 1., 0.]])
```

np.diag()函数可以抽取数组的对角线，也可以通过类数组创建对角线数组及其偏移，
例如：

```
>>> a = np.arange(9).reshape(3,3)     #reshape()方法改变数组形状
>>> a
array([[0, 1, 2],
       [3, 4, 5],
       [6, 7, 8]])
>>> np.diag(a)                        #抽取数组的对角线
array([0, 4, 8])
>>> np.diag(a,k=-1)                   #抽取偏移对角线
array([3, 7])
>>> np.diag([2,4,3])                  #通过列表创建对角线数组，默认 k=0
array([[2, 0, 0],
       [0, 4, 0],
       [0, 0, 3]])
#通过 range 对象创建对角线数组，向右偏移 2 个单位
>>> np.diag(range(3,10,2),k = 2)
array([[0, 0, 3, 0, 0, 0],
       [0, 0, 0, 5, 0, 0],
       [0, 0, 0, 0, 7, 0],
       [0, 0, 0, 0, 0, 9],
       [0, 0, 0, 0, 0, 0],
       [0, 0, 0, 0, 0, 0]])
>>> np.diag([[2,4],[4,1]])
array([2, 1])
>>> np.diagflat([[2,4],[4,1]])
array([[2, 0, 0, 0],
       [0, 4, 0, 0],
       [0, 0, 4, 0],
       [0, 0, 0, 1]])
```

对于高维数组，np.diagflat()函数首先将其压缩至一维可迭代对象，然后以一维可迭代

对象为对角线创建对角线数组。

np.diagonal()函数返回数组的对角线，可以设置偏移。例如：

```
>>> a = np.arange(9).reshape(3,3)
>>> a
array([[0, 1, 2],
       [3, 4, 5],
       [6, 7, 8]])
>>> np.diagonal(a)
array([0, 4, 8])
>>> np.diagonal(a,offset = 1)
array([1, 5])
```

np.tri()函数快速创建元素为 1 的下三角数组，3 个参数分别为行数、列数和偏移值，不设置列数则默认与行数相等。np.triu()和 np.tril()函数从已知数组中抽取上、下三角数组，同样支持偏移。举例如下：

```
>>> np.tri(3)
array([[1., 0., 0.],
       [1., 1., 0.],
       [1., 1., 1.]])
>>> np.tri(4,3)
array([[1., 0., 0.],
       [1., 1., 0.],
       [1., 1., 1.],
       [1., 1., 1.]])
>>> np.tri(N=4,M=3,k=-1)
array([[0., 0., 0.],
       [1., 0., 0.],
       [1., 1., 0.],
       [1., 1., 1.]])
>>> np.triu(np.array([[2,4,3],[5,6,9],[3,0,4]]))       #抽取上三角
array([[2, 4, 3],
       [0, 6, 9],
       [0, 0, 4]])
>>> np.tril(np.array([[2,4,3],[5,6,9],[3,0,4]]))       #抽取下三角
array([[2, 0, 0],
       [5, 6, 0],
       [3, 0, 4]])
>>> np.tril(np.array([[2,4,3],[5,6,9],[3,0,4]]),k = -1)    #设置偏移
array([[0, 0, 0],
       [5, 0, 0],
       [3, 0, 0]])
```

np.vander()函数用于快速创建范德蒙德数组，第 1 个参数为基础列，第 2 个参数为基础列数，即：

```
>>> np.vander([2,2,3],5)
array([[16, 8, 4, 2, 1],
       [16, 8, 4, 2, 1],
       [81, 27, 9, 3, 1]])
```

np.meshgrid()函数用于创建描述 *N* 维空间网格节点坐标的数组，如图 4.6 所示为一个二维均匀网格坐标示意图。

函数输入为 *N* 维空间中的坐标向量，以二维空间为例，程序代码如下：

```
>>> nx,ny = 5,4
>>> x = np.linspace(0,4,nx)
>>> y = np.linspace(0,3,ny)
>>> x
array([0., 1., 2., 3., 4.])
>>> y
array([0., 1., 2., 3.])
>>> vx,vy = np.meshgrid(x,y)
>>> vx                                  #所有网格的横坐标
array([[0., 1., 2., 3., 4.],
       [0., 1., 2., 3., 4.],
       [0., 1., 2., 3., 4.],
       [0., 1., 2., 3., 4.]])
>>> vy                                  #和横坐标对应的纵坐标
array([[0., 0., 0., 0., 0.],
       [1., 1., 1., 1., 1.],
       [2., 2., 2., 2., 2.],
       [3., 3., 3., 3., 3.]])
```

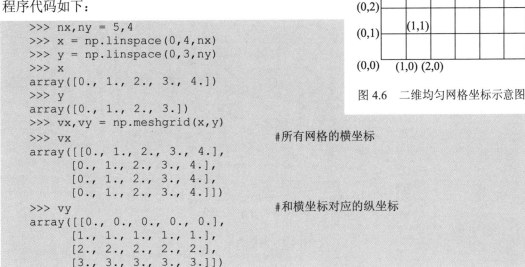

图 4.6　二维均匀网格坐标示意图

网格数组对网格函数的求解非常便利，例如有一个曲面，其上任意一点 *x*、*y* 坐标与 *z* 坐标的关系为：

$$z = \sqrt{x^2 + y^2}$$

则可以快速计算 *z* 坐标数组，程序代码如下：

```
>>> vz = np.sqrt(vx*vx + vy*vy)
>>> vz
array([[0.        , 1.        , 2.        , 3.        , 4.        ],
       [1.        , 1.41421356, 2.23606798, 3.16227766, 4.12310563],
       [2.        , 2.23606798, 2.82842712, 3.60555128, 4.47213595],
       [3.        , 3.16227766, 3.60555128, 4.24264069, 5.        ]])
```

以上运算调用了 np.sqrt()函数（详见 4.2.2 节）将网格曲面绘制在图 4.7 中。

除了使用 np.meshgrid()函数之外，还可以使用 np.ogrid 和 np.mgrid 对象创建网格坐标数组。有两种格式，举例如下：

```
>>> np.mgrid[:4:1,:3:1]
array([[[0, 0, 0],
        [1, 1, 1],
        [2, 2, 2],
        [3, 3, 3]],

       [[0, 1, 2],
        [0, 1, 2],
        [0, 1, 2],
        [0, 1, 2]]])
```

```
>>> np.ogrid[:4:1,:3:1]
[array([[0],
        [1],
        [2],
        [3]]),
array([[0, 1, 2]])]
```

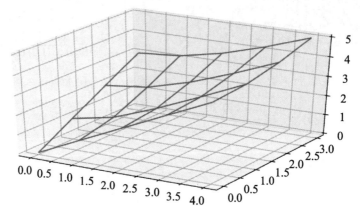

图 4.7　网格曲面

第一种用法的格式为[start:stop:step]，对象创建网格的 x 坐标范围为 0～4，步长为 1，不包括 4；y 坐标范围为 0～2，步长为 1，不包括 2，类似于 np.arange()函数的用法。np.mgrid 与 np.ogrid 均创建 2 个数组，但前者是稠密型，后者用列和行向量对前者进行简化表达。例如：

```
>>> np.mgrid[0:4:5j,0:3:4j]
array([[[0., 0., 0., 0.],
        [1., 1., 1., 1.],
        [2., 2., 2., 2.],
        [3., 3., 3., 3.],
        [4., 4., 4., 4.]],

       [[0., 1., 2., 3.],
        [0., 1., 2., 3.],
        [0., 1., 2., 3.],
        [0., 1., 2., 3.],
        [0., 1., 2., 3.]]])
>>> np.ogrid[0:4:5j,0:3:4j]
[array([[0.],
        [1.],
        [2.],
        [3.],
        [4.]]),
array([[0., 1., 2., 3.]])]
```

第二种用法的格式为[start:stop:nj]，nj 表示将区间(start,stop)划分为 n 份，即创建网格时将 x 坐标从 0～4 划分为 5 份，y 坐标从 0～3 划分为 4 份，类似于 np.linspace()函数的用法。

np.fromfunction()函数可以根据特定规则来定义数组，其参数分别为函数名、数组形状以及数据类型。例如创建一个一维数组：

```
>>> f = lambda i:i*i                      #创建规则函数
>>> A = np.fromfunction(f,(5,),dtype = int)
>>> A
array([ 0,  1,  4,  9, 16])
```

如果要创建一个二维数组，则规则函数需要两个参数：

```
>>> f1 = lambda i,j: i + 10*j
>>> B = np.fromfunction(f1,(5,5),dtype = int)
>>> B
array([[ 0, 10, 20, 30, 40],
       [ 1, 11, 21, 31, 41],
       [ 2, 12, 22, 32, 42],
       [ 3, 13, 23, 33, 43],
       [ 4, 14, 24, 34, 44]])
```

根据举例很容易发现，规则函数的参数为数组的索引值。类似地，可以通过 3 个参数来创建三维数组，例如：

```
>>> f2 = lambda i,j,k: i+j+k
>>> C = np.fromfunction(f2,(3,4,5),dtype = int)
>>> C
array([[[0, 1, 2, 3, 4],
        [1, 2, 3, 4, 5],
        [2, 3, 4, 5, 6],
        [3, 4, 5, 6, 7]],

       [[1, 2, 3, 4, 5],
        [2, 3, 4, 5, 6],
        [3, 4, 5, 6, 7],
        [4, 5, 6, 7, 8]],

       [[2, 3, 4, 5, 6],
        [3, 4, 5, 6, 7],
        [4, 5, 6, 7, 8],
        [5, 6, 7, 8, 9]]])
```

以上就是对创建数组方法的介绍，更多方法，读者可以参考 NumPy 官方文档。

【实例 4.2】　描述 N 次多项式。

N 次多项式的表达为：

$$f(x)=a_nx^n+\cdots+a_2x^2+a_0 \tag{4.3}$$

其中，$(a_0, a_1, \cdots, a_n)$ 为系数。

根据 4.1.1 节中的总结，首先是抽象多项式类，如图 4.8 所示。

接下来分析输入类型。对于该例，初始化方法 __init__() 的参数可以有多种数据类型选择，例如描述 5 次多项式：

$$f(x)=2x^5+6x^3+1$$

```
an1 = (2,0,6,0,0,1)
an2 = [2,0,6,0,0,1]
an3 = np.array([2,0,6,0,0,1])
```

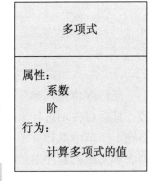

图 4.8　多项式类

上述 3 个对象都可以表达多项式的系数，不存在项的系数设置为 0。这也意味着在创建多项式对象时，需要对输入的参数进行类型判断，比如定义 Polynomial 类如下：

```python
import numpy as np
class Polynomial:
    def __init__(self,an):
        self.N = len(an)                    #多项式次数
        self.an = an

    def __call__(self,x):                   #计算多项式的值
        N,an = self.N,self.an
        if isinstance(an,(list,tuple)):     #如果输入是元组或列表
            return sum(a*x**(N-i-1) for i,a in enumerate(an))
        elifisinstance(an,np.ndarray):      #如果输入是数组
            n = np.arange(N)[::-1]          #创建数组[0,1,2,…5]并逆序
            return np.sum(an*x**n)          #向量化运算并求和 a*x^n
        else:
            print("输入类型错误")
```

在 Shell 中验证程序的准确性：

```python
>>> p1 = Polynomial(an1)
>>> p2 = Polynomial(an2)
>>> p3 = Polynomial(an3)
>>> p1(4)                                   #x=4 的值
2433
>>> p1(4) == p2(4) == p3(4) == 2433
True
```

虽然上面的程序实现了 N 次多项式的描述，但还是有可以改进的空间。参考 3.3.1 节中的延伸阅读，像输入参数类型判断这样的工作一般不放在核心程序中，而是放在程序输入部分，可以先通过数据类型转换将输入数据类型固定，然后传递给核心计算程序，重新实现定义如下：

```python
import numpy as np
class Polynomial:
    def __init__(self,an):
        self.an = np.array(an)              #将输入转换为数组类型
        self.N = self.an.shape[0]           #获取数组形状第 1 个参数

    def __call__(self,x):
        N,an = self.N,self.an
        n = np.arange(N)[::-1]
        return np.sum(an*x**n)
```

新程序将输入参数先转换为数组类型，然后利用向量化运算快速得到 N 次多项式的各项，最后对各项进行求和。其中用到了求和函数 np.sum() 和数组的切片操作，这些知识点将在下一节中具体介绍。细心的读者可能会发现，由于数组也是可迭代对象，上例中处理列表和元组的程序对数组同样适用，读者可自行尝试。对于同一个问题，不同的程序员写出的代码是不同的，读者应该选择最熟悉的方案。

以上内容中对向量化表达、向量化运算、数组及其创建等知识点进行了初步介绍，接下来的章节将介绍更多与数组相关的知识。

4.2　小明预估成绩

小明刚参加完某门课的期末考试，很想知道自己考得怎么样。于是，他找老师要了一些历史数据，包括以往学生的平时成绩和总评表，如表 4.4 所示。

表 4.4　学生成绩打分表

作 业 打 分	考 勤 打 分	总　评
40	60	C
40	30	C
30	40	C
40	50	C
44	50	C
60	30	C
60	60	B
70	55	B
60	65	B
70	65	B
65	67	B
64	65	B
80	90	A
85	88	A
95	90	A
80	80	A
90	70	A
95	95	A
98	100	A

小明还向老师问了自己的平时成绩，作业打分 55，考勤打分 78。小明相信平时成绩和总评肯定存在某种关系，希望根据自己现在的平时成绩和历史成绩数据来推断自己的成绩等级。于是，他先将历史数据绘制在直角坐标系中，如图 4.9 所示。

小明将每个学生的平时成绩当作一个点，计算自己的平时成绩与历史平时成绩的距离，找到离自己平时成绩最近的 K 个点，观察 K 个点中对应的总评成绩，属于哪档的点数最多，则自己的总评成绩就对应哪一档。比如小明计算出 $K=4$ 对应点总评分别为 B、B、

A、C，则认为自己的总评应该是 B。

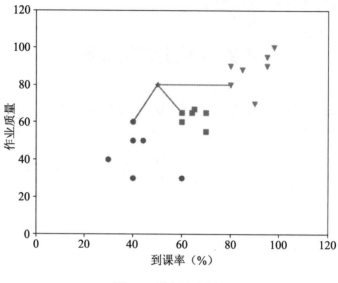

图 4.9　学生平时成绩

　　小明的思路实际上就是 **K 最近邻**（K-Nearest Neighbor，KNN）**法**，KNN 是一种简单但常用的机器学习算法，可用于数据分类和回归。以分类为例，对于任意 N 维输入向量，对应于特征空间中的一个点，找到特征空间中离它最近的 K 个点，根据这 K 个点所属的类别来判断该点所属的类别。

　　KNN 需要有一定量的历史数据和度量距离的公式。设 N 维空间中的两点为$(x_1, x_2, \cdots, x_n)$与$(y_1, y_2, \cdots, y_n)$，其距离可由以下公式计算。

　　欧几里得距离：

$$\mathrm{d}_{xy} = \sqrt{\sum_{k=1}^{n}(x_k - y_k)^2} \qquad (4.4)$$

　　曼哈顿距离：

$$\mathrm{d}_{xy} = \sum_{k=1}^{n}|x_k - y_k| \qquad (4.5)$$

　　切比雪夫距离：

$$\mathrm{d}_{xy} = \max\left(|x_1 - y_2|, |x_2 - y_2|, \cdots |x_n - y_n|\right) \qquad (4.6)$$

　　按照 4.1.1 节中总结的 4 个步骤，要实现 KNN 算法，首先是抽象类，如图 4.10 所示。

　　KNN 类定义的核心问题是度量距离公式的实现，采用数组对象来实现这些公式需学习更多的数组运算知识。下面先介

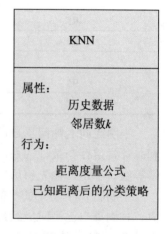

图 4.10　KNN 类

绍数组操作和运算的相关知识，然后再定义 KNN 类。

4.2.1 数组操作

在科学计算中，对数组中的元素进行存取是常见的操作。NumPy 中提供了大量实现数据操作的方法或函数，首先来了解数组的索引和切片机制。

1. 索引和切片

前面提到过，数组的元素索引与维度有关。NumPy 中一维数组的索引和切片操作借鉴了列表的索引和切片，读者可参考第 2 章中的 2.2.2 节，这里不再重复介绍。接下来主要以二维数组为例，介绍 NumPy 中更多关于数组的索引和切片规则，详细总结见表 4.5。

表 4.5　二维数组切片与索引

表 达 式	描 述
a[i][j]或a[i,j]	二维数组第(i,j)个元素，i和j的对应元素在0轴和1轴上的位置，即第i+1行、j+1列的元素
a[i]或a[i,:]	二维数组沿0轴索引的第i个元素，即第i+1行
a[i:j]	二维数组沿0轴切片，即第i+1至j行
a[:,j]	二维数组沿1轴索引第j个元素，即第j+1列
a[:,i:j]	二维数组沿1轴切片，即第i+1至j列
a[i:j,k:l]	二维数组分别沿0轴和1轴切片，即第i+1至j行与第k+1与l列的子数组
a[i:j:m,k:l:n]	二维数组分别沿0轴和1轴切片，分别以m和n为增量
a[i:j,[k,l,m]]	结合索引和切片抽取子数组
a[[i,j],[k,l,m]]	

在 Shell 中举例如下：

```
>>> f1 = lambda i,j: i + 10*j
>>> b = np.fromfunction(f1,(5,5),dtype = int)
>>> b
array([[ 0, 10, 20, 30, 40],
       [ 1, 11, 21, 31, 41],
       [ 2, 12, 22, 32, 42],
       [ 3, 13, 23, 33, 43],
       [ 4, 14, 24, 34, 44]])
>>> b[2][3],b[2,3]              #多维数组支持两种索引元素的方式
(32, 32)
>>> b[0]                       #数组的第 1 行
array([ 0, 10, 20, 30, 40])
>>> b[1,:]                     #同 b[1]
array([ 1, 11, 21, 31, 41])
>>> b[:,1]                     #数组的第 2 列
array([10, 11, 12, 13, 14])
```

沿每根数轴进行切片，则可抽取出子数组：

```
>>> b[1:,1:]
array([[11, 21, 31, 41],
       [12, 22, 32, 42],
       [13, 23, 33, 43],
       [14, 24, 34, 44]])
>>> b[1:3,2:]
array([[21, 31, 41],
       [22, 32, 42]])
>>> b[:3:2,2::2]
array([[20, 40],
       [22, 42]])
```

组合使用切片和索引列表，抽取子数组：

```
>>> b[1:3,[1,2]]
array([[11, 21],
       [12, 22]])
```

直接根据索引列表获取子数组：

```
>>> b[[1,3],[1,2]]
array([11, 23])
>>> b[[0,1]]
array([[ 0, 10, 20, 30, 40],
       [ 1, 11, 21, 31, 41]])
```

事实上，数组索引除了是列表外，还可以是整数元组或者整数序列，甚至是**索引数组**。所谓**索引数组**，即元素为整数的数组，并且各轴元素的最大值小于该轴的形状。

```
>>> b[range(1,3)]
array([[ 1, 11, 21, 31, 41],
       [ 2, 12, 22, 32, 42]])
>>> b[(2,3),(3,2)]
array([32, 23])
>>> b[np.array([1,4])]
array([[ 1, 11, 21, 31, 41],
       [ 4, 14, 24, 34, 44]])
```

需要注意的是，采用切片得到的子数组都是**视图**（View）而非**拷贝**（Copy），例如：

```
>>> c = b[1:3,2:3]
>>> c
array([[21],
       [22]])
>>> c[0][0] = 99              #改变 c 中的元素，b 中的元素也会跟着改变
>>> b
array([[ 0, 10, 20, 30, 40],
       [ 1, 11, 99, 31, 41],
       [ 2, 12, 22, 32, 42],
       [ 3, 13, 23, 33, 43],
       [ 4, 14, 24, 34, 44]])
```

拷贝和视图的区别在于，拷贝是创建了新的数组对象（开辟了新内存），而视图并没有创建对象，只是建立了引用，详见第 2 章中可变对象和不可变对象部分的内容。以上数组索引和切片的可视化如图 4.11 所示。

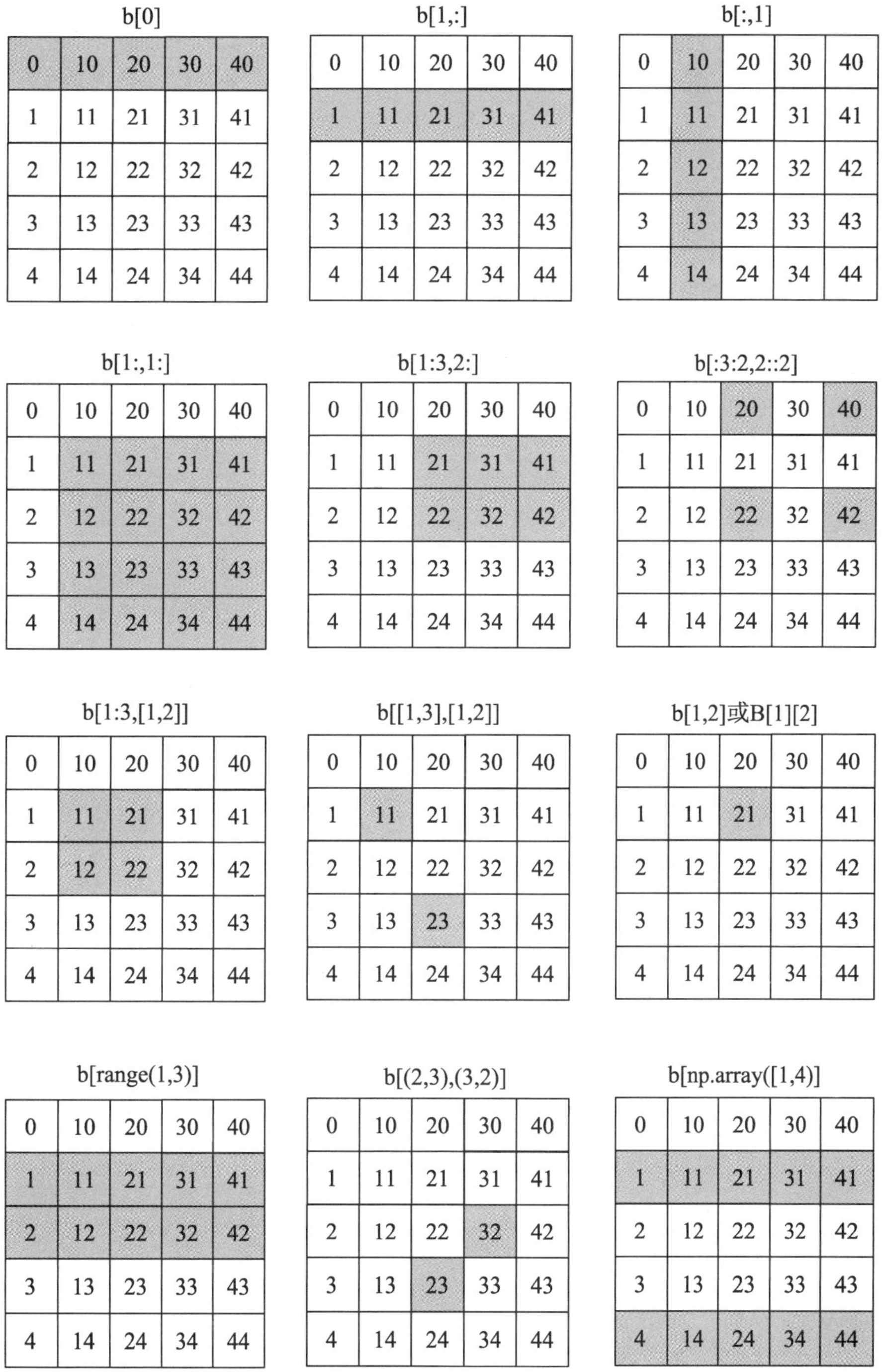

b[0]

0	10	20	30	40
1	11	21	31	41
2	12	22	32	42
3	13	23	33	43
4	14	24	34	44

b[1,:]

0	10	20	30	40
1	11	21	31	41
2	12	22	32	42
3	13	23	33	43
4	14	24	34	44

b[:,1]

0	10	20	30	40
1	11	21	31	41
2	12	22	32	42
3	13	23	33	43
4	14	24	34	44

b[1:,1:]

0	10	20	30	40
1	11	21	31	41
2	12	22	32	42
3	13	23	33	43
4	14	24	34	44

b[1:3,2:]

0	10	20	30	40
1	11	21	31	41
2	12	22	32	42
3	13	23	33	43
4	14	24	34	44

b[:3:2,2::2]

0	10	20	30	40
1	11	21	31	41
2	12	22	32	42
3	13	23	33	43
4	14	24	34	44

b[1:3,[1,2]]

0	10	20	30	40
1	11	21	31	41
2	12	22	32	42
3	13	23	33	43
4	14	24	34	44

b[[1,3],[1,2]]

0	10	20	30	40
1	11	21	31	41
2	12	22	32	42
3	13	23	33	43
4	14	24	34	44

b[1,2]或B[1][2]

0	10	20	30	40
1	11	21	31	41
2	12	22	32	42
3	13	23	33	43
4	14	24	34	44

b[range(1,3)]

0	10	20	30	40
1	11	21	31	41
2	12	22	32	42
3	13	23	33	43
4	14	24	34	44

b[(2,3),(3,2)]

0	10	20	30	40
1	11	21	31	41
2	12	22	32	42
3	13	23	33	43
4	14	24	34	44

b[np.array([1,4])]

0	10	20	30	40
1	11	21	31	41
2	12	22	32	42
3	13	23	33	43
4	14	24	34	44

图 4.11　二维数组索引和切片的可视化

索引和切片可以读取数组中的元素，对数组的赋值同样适用，比如：

```
>>> a = np.zeros((3,4))
>>> a[0][3] = 999
>>> a[1] = np.array([1,2,3,4])
>>> a[2,1:3] = [88,77]
>>> a
array([[  0.,   0.,   0., 999.],
       [  1.,   2.,   3.,   4.],
       [  0.,  88.,  77.,   0.]])
```

【实例 4.3】 使用二维数组计算矩阵元素之和并实现矩阵的乘法运算。

用二维数组来描述矩阵，首先定义计算矩阵元素之和的函数如下：

```
def pysum(A):
    s = 0
    m,n = A.shape                    #获取数组的形状
    for i in range(m):
        for j in range(n):
            s += A[i][j]
    return s

>>> a = np.array([[2,3],[4,5]])
>>> pysum(a)
14
```

上面的求和函数是最基本的实现方法，通过索引并遍历数组中的所有元素，也可以调用 Python 内置的 sum()函数和 NumPy 中的 np.sum()函数进行计算，例如：

```
>>> sum(a.flat)
14
>>> np.sum(a)
14
```

矩阵乘法的规则如下，设 A 为 $m \times p$ 的矩阵，B 为 $p \times m$ 的矩阵，$C=AB$，C 的元素表示为：

$$C_{ij} = \sum_{k=1}^{p} a_{ik} b_{kj}$$

于是可以定义如下函数：

```
def pymult(A,B):
    m,p = A.shape
    q,n = B.shape
    assert p == q
    C = np.zeros((m,n))
    for i in range(m):
        for j in range(n):
            s = 0
            for k in range(p):
                s += A[i,k]*B[k,j]
            C[i,j] = s
    return C

>>> a = np.random.randint(-10,10,(3,2)) #值为-10~10 的随机整数数组，形状为(3,2)
```

```
>>> b = np.random.randint(-10,10,(2,3))
>>> pymult(a,b)
array([[ 50.,  48.,  24.],
       [  0.,   9., -83.],
       [-60., -54., -62.]])
```

事实上，NumPy 中也定义了矩阵计算的函数 np.dot() 和 np.matmul()，二者的使用及区别详见 4.2.2 节。

```
>>> np.dot(a,b)
array([[ 50,  48,  24],
       [  0,   9, -83],
       [-60, -54, -62]])
>>> np.matmul(a,b)
array([[ 50,  48,  24],
       [  0,   9, -83],
       [-60, -54, -62]])
```

需要注意的是，np.random 模块用于创建随机数数组，相关内容详见第 6 章。

2．相关函数

除了索引和切片，科学计算时可能需要对数组进行一些操作来满足特殊的需求，比如元素重组、轴位置调整、维度控制、拼接与分割、增删及类集合操作等，NumPy 为此提供了诸多功能函数或方法，如表 4.6 所示。

表 4.6　数组操作函数或方法

类　　型	函数/方法名称	描　　述
元素重组	reshape(a,newshape) ndarray.reshape(newshape) resize(a,newshape) ndarray.resize(newshape)	改变数组的形状，创建新数组
	ndarray.flatten()	将多维数组降为一维，返回拷贝
	ravel(a) ndarray.ravel()	将多维数组降为一维，返回视图
	flip(a[,axis])	数组元素沿指定轴逆序
	fliplr(a)	数组元素沿0轴逆序
	flipud(a)	数组元素沿1轴逆序
	roll(a,shift[,axis])	数组元素沿指定轴滚动
	rot90(a[,k,axes])	数组在两轴组成的平面内旋转90°
	sort(a[,axis,kind,…]) ndarray.sort([axis,kind,…]) argsort(a[,axis,kind,…]) ndarray.argsort([axis,kind,…])	数组元素排序

（续）

类　　型	函数/方法名称	描　　述
轴位置调整	moveaxis(a,source,destination)	将数组的轴移动到新位置
	rollaxis(a,axis[,start])	数组沿指定轴滚动
	swapaxes(a,axis1,axis2)	数组轴互换
	transpose(a[,axes]) ndarray.transpose([,axes])	数组轴位置调整
维度控制	atleast_1d(*arys) atleast_2d(*arys) atleast_3d(*arys)	控制数组的维度至少为一维、二维、三维
	expand_dims(a,axis)	给数组增加一根长度为1的轴，即增加一个维度
	squeeze(a[,axis])	将数组中长度为1的轴移除，即降低数组的维度
拼接	concatenate((a1,a2,…)[,axis,…])	将数组序列沿已存在轴拼接
	stack(arrays[,axis,…]	将数组序列沿新轴拼接
	column_stack(tup)	将一维数组序列沿最后一根轴拼接
	dstack(tup)	将数组序列沿最后一根轴拼接
	hstack(tup)	将数组序列沿1轴拼接
	vstack(tup)	将数组序列沿0轴拼接
	block(arrays)	根据数组序列拼接为新数组
分割	split(a,indices_or_sections[,axis]) array_split(a, indices_or_sections[,axis])	将数组分割为多个子数组
	dsplit(a,indices_or_sections)	将数组沿最后一根轴分割
	hsplit(a,indices_or_sections)	将数组沿1轴分割
	vsplit(a,indices_or_sections)	将数组沿0轴分割
元素增、删	tile(a,reps)	将数组a按照reps复制
	repeat(a,repeats[,axis])	复制数组中的元素
	delete(a,obj[,axis])	删除数组中的元素
	insert(a,obj,values[,axis])	在数组中插入元素
	append(a,values[,axis])	在数组末尾增加元素
	trim_zeros(filt[,trim])	删除一维数组中的头部和尾部的0元素
集合操作	unique(a[,return_index,return_invers,…])	返回数组中的唯一元素
	bincount(x[,weights,minlength)	返回索引在一维数组中出现的次数
	in1d(a1,a2[,assume_unique,invert])	判断一维数组中的元素是否在另一个一维数组中
	isin(el,test_els[,…])	in1d的高维操作

（续）

类　　型	函数/方法名称	描　　述
集合操作	intersect1d(a1,a2[,assume_unique,…])	返回数组的交集
	setdiff1d(a1,a2[,assume_unique])	返回数组的差集
	union1d(a1,a2)	返回数组的并集
	setxor1d(a1,a2[,assume_unique])	返回数组交集的补集并排序

注：以上函数如果没有特别说明，返回的数组均是拷贝。

接下来将对上述函数（或方法）的使用进行详细介绍。

3．元素重组

np.reshape()和 np.resize()函数都能参照原数组创建**新形状**的数组。但二者的区别在于，前者不改变**原数组**的 size（元素个数），而后者则可能会改变。具体举例如下：

```
>>> a = np.array([[0,1,2],[3,4,5]])
>>> a.shape
(2, 3)
>>> b = np.reshape(a,(3,2))
>>> c = np.reshape(a,(6,))
>>> b
array([[0, 1],
       [2, 3],
       [4, 5]])
>>> c
array([0, 1, 2, 3, 4, 5])
>>> np.reshape(a,(2,4))
ValueError: cannot reshape array of size 6 into shape (2,4)
```

可以看到，a 数组的 size 为 2*3，b 数组的 size 为 3*2，如果尝试使用 np.reshape()创建 size 为 2*4 的数组则会出错，也就是说，使用 np.reshape()函数创建的数组必须与原数组的 size 相同。同时，其运算过程是先复制原数组，并将其压缩至一维，然后按新形状生成新数组。

np.resize()函数可以创建与原数组 size 不同的数组，但二者必须有一根轴的长度相同，示例如下：

```
>>> d = np.resize(b,(3,3))
>>> d
array([[0, 1, 2],
       [3, 4, 5],
       [0, 1, 2]])
>>> e = np.resize(b,(4,2))
>>> e
array([[0, 1],
       [2, 3],
       [4, 5],
       [0, 1]])
```

可以看到，当数组的 size 增加后，填充新数组空缺的元素来自对参考数组元素的顺序复制。比如 d 数组需要填充 3 个元素，则将参考数组 b 中的前 3 个元素（0,1,2）并将它们填充到 d 数组中。

上述数组元素重组操作的可视化如图 4.12 所示。

NumPy 中给数组定义了一些方法，这些方法几乎都有相应的函数与之对应，比如 ndarray.reshape() 和 ndarray.resize() 方法。需要特别注意的是，ndarray.reshape() 和 ndarray.resize() 方法在功能上有所不同，例如：

```
>>> a = np.arange(6)
>>> a
array([0, 1, 2, 3, 4, 5])
#或者b = a.reshape((2,3))
>>> b = a.reshape(2,3)
>>> b
array([[0, 1, 2],
       [3, 4, 5]])
>>> a
array([0, 1, 2, 3, 4, 5])
#ndarray.resize()方法改变的是原数组的形状
>>> c = a.resize(3,2)
>>> c
>>> type(c)
<class 'NoneType'>
>>> a
array([[0, 1],
       [2, 3],
       [4, 5]])
```

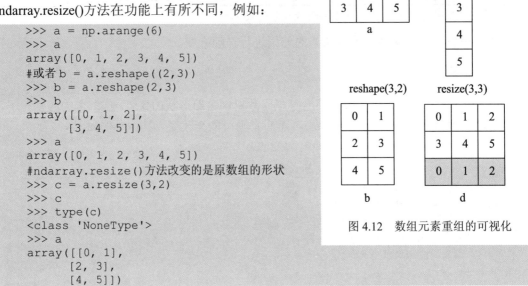

图 4.12　数组元素重组的可视化

ndarray.reshape() 是复制元素数组然后创建新的数组，而 ndarray.resize() 是对原数组的修改，不返回值（或者说返回 None）。数组的更多方法将在后续内容中陆续介绍。

📖 延伸阅读：形状推断

前文内容中，数组的形状都是正整数，如果将某个维度的形状设置为-1，则在改变形状时会自动对数组的形状进行推断。例如：

```
>>> a = np.arange(12)
>>> np.reshape(a,(-1,3))
array([[ 0,  1,  2],
       [ 3,  4,  5],
       [ 6,  7,  8],
       [ 9, 10, 11]])
>>> np.reshape(a,(3,-1))
array([[ 0,  1,  2,  3],
       [ 4,  5,  6,  7],
       [ 8,  9, 10, 11]])
```

当然，总元素个数必须被已知形状整除。比如上例总元素为 12 个，则已知形状只能是 1、2、3、4、6。

接着上例，在 Shell 中继续输入：

```
>>> b = a.flatten()
>>> b[0] = 3                          #改变 b 中的元素
>>> a                                 #a 中的元素不发生变化，是拷贝
array([[0, 1],
       [2, 3],
       [4, 5]])
>>> c = np.ravel(a)
>>> c
array([0, 1, 2, 3, 4, 5])
>>> c[0] = 2                          #改变 c 中的元素
>>> c
array([2, 1, 2, 3, 4, 5])
>>> a                                 #a 中的元素也发生变化，是视图
array([[2, 1],
       [2, 3],
       [4, 5]])
>>> d = a.ravel()
>>> d
array([2, 1, 2, 3, 4, 5])
>>> d[0] = 3
>>> d
array([3, 1, 2, 3, 4, 5])
>>> a
array([[3, 1],
       [2, 3],
       [4, 5]])
```

从上例可以看出，ndarray.flatten()、ndarray.ravel()方法及 np.ravel()函数都能将高维数组压缩至一维，但 ndarray.flatten()返回的是原数组的拷贝，而 ndarray.ravel()和 np.ravel()返回的是视图。

np.flip()、np.flipud()和 np.fliplr()函数实现数组元素沿轴逆序。np.flip()必须指定轴，而 np.flipud()和 np.fliplr()则固定沿 0 轴和 1 轴进行操作。换句话说，np.flipud()和 np.fliplr()是 np.flip()的快捷用法，前者相当于 np.flip(m,axis=0)，后者相当于 np.flip(m,axis=1)。具体示例如下：

```
>>> a = np.arange(8).reshape((2,2,2))
>>> a
array([[[0, 1],
        [2, 3]],

       [[4, 5],
        [6, 7]]])
>>> np.flip(a,0)                       #数组元素沿 0 轴逆序
array([[[4, 5],
        [6, 7]],

       [[0, 1],
        [2, 3]]])
>>> np.flip(a,0) == np.flipud(a)
array([[[ True,  True],
        [ True,  True]],

       [[ True,  True],
```

```
          [ True,  True]]])
>>> np.flip(a,1)                                #数组沿 1 轴逆序
array([[[2, 3],
        [0, 1]],

       [[6, 7],
        [4, 5]]])
>>> np.flip(a,1) == np.fliplr(a)
array([[[ True,  True],
        [ True,  True]],

       [[ True,  True],
        [ True,  True]]])
>>> np.flip(a,2)                                #数组沿 2 轴逆序
array([[[1, 0],
        [3, 2]],

       [[5, 4],
        [7, 6]]])
```

以上运算也可以使用切片操作，例如：

```
>>> np.flip(a,2) == a[:,:,::-1]
array([[[ True,  True],
        [ True,  True]],

       [[ True,  True],
        [ True,  True]]])
```

上例数组元素沿轴逆序操作的可视化见图 4.13。

np.roll()函数让数组中的元素循环滚动 shift 个单位，以一维数组为例：

```
>>> a = np.arange(6)
>>> a
array([0, 1, 2, 3, 4, 5])
>>> np.roll(a,2)                                #向后滚动 2 个单位，0 的位置由 0 变为 2
array([4, 5, 0, 1, 2, 3])
>>> np.roll(a,-3)                               #向前滚动 3 个单位，0 的位置由 0 变为-3
array([3, 4, 5, 0, 1, 2])
```

可以看到，shift 为正时元素向后滚动，shift 为负时元素向前滚动。对于多维数组，可设置滚动轴，例如：

```
>>> b = a.reshape(2,3)
>>> b
array([[0, 1, 2],
       [3, 4, 5]])
>>> np.roll(b,1,axis = 0)                       #沿 0 轴滚动 1 个单位
array([[3, 4, 5],
       [0, 1, 2]])
>>> np.roll(b,2,axis = 0)                       #滚动 2 个单位，数组复原
array([[0, 1, 2],
       [3, 4, 5]])
>>> np.roll(b,3,axis = 0)                       #再滚动 1 个单位
array([[3, 4, 5],
       [0, 1, 2]])
```

```
>>> np.roll(b,2,axis = 1)                    #沿 1 轴滚动 2 个单位
array([[1, 2, 0],
       [4, 5, 3]])
```

以上数组滚动操作的可视化如图 4.14 所示。

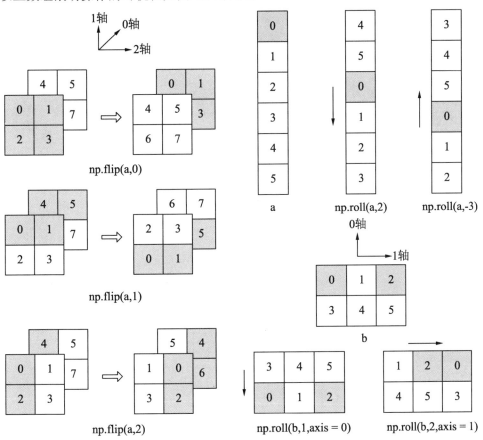

图 4.13　数组元素沿轴逆序可视化　　　　图 4.14　数组滚动可视化

np.rot90()函数实现数组元素在两根轴组成的平面内逆时针旋转 90°，默认为(0,1)轴组成的平面，可以设置旋转次数，默认次数 $k=1$。举例如下：

```
>>> a = np.arange(6).reshape(2,3)
>>> a
array([[0, 1, 2],
       [3, 4, 5]])
>>> np.rot90(a)                              #旋转 90°
array([[2, 5],
       [1, 4],
       [0, 3]])
>>> np.rot90(a,k=2)                          #旋转 180°
array([[5, 4, 3],
       [2, 1, 0]])
>>> np.rot90(a,k=4)                          #旋转 360° 还原
```

```
array([[0, 1, 2],
       [3, 4, 5]])
```

通过调整轴的位置，改变旋转方向为顺时针旋转，例如：

```
>>> np.rot90(a,k=1,axes = (1,0))
array([[3, 0],
       [4, 1],
       [5, 2]])
```

也可以设置次数 k 为负数来改变旋转方向为顺时针旋转，例如：

```
>>> np.rot90(a,k=-1)
array([[3, 0],
       [4, 1],
       [5, 2]])
```

上述数组沿平面旋转操作的可视化如图 4.15 所示。

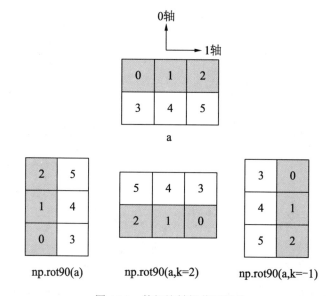

图 4.15　数组旋转操作可视化

np.sort()函数对数组中的元素默认沿最后一根轴（axis=-1）进行排序。有 4 种排序算法可供选择，kind 参数可以为 quicksort、mergesort、heapsort 和 stable，默认为 quicksort 算法，4 种算法的特点比较如表 4.7 所示。

表 4.7　np.sort()函数 4 种排序算法对比

名　　称	速　　度	最坏情况复杂度	占 用 内 存	稳 定 性
quicksort	1	$O(n^2)$	0	不稳定
heapsort	3	$O(n^*\log(n))$	0	不稳定
mergesort	2	$O(n^*\log(n))$	$\sim n/2$	稳定
stable	2	$O(n^*\log(n))$	$\sim n/2$	稳定

现举例如下：

```
>>> a = np.array([[3,1,6],[1,5,3]])
>>> a
array([[3, 1, 6],
       [1, 5, 3]])
>>> np.sort(a)                    #默认沿最后一根轴排序
array([[1, 3, 6],
       [1, 3, 5]])
>>> np.sort(a,axis = None)        #如果设置axis=None轴则将数组压缩至一维然后排序
array([1, 1, 3, 3, 5, 6])
>>> np.sort(a,axis = 0)           #沿 0 轴排序
array([[1, 1, 3],
       [3, 5, 6]])
```

需要注意的是，ndarray.sort()方法与 ndarray.resize()方法类似，np.sort()是复制原数组进行排序，不改变原数组，而 ndarray.sort()方法是对原数组进行排序，例如：

```
>>> a
array([[3, 1, 6],
       [1, 5, 3]])
>>> a.sort()
>>> a                             #使用 sort()方法后 a 发生变化
array([[0, 1, 2],
       [3, 4, 5]])
```

np.argsort()函数和 ndarray.argsort()方法返回排序后的数组元素在原数组中的索引，例如：

```
>>> ind= np.argsort(a)
>>> ind
array([[1, 0, 2],
       [0, 2, 1]], dtype=int64)
```

在 NumPy 中以 arg 开头的函数或方法都是返回索引，例如后面介绍的 np.argmax()、np.argmin()或 np.argpartition()等。同时，如果在函数或方法调用时设置轴 axis=None，则表示将数组先压缩至一维，然后进行相应的运算，后面的内容中还会多次出现。

4. 轴位置调整

np.moveaxis()函数将数组的轴移动到新位置，source 参数表示要移动的轴，可以是一根或多根，destination 参数表示要移动到的新位置。举例如下：

```
>>> a = np.zeros((3,2,4))
>>> np.moveaxis(a,0,-1).shape
(2, 4, 3)
```

可以看到，原始数组 0 轴的形状为 3，移动到-1（最后一根轴）轴后，原先的 1、2 轴都将向前移动，这也意味着输入参数值（轴号）不能冲突，而且 source 和 destination 的 size 必须一致，例如：

```
>>> np.moveaxis(a,[0,1],[1,2]).shape      #0 轴移动到 1 轴，1 轴移动到 2 轴
(4, 3, 2)
```

```
>>> np.moveaxis(a,[0,1],1)
ValueError: `source` and `destination` arguments must have the same number
of elements
```

np.rollaxis()函数的功能是滚动指定轴到目标位置，将其他轴的位置依次后移，类似插入，但只能是后面的轴向前滚动，默认滚动到 0 轴，例如：

```
>>> a = np.zeros((2,3,4,5))
>>> np.rollaxis(a,2,1).shape      #原 2 轴滚动到 1 轴位置，其他轴依次后移
(2, 4, 3, 5)
>>> np.rollaxis(a,1,2).shape      #原 1 轴无法滚动到 2 轴
(2, 3, 4, 5)
>>> np.rollaxis(a,3).shape        #start 默认为 0 轴，3 轴滚动到 0 轴
(5, 2, 3, 4)
```

np.rollaxis()函数的功能可以用 np.moveaxis()函数实现，但后者在 NumPy 1.10.0 版本后才加入，如果使用的版本高于该版本，建议使用 np.moveaxis()函数。

np.swapaxes()函数实现数组中两根轴的位置调换，例如：

```
>>> a = np.arange(24).reshape(2,3,4)
>>> a.shape,np.swapaxes(a,0,2).shape    #0 轴与 2 轴对换
((2, 3, 4), (4, 3, 2))
```

对于二维数组，上述函数实现的都是 0 轴、1 轴的交换，举例如下：

```
>>> b = np.arange(12).reshape(3,4)
>>> np.moveaxis(b,0,1)
array([[ 0,  4,  8],
       [ 1,  5,  9],
       [ 2,  6, 10],
       [ 3,  7, 11]])
>>> np.rollaxis(b,1,0)                   #参数不能是 0, 1
array([[ 0,  4,  8],
       [ 1,  5,  9],
       [ 2,  6, 10],
       [ 3,  7, 11]])
>>> np.swapaxes(b,1,0)
array([[ 0,  4,  8],
       [ 1,  5,  9],
       [ 2,  6, 10],
       [ 3,  7, 11]])
```

轴位置发生变化将带来数组元素的重组，对于二维数组，是 0 轴、1 轴的对调，即构成 0 轴的单元变成构成 1 轴的单元，二维数组可描述矩阵的转置，即行变成列。下面观察三维数组的轴位置变化情况。

```
>>> c = np.arange(8).reshape(2,2,2)
>>> c
array([[[0, 1],
        [2, 3]],

       [[4, 5],
        [6, 7]]])
>>> np.swapaxes(c,0,1)
```

```
array([[[0, 1],
        [4, 5]],

       [[2, 3],
        [6, 7]]])
>>> np.swapaxes(c,1,2)
array([[[0, 2],
        [1, 3]],

       [[4, 6],
        [5, 7]]])
```

上例轴位置变化操作的可视化如图 4.16 所示。

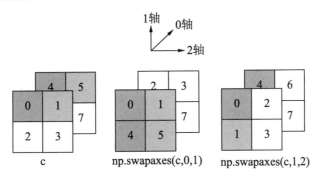

图 4.16　轴位置变化的可视化

np.transpose()函数默认为数组轴的逆序操作，比如形状为(1,2,3)的数组变为形状为(3,2,1)的数组，形状为(2,3,4,5)的数组变为形状为(5,4,3,2)的数组，也可以通过设置轴号参数改变轴的位置，例如：

```
>>> a = np.arange(6).reshape(1,2,3)
>>> a.shape,np.transpose(a).shape   #默认逆序
((1, 2, 3), (3, 2, 1))
>>> a.transpose([2,0,1]).shape #2轴到0轴位置,0轴到1轴位置,1轴到2轴位置
(3, 1, 2)
```

对于二维数组，np.transpose()函数默认操作可用来描述矩阵的转置。

【实例 4.4】用数组描述图 4.17 中各点的距离。

图 4.17 由**顶点**（Vertex）和**边**（Edge）构成，将顶点按顺序编号，即 $V=(0, 1, 2, \cdots, n)$，则边 $E(i, j)$表示第 $i+1$ 个顶点到 $j+1$ 个顶点的距离，$E(i, j)$ 和 $E(j, i)$ 是同一条边，如果用矩阵来描述图顶点之间的距离，则为对称矩阵。对称矩阵只需要实现上、下三角矩阵中的一个，然后转置相加即可。对于上例，用二维数组描述距离方阵的步骤为：

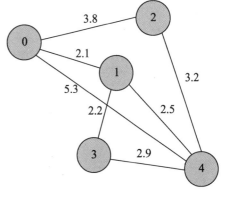

图 4.17　网络图

```
>>> n = 5                          #顶点的数量
>>> D = np.zeros((5,5))            #根据顶点数量初始化二维数组
>>> D[0,1] = 2.1                   #给数组的元素赋值，生成上三角数组
>>> D[0,2] = 3.8
>>> D[0,4] = 5.3
>>> D[1,3] = 2.2
>>> D[1,4] = 2.5
>>> D[2,4] = 3.2
>>> D[3,4] = 2.9
>>> D
array([[0. , 2.1, 3.8, 0. , 5.3],
       [0. , 0. , 0. , 2.2, 2.5],
       [0. , 0. , 0. , 0. , 3.2],
       [0. , 0. , 0. , 0. , 2.9],
       [0. , 0. , 0. , 0. , 0. ]])
>>> D1 = D.transpose()             #数组转置得到对称的下三角数组
>>> D = D + D1                     #实现目标数组
>>> D
array([[0. , 2.1, 3.8, 0. , 5.3],
       [2.1, 0. , 0. , 2.2, 2.5],
       [3.8, 0. , 0. , 0. , 3.2],
       [0. , 2.2, 0. , 0. , 2.9],
       [5.3, 2.5, 3.2, 2.9, 0. ]])
```

在创建好距离矩阵后，即可通过索引方式来访问和操作距离。

5．维度控制

np.atleast_1d()、np.atleast_2d()和 np.atleast_3d()函数将输入转化为至少一维、二维和三维数组，可以输入多个参数，参数类型可以是数字、列表、元组、可迭代对象或数组。例如：

```
>>> np.atleast_1d(1.0)                    #升至一维
array([1.])
>>> np.atleast_1d([2,3])                  #维度达到要求，不升维
array([2, 3])
>>> np.atleast_1d(1,[5,2,1])              #多参数同时操作，生成多个数组
[array([1]), array([5, 2, 1])]
>>> np.atleast_1d([[2],[3]])              #维度达到要求，不升维
array([[2],
       [3]])
>>> np.atleast_2d(2.)
array([[2.]])
>>> np.atleast_2d(range(3))
array([[0, 1, 2]])
>>> np.atleast_3d(range(3)).shape
(1, 3, 1)
>>> for arr in np.atleast_3d(1,[2,3],[[3,4]],[[[4,5]]]):
        print(arr,arr.shape)
[[[1]]] (1, 1, 1)
[[[2]
  [3]]] (1, 2, 1)
[[[3]
```

```
    [4]]] (1, 2, 1)
[[[4 5]]] (1, 1, 2)
```

对于低维数组或类数组，上面的 3 个函数可实现升维，但当输入类数组对象的维度达到要求时，只做类型转换，而不进行升维操作。

【实例 4.5】 用 NumPy 描述向量的转置。

在 NumPy 中可以用一维数组描述向量，但与二维数组不同，当访问 ndarray.T 属性或调用 ndarray.transpose()方法时，无法实现一维数组的转置。原因是一维数组只有一个维度，无论是访问 T 属性还是调用 transpose()方法，实现的都是数组轴的位置调换，而一维数组只有一根轴，所以无法实现转置。这也意味着可以先使用 np.reshape()或 np.atleast_2d()进行维度调整，例如：

```
>>> a = np.arange(6)
>>> a
array([0, 1, 2, 3, 4, 5])
>>> a.T                          #无效
array([0, 1, 2, 3, 4, 5])
>>> np.reshape(a,(1,a.size)).T   #形状变为(1,6)
array([[0],
       [1],
       [2],
       [3],
       [4],
       [5]])
>>> np.reshape(a,(-1,1))         #形状变为(6,1)
array([[0],
       [1],
       [2],
       [3],
       [4],
       [5]])
>>> np.atleast_2d(a).T           #先升级为(1,6)，然后实现转置
array([[0],
       [1],
       [2],
       [3],
       [4],
       [5]])
```

np.expand_dims()和 np.squeeze()函数相互逆操作，前者给数组增加一个长度为 1 的轴，后者删除数组中长度为 1 的轴，例如：

```
>>> a = np.array([1,2])
>>> b = np.expand_dims(a,0)      #增加 0 轴
>>> a.shape,b.shape
((2,), (1, 2))
>>> c = np.expand_dims(a,1)      #增加 1 轴
>>> a.shape,c.shape
((2,), (2, 1))
>>> d = np.array([[[2,3,4]]])
>>> d.shape
```

```
(1, 1, 3)
>>> e = np.squeeze(d)                          #移除所有长度为 1 的轴
>>> e
array([2, 3, 4])
>>> e.shape
(3,)
```

可以指定要移除的轴并且长度必须为 1，否则报错，例如：

```
>>> np.squeeze(d,axis = 0)
array([[2, 3, 4]])
>>> np.squeeze(d,axis = 1)
array([[2, 3, 4]])
>>> np.squeeze(d,axis = 2)
ValueError: cannot select an axis to squeeze out which has size not equal
to one
```

📖 延伸阅读：np.newaxis

np.newaxis 在指定位置给数组增加长度为 1 的新轴，例如：

```
>>> a = np.arange(6)
>>> a[:,np.newaxis]
array([[0],
       [1],
       [2],
       [3],
       [4],
       [5]])
>>> a[np.newaxis,:]
array([[0, 1, 2, 3, 4, 5]])
>>> b = np.reshape(a,(2,3))
>>> b
array([[0, 1, 2],
       [3, 4, 5]])
>>> b[:,np.newaxis]
array([[[0, 1, 2]],

       [[3, 4, 5]]])
>>> b[np.newaxis,:,np.newaxis]
array([[[[0, 1, 2]],

        [[3, 4, 5]]]])
>>> np.newaxis is None
True
```

这是一种新的增加维度的方法，同时 np.newaxis 是 None 类型。

6. 拼接与分割

np.concatenate()函数将多个数组进行拼接，可以通过设置轴来控制拼接方向。如果设置拼接轴不为 None，则要求拼接数组的维度相同，并且各数组拼接轴长度相等，拼接后原数组的维度不发生变化；如果设置轴为 None，则对数组形状没有要求，所有数组将被压缩至一维然后拼接。例如：

```
>>> a = np.array([[1, 2], [3, 4]])
>>> b = np.array([[5, 6]])
>>> c = np.array([[7], [8]])
>>> d = np.array([5, 6])
>>> np.concatenate((a, b), axis=0)        #沿 0 轴拼接，多个数组以序列的形式传入
array([[1, 2],
       [3, 4],
       [5, 6]])
>>> np.concatenate((a,b.T,c), axis=1)       #沿 1 轴拼接
array([[1, 2, 5, 7],
       [3, 4, 6, 8]])
>>> np.concatenate((a,b,c.T), axis=None)    #压缩至一维后拼接
array([1, 2, 3, 4, 5, 6, 7, 8])
>>> np.concatenate((a, d),axis=1)           #a 和 d 维度不同
ValueError: all the input arrays must have same number of dimensions
>>> np.concatenate((a, d),axis = None)
array([1, 2, 3, 4, 5, 6])
>>> np.concatenate((a, b),axis=None)
array([1, 2, 3, 4, 5, 6])
>>> np.concatenate((a, c),axis = None)
array([1, 2, 3, 4, 7, 8])
```

以上数组拼接操作的部分可视化如图 4.18 所示。

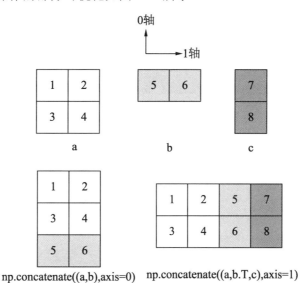

图 4.18　数组拼接可视化 1

与 np.concatenate() 函数相比，np.stack() 也都能实现数组的拼接，二者拼接规则一致，但后者将数组的维度增加 1，具体举例如下：

```
>>> a = np.arange(3)
>>> b = np.arange(3,6)
>>> a.shape,b.shape
((3,), (3,))
```

```
>>> c = np.stack((a,b),axis = 0)                #沿 0 轴拼接
>>> c
array([[0, 1, 2],
       [3, 4, 5]])
>>> c.shape
(2, 3)
>>> c
array([[0, 1, 2],
       [3, 4, 5]])
>>> d = np.stack((a,b),axis = 1)                #沿 1 轴拼接
>>> d
array([[0, 3],
       [1, 4],
       [2, 5]])
```

可以看到，一维数组拼接后的结果是二维数组。二维数组拼接后将升为三维，而且可以沿 2 轴进行拼接，例如：

```
>>> e = np.arange(6,12).reshape(2,3).T
>>> e
array([[ 6,  9],
       [ 7, 10],
       [ 8, 11]])
>>> np.stack((d,e),axis = 0)
array([[[ 0,  3],
        [ 1,  4],
        [ 2,  5]],

       [[ 6,  9],
        [ 7, 10],
        [ 8, 11]]])
>>> np.stack((d,e),axis = 1)
array([[[ 0,  3],
        [ 6,  9]],

       [[ 1,  4],
        [ 7, 10]],

       [[ 2,  5],
        [ 8, 11]]])
>>> np.stack((d,e),axis = 2)
array([[[ 0,  6],
        [ 3,  9]],

       [[ 1,  7],
        [ 4, 10]],

       [[ 2,  8],
        [ 5, 11]]])
```

上例数组拼接升维运算的可视化如图 4.19 所示。

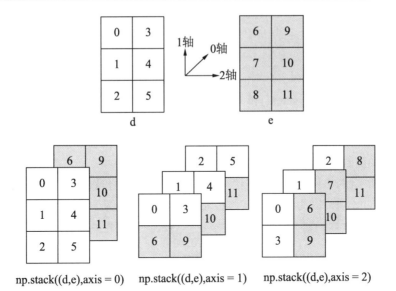

图 4.19　数组拼接升维可视化 2

np.column_stack()函数将相同长度的一维数组按列拼接成二维数组，本质上是沿输出数组的最后一维进行拼接。显然 np.stack()函数也可以实现这样的功能，具体举例如下：

```
>>> a = np.array([1,2,3])
>>> b = np.array([4,5,6])
>>> np.column_stack((a,b))
array([[1, 4],
       [2, 5],
       [3, 6]])
>>> np.stack((a,b),axis = 1)        #输出数组为二维，即沿 axis=1 组合
array([[1, 4],
       [2, 5],
       [3, 6]])
```

np.dstack()是 np.column_stack()函数在数组维度上的扩展，后者只支持一维数组，前者支持高维，但都是沿着输出数组最后一根轴进行拼接。具体举例如下：

```
a = np.array([[1],[2],[3]])
>>> b = np.array([[2],[3],[4]])
>>> np.dstack((a,b))
array([[[1, 2]],

       [[2, 3]],

       [[3, 4]]])
>>> np.stack((a,b),axis=2)
array([[[1, 2]],

       [[2, 3]],

       [[3, 4]]])
>>> np.stack((a,b),axis=-1)
```

```
array([[[1, 2]],

       [[2, 3]],

       [[3, 4]]])
```

不难发现，np.column_stack()和 np.dstack()函数的功能可以用 np.stack(axis=-1)实现，或者说是 np.stack()的快捷用法。

np.vstack()和 np.hstack()将数组沿 0 轴和 1 轴进行拼接。但与 np.stack(axis=0)和 np.stack(axis=1)函数有一定的区别。

对于一维数组的拼接，沿 0 轴拼接维度增加，沿 1 轴拼接维度不变，与 np.concatenate() 函数也有一定的区别，因为后者拼接维度不增加，具体举例如下：

```
>>> a = np.array([1,2,3])
>>> b = np.array([4,5,6])
>>> np.vstack((a,b))           #拼接后将增加维度，沿增加维度后的新 0 轴进行拼接
array([[1, 2, 3],
       [4, 5, 6]])
>>> np.stack((a,b),axis=0)     #拼接后增加维度
array([[1, 2, 3],
       [4, 5, 6]])
>>> np.hstack((a,b))           #拼接后不增加维度
array([1, 2, 3, 4, 5, 6])
>>> np.stack((a,b),axis = 1)   #拼接后增加维度
array([[1, 4],
       [2, 5],
       [3, 6]])
>>> np.concatenate((a,b))      #沿原 0 轴进行拼接
array([1, 2, 3, 4, 5, 6])
```

对于高维数组，拼接后维度均不发生变化，此时与 np.concatenate()函数的功能类似，具体举例如下：

```
>>> a = np.array([[1],[2],[3]])
>>> b = np.array([[4],[5],[6]])
>>> np.vstack((a,b))           #沿原 0 轴拼接
array([[1],
       [2],
       [3],
       [4],
       [5],
       [6]])
>>> np.hstack((a,b))           #沿原 1 轴拼接
array([[1, 4],
       [2, 5],
       [3, 6]])
>>> a = np.array([[1, 2], [3, 4]])
>>> b = np.array([[5, 6]])
>>> np.vstack((a,b))
array([[1, 2],
       [3, 4],
       [5, 6]])
```

```
>>> np.concatenate((a,b),axis=0)          #拼接轴长度相等即可
array([[1, 2],
       [3, 4],
       [5, 6]])
>>> np.hstack((a,b.T))
array([[1, 2, 5],
       [3, 4, 6]])
>>> np.concatenate((a,b.T),axis=1)
array([[1, 2, 5],
       [3, 4, 6]])
```

np.block()函数将数组序列组合成新数组，其规则为：从数组序列最大深度 n 起，依次将单元数组沿 $n-1$ 轴执行 np.concatenate()操作，直到组合完成。举例如下：

```
>>> a = np.array([1, 2, 3])
>>> b = np.array([4, 5, 6])
>>> np.block([a,b])
array([1, 2, 3, 4, 5, 6])
```

输入参数数组序列为[a,b]，序列深度为 $n=1$，则将数组 a 和 b 沿其 0 轴拼接：

```
>>> np.concatenate((a,b),axis=0)
array([1, 2, 3, 4, 5, 6])
```

再看序列深度为 $n=2$ 的例子：

```
>>> a = np.eye(2)*2
>>> b = np.ones((2,3))
>>> c = np.ones((3,2))*4
>>> d = np.eye(3)*3
>>> np.block([[a,b],
              [c,d]])
array([[2., 0., 1., 1., 1.],
       [0., 2., 1., 1., 1.],
       [4., 4., 3., 0., 0.],
       [4., 4., 0., 3., 0.],
       [4., 4., 0., 0., 3.]])
```

其组合过程是首先在序列深度 $n=2$ 内，数组 a、b、c 和 d 各自沿 $n-1=1$ 轴进行拼接，即：

```
>>> e = np.concatenate((a,b),axis=1)#同 np.hstack((a,b))
>>> f = np.concatenate((c,d),axis=1)#同 np.hstack((a,b))
```

此时，数组序列变为[e;f]，然后将结果沿 $n-2=0$ 轴进行拼接，即：

```
>>> np.concatenate((e,f),axis=0)                #同 np.vstack((e,f))
array([[2., 0., 1., 1., 1.],
       [0., 2., 1., 1., 1.],
       [4., 4., 3., 0., 0.],
       [4., 4., 0., 3., 0.],
       [4., 4., 0., 0., 3.]])
```

这也意味着，数组序列中的元素（数组）必须满足 np.concatenate()的运算规则。以上拼接操作的可视化，请读者参考图 4.18 和图 4.19 自行完成。

数组拼接的逆操作是数组分割，接下来介绍数组的分割函数。

np.split()和 np.array_split()函数默认将数组沿 0 轴进行分割，其输入参数完全相同，但操作区别在于：当参数为整数时，前者必须能对数组均分，否则出错，而后者则不需要。举例如下：

```
>>> a = np.arange(9)
>>> np.split(a,3)
[array([0, 1, 2]), array([3, 4, 5]), array([6, 7, 8])]
>>> np.array_split(a,3)
[array([0, 1, 2]), array([3, 4, 5]), array([6, 7, 8])]
>>> np.split(a,4)
ValueError: array split does not result in an equal division
>>> np.array_split(a,4)
[array([0, 1, 2]), array([3, 4]), array([5, 6]), array([7, 8])]
```

也可以通过索引进行分割，此时二者没有区别。例如：

```
>>> index = [3,6,8]
>>> np.split(a,index)
[array([0, 1, 2]), array([3, 4, 5]), array([6, 7]), array([8])]
>>> np.array_split(a,index)
[array([0, 1, 2]), array([3, 4, 5]), array([6, 7]), array([8])]
```

分割索引与数组的切片类似，比如索引[1,3]分割为[0:1,1:3,3:]三部分，[3,6,8]分割为[0:3,3:6,6:8,8:]四部分。

多维数组可以设置分割的轴，例如：

```
>>> a = np.arange(12).reshape(3,4)
>>> a
array([[ 0,  1,  2,  3],
       [ 4,  5,  6,  7],
       [ 8,  9, 10, 11]])
>>> np.split(a,[1,3],axis =0)            #沿 0 轴分割，默认分割轴
[array([[0, 1, 2, 3]]), array([[ 4,  5,  6,  7],
       [ 8,  9, 10, 11]]), array([], shape=(0, 4), dtype=int32)]
>>> np.array_split(a,[1,3],axis =0)
[array([[0, 1, 2, 3]]), array([[ 4,  5,  6,  7],
       [ 8,  9, 10, 11]]), array([], shape=(0, 4), dtype=int32)]
>>> np.split(a,[1,3],axis =1)                  #沿 1 轴分割
[array([[0],
       [4],
       [8]]),
array([[ 1,  2],
       [ 5,  6],
       [ 9, 10]]),
array([[ 3],
       [ 7],
       [11]])]
>>> np.array_split(a,[1,3],axis =1)
[array([[0],
       [4],
       [8]]),
array([[ 1,  2],
       [ 5,  6],
       [ 9, 10]]),
```

```
array([[ 3],
       [ 7],
       [11]])]
```

np.dsplit()函数将数组沿最后一根轴分割，如果输入参数为整数，则必须能均分最后轴的长度，否则出错。例如：

```
>>> a = np.arange(16.0).reshape(2, 2, 4)
>>> a
array([[[ 0.,  1.,  2.,  3.],
        [ 4.,  5.,  6.,  7.]],

       [[ 8.,  9., 10., 11.],
        [12., 13., 14., 15.]]])
>>> np.dsplit(a,2)                      #同 np.split(a,2,axis=2)
[array([[[ 0.,  1.],
         [ 4.,  5.]],

        [[ 8.,  9.],
         [12., 13.]]]),
 array([[[ 2.,  3.],
         [ 6.,  7.]],

        [[10., 11.],
         [14., 15.]]])]
```

数组的形状为(2,2,4)，最后一根轴为 2 轴，即沿 2 轴均分。

```
>>> np.dsplit(a,3)
ValueError: array split does not result in an equal division
```

由于 3 无法均分 4，所以出错。如果参数为索引，用法与 np.split()函数类似。例如：

```
>>> np.dsplit(a,[1,3])                  #同 np.split(a,[1,3],axis = 2)
[array([[[ 0.],
         [ 4.]],

        [[ 8.],
         [12.]]]),
 array([[[ 1.,  2.],
         [ 5.,  6.]],

        [[ 9., 10.],
         [13., 14.]]]),
 array([[[ 3.],
         [ 7.]],

        [[11.],
         [15.]]])]
```

np.hsplit()和 np.vsplit()函数将数组沿 1 轴和 0 轴进行分割,其他规则与 np.dsplit()一致。接着上例：

```
>>> np.hsplit(a,2)                      #同 np.split(a,2,axis = 1)
[array([[[ 0.,  1.,  2.,  3.]],
```

```
     [[ 8., 9., 10., 11.]]]),
array([[[ 4., 5., 6., 7.]],

     [[12., 13., 14., 15.]]])]
>>> np.vsplit(a,2)                    #同 np.split(a,2,axis = 0)
[array([[[0., 1., 2., 3.],
     [4., 5., 6., 7.]]]),
array([[[ 8., 9., 10., 11.],
     [12., 13., 14., 15.]]])]
```

数组分割操作的可视化如图 4.20 所示。

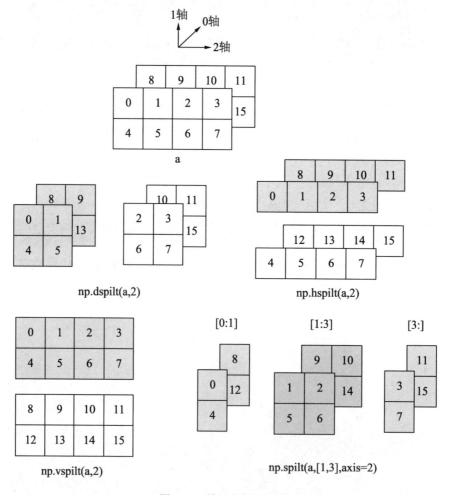

图 4.20　数组分割可视化

7．元素增、删

np.tile()函数以参数数组为单位沿指定轴进行复制创建新的数组，可以将 reps 看作是输出数组的形状，而参数数组看作是新数组的单个元素。例如：

```
>>> a = np.array([1,2,3,4])
>>> np.tile(a,(1,2))              #将 A 沿 1 轴复制，新数组的维度增加
array([[1, 2, 3, 4, 1, 2, 3, 4]])
>>> np.tile(a,(2,1))             #将 A 沿 0 轴复制，新数组的维度增加
array([[1, 2, 3, 4],
       [1, 2, 3, 4]])
>>> np.tile(a,(2,))             #新数组的维度不增加
array([1, 2, 3, 4, 1, 2, 3, 4])
>>> np.tile(a,(3,2,1))
array([[[1, 2, 3, 4],
        [1, 2, 3, 4]],

       [[1, 2, 3, 4],
        [1, 2, 3, 4]],

       [[1, 2, 3, 4],
        [1, 2, 3, 4]]])
>>> b = np.reshape(a,(2,2))
>>> np.tile(b,(1,2))
array([[1, 2, 1, 2],
       [3, 4, 3, 4]])
```

和 np.tile()复制数组不同，np.repeat()函数用于复制数组中的元素，参数 repeats 为元素的复制次数，可以是整数或整数序列，还可以设置轴，默认 axis = None，即将数组压缩至一维然后进行复制操作。例如：

```
>>> np.repeat(2,3)              #标量复制为一维数组
array([2, 2, 2])
>>> a = np.arange(4)
>>> np.repeat(a,2)              #每个元素复制 2 次
array([0, 0, 1, 1, 2, 2, 3, 3])
>>> b = np.reshape(a,(2,2))
>>> b
array([[0, 1],
       [2, 3]])
>>> np.repeat(b,2)              #高维压缩至一维，每个元素复制 2 次
array([0, 0, 1, 1, 2, 2, 3, 3])
>>> np.repeat(b,[2,3],axis = 1) #沿 1 轴第一个元素复制 2 次，第二个元素复制 3 次
array([[0, 0, 1, 1, 1],
       [2, 2, 3, 3, 3]])
```

np.delete()函数沿轴删除数组中的元素，并返回新数组。参数 obj 为删除元素的索引，可以是整数或整数序列。如果不指定轴，则默认 axis=None，即先将数组压缩至一维然后进行操作。例如：

```
>>> a = np.arange(6).reshape(2,3)
>>> a
array([[0, 1, 2],
       [3, 4, 5]])
>>> np.delete(a,0)              #压缩至一维后删除索引为 0 的元素
array([1, 2, 3, 4, 5])
```

```
>>> np.delete(a,1)
array([0, 2, 3, 4, 5])
>>> np.delete(a,[0,2])            #删除索引为 0 和 2 的元素
array([1, 3, 4, 5])
#沿 0 轴删除索引为 0 和 2 的行，如果不存在索引为 2 的行则忽略
>>> np.delete(a,[0,2],axis=0)
array([[3, 4, 5]])
>>> np.delete(a,[0,2],axis=1)     #沿 1 轴删除索引为 0 和 2 的列
array([[1],
       [4]])
```

删除数组元素操作的可视化如图 4.21 所示。

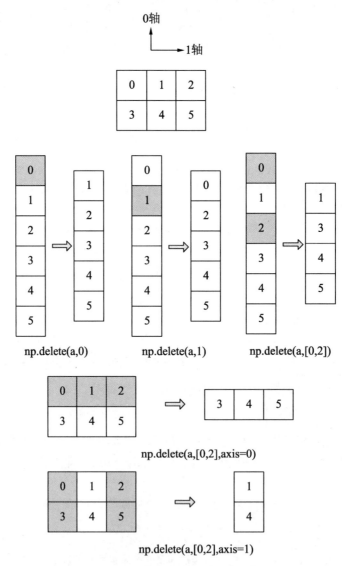

图 4.21　删除数组元素的可视化

np.insert()函数实现向数组中插入元素，是 np.delete()函数的逆操作。举例如下：

```
>>> a = np.array([[1, 1], [2, 2], [3, 3]])
>>> a
array([[1, 1],
       [2, 2],
       [3, 3]])
>>> np.insert(a,1,4)              #插入轴默认设置，则将数组压缩至一维，然后按索引插入
array([1, 4, 1, 2, 2, 3, 3])
>>> np.insert(a,1,4,axis = 0)            #沿 0 轴在第 1 行插入 4
array([[1, 1],
       [4, 4],
       [2, 2],
       [3, 3]])
>>> np.insert(a,1,4,axis = 1)            #沿 1 轴在第 1 列插入 4
array([[1, 4, 1],
       [2, 4, 2],
       [3, 4, 3]])
>>> np.insert(a,2,[2,3,4],axis = 1)
array([[1, 1, 2],
       [2, 2, 3],
       [3, 3, 4]])
```

上述数组插入操作的可视化如图 4.22 所示。

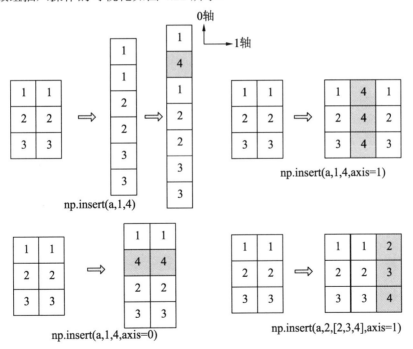

图 4.22　数组插入元素可视化

np.append()函数在数组的末尾添加元素，并返回新的数组。默认 axis=None，先将 values 压缩至一维，然后添加至数组末尾。如果设置轴，则必须保证 values 的维度与原数组维度

一致，并且二者在添加轴上的单元长度相等，与 np.concatenate()函数的运算规则一致。例如：

```
>>> a = np.append([1,2,3], [[4,5,6], [7,8,9]])          #axis= None
>>> a
array([1, 2, 3, 4, 5, 6, 7, 8, 9])
>>> np.concatenate(([1,2,3], [[4,5,6], [7,8,9]]),axis = None)
array([1, 2, 3, 4, 5, 6, 7, 8, 9])          #np.concatenate()需将参数合并
>>> b = np.append([[1, 2, 3], [4, 5, 6]], [[7, 8, 9]], axis=0)
>>> b
array([[1, 2, 3],
       [4, 5, 6],
       [7, 8, 9]])
>>> np.concatenate(([[1, 2, 3], [4, 5, 6]], [[7, 8, 9]]), axis=0)
array([[1, 2, 3],
       [4, 5, 6],
       [7, 8, 9]])
>>> c = np.append([[1, 2, 3], [4, 5, 6]], [[5],[6]], axis=1)
>>> c
array([[1, 2, 3, 5],
       [4, 5, 6, 6]])
>>> np.concatenate(([[1, 2, 3], [4, 5, 6]], [[5],[6]]), axis=1)
array([[1, 2, 3, 5],
       [4, 5, 6, 6]])
>>> np.append([[1, 2, 3], [4, 5, 6]], [5,6], axis=1)     #维度不同
ValueError: all the input arrays must have same number of dimensions
>>> np.append([[1, 2, 3], [4, 5, 6]], [[5,6]], axis=1) #单元长度不同
ValueError: all the input array dimensions except for the concatenation axis
must match exactly
```

以上运算可视化读者可参考 np.concatenate()部分自行实现。

np.trim_zeros()函数用于修剪一维数组（或序列）中位于头部和尾部的 0 元素，trim 参数可设置修剪规则，默认 trim="fb"，表示头尾部都修剪，trim="b"表示只修剪尾部，trim="f"表示只修剪头部。举例如下：

```
>>> a = np.array((0, 0, 0, 1, 2, 3, 0, 2, 1, 0))
>>> np.trim_zeros(a)
array([1, 2, 3, 0, 2, 1])
>>> np.trim_zeros(a,"f")
array([1, 2, 3, 0, 2, 1, 0])
>>> np.trim_zeros(a,"b")
array([0, 0, 0, 1, 2, 3, 0, 2, 1])
```

8．集合操作

数组中难免会出现元素重复的情形，如果要获取数组中唯一的元素，则可以使用 np.unique()函数，其返回唯一元素排序后的集合。可以通过设置其他 bool 参数 return_index、return_inverse 和 return_counts 来返回唯一元素的索引、逆运算索引及元素的计数。可以设置轴，默认轴为 None，即首先将高维数组压缩至一维然后进行操作，之后返回一维数组。举例如下：

```
>>> a = np.array([1,2,3,1,3,2,4])
>>> np.unique(a)                                    #返回唯一元素
array([1, 2, 3, 4])
>>> np.unique(a,return_index = True)                #返回唯一元素及其索引
(array([1, 2, 3, 4]), array([0, 1, 2, 6], dtype=int64))
>>> b,c = np.unique(a,return_inverse = True)        #返回唯一元素及其逆运算索引
>>> b[c]                                            #根据逆序索引返回原数组
array([1, 2, 3, 1, 3, 2, 4])
>>> np.unique(a,return_counts = True)               #返回唯一元素及其计数
(array([1, 2, 3, 4]), array([2, 2, 2, 1], dtype=int64))
>>> d = np.array([[1, 0, 0], [1, 0, 0], [2, 3, 4]])
>>> d
array([[1, 0, 0],
       [1, 0, 0],
       [2, 3, 4]])
>>> np.unique(d,axis = 0)                           #沿 0 轴进行操作
array([[1, 0, 0],
       [2, 3, 4]])
>>> np.unique(d,axis = 1)                           #沿 1 轴进行操作
array([[0, 0, 1],
       [0, 0, 1],
       [3, 4, 2]])
```

np.bincount()函数用于统计索引在一维数组元素中出现的次数，输入数组需要是整数
类型，否则在运算时将会自动转换类型，例如：

```
>>> np.bincount([1,3,1,5,1,2])
array([0, 3, 1, 1, 0, 1], dtype=int64)
```

np.bincount()函数的工作原理如下：

- 从索引 0 开始，由于索引 0 未在输入数组中，则索引 0 出现的次数为 0，输出数组
  第 1 个元素为 0；
- 索引 1 在输入数组中出现 3 次，则输出数组第 2 个元素为 3；
- 索引 2 在输入数组中出现 1 次，则输出数组第 3 个元素为 1；
- 索引 3 在输入数组中出现 1 次，则输出数组第 4 个元素为 1；
- 索引 4 在输入数组中出现 0 次，则输出数组第 5 个元素为 0；

以此类推。

由于输入数组的最大元素为 5，则输出数组的长度为 5+1，即 np.bincount()函数输出
长度为 np.max(a)+1 的一维数组。输入数组支持浮点数类型，不可以是复数类型，但运算
时会先将浮点数向下取整，然后进行 np.bincount()运算，例如：

```
>>> np.bincount([1.2,3,1,5,1,2])                    #1.2 向下取整为 1
array([0, 3, 1, 1, 0, 1], dtype=int64)
>>> np.bincount([0.9,3,1,5,1,2])                    #0.1 向下取整为 0
array([1, 2, 1, 1, 0, 1], dtype=int64)
```

统计频次时默认索引元素出现 1 次则累计频次加 1。通过 weights 参数可以设定每个
索引元素对累计频次的贡献率，weights 参数必须和输入数组相同的形状，举例如下：

```
>>> w = np.array([0.3, 0.5, 0.2, 0.7, 1., -0.6])
>>> a = np.array([0, 3, 1, 2, 2, 2])
>>> np.bincount(a, weights=w)
array([0.3, 0.2, 1.1, 0.5])
```

运算原理如下：

- 输入数组 a 中最大的元素为 3，则输出数组的长度为 3+1=4；
- 索引 0 在输入数组 a 中出现 1 次，位置为 0 索引，则输出数组的第 1 个元素为 w[0]=0.3；
- 索引 1 在输入数组 a 中出现 1 次，位置为 2 索引，则输入数组的第 2 个元素为 w[2] = 0.2；
- 索引 2 在输入数组 a 中出现 3 次，位置分别为 3、4、5，则输入数组的第 3 个元素为 w[3]+w[4]+w[5] = 0.7 + 1. − 0.6 = 1.1；
- 索引 3 在输入数组 a 中出现 1 次，位置位于 1，则输入数组第 4 个元素为 w[1] =0.5。

上例的可视化如图 4.23 所示。

np.in1d()函数可以判断一维数组 a 中的元素是否在一维数组 b 中，返回一维 bool 数组，举例如下：

```
>>> a = [1,2,4,1,5]
>>> b = [1,3]
>>> np.in1d(a,b)
array([ True, False, False,  True, False])
>>> np.in1d(a,b,invert = True)
array([False,  True,  True, False,  True])
```

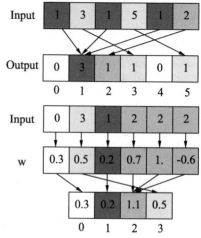

图 4.23　np.bincount()运算可视化

通过设置参数 invert，可以返回逆向结果，即输出数组中的 True 变为 False，False 变为 True。

np.isin()函数是 np.in1d()的高维操作，也可以设置参数 invert，举例如下：

```
>>> a = 2*np.arange(4).reshape((2, 2))
>>> a
array([[0, 2],
       [4, 6]])
>>> b = [1,2,3,4]
>>> np.isin(a,b)
array([[False,  True],
       [ True, False]])
>>> np.isin(a,b,invert = True)
array([[ True, False],
       [False,  True]])
```

接下来介绍的集合运算函数 np.intersect1d()、np.setdiff1d()、np.union1d()和 np.setxor1d()预先对数组进行去重操作，将高维压缩至一维。

np.intersect1d()函数返回数值的交集，例如：

```
>>> a = [[1,2],[3,4]]
>>> b = [1,5]
>>> np.intersect1d(a,b)
```

```
array([[1]])
```

np.setdiff1d()函数返回数组的差集，需要注意的是 a-b 和 b-a 并不相同。举例如下：

```
>>> a = np.array([1, 2, 3, 2, 4, 1])
>>> b = np.array([3, 4, 5, 6])
>>> c = np.array([[6,2],[2,5]])
>>> np.setdiff1d(a,b)#a-b
array([1, 2])
>>> np.setdiff1d(b,a)#b-a
array([5, 6])
>>> np.setdiff1d(a,c)  #a-c
array([1, 3, 4])
>>> np.setdiff1d(c,a)  #c-a
array([5, 6])
```

np.union1d()函数计算数组的并集，接着上例继续输入：

```
>>> np.union1d(a,b)
array([1, 2, 3, 4, 5, 6])
>>> np.union1d(b,a)
array([1, 2, 3, 4, 5, 6])
>>> np.union1d(a,c)
array([1, 2, 3, 4, 5, 6])
>>> np.union1d(b,c)
array([2, 3, 4, 5, 6])
```

np.setxor1d()函数返回交集的补集并进行排序，接着上例继续输入：

```
>>> np.setxor1d(a,b)
array([1, 2, 5, 6])
>>> np.setxor1d(a,c)
array([1, 3, 4, 5, 6])
```

以上集合运算的可视化如图 4.24 所示。

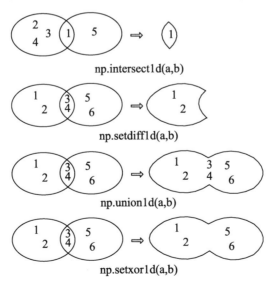

图 4.24　集合操作可视化

NumPy 中的数组操作函数是为了满足科学计算的需要而设计的，可以帮助用户更快捷地操作数组，如果这些操作函数能满足功能需求，则应该尽量避免函数的重复自定义。接下来的章节将介绍数组的运算。

4.2.2　数组运算

1. 算术运算

通过前面的学习了解到，一维数组支持加、减、乘、除、乘方等算术运算，即数组的运算等同于同一位置索引元素的独立运算，前文将这样的运算简称为**元运算**（Elementwise），元运算对 N 维数组也同样适用。需要注意的是，以下运算数组都有相同的**形状**，对于不同形状数组的算术运算请参考知识点——广播。举例如下：

```
>>> a = np.array([[1,2],[3,4]])
>>> b = np.array([[5,6],[7,8]])
>>> a + b
array([[ 6,  8],
       [10, 12]])
>>> a - b
array([[-4, -4],
       [-4, -4]])
>>> a * b
array([[ 5, 12],
       [21, 32]])
>>> a / b
array([[0.2       , 0.33333333],
       [0.42857143, 0.5       ]])
>>> a**2
array([[ 1,  4],
       [ 9, 16]], dtype=int32)
>>> np.e**a
array([[ 2.71828183,  7.3890561 ],
       [20.08553692, 54.59815003]])
>>> 2*b
array([[10, 12],
       [14, 16]])
>>> b/3
array([[1.66666667, 2.        ],
       [2.33333333, 2.66666667]])
>>> b/3//2                                    #整除
array([[0., 1.],
       [1., 1.]])
>>> b%a
array([[0, 0],
       [1, 0]], dtype=int32)
```

数组加法和乘法的可视化如图 4.25 所示。可以看到，数组的算术运算相当于相同索引元素的标量运算，其他运算的可视化读者可自行实现，包括下面的比较运算。

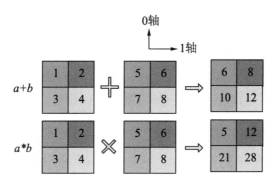

图 4.25 算术运算可视化

上例中的运算符都有对应的函数，如表 4.8 所示。

表 4.8 元素运算函数与对应的运算符

运 算 符	函 数 名	描 述
+，-	add(x1,x2) subtract(x1,x2)	加、减运算
*，/	multiply(x1,x2) divide(x1,x2)	乘、除运算
**	power(x1,x2)	幂运算
%	mod(x1,x2)	模余运算
//	floor_divide(x1,x2)	整除运算

注：以上函数对于标量也同样适用。

接着上例，对表 4.5 中的函数进行举例：

```
>>> np.add(a,b)
array([[ 6,  8],
       [10, 12]])
>>> np.subtract(a,b)
array([[-4, -4],
       [-4, -4]])
>>> np.multiply(a,b),np.divide(a,b)
(array([[ 5, 12],
       [21, 32]]), array([[0.2       , 0.33333333],
       [0.42857143, 0.5       ]]))
>>> np.power(a,2)                     #数组作为底数
array([[ 1,  4],
       [ 9, 16]], dtype=int32)
>>> np.power(2,a)                     #数组作为指数
array([[ 2,  4],
       [ 8, 16]], dtype=int32)
>>> np.power(a,b)                     #数组既作为底数也作为指数
array([[    1,    64],
       [ 2187, 65536]], dtype=int32)
>>> np.floor_divide(np.divide(b,3),2)      #b/3//2
```

```
array([[0., 1.],
       [1., 1.]])
>>> np.mod(b,a)
array([[0, 0],
       [1, 0]], dtype=int32)
```

使用 np.power() 函数时，数组可以作为底数也可以作为指数。

📖 延伸阅读：更多的模余函数

除了 np.mod() 外，NumPy 中还有一些模余函数如表 4.9 所示。

表 4.9 NumPy中的模余函数

函 数 名	描　　述
mod(x1,x2)	对应于%运算符，但余数的符号和x2一致
fmod(x1,x2)	C语言中fmod()函数的实现，余数符号与x1一致
remainder(x1,x2)	用法同mod()函数
divmod(x1,x2)	返回整除数和余数，同(x1//x2,x1%x2)

2．广播

广播（Broadcast）是 NumPy 中实现不同形状数组算术运算的一种机制，如果两个不同形状的数组能进行算术运算，则称这两个数组具有**一致的形状**。不同形状的数组实现广播有两种表现形式，一是不同维度，比如一维数组与二维数组运算，一维数组和三维数组运算；二是相同维度但存在长度不一的轴，比如形状(2,4)和形状(1,4)。

（1）第一种情况：不同维度。

先看不同维度数组的广播，举例如下：

```
>>> x = np.array([1,2,3])
>>> y = np.array([[3,4,5],[5,4,6]])
>>> x
array([1, 2, 3])
>>> y
array([[3, 4, 5],
       [5, 4, 6]])
>>> x.shape,y.shape
((3,), (2, 3))
>>> x + y
array([[4, 6, 8],
       [6, 6, 9]])
```

数组 x 和 y 的形状分别为(3,)和(2,3)，最后输出数组的形状为(2,3)。数组 x+y 的运算过程如图 4.26 所示，由于 x 的维度为(3,)，运算时先升级维度，将其当作形状(1,3)的数组，然后沿 0 轴广播（复制），最后将结果与 y 进行加法运算。下面将 y 转置与 x 相加：

```
>>> z = y.T
>>> x + z
Traceback (most recent call last):
```

```
    File "<pyshell#35>", line 1, in <module>
      x + z
  ValueError: operands could not be broadcast together with shapes (3,) (3,2)
```

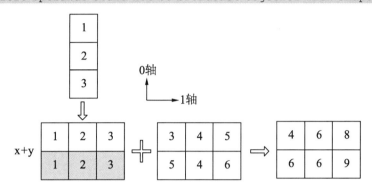

图 4.26　一维数组沿 0 轴广播

y 转置后的形状为(3,2)和形状为(3,)的 x 运算时出错，原因为一维数组在广播操作时认为其形状为(1,3)，而形状(3,2)和(1,3)的数组无法进行运算，所以解释器报错。例如：

```
>>> u = np.array([[[1,2,3],[4,2,3]],[[5,4,9],[3,4,1]]])
>>> v = np.array([[2,7,4],[3,1,6]])
>>> u
array([[[1, 2, 3],
        [4, 2, 3]],

       [[5, 4, 9],
        [3, 4, 1]]])
>>> v
array([[2, 7, 4],
       [3, 1, 6]])
>>> u.shape,v.shape
((2, 2, 3), (2, 3))
>>> u * v
array([[[ 2, 14, 12],
        [12,  2, 18]],

       [[10, 28, 36],
        [ 9,  4,  6]]])
```

如图 4.27 所示，数组 u、v 的形状分别为(2,2,3)和(2,3)，首先将 v 升维，使其形状为(1,2,3)，然后沿 0 轴广播，要确保广播后的结果能与 u 顺利进行运算，二者后缘维度（Trailing Dimension）必须相等。u 和 v 的后缘维度都为(2,3)，x 和 y 的后缘维度都为 3，所以能进行广播。由于 x 的后缘维度是 3，与 u、v 相同，所以也能进行广播，具体举例如下：

```
>>> u / x
array([[[1.        , 1.        , 1.        ],
        [4.        , 1.        , 1.        ]],

       [[5.        , 2.        , 3.        ],
        [3.        , 2.        , 0.33333333]]])
```

```
>>> v % x
array([[0, 1, 1],
       [0, 1, 0]], dtype=int32)
```

不难发现，不同维度的数组广播后输出数组的维度为每一维轴长度的**最大值**。

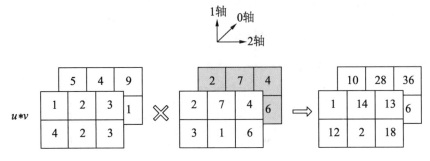

图 4.27　二维数组沿 0 轴广播

（2）第二种情况：相同维度。

看下面的例子：

```
>>> w = np.array([[3,2,4]])
>>> q = np.array([[5,4,1],[0,9,4]])
>>> w
array([[3,2,4]])
>>> q
array([[5, 4, 1],
       [0, 9, 4]])
>>> w.shape,q.shape
((1, 3), (2, 3))
>>> w + q
array([[ 8,  6,  5],
       [ 3, 11,  8]])
```

相同维度的数组进行广播时必须有一个轴长度为 1。w 和 q 的形状分别为(1,3)、(2,3)，w 的 0 轴长度为 1，二者的 1 轴长度都为 3，所以 w 沿 0 轴广播后能与 q 顺利进行运算。

同理，p 和 q 的维度分别为(2,1)、(2,3)，p 的 1 轴长度为 1，二者的 0 轴长度都为 2，所以 p 沿 1 轴广播后能与 q 顺利进行运算。

```
>>> p = np.array([[2,4]]).T
>>> p.shape
(2, 1)
>>> p
array([[2],
       [4]])
>>> p + q
array([[ 7,  6,  3],
       [ 4, 13,  8]])
```

w 和 q 的维度分别为(1,3)、(2,1)，w 的 0 轴和 q 的 1 轴长度都为 1，则 w 沿 0 轴广播，q 沿 1 轴广播，结果数组的形状都是(2,3)，能顺利完成运算。以上所有运算过程见图 4.28。

```
>>> w + p
array([[5, 4, 6],
       [7, 6, 8]])
```

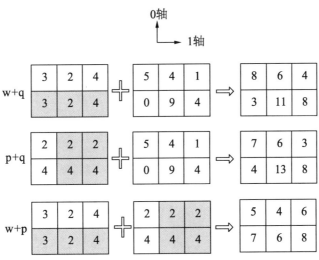

图 4.28　二维数组广播机制

再看另外一种情形：

```
>>> r = np.array([[[0,1,2]]])
>>> r
array([[[0, 1, 2]]])
>>> s = np.array([[[3,1,2],[4,0,3]]])
>>> s
array([[[3, 1, 2],
        [4, 0, 3]]])
>>> t = np.array([[[2,1,2],[6,4,1]],
               [[3,6,4],[5,4,3]]])
>>> t
array([[[2, 1, 2],
        [6, 4, 1]],

       [[3, 6, 4],
        [5, 4, 3]]])
>>> o = np.array([[[7,2,3],[2,2,3],[3,2,1]],
     [[6,4,1],[3,2,1],[0,4,3]],
     [[3,4,3],[5,2,6],[4,0,5]]])
>>> o
array([[[7, 2, 3],
        [2, 2, 3],
        [3, 2, 1]],
```

```
        [[6, 4, 1],
         [3, 2, 1],
         [0, 4, 3]],

        [[3, 4, 3],
         [5, 2, 6],
         [4, 0, 5]]])
>>> r.shape,s.shape,t.shape,o.shape
((1, 1, 3), (1, 2, 3), (2, 2, 3), (3, 3, 3))
>>> r + s
array([[[3, 2, 4],
        [4, 1, 5]]])
>>> r + t
array([[[2, 2, 4],
        [6, 5, 3]],

       [[3, 7, 6],
        [5, 5, 5]]])
>>> r + t
array([[[2, 2, 4],
        [6, 5, 3]],

       [[3, 7, 6],
        [5, 5, 5]]])
>>> r + o
array([[[7, 3, 5],
        [2, 3, 5],
        [3, 3, 3]],

       [[6, 5, 3],
        [3, 3, 3],
        [0, 5, 5]],

       [[3, 5, 5],
        [5, 3, 8],
        [4, 1, 7]]])
>>> s + t
array([[[ 5,  2,  4],
        [10,  4,  4]],

       [[ 6,  7,  6],
        [ 9,  4,  6]]])
>>> s + o
Traceback (most recent call last):
  File "<pyshell#20>", line 1, in <module>
    s + o
ValueError: operands could not be broadcast together with shapes (1,2,3)
(3,3,3)
```

以上运算的过程如图 4.29 所示。不难发现，相同维度的数组进行广播时，除了必须有一根轴的长度为 1 之外，长度不为 1 的轴长度必须相等。

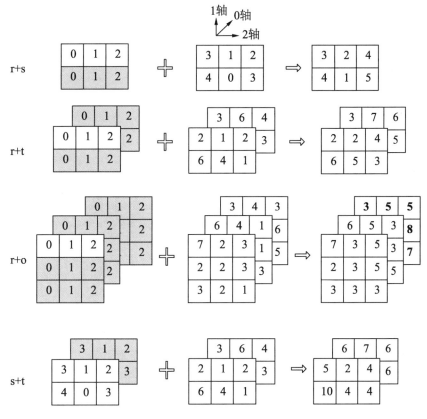

图 4.29　三维数组广播机制

总结 NumPy 中数组的广播机制如下：

- 如果输入数组的维度不同，则其后缘维度必须相等，如形状为(3,4)与(4,)，(5,3,8)、(3,8)与(8,)等；
- 如果输入数组的维度相同，则至少有一个数组有一根长度为 1 的轴，并且长度不为 1 的轴长度必须相等，如(5,1)和(5,6)，(3,9,4)和(1,1,4)等。
- 输出数组各维形状是输入数组各维形状的最大值。比如(8,1)和(1,6)的输出是（8,6），(3,2)和(8,3,2)的输出是(8,3,2)等。
- 标量与数组的运算是先将标量广播至与数组相同的形状，然后进行对应的计算。

【实例 4.6】　现有一组点集 P，计算任意两点间的欧几里得距离。

对于该问题，很多读者第一时间想到的是使用 planimetry 模块中的 Point 对象来解决，当然那确实是一种可行的解决方案，但需要用到循环。这里考虑用向量化运算来完成。平面坐标系中的点集可以用形状为(N,2)的二维数组来描述，N 为点的数量，则数组的第 1 列为点的 x 坐标集，第 2 列为点的 y 坐标集，例如：

```
>>> P = np.array([[2.5,2],
                  [3.9,1],
```

```
                    [9.5,0],
                    [1.1,5.8]])
>>> X,Y = P[:,0],P[:,1]                    #点集的 x 坐标和 y 坐标
>>> X
array([2.5, 3.9, 9.5, 1.1])
>>> Y
array([2. , 1. , 0. , 5.8])
```

X 和 Y 分别为点集的横、纵坐标数组。根据距离公式，求两点间的距离先要计算横、纵坐标的差，分别用 X 向量减去其列向量，Y 向量减去其列向量，具体如下：

```
>>> DX = X-X.reshape(-1,1)
>>> DX
array([[ 0. ,  1.4,  7. , -1.4],
       [-1.4,  0. ,  5.6, -2.8],
       [-7. , -5.6,  0. , -8.4],
       [ 1.4,  2.8,  8.4,  0. ]])
>>> DY = Y-Y.reshape(-1,1)
>>> DY
array([[ 0. , -1. , -2. ,  3.8],
       [ 1. ,  0. , -1. ,  4.8],
       [ 2. ,  1. ,  0. ,  5.8],
       [-3.8, -4.8, -5.8,  0. ]])
```

可以看到，得到的 DX 和 DY 数组正好是任意两点的横、纵坐标之差。比如索引为 0 的点与索引为 2 的点的横坐标之差为 0.-7.=DX[0,2]=-7.，而索引为 2 的点与索引为 0 的点的横坐标之差为 7.-0.=DX[2,0]=7.。上述运算可视化如图 4.30 所示。

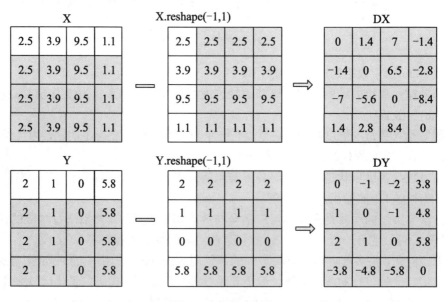

图 4.30　广播可视化

在已知各点之间横、纵坐标差的情况下，根据欧几里得距离公式可以求解任意两点间的距离如下：

```
>>> D = np.hypot(DX,DY)
>>> D
array([[ 0.       , 1.72046505, 7.28010989, 4.04969135],
       [ 1.72046505, 0.       , 5.68858506, 5.5569776 ],
       [ 7.28010989, 5.68858506, 0.       , 10.20784012],
       [ 4.04969135, 5.5569776 , 10.20784012, 0.       ]])
```

或者是：

```
>>> np.sqrt(DX**2+DY**2)
array([[ 0.       , 1.72046505, 7.28010989, 4.04969135],
       [ 1.72046505, 0.       , 5.68858506, 5.5569776 ],
       [ 7.28010989, 5.68858506, 0.       , 10.20784012],
       [ 4.04969135, 5.5569776 , 10.20784012, 0.       ]])
```

可以看到，二维欧几里得距离数组 D 的元素索引与点的索引相对应。比如索引 0 与索引 0 点的距离为 D[0,0]=0.；索引 2 和索引 3 点的距离为 D[2,3]=D[3,2]。这样就完成了任意两点的欧几里得距离计算，并将其存储在形状为(N,N)的二维数组中。

3．比较运算

NumPy 也支持数组的比较运算，比较运算也是元运算，部分运算符与函数名见表4.10。

表 4.10   部分比较运算符与对应的元运算函数

运　算　符	函　数　名	描　　　述
>,>=	greater(x1,x2) greater_equal(x1,x2)	返回x1>x2或x1>=x2的bool数组
<,<=	less(x1,x2) less_equal(x1,x2)	返回x1<x2或x1<=x2的bool数组
=	equal(x1,x2)	返回x1==x2的bool数组
!=	not_equal(x1,x2)	返回x1!=x2的bool数组
	allclose(x1,x2[,rtol,atol,equal_nan])	返回True，如果数组的每个元素的差都在误差限内
	isclose(x1,x2,rtol,atol,equal_nan])	返回元素的差是否在误差限内的bool数组
	array_equal(x1,x2)	返回True，如果数组有相同的形状和元素
	array_equiv(x1,x2)	返回True，如果数组形状一致且元素相同

和标量的比较运算一样，数组比较运算的结果也是 bool 值，不同的是后者返回的大多是与原数组形状相同的 **bool 数组**，大部分运算是对每个元素进行比较运算，少量返回单个 bool 值。下面的运算返回的是 bool 数组：

```
>>> a = np.array([[3,2],[2,3]])
>>> b = np.array([[2,4],[5,3]])
>>> a > b                                    #a 大于 b
```

```
array([[ True, False],
       [False, False]])
>>> np.greater(a,b)
array([[ True, False],
       [False, False]])
>>> a <= b                                    #a 小于等于 b
array([[False,  True],
       [ True,  True]])
>>> np.less_equal(a,b)
array([[False,  True],
       [ True,  True]])
>>> a == b                                    #a 等于 b
array([[False, False],
       [False,  True]])
>>> a != b                                    #a 不等于 b
array([[ True,  True],
       [ True, False]])
>>> a == a                                    #a 等于 a
array([[ True,  True],
       [ True,  True]])
```

由于截断误差的存在，数组或数组元素的相等判断需要谨慎对待，看下面的例子：

```
>>> a = np.arange(1.0,10)
>>> b = a**0.25                               #四次根
>>> c = b**4                                  #四次方
>>> a == c
array([ True, False, False, False, False,  True, False, False, False])
```

从显示上看，数组 a 和 c 对应的值相等，例如：

```
>>> a
array([1., 2., 3., 4., 5., 6., 7., 8., 9.])
>>> c
array([1., 2., 3., 4., 5., 6., 7., 8., 9.])
```

但事实上存在极小的误差：

```
>>> a[1] - c[1]
2.220446049250313e-16
```

在实际编程工作中可能想要的结果是 a 和 b 相等，为了解决误差问题，NumPy 提供了 np.allclose()和 np.isclose()函数，二者都能设置误差限 tol。也就是说，如果数组中对应元素的差小于误差限，则可认为二者相等。这两个函数的差别在于，前者返回的是单个 **bool 值**，即要求所有的元素都满足时为真，如果有元素不满足则返回假；后者返回的是 **bool 数组**。

参数 rtol 和 atol 分别为相对误差限和绝对误差限，默认值分别为 1e-5 和 1e-8；参数 equal_nan 可设置是否比较 nan 元素。接着上例：

```
>>> np.allclose(a,c)
True
>>> np.isclose(a,c)
array([ True,  True,  True,  True,  True,  True,  True,  True,  True])
>>> np.isclose(a,c,rtol = 1e-8)
array([ True,  True,  True,  True,  True,  True,  True,  True,  True])
```

np.array_equal()函数与==符的区别在于，前者返回的是单个 bool 值，例如：

```
>>> np.array_equal(a,c)
False
>>> np.equal(a,c)
array([ True, False, False, False, False,  True, False, False, False])
```

np.array_equiv()函数用于判断数组形状是否一致。形状一致指数组形状相同或者广播后形状相同，例如：

```
>>> np.array_equiv([1, 2], [1, 2])
True
>>> np.array_equiv([1, 2], [1, 3])
False
>>> np.array_equiv([1, 2], [[1, 2], [1, 2]])          #前者广播后和后者相等
True
>>> np.array_equiv([1, 2], [[1, 2, 1, 2], [1, 2, 1, 2]])
False
>>> np.array_equiv([1, 2], [[1, 2], [1, 3]])
False
```

前文介绍过数组的索引可以是整数、整数序列或者整数数组。在科学计算中，有时需要快速地查找数组中满足某种条件的元素，如大于某个数的元素，可以通过条件表达进行索引。例如：

```
>>> a = np.arange(12).reshape(3,4)
>>> a
array([[ 0,  1,  2,  3],
       [ 4,  5,  6,  7],
       [ 8,  9, 10, 11]])
>>> a[a>5]
array([ 6,  7,  8,  9, 10, 11])
>>> a[a<=4]
array([0, 1, 2, 3, 4])
```

也可以通过条件索引进行赋值。例如：

```
>>> a[a>5] = 99
>>> a
array([[ 0,  1,  2,  3],
       [ 4,  5, 99, 99],
       [99, 99, 99, 99]])
```

由于比较运算得到的是 **bool 数组**，也就是说 NumPy 同样支持 bool 数组索引，原数组中对应索引数组值为 True 的元素保留，对应 False 的元素删除，例如：

```
>>> b = np.random.randint(-5,5,(3,4))
>>> b
array([[ 3,  4,  0,  1],
       [-2,  4,  1, -5],
       [-1,  0, -1, -4]])
>>> a > b
array([[False, False,  True,  True],
       [ True,  True,  True,  True],
       [ True,  True,  True,  True]])
>>> a[a>b]
```

```
array([ 2,  3,  4,  5,  6,  7,  8,  9, 10, 11])
```

可以看到，bool 数组a>b 与 a、b 的形状相同，a[a>b]是一个一维数组。如果索引 bool 数组的形状与被索引数组的形状不同，则需要满足对应轴的长度相同，例如：

```
>>> a[[True,False,True]]
array([[ 0,  1,  2,  3],
       [ 8,  9, 10, 11]])
>>> c = np.arange(12).reshape(2,2,3)
>>> c.shape
(2, 2, 3)
>>> c
array([[[ 0,  1,  2],
        [ 3,  4,  5]],

       [[ 6,  7,  8],
        [ 9, 10, 11]]])
>>> c[[True,False]]
array([[[0, 1, 2],
        [3, 4, 5]]])
>>> c[[[True,False],[False,True]]]
array([[3, 4, 5]])
>>> c[[True,False],[False,True]]
array([[3, 4, 5]])
>>> d = c>6
>>> d
array([[[False, False, False],
        [False, False, False]],

       [[False,  True,  True],
        [ True,  True,  True]]])
>>> c[d]
array([ 7,  8,  9, 10, 11])
```

以上运算本质上是沿轴进行索引，可视化如图 4.31 所示。

4. 条件索引

NumPy 中提供了一些快捷的函数或方法，可以查找数组中满足特定要求的元素并对其进行操作，如表 4.11 所示。

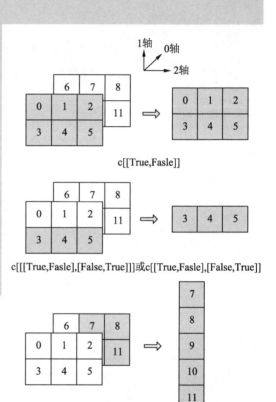

图 4.31　bool 数组索引可视化

表 4.11　条件索引函数/方法

函数/方法名	描　　述
where(condition[,x,y])	返回满足条件表达式的数组，其元素由操作表达式x和y来确定
argwhere(condition)	返回满足条件表达式元素的索引
select(condlist,choicelist[,default])	np.where()的升级版
choose(a,choices[,...]) ndarray.choose(choices[,...]	从choices中按照a选择元素

（续）

函数/方法名	描　　述
nonzero(a) ndarray.nonzero()	返回数组中非0元素的索引数组
flatnonzero(a)	nonzero()函数的flat版本
take(a,indices[,axis,…]) ndarray.take(indices[,axis,…])	沿轴根据索引数组抽取数组中的元素生成新的数组
compress(condition,a[,axis,…]) ndarray.compress(condition[,axis,…])	沿轴根据一维bool数组抽取数组中的元素，可以设置轴
extract(condition,a)	用法同np.compress(axis=None)函数

np.where()函数根据**条件表达式** condition 对元素进行操作，举例如下：

```
>>> a = np.arange(0,10,2)
>>> b = np.arange(10).reshape(2,5)
>>> a
array([0, 2, 4, 6, 8])
>>> b
array([[0, 1, 2, 3, 4],
       [5, 6, 7, 8, 9]])
>>> np.where(a>2)
(array([2, 3, 4], dtype=int64),)
>>> np.where(b>2)
(array([0, 0, 1, 1, 1, 1, 1], dtype=int64), array([3, 4, 0, 1, 2, 3, 4],
dtype=int64))
```

可以看到，如果只给定**条件表达式** condition，函数将返回满足条件的元素的索引数组。对于一维数组的输入，返回为一维索引数组，其长度与满足条件的元素数量一致；对于高维数组的输入，返回为多个一维索引数组，数量和数组维度一致，长度与满足条件的元素一致，每个一维索引数组对应满足条件的元素在该轴上的索引。例如，数组 b 中第一个满足条件（大于 2）的元素为 3，其索引为 b[0][3]，返回的两个一维索引数组的第 1 个元素分别为 0 和 3。

np.argwhere()函数返回满足条件的二维索引数组，例如：

```
>>> np.argwhere(a>2)                            #一维数组
array([[2],
       [3],
       [4]], dtype=int64)
>>> np.argwhere(b>2)                            #二维数组
array([[0, 3],
       [0, 4],
       [1, 0],
       [1, 1],
       [1, 2],
       [1, 3],
       [1, 4]], dtype=int64)
>>> np.argwhere(np.arange(12).reshape(2,2,3)>2)  #三维数组
```

```
array([[0, 1, 0],
       [0, 1, 1],
       [0, 1, 2],
       [1, 0, 0],
       [1, 0, 1],
       [1, 0, 2],
       [1, 1, 0],
       [1, 1, 1],
       [1, 1, 2]], dtype=int64)
```

np.where()函数还可以设置**操作表达式**参数 x 和 y，分别对满足和不满足条件表达式的元素进行相应操作，接着上例：

```
>>> np.where(a>2,0,1)              #大于 2 的元素设为 0，小于等于 2 的元素设为 1
array([1, 1, 0, 0, 0])
>>> np.where(a>2,a**2,2*a)         #大于 2 的元素开平方，小于等于 2 的元素乘以 2
array([ 0, 4, 16, 36, 64])
>>> np.where(b>2,b,-b)             #大于 2 的元素不变，小于等于 2 的元素取负
array([[ 0, -1, -2,  3,  4],
       [ 5,  6,  7,  8,  9]])
```

上面的操作也可以组合索引和赋值完成，例如：

```
>>> c = a.copy()
>>> c[a>2] = 0
>>> c[a<=2] = 1
>>> c
array([1, 1, 0, 0, 0])
>>> d = b.copy()
>>> d[b<2] *= -1
>>> d
array([[ 0, -1,  2,  3,  4],
       [ 5,  6,  7,  8,  9]])
```

显然，np.where()函数只能满足非 1 即 0 的情况，对于多条件表达式的情形，则可以使用 np.select()函数，例如：

```
>>> a = np.arange(6)
>>> a
array([0, 1, 2, 3, 4, 5])
>>> condlist = [a<2,a>3]
>>> choicelist = [a,a**2]          #小于 2 的元素不变，大于 3 的元素开平方
>>> np.select(condlist, choicelist)  #其他元素默认为 0
array([ 0, 1, 0, 0, 16, 25])
```

将**条件表达式**和**操作表达式**存储在列表中，保持索引对应。如果**条件表达式**不完全覆盖整个区域，则可以通过设置 default 参数对未覆盖区域的元素设置值，例如：

```
>>> b = np.arange(10).reshape(2,5)
>>> b
array([[0, 1, 2, 3, 4],
       [5, 6, 7, 8, 9]])
>>> np.select([b<2,b<5,b>=8],[-b,2*b,b**2],default = 100)
array([[  0,  -1,   4,   6,   8],
       [100, 100, 100,  64,  81]])
```

np.choose()函数从 choices 数组（或序列）中按照索引数组 a 来选择元素，例如：

```
>>> choices = [[0, 1, 2, 3], [10, 11, 12, 13], [20, 21, 22, 23], [30, 31,
32, 33]]
>>> a = [2, 3, 1, 0]
>>> np.choose(a, choices)
array([20, 31, 12, 3])
```

以上函数的运算原理是，索引数组 a 的第 1 个元素为 2，则在 choices 中找到第 2 个元素[20,21,22,23]，选择第 1 个元素为 20；以此类推，索引数组 a 的第 2 个元素为 3，则在 choices 中找到第 3 个元素[30,31,32,33]，选择第 2 个元素为 31。同理可以得到第 3、4 个元素分别为 12 和 3。换句话说，可以用如下关系式来描述运算过程：

```
np.choose(a,c) == np.array([c[a[I]][I] for I in index(a.shape)])
```

这就要求索引数组 a 的元素数量与 choices 单个元素的元素数量一致，例如：

```
>>> a = np.linspace(-3,3,7)
>>> a
array([-3., -2., -1., 0., 1., 2., 3.])
>>> np.choose([0,1,1,2,2,2,2],[2*a,a**2,a**3])
array([-6., 4., 1., 0., 1., 8., 27.])
```

如果要获取数组中的非 0 元素，则可以使用函数 np.nonzero()和 np.flatnonzero()。例如：

```
>>> a = np.array([[2,0,1],[4,9,0],[0,2,1]])
>>> a
array([[2, 0, 1],
       [4, 9, 0],
       [0, 2, 1]])
>>> np.nonzero(a)
(array([0, 0, 1, 1, 2, 2], dtype=int64), array([0, 2, 0, 1, 1, 2],
dtype=int64))
>>> a[a.nonzero()]                          #通过索引数组抽取元素
array([2, 1, 4, 9, 2, 1])
>>> np.flatnonzero(a)
array([0, 2, 3, 4, 7, 8], dtype=int64)
```

可以看到，np.nonzero(a)的功能与 np.where(a!=0)一样，而 np.flatnonzero()会先将高维数组压缩至一维，然后执行 np.nonzero()操作。

np.take()函数根据索引数组 indices 来抽取数组中的元素，并生成新的数组，数组的形状与 indices 的形状保持一致，例如：

```
>>> a = np.array([1,5,3,4,9,8,0,6])
>>> indices = [2,1,5]
>>> np.take(a,indices)                      #索引[2,1,5]对应的元素为[3,5,8]
array([3, 5, 8])
```

索引数组 indices 的长度没有特定要求并且元素可以重复，但最大值必须小于被抽取的数组操作轴的长度。例如默认抽取轴 axis=None 时，先将数组压缩至一维，此次抽取轴的长度为 a.size，则 indices 数组的最大值为 a.size-1，例如：

```
>>> indices = [1,1,1,2,3,4,2,1,4,6]#a.size = 7, indices 中的最大元素为 7
>>> np.take(a,indices)
```

```
array([5, 5, 5, 3, 4, 9, 3, 5, 9, 0])
```

以上运算也可以通过直接索引得到，例如：

```
>>> indices = [2,1,5]
>>> a[indices]
array([3, 5, 8])
>>> indices = [1,1,1,2,3,4,2,1,4,6]
>>> a[indices]
array([5, 5, 5, 3, 4, 9, 3, 5, 9, 0])
```

如果索引数组 indices 为高维，则新生成的数组与 indices 数组的形状保持一致，例如：

```
>>> np.take(a,[[2,3],[4,1]])
array([[3, 4],
       [9, 5]])
>>> b = a.reshape(2,4)
>>> b
array([[1, 5, 3, 4],
       [9, 8, 0, 6]])
>>> np.take(b,indices)            #默认 axis=None，将高维压缩至一维
array([3, 5, 8])
>>> b.take([[2,3],[4,1]])
array([[3, 4],
       [9, 5]])
```

如果沿轴进行抽取，索引数组元素的最大值小于轴的长度，例如：

```
>>> np.take(b,[0,1],axis = 0)
array([[1, 5, 3, 4],
       [9, 8, 0, 6]])
>>> np.take(b,0,axis = 0)
array([1, 5, 3, 4])
>>> np.take(b,[0],axis = 0)        #0 索引代表的是[1,5,3,4]这个单元
array([[1, 5, 3, 4]])
>>> np.take(b,[0,1,0],axis = 0)
array([[0, 1, 2, 3, 4],
       [5, 6, 7, 8, 9],
       [0, 1, 2, 3, 4]])
```

被抽取的数组 0 轴的长度为 2，所以索引数组的元素最大值为 1。当沿轴进行抽取时，单个索引抽取的不再是数组的单个元素，而是沿轴的一个单元，例如：

```
>>> np.take(b,[3,1,2,2,1],axis = 1)
array([[3, 1, 2, 2, 1],
       [8, 6, 7, 7, 6]])
>>> np.take(b,[[0,3],[2,1]],axis = 1)
array([[[1, 4],
        [3, 5]],

       [[9, 6],
        [0, 8]]])
```

被抽取的数组 1 轴的长度为 4，所以沿 1 轴的最大索引为 3，0 索引代表是单元$[1,9]^T$。

np.compress()函数根据一维 bool 数组抽取数组中的元素，为真则抽取，为假则忽略。与 np.take()不同的是，bool 数组的长度不能大于操作轴的长度，如果给定的不是 bool 数组，

则会将其转化为 bool 数组，例如：

```
>>> a = np.arange(6).reshape(3,2)+1
>>> a
array([[1, 2],
       [3, 4],
       [5, 6]])
>>> np.compress([-1,2,0],a)#[-1,2,0]相当于[True,True,False]
array([1, 2])
>>> np.compress([0,1,2],a)#[0,1,2]对应于[False,True,True]
array([2, 3])
#range(6)对应于[False,True,True,True,True,True]
>>> np.compress(range(6),a)
array([2, 3, 4, 5, 6])
>>> np.extract(range(6),a)
array([2, 3, 4, 5, 6])
>>> a.compress([True,False,False,True])
array([1, 4])
```

可以看到，默认 axis=None 的情形下，被抽取的高维数组将被压缩至一维，此时功能与 np.extract()函数一样，或者说 np.extract()实现了 np.compress(axis=None)的功能。如果沿其他轴抽取元素，此时索引对应的就是沿轴的单个单元，比如：

```
>>> np.compress([0,1,2],a,axis = 0)
array([[3, 4],
       [5, 6]])
>>> a.compress([1,0],axis = 1)
array([[1],
       [3],
       [5]])
>>> a.compress([False,True],axis = 1)
array([[2],
       [4],
       [6]])
```

以上就是 NumPy 中一些常用的查找和操作数组元素的高级索引函数，在进行科学计算的过程中，首先应尽量使用 NumPy 自带的这些函数来满足所需要的功能。

5．逻辑运算

在科学计算中，有时需要对数组中的元素值进行逻辑运算，NumPy 提供了部分逻辑运算函数，如表 4.12 所示。

表 4.12　逻辑运算函数

函数/方法名	描　　述
all(a[,axis]) ndarray.all([axis])	判断沿给定轴的所有元素是否为真
any(a[,axis]) ndarray.any([axis])	判断沿给定轴是否有元素为真

（续）

函数/方法名	描　　述
isfinite(a)	判断数组中的元素是否为非inf和nan，返回bool数组
isinf(a)	判断数组中的元素是否为正无穷或负无穷，返回bool数组
isposinf(a)	判断数组中的元素是否为正无穷，返回bool数组
isneginf(a)	判断数组中的元素是否为负无穷，返回bool数组
isnan(a)	判断数组中的元素是否有nan，返回bool数组
isnat(a)	判断数组中的元素是否不为时间，返回bool数组
isreal(a)	判断数组中的元素是否为实数，返回bool数组
isrealobj(a)	判断是否为实数类型或实数数组
iscomplex(a)	判断数组中的元素是否为复数，返回bool数组
iscomplexobj(a)	判断是否为复数类型或复数数组
isscalar(a)	判断是否为标量
logical_and(a1,a2)	两个数组中的每个元素逻辑与运算
logical_or(a1,a2)	两个数组中的每个元素逻辑或运算
logical_not(a)	两个数组中的每个元素逻辑非运算
logical_xor(a1,a2)	两个数组中的每个元素逻辑异或运算

如果要判断数组中是否存在 0 元素，则可以通过 np.all()和 np.any()函数实现，例如：

```
>>> a = np.array([[1,2],[0,4]])
>>> b = np.zeros((4,4))
>>> np.all(a),b.all()          #数组 a 和 b 中有 0 元素，默认从 None 轴进行运算
(False, False)
>>> np.any(a),b.any()          #数组 a 中有非 0 元素，b 中没有，默认从 None 轴进行运算
(True, False)
>>> np.all(a,axis = 0)         #沿 0 轴运算
array([False,  True])
>>> b.all(axis=1)              #沿 1 轴运算
array([False, False, False, False])
```

可以看到，对于 np.all()和 np.any()这两个函数，数组都有与之对应的方法。以上运算对存在 inf 和 nan 等特殊元素的数组同样适用，判断时这些特殊元素也被认为是真的，例如：

```
>>> np.all([[1,np.inf],[np.nan,1]])
True
>>> np.array([[0,np.inf],[np.nan,0]]).any()
True
```

如果要判断数组中是否存在 inf、nan 等特殊元素，则使用 np.isfinite()函数。该函数判断数组中的元素是否为非 inf 和 nan，返回的是与输入数组相同形状的 bool 数组，例如：

```
>>> np.isfinite(0)
True
>>> a = np.array([np.inf,np.nan,1,0])
>>> b = np.array([[np.inf,np.nan],[1,0]])
```

```
>>> np.isfinite(a)
array([False, False,  True,  True])
>>> np.isfinite(b)
array([[False, False],
       [ True,  True]])
```

由于返回的是 bool 数组，意味着通过 bool 数组索引可以抽取出元素，例如：

```
>>> a[np.isfinite(a)]
array([1., 0.])
>>> b[np.isfinite(b)]
array([1., 0.])
```

np.isinf()、np.isposinf() 和 np.isneginf() 函数判断数组中的元素是否存在无穷，后面两个函数判断包括符号判断。np.isnan() 函数判断数组中的元素是否为 nan，例如：

```
>>> np.isinf(np.inf)
True
>>> np.isposinf(np.inf)
True
>>> np.isneginf(np.inf)
False
>>> np.isneginf(np.NINF)                    #np.NINF 为负无穷
True
>>> np.isnan([np.log(-1.),1.,np.log(0)])
array([ True, False, False])
```

np.isnat() 函数判断数组中的元素是否不为时间数据，例如：

```
>>> np.isnat(np.datetime64("2020-01-23"))
False
>>> np.isnat(np.array(["NaT", "2020-01-23"], dtype="datetime64[ns]"))
array([ True, False])
```

np.isreal() 和 np.isrealobj() 函数判断数组中的元素是否为实数数据类型，前者对数组中的每个元素进行判断，返回 bool 数组；后者判断数组类型是否为实数或实数对象，返回单个 bool 值，例如：

```
>>> np.isrealobj(1)
True
>>> np.isrealobj(1+0j)
False
>>> np.isrealobj([3, 1+0j, True])
False
```

对应于实数判断，np.iscomplex() 和 np.iscomplexobj() 函数可以对复数进行判断，比如：

```
>>> a = np.array([1+1j,1+0j,4.5,3,2,2j])
>>> np.iscomplex(a)
array([ True, False, False, False, False,  True])
>>> np.iscomplexobj(a)
True
```

np.isscalar() 函数用于判断数据是否为标量，即：

```
>>> np.isscalar(2)
True
```

```
>>> np.isscalar(3.2)
True
>>> np.isscalar([3.2])
False
>>> np.isscalar(np.array([1,2]))
False
```

接下来介绍的是逻辑表达式函数，np.logical_and()、np.logical_or()和 np.logical_xor() 函数分别对数组 a1 和 a2 的每个元素进行逻辑与、逻辑或和逻辑异或判断，要求 a1 和 a2 形状相同或能相互广播。例如：

```
>>> a = np.array([[2,3],[3,4]])
>>> b = np.array([[0,1],[1,0]])
>>> c = np.zeros(2)
>>> np.logical_and(a,b)
array([[False, True],
       [ True, False]])
>>> np.logical_and(a,c)                    #c 数组广播成二维
array([[False, False],
       [False, False]])
>>> np.logical_or(a,b)
array([[ True, True],
       [ True, True]])
>>> np.logical_or(b,c)
array([[False, True],
       [ True, False]])
>>> np.logical_xor(b,c)
array([[False, True],
       [ True, False]])
```

也可以对数组的条件表达式进行判断，例如：

```
>>> np.logical_and(a>1,a<3)
array([[ True, False],
       [False, False]])
>>> np.logical_or(a>1,b<3)
array([[ True, True],
       [ True, True]])
```

np.logical_not()函数对数组元素进行逻辑非运算，例如：

```
>>> np.logical_not(b)
array([[ True, False],
       [False, True]])
>>> np.logical_not(a<b)
array([[ True, True],
       [ True, True]])
```

【实例 4.7】 给定平面上的一组点集，找出位于某矩形区域中的点。

对于实例 4.7，可采用逻辑运算实现，例如随机生成一组点集 P：

```
>>> P = np.random.randint(-10,10,(10,2))
>>> P
array([[ -1, -10],
       [  9,   0],
       [ -6,  -7],
```

```
     [ -4,   -5],
     [ -6,    2],
     [ -2,    2],
     [  4,    7],
     [  9,  -10],
     [ -9,   -8],
     [ -2,    2]])
```

找到位于以原点为中心、边长为 6 的正方形区域内的点，即：

```
>>> xb = np.logical_and(X>-3,X<3)        #找到满足 x 条件的点
>>> yb = np.logical_and(Y>-3,Y<3)        #找到满足 y 条件的点
>>> indices = np.logical_and(xb,yb)      #找到都满足的点
>>> P[indices]                           #输出这些点
array([[-2,  2],
       [-2,  2]])
```

以上就是数组逻辑运算的相关知识点介绍。接下来将介绍一些常用的数学函数。

6．数学函数

除了算术运算、比较运算和逻辑运算外，NumPy 中也定义了大量支持元运算的数学函数，如表 4.13 所示。

表 4.13　常用的数学函数

函　数　名	描　　　述
reciprocal(x)	倒数运算
real(x),imag(x) conj(x),angle(x)	复数数组的实部、虚部、共轭和幅角
sign(x)	符号函数，如果元素小于0则返回-1，大于0则返回1
abs(x)	绝对值运算
modf(x)	返回元素的小数和整数部分
positive(x) negative(x)	正、负运算
floor(x),ceil(x) rint(x),round(x) fix(x),trunc(x)	取整运算
sqrt(x)	平方根
cbrt(x)	立方根
square(x)	开平方
hypot(x)	直角三角形斜边计算，同np.sqrt(x**2+y**2)
exp(x)	以e为底的指数运算，即e**x
expm1	同exp(x)-1
exp2(x)	以2为底的指数运算,2**x

（续）

函　数　名	描　　　述
log(x),log2(x) log10(x)	分别为以e、2和10为底的对数运算
log1p(x)	同log(x+1)
logaddexp(x1,x2)	同log(e**x1+e**x2)
logaddexp2(x1,x2)	同log2(2**x1+2**x2)
sin(x),cos(x) tan(x)	三角函数运算
arcsin(x),arccos(x) arctan(x),arctan2(x)	反三角函数运算
sinh(x),cosh(x) tanh(x)	双曲函数运算
arcsinh(x),arccosh(x) arctanh(x)	反双曲函数运算
degrees(x) rad2deg(x)	将弧度转换为角度
radians(x) deg2rad(x)	将角度转换为弧度
heaviside(x1,x2)	阶跃函数运算
diff(a[,n,axis,prepend,append])	数组元素求差函数
ediff1d(a[,to_end,to_begin])	数组元素求差函数
gradient(a)	数组导数计算函数
cross(a,b[,axisa,axisb,axisc,axis])	向量（数组）的叉乘
trapz(y[,x,dx,axis])	复化梯形公式数值积分函数
convolve(a,v[,mode])	离散卷积函数
interp(x,xp,fp[,left,right,period])	线性差值函数

注：以上函数对标量同样适用。

　　由于函数过多，这里不一一介绍，读者可自行进行测试，下面仅介绍一些注意事项和不常用的函数。

　　首先是导数运算和取整运算，举例如下：

```
>>> a = np.array([[2,3],[3,4]])
>>> np.reciprocal(a)
array([[1, 0],
       [0, 0]], dtype=int32)
>>> np.reciprocal(a,dtype = float)
array([[1.        , 0.5       ],
       [0.33333333, 0.25      ]])
```

如果数组元素为整数，导数运算时会默认执行整除，这时可以通过设定数据类型方式调整为真除。

np.arctan(y/x)函数和 np.arctan2(y,x)函数的参数数量不同，后者能反映点所在的象限。比如(-1,1)和(1,-1)分别为第二象限和第四象限的点，使用两个函数如下：

```
>>> np.arctan(-1/1)
-0.7853981633974483
>>> np.arctan2(-1,1)
-0.7853981633974483
>>> np.arctan(1/-1)
-0.7853981633974483
>>> np.arctan2(1,-1)
2.356194490192345
```

【实例 4.8】　将平面直角坐标系中的点集转换到对应的极坐标系中。

现有 4 个点 $p_1(8, -2)$，$p_2(-6, -4)$，$p_3(4, -2)$，$p_4(-9, 1)$，用形状为(4, 2)的数组描述如下：

```
>>> points = np.array([[8,-2],
                       [-6,-4],
                       [4,-2],
                       [-9,1]])
>>> points
array([[ 8, -2],
       [-6, -4],
       [ 4, -2],
       [-9,  1]])
>>> x,y = points[:,0],points[:,1]          #点的 x 坐标和 y 坐标
>>> x
array([ 8, -6,  4, -9])
>>> y
array([-2, -4, -2,  0])
```

二维数组的第 1 列为点的 x 坐标，第 2 列为 y 坐标。将直角坐标系与极坐标系进行转换的公式为：

$$\begin{cases} x = r\cos\theta \\ y = r\sin\theta \end{cases} \qquad (4.7)$$

其中，$r = \sqrt{x^2 + y^2}$，$\theta = \arctan\dfrac{y}{x}$。

求出每个点对应的 r 和 θ 即可，采用向量化运算如下：

```
>>> r = np.hypot(x,y)
>>> theta = np.arctan2(y,x)                #象限角
>>> r
array([8.24621125, 7.21110255, 4.47213595, 9.        ])
>>> theta
array([-0.24497866, -2.55359005, -0.46364761,  3.03093543])
```

直角坐标与极坐标通过数组索引实现一一对应。

NumPy 中定义了多个取整函数，如表 4.14 所示。

表 4.14　取整函数

函　数　名	描　　述
floor(x)	向下取整
ceil(x)	向上取整
round(x)	四舍五入
rint(x)	离最近的整数四舍五入
fix(x)	离最靠近0的整数四舍五入
trunc(x)	截断取整

举例如下：

```
>>> a = np.array([-1.7, -1.5, -0.2, 0.2, 1.5, 1.7, 2.0])
>>> a
array([-1.7, -1.5, -0.2,  0.2,  1.5,  1.7,  2. ])
>>> np.floor(a)
array([-2., -2., -1.,  0.,  1.,  1.,  2.])
>>> np.ceil(a)
array([-1., -1., -0.,  1.,  2.,  2.,  2.])
>>> np.round(a)
array([-2., -2., -0.,  0.,  2.,  2.,  2.])
>>> np.rint(a)
array([-2., -2., -0.,  0.,  2.,  2.,  2.])
>>> np.fix(a)
array([-1., -1., -0.,  0.,  1.,  1.,  2.])
>>> np.trunc(a)
array([-1., -1., -0.,  0.,  1.,  1.,  2.])
```

np.heaviside()函数执行阶跃函数运算，该函数为分段函数，定义为：

$$heaviside(x_1, x_2) = \begin{cases} 0 & \text{if } x_1 < 0 \\ x_2 & \text{if } x_1 = 0 \\ 1 & \text{if } x_1 > 0 \end{cases} \tag{4.8}$$

在 Shell 中举例如下：

```
>>> a = np.array([-1.5,0,2.0])
>>> b = np.array([[2,-1],[0,3]])
>>> np.heaviside(a,0.5)
array([0. , 0.5, 1. ])
>>> np.heaviside(b,-0.5)
array([[ 1. ,  0. ],
       [-0.5,  1. ]])
```

np.diff()和 np.ediff1d()函数都能返回数组元素差的数组，对于一维数组，默认参数情况下的运算规则为：

$$b_i = a_{i+1} - a_i \tag{4.9}$$

这意味着返回数组的长度较输出数组小 1，在 Shell 中举例如下：

```
>>> a = np.array([1,3,6,4,9,0,4,5])
>>> np.diff(a)
array([ 2,  3, -2,  5, -9,  4,  1])
>>> np.ediff1d(a)
array([ 2,  3, -2,  5, -9,  4,  1])
```

当输入数组为高维时，默认参数下 np.diff(axis=-1)沿最后轴运算，而 np.ediff1d()先将数组压缩至一维然后运算，比如：

```
>>> b = a.reshape(2,4)
>>> np.diff(b)
array([[ 2,  3, -2],
       [-9,  4,  1]])
>>> np.ediff1d(b)
array([ 2,  3, -2,  5, -9,  4,  1])
```

np.diff()函数通过参数 n 设置求差的次数，默认 n=1，接着上例：

```
>>> np.diff(np.diff(a))          #两次求差
array([  1,  -5,   7, -14,  13,  -3])
>>> np.diff(a,n=2)               #设 n=2 表示两次求差
array([  1,  -5,   7, -14,  13,  -3])
>>> np.diff(b,n=2)
array([[  1,  -5],
       [ 13,  -3]])
```

np.ediff1d()函数通过设置参数 to_end 和 to_begin 在求差数组前面和后面插入元素，两个参数都是**类数组**类型。例如：

```
>>> np.ediff1d(a,to_end=1,to_begin=2)
array([ 2,  2,  3, -2,  5, -9,  4,  1,  1])
>>> np.ediff1d(a,to_end=[0,2],to_begin=[3,4])
array([ 3,  4,  2,  3, -2,  5, -9,  4,  1,  0,  2])
```

np.gradient()函数通过中心差分公式计算数组元素的导数，例如抛物线的离散表达和导数计算如下：

```
>>> x = np.linspace(-4,4,10)
>>> y = x**2
>>> np.gradient(y,x)
array([-7.11111111, -6.22222222, -4.44444444, -2.66666667, -0.88888889,
        0.88888889,  2.66666667,  4.44444444,  6.22222222,  7.11111111])
```

对于边界值特殊的情形，通过参数 edge_order={1,2}设置采用 1 阶还是 2 阶精度的差分，例如：

```
>>> x = np.arange(10)
>>> y = x**2
>>> np.gradient(y,x)
array([ 1.,  2.,  4.,  6.,  8., 10., 12., 14., 16., 17.])
```

默认 edge_order=1 时的结果错误，设置 edge_order=2 则计算准确，例如：

```
>>> np.gradient(y,x,edge_order=2)
array([ 0.,  2.,  4.,  6.,  8., 10., 12., 14., 16., 18.])
```

np.cross()函数用于计算向量的叉乘，即与两向量 a 和 b 垂直的第三向量 c，输入参数 a 和 b 的类型为类数组。例如：

```
>>> a = [1, 2, 3]
>>> b = [4, 5, 6]
>>> np.cross(a,b)
array([-3,  6, -3])
>>> np.cross(x[:2],b)                    #向量[1,2]与[4,5,6]叉乘
array([12, -6, -3])
>>> np.cross([1,2,0],b)                  #向量[1,2,0]与[4,5,6]叉乘
array([12, -6, -3])
```

对于二元向量，返回的是标量，例如：

```
>>> np.cross(a[:2],b[:2])
array(-3)
```

多个向量的叉乘可以通过高维数组来实现，例如：

```
>>> a = np.array([[1,2,3], [4,5,6]])
>>> b = np.array([[4,5,6], [1,2,3]])
>>> np.cross(a,b)
array([[-3,  6, -3],
       [ 3, -6,  3]])
>>> np.cross(a[0],b[0])
array([-3,  6, -3])
>>> np.cross(a[1],b[1])
array([ 3, -6,  3])
```

np.trapz()函数采用复化梯形公式求函数的积分。例如求如下定积分：

$$I = \int_0^9 x^2 \mathrm{d}x$$

在 Shell 中举例如下：

```
>>> x = np.arange(10)
>>> x
array([0, 1, 2, 3, 4, 5, 6, 7, 8, 9])
>>> y = x**2
>>> S = np.trapz(y,x)
>>> S
244.5
```

数值积分的误差如下：

```
>>> I = 9**3/3
>>> I
243.0
>>> err = S - I                          #误差
>>> err
1.5
```

由于样本点稀疏，导致数值积分精度低，误差大。可以减小样本点之间的距离来增加精度，减小误差，例如：

```
>>> x = np.linspace(0,9,100)
>>> y = x**2
```

```
>>> S = np.trapz(y,x)
>>> S
243.01239669421486
>>> err = S - I
>>> err
0.012396694214857007
```

参数 x 为样本点，y 是与 x 对应的被积函数值，dx 为参数 x 的增量，默认 dx=1。如果不设置参数 x，将通过增量 dx 来创建 x。例如：

```
>>> np.trapz(y)
2673.1363636363635
>>> np.trapz(y,np.arange(100))
2673.1363636363635
```

可以看到，当不设置 x 时，则创建的 x 是从 0 开始，以默认的 dx=1 递增的等差数列。

np.convolve()函数用于计算两个一维数组的离散卷积，一维数组 a 和 v 的离散卷积定义如下：

$$(a*v)[n] = \sum_{m=-\infty}^{\infty} a[m]v[n-m]$$

np.convolve()函数支持 3 种计算模式，分别为 full、same 和 valid，返回数组的 size 不同。

默认为 full 模式，例如：

```
>>> a = [1,3,4]
>>> v = [4,2,1,4]
>>> av = np.convolve(a,v)
>>> av
array([ 4, 14, 23, 15, 16, 16])
```

full 模式下输出数组 size 为 N=size(a)+M=size(v)-1，根据离散卷积计算公式有：

```
av[0]=a[0]*v[0-0]+a[1]*v[0-1]+a[2]*v[0-2]+a[3]*v[0-3]=1*4+3*0+4*0+0*0=4
av[1]=a[0]*v[1-0]+a[1]*v[1-1]+a[2]*v[1-2]+a[3]*v[1-3]= 1*2+3*4+4*0+0*0=14
```

需要注意的是，在该公式中，数组负索引和超过最大索引对应的元素为 0。以此类推有：

```
av[5]=a[0]*v[5-0]+a[1]*v[5-1]+a[2]*v[5-2]+a[3]*v[5-3]= 1*0+3*0+4*4+0*0=16
```

same 模式下返回的数组元素数量为 max(M,N)，valid 模式下返回的数组元素数量为 max(M,N) -min(M,N)+1，例如：

```
>>> np.convolve(a,v,mode="same")
array([14, 23, 15, 16])
>>> np.convolve(a,v,mode="valid")
array([23, 15])
```

np.interp()函数根据已有的数据点计算一维线性插值，参数 xp 和 fp 对应已知的数据点。例如：

```
>>> xp = [1, 2, 3]
>>> fp = [1, 4, 9]
>>> np.interp(2.5, xp, fp)          #计算 2.5 对应的值
6.5
```

xp 如果不是递增的数列，则首先将其排序成递增的数列，例如：

```
>>> xp = [2, 1, 3]
>>> fp = [4, 1, 9]
>>> np.interp([1.5,2.5], xp, fp)
array([4., 7.])
```

如果求值元素的值（比如 0 和 4）超过 xp 的范围，默认取 fp 的左右两侧。也可以通过参数 left 和 right 进行设置，例如：

```
>>> np.interp(0,xp,fp)
4.0
>>> np.interp(0,xp,fp,left = 99)
99.0
>>> np.interp(4,xp,fp)
9.0
>>> np.interp(4,xp,fp,right = -99)
-99.0
```

period 参数将 xp 设置为周期点，此时 left 或 right 参数将会被忽略，例如：

```
>>> np.interp(4,xp,fp,period=2)
4.0
>>> np.interp(4,xp,fp,period=-1)
9.0
```

表 4.13 中没有介绍到的数学函数，读者可以自行测试或与笔者进行交流。

7. 统计运算

对数据进行统计在科学计算中使用非常频繁，NumPy 也提供了一系列的统计运算函数或方法，见表 4.15。

表 4.15　NumPy中的统计函数

函数/方法名	描　　述
sum(a[,axis,…]) nansum(a[,axis…]) ndarray.sum([,axis…])	计算数组元素的和
prod(a[,axis,…]) nanprod(a[,axis…]) ndarray.prod([,axis…])	计算数组元素的乘积
cumsum(a[,axis,…]) nancumsum(a[,axis…]) ndarray.cumsum([,axis…])	返回数组元素累计和的向量
cumprod(a[,axis,…]) nancumprod(a[,axis…]) ndarray.cumprod([,axis…])	返回数组元素累计乘积的向量

（续）

函数/方法名	描　　述
min(a[,axis,…]) nanmin(a[,axis,…]) ndarray.min([,axis,…]) argmin(a[,axis,…])	计算数组中的最小值和索引
minimum(a,b[,…])	对比两个数组中的最小值
max(a[,axis,…]) nanmax(a[,axis,…]) ndarray.max([,axis,…]) argmax(a[,axis,…])	计算数组中的最大值和索引
maximum(a,b[,…])	对比两个数组中的最大值
ptp(a[,axis,…]) ndarray.ptp([,axis,…])	计算最大值与最小值的差
median(a[,axis,…]) nanmedian(a[,axis,…])	计算中位数
percentile(a[,axis,…]) nanpercentile(a[,axis,…])	计算任意百分比分位数
average(a[,axis,…])	计算加权平均数
mean(a[,axis,…]) nanmean(a[,axis,…]) ndarray.mean([,axis,…])	计算算术平均数
var(a[,axis,…]) nanvar(a[,axis,…]) ndarray.var([,axis,…])	计算均方差
std(a[,axis,…]) nanstd(a[,axis,…]) ndarray.std([,axis,…])	计算标准差，即均方差开平方
cov(m[,y,…])	计算协方差
corrcoef(x,[y,…])	计算相关系数
correlate(a,v)	计算互相关系数

在 Shell 中举例如下：

```
>>> np.sum([2,3,5])
10
>>> np.sum([0.1,0.7,1.9],dtype = int)
1
>>> a = np.array([[2.,1],[3,9],[5,4]])
>>> a
array([[2., 1.],
       [3., 9.],
```

```
        [5., 4.]])
>>> np.sum(a)
24.0
>>> np.sum(a,axis=0)                              #沿 0 轴求和
array([10., 14.])
>>> np.sum(a,1)                                   #沿 1 轴求和
array([ 3., 12.,  9.])
>>> a.sum(),a.sum(axis=0),a.sum(1)               #数组对象有 sum()方法
(24.0, array([10., 14.]), array([ 3., 12.,  9.]))
```

由以上程序可以看到，np.sum()函数默认是对数组的所有元素求和。如果设置了参数 dtype，求和前会先转换数据类型然后才进行求和运算，比如数组[0.1,0.7,1.9]整数求和会先将元素转换为[0,0,1]，求和结果为 1。数组对象的 sum()方法与 np.sum()函数的功能相同。

参数 axis 可以设定沿轴求和，如图 4.32 为数组求和可视化。

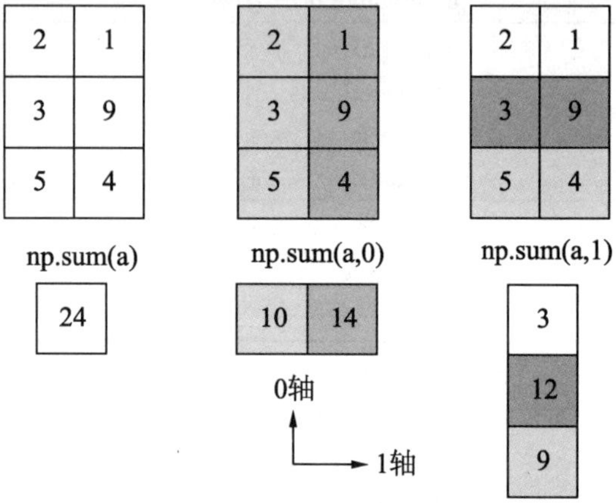

需要注意的是，如果数组元素中存在 np.nan 对象，运算结果如下：

图 4.32　数组求和可视化

```
>>> np.sum([[2,np.nan],[3,4]])
nan
>>> np.sum([[2,np.nan],[3,4]],axis=0)
array([ 5., nan])
```

这样的结果可能不是我们想要的，NumPy 中也定义了运算时忽略 np.nan 元素的函数，就是给原函数加上前缀 nan，如表 4.15 所示。np.nansum()函数对应 np.sum()，np.nanprod()对应 np.prod()等，举例如下：

```
>>> np.nansum([[2,np.nan],[3,4]])
9.0
>>> np.nansum([[2,np.nan],[3,4]],axis=0)
array([5., 4.])
```

后面的介绍中将不再对 nan 前缀函数进行举例，请读者自行测试。

同理，np.prod()函数和 ndarray.prod()方法只是将加法换成了乘法。例如：

```
>>> np.prod(a),np.prod(a,0),np.prod(a,axis = 1)
(1080.0, array([30., 36.]), array([ 2., 27., 20.]))
>>> a.prod(),a.prod(axis = 0),a.prod(1)
(1080.0, array([30., 36.]), array([ 2., 27., 20.]))
```

np.cumsum()和 np.cumprod()是将元素累计相加和相乘，以下简称累计函数。在 Shell 中举例如下：

```
>>> np.cumsum(a)
array([ 2.,  3.,  6., 15., 20., 24.])
>>> np.cumprod(a)
```

```
array([  2.,    2.,    6.,   54.,  270., 1080.])
>>> a.cumsum(axis=0)
array([[ 2.,  1.],
       [ 5., 10.],
       [10., 14.]])
>>> a.cumprod(axis=1)
array([[ 2.,  2.],
       [ 3., 27.],
       [ 5., 20.]])
```

累计函数/方法运算可视化如图 4.33 所示。调用函数时，如果不设置计算轴，运算时会先将数组按顺序压缩至一维，然后从第 1 个元素开始累计相加或相乘。

$$a_i = \begin{cases} a_i\,(+/*) & i = 0 \\ a_i + a_{i-1} & \text{其他} \end{cases}$$

当设置计算轴时，同样的计算规则沿每根轴进行计算。

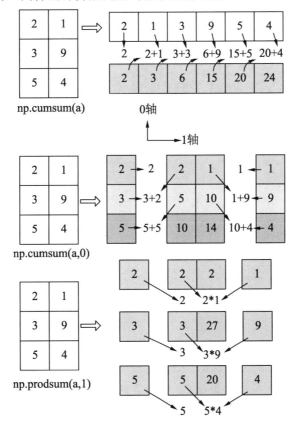

图 4.33　数组的累计运算可视化

np.min()和 np.max()函数的计算规则与 np.sum()类似，区别在于前者是求最值，后者是求和，运算过程可视化见图 4.34。在 Shell 中举例如下：

```
>>> np.max(a)
9.0
>>> a.max(0)
array([5., 9.])
>>> a.min(axis=1)
array([1., 3., 4.])
```

np.argmax()和 np.argmin()函数返回最大值和最小值在数组中的索引，例如：

```
>>> np.argmax(a)
3
>>> a.flat[np.argmax(a)]
9.0
>>> np.argmin(a,axis = 1)
array([1, 0, 1], dtype=int64)
```

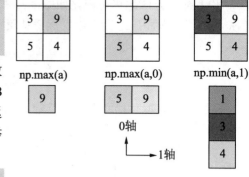

np.maximum(A,B)和 np.minimum(A,B)函数是比较函数，至少传入两个参数 A 和 B。A 和 B 必须是可进行运算的数组或数（支持广播），返回数组的元素为 A、B 中的最大值或最小值。举例如下：

```
>>> np.maximum([2,3,5],[8,0,4])
array([8, 3, 5])
>>> np.minimum([[2,3,5],[4,1,7]],
[[8,0,4],[9,1,2]])
array([[2, 0, 4],
       [4, 1, 2]])
>>> np.maximum([[2,3,5],[4,1,7]],4)      #每个元素与 4 比较，取大值
array([[4, 4, 5],
       [4, 4, 7]])
>>> np.maximum([[2,3,5],[4,1,7]],[8,0,4]) #广播后比较并取值
array([[8, 3, 5],
       [8, 1, 7]])
```

图 4.34　数组最值运算可视化

np.ptp()用于计算数组中最大值与最小值的差，可设置轴，例如：

```
>>> np.ptp(a)
8.0
>>> np.ptp(a,0)
array([3., 8.])
>>> a.ptp(axis=1)
array([1., 6., 1.])
```

np.median()函数用于计算数组的中位数。中位数是指将数据按顺序排列，处于中间位置的数。如果序列个数为偶数，则取中间位置两个数的平均值。例如序列[1,6,4,2,1]，先将其排序为[1,1,2,4,6]，中间位置的数是 2，所以 2 就是中位数；对应偶数长度序列[3,9,4,5]，先将其排序为[3,4,5,9]，其中位数为(4+5)/2=4.5。

调用函数计算数组的中位数时，如果不设置轴，首先将数组压缩至一维，然后计算其中位数。如果设置了轴，则沿轴方向分别计算。

np.percentile(array,q,axis)函数用于计算数组的任意百分比分位数，q 参数设置分位数，表示顺序序列中有 q%的数小于等于这个值，当 q=50 时表示为中位数。举例如下：

```
>>> a = np.array([[2.,1],[3,9],[5,4]])
>>> np.median(a)
3.5
>>> np.median(a,axis=0)                  #沿 0 轴取中位数
array([3., 4.])
>>> np.median(a,axis=1)                  #沿 1 轴取中位数
array([1.5, 6. , 4.5])
>>> np.percentile(a,50)
3.5
>>> np.percentile(a,50,axis = 0)
array([3., 4.])
>>> np.percentile(a,50,axis = 1)
array([1.5, 6. , 4.5])
>>> np.percentile(a,40,axis = 1)
array([1.4, 5.4, 4.4])
```

np.average() 和 np.mean() 都是求平均数，但前者可以设置权重。例如：

```
>>> np.mean(a)
4.0
>>> a.mean(0)
array([3.33333333, 4.66666667])
>>> np.average(a)
4.0
>>> np.average(a,1)
array([1.5, 6. , 4.5])
>>> w = np.array([[0.4,0.6],[0.9,0.7],[0.5,0.4]])
>>> np.average(a,weights = w)
4.142857142857143
>>> np.average(a,0,[2,1,3])
array([3.66666667, 3.83333333])
```

当不设置权重参数 weights 时，二者的运算是完全一样的。

np.var() 和 np.std() 函数分别计算数组的方差和标准差，np.cov() 函数计算数组的协方差，可以设置轴。例如：

```
>>> np.var(a)
6.666666666666667
>>> np.std(a)
2.581988897471611
>>> np.std(a)**2                         #标准差的平方为方差
6.666666666666666
>>> a.std(0)                             #沿 0 轴计算
array([1.24721913, 3.29983165])
>>> a.var(1)                             #沿 1 轴计算
array([0.25, 9. , 0.25])
>>> np.sum((np.mean(a)-a)**2)/6          #根据定义计算方差
6.666666666666667
>>> np.cov(a)
array([[ 0.5, -3. ,  0.5],
       [-3. , 18. , -3. ],
       [ 0.5, -3. ,  0.5]])
```

可以看到，标准差的平方是方差。设置 np.var() 和 np.std() 函数中的 ddof 参数可调整自

由度，比如：

```
>>> np.var(a,ddof = 1)
8.0
>>> np.sum((np.mean(a)-a)**2)/5
8.0
```

np.corrcoef()和 np.correlate()函数计算数组的相互性系数和互关性系数。比如：

```
>>> x = np.array([1,5,3,4])
>>> y = np.array([9,4,2,5])
>>> np.corrcoef(x,y)
array([[ 1.        , -0.66299354],
       [-0.66299354,  1.        ]])
>>> np.correlate(x,y)
array([55])
```

以上就是 NumPy 中关于数组操作和运算的相关函数/方法介绍，并没有涵盖所有的知识点，更具体的细节读者可以根据需要参考 NumPy 手册或者与笔者交流。

【实例 4.9】 定义 KNN 分类器并预估小明的成绩。

根据图 4.10 给出的 KNN 类的内容可知，初始化方法输入的是历史样本数据。样本数据由**特征**（Feature）数据和**标签**（Label）数据组成，学生的平时成绩是特征数据，每条数据有两个特征，分别为作业分数和考勤打分；而老师根据分数给定的成绩等级是标签数据。假设学生样本数据为 N 条，特征数为 M（该例 M=2），特征数据用二维数组描述，形状可以是(M, N)或者(N, M)。对应地，如果标签数据用一维数组描述，则形状为(M,)；如果标签数据用二维数组描述，则形状为(M, 1)或(1, M)。选用不同的数据描述方式，编写的程序也迥异。这意味着，输入样本数据格式在程序编写前就要确定。比如本例规定输入特征数据为形状(N,M)的二维数组，输入样本标签数据为形状(N,)的一维数组。定义 KNN 类如下：

```
import numpy as np
class KNN:                                #定义类名为 KNN
    #类初始化输入为样本特征数据和对应的标签数据
    def __init__(self,feature,label):
        #np.asarray()函数将类数组转换为数组
        self.feature = np.asarray(feature)
        self.label = np.asarray(label)

    def classify(self,data,k = 1,method = "euclid"):    #分类方法
        data = np.asarray(data)
        if method == "manhattan":             #选择距离计算函数
            dist_fun = manhattan_dist
        elif method == "chebyshev":
            dist_fun = chebyshev_dist
        else:
            dist_fun = euclid_dist

        dist = dist_fun(data,self.feature)    #计算距离
        indices = np.argsort(dist)[:k]        #选择距离最近的 k 个样本
        knn = np.take(self.label,indices)     #找到距离最近的 k 个样本对应的标签
```

```
        v,c = np.unique(knn,return_counts=True)    #计算每个样本出现的次数
        kmax = np.argmax(c)                         #找到出现次数最多的样本
        return v[kmax]                              #返回该样本对应的标签

def euclid_dist(d,feature):          #计算当前特征点与所有样本特征点的欧几里得距离
    D = d - feature
    return np.sqrt(np.sum(D**2,axis = 1))

def manhattan_dist(d,feature):                      #计算曼哈顿距离
    return np.sum(np.abs(d-feature),axis = 1)


def chebyshev_dist(d,feature):                      #计算切比雪夫距离
    return np.max(np.abs(d-feature),axis = 1)
```

接下来，在同一模块中创建历史样本数据如下：

```
def create_data():
    feature = [[40,60],
               [40,30],
               [30,40],
               [40,50],
               [44,50],
               [60,30],
               [60,60],
               [70,55],
               [60,65],
               [70,65],
               [65,67],
               [64,65],
               [80,90],
               [85,88],
               [95,90],
               [80,80],
               [90,70],
               [95,95],
               [98,100]]
    label = ["C","C","C","C","C","C",
            "B","B","B","B","B","B",
             "A","A","A","A","A","A","A"]
    return feature,label
```

然后在同一模块中输入如下内容，预估小明的成绩。

```
if __name__ == "__main__":
    feature,label = create_data()
    knn = KNN(feature,label)
    data= [55,78]                                   #小明的平时成绩
    t1 = knn.classify(data)                         #默认欧几里得距离
    t2 = knn.classify(data,k=3)                     #设置 k=3
    t3 = knn.classify(data,method = "manhattan")    #使用曼哈顿距离
    t4 = knn.classify(data,method = "chebyshev")    #使用切比雪夫距离
```

运行模块，结果如下：

```
>>> t1
'B'
```

```
>>> t2
'B'
>>> t3
'B'
>>> t4
'B'
```

可以看到，采用 3 种不同的距离计算公式并设置不同的邻近数 k，得到的结果一致认为小明的成绩等级为 B。

本例相对简单，样本特征数和标签较少，再加上数据是笔者虚构的，量小且质量偏高，因此结果比较明显，而实际工作中的数据量更大，规律性也不易用肉眼观察。

4.3 弹 簧 系 统

弹簧在弹性范围内的变形遵循胡克定律（见图 4.35），即：

$$F=k\Delta x$$

其中，k 为弹簧的刚度，单位为 kN/m，Δx 为弹簧的变形量，单位为 m，F 为弹簧一端的拉力，单位为 kN。

图 4.36 所示为两端固定的弹簧系统，6 根弹簧在水平方向上由 5 个块体连接，0 号块体受到沿 x 轴正方向大小为 80kN 的力，3 号块体受到沿 x 轴负方向大小为 60kN 的力。

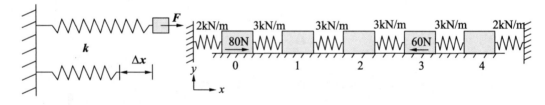

图 4.35　胡克定律示意图　　　　　　　　图 4.36　弹簧-块体系统

假设每个块体的水平位移为 x_i，则弹簧-块体系统的平衡方程组为：

$$3(x_1-x_0)-2x_0=-80$$
$$3(x_2-x_1)-3(x_1-x_0)=0$$
$$3(x_3-x_2)-3(x_2-x_1)=0$$
$$3(x_4-x_3)-3(x_3-x_2)=60$$
$$-3(x_4-x_3)-2x_4=0$$

4.3.1　线性代数相关函数

【实例 4.10】　求解图 4.36 中各块体的位移。

弹簧-块体系统平衡方程组为一个线性方程组，求解时首先将其转化为如下形式：

$$Ax=b$$

其中，A 为系数矩阵，x 为未知量组成的列向量，b 为常数列向量。

弹簧-块体系统平衡方程组如下：

$$\begin{bmatrix} -5 & 3 & 0 & 0 & 0 \\ 3 & -6 & 3 & 0 & 0 \\ 0 & 3 & -6 & 3 & 0 \\ 0 & 0 & 3 & -6 & 3 \\ 0 & 0 & 0 & 3 & -5 \end{bmatrix} \begin{bmatrix} x_0 \\ x_1 \\ x_2 \\ x_3 \\ x_4 \end{bmatrix} = \begin{bmatrix} -80 \\ 0 \\ 0 \\ 60 \\ 0 \end{bmatrix}$$

得到了系数矩阵 A，以及未知量和常量向量 x、b 后，可以使用 NumPy 中的线性代数模块 linalg 进行求解，调用 np.linalg.sovle(a,b)函数即可。例如：

```
>>> a = np.array([[-5,3,0,0,0],
                  [3,-6,3,0,0],
                  [0,3,-6,3,0],
                  [0,0,3,-6,3],
                  [0,0,0,3,-5]])
>>> b = np.array([-80,0,0,60,0])
>>> x = np.linalg.solve(a,b)
>>> x
array([ 20.71428571,  7.85714286, -5.      , -17.85714286,
       -10.71428571])
```

在计算过程中，b 向量可以用一维数组或二维数组描述，计算结果 x 与 b 的形状保持一致。例如：

```
>>> b = b.reshape(-1,1)
>>> b
array([[-80],
       [ 0],
       [ 0],
       [ 60],
       [ 0]])
>>> x = np.linalg.solve(A,b)
>>> x
array([[ 20.71428571],
       [ 7.85714286],
       [ -5.      ],
       [-17.85714286],
       [-10.71428571]])
```

上面求解得到了块体的水平位移向量 x，通过块体编号索引可得到每个块体的位移，如 x[0]表示 0 号块体的位移。

在调用 np.linalg.solve(a,b)函数时，系数矩阵 A 必须是满秩的方阵。由于线性方程组的求解也可以写成：

$$x=A^{-1}b$$

所以也可以调用 np.linalg.inv(a)函数先求得系数矩阵 A 的逆矩阵，然后调用矩阵乘法运算函数。例如：

```
>>> a_ = np.linalg.inv(a)                    #求 A 的逆矩阵
>>> x = np.matmul(a_,b)                       #矩阵乘法 x=a⁻¹b
>>> x
array([ 20.71428571,   7.85714286,  -5.        , -17.85714286,
       -10.71428571])
```

np.matmul 函数执行矩阵的乘法运算，也可以用@运算符快捷表达。

如果 A 不为满秩方阵，则可调用 np.linalg.lstsq(a,b[,rcond])函数求近似解，该函数使用最小二乘法，输出 x 向量满足二范数$\|b\text{-}Ax\|^2$ 最小，即该函数可用于线性拟合。参数 A 的形状为(M,N)，b 的形状为(M,)或(M,K)，输出 x 的维度与 b 的维度一致，即：

$$x=(x_1,\cdots x_k)^T=A^{-1}(b_1, \cdots, b_k)^T$$

np.linalg.lstsq(a,b[,rcond])函数返回四个输出，具体如下：

```
>>> a = np.arange(8).reshape(4,2)
>>> b = np.array([2,3,4,5])
>>> x,res,r,s = np.linalg.lstsq(a,b,rcond=None)
>>> x                                    #求解得到的 x 向量
array([-1.5,  2. ])
>>> res
array([2.87194673e-30])
>>> r
2
>>> s
array([11.80788803, 0.75748278])
>>> np.isclose(a @ x,b)
array([ True,  True,  True,  True])
```

res 为二范数的值$\|b\text{-}Ax\|^2$，r 为矩阵 A 的秩，s 为 A 的奇异值（参考矩阵分解）。

也可以利用伪逆矩阵进行求解，调用 np.linagl.pinv(a)函数即可，接着上例：

```
>>> a_ = np.linalg.pinv(a)               #求 A 的伪逆矩阵
>>> x = a_ @ b                           #执行矩阵乘法 x=a⁻¹b
>>> x
array([-1.5,  2. ])
```

numpy.linalg 模块中定义了与线性代数相关的更多函数，包括矩阵与向量运算、矩阵分解和特征值等，见表 4.16。

表 4.16　线性相关函数汇总

名　　　称	函数或方法	描　　　述
矩阵与向量运算	dot(a,b[,out])	两个数组的点积
	vdot(a,b)	两个向量的点积
	inner(a,b)	两个数组的内积

（续）

名　　称	函数或方法	描　　述
矩阵与向量运算	outer(a,b[,out])	两个向量的外积
	matmul(a,b)	两个数组的矩阵乘法
	kron(a,b)	两个数组的kronecker积
	einsum(subscripts,*operands)	数组的爱因斯坦求和
	trace(a)	数组的迹
矩阵分解	linalg.cholesky(a)	Choleshy矩阵分解
	linalg.qr(a[,mode])	QR分解
	linalg.svd(a[,full_m,com_uv])	奇异值分解
特征值与特征向量	linalg.eig(a)	方阵的特征值和特征向量
	linalg.eigh(a])	复埃尔米特矩阵或实对称矩阵的特征值和特征向量
	linalg.eigvals(a)	方阵的特征值
	linalg.eigvalsh(a)	复埃尔米特矩阵或实对称矩阵的特征值
其他	linalg.solve(a,b)	求解矩阵方程*Ax=b*
	linalg.inv(a)	求矩阵*A*的逆矩阵
	linalg.lstsq(a,b)	最小二乘求解*Ax=b*
	linalg.pinv(a)	求矩阵*A*的伪逆矩阵
	linalg.norm(x[,ord,axis,…])	矩阵或向量范数
	linalg.det(a)	矩阵的行列式
	linalg.slogdet(a)	矩阵的对数行列式
	linalg.matrix_rank(a[,tol,hermitian])	使用奇异值分解求矩阵的秩

接下来的内容中将逐一介绍这些函数。

1. 矩阵与向量运算

在线性代数中常涉及矩阵和向量的计算，可以用 NumPy 中的二维数组和一维数组进行描述，然后调用对应的函数执行运算。

np.dot()函数计算两个数组的点积，支持复数运算。如果参数 a 和 b 为标量，则执行标量的乘法，例如：

```
>>> np.dot(3,4)
12
>>> np.dot(1j,1+2j)
(-2+1j)
```

如果 a 和 b 中有一个是标量，则执行 np.multiply()函数或 a*b，例如：

```
>>> np.dot(2,[2,3])
array([4, 6])
>>> np.dot(1+2j,[2,4])
array([2.+4.j, 4.+8.j])
```

如果 a 和 b 均为一维数组且形状相同，则执行向量的点积，例如：

```
>>> np.dot([1,2],[4,5])#1*4 + 2*5
14
>>> np.dot([1+1j],[2-3j])
(5-1j)
```

向量点积用公式表示为：

$$a \cdot b = \sum_{i=0}^{i=n-1} a_i b_i$$

如果 a 为非复数类型，则 np.dot()与 np.vdot()函数的功能一致；如果 a 为复数类型，np.vdot()函数在运算时会将第一个参数 a 的元素取共轭，这意味着参数 a 和 b 的顺序将影响前者的计算结果，而后者不受影响。例如：

```
>>> np.vdot([1,2],[4,5])
14
>>> np.vdot([1+1j],[2-3j])
(-1-5j)
>>> np.vdot([2-3j],[1+1j])          #交换顺序影响结果
(-1+5j)
>>> np.dot([1-1j],[2-3j])
(-1-5j)
>>> np.dot([2-3j],[1-1j])           #交换顺序不影响结果
(-1-5j)
```

如果 a 和 b 为高维数组，对于 np.vdot()函数，则先将其压缩至一维数组，然后执行点积运算。例如：

```
>>> a = np.array([[1, 4], [5, 6]])
>>> b = np.array([[4, 1], [2, 2]])
>>> np.vdot(a,b)
30
>>> np.vdot(b,a)
30
```

而对于高维数组的情形，np.dot()函数变得稍微有些复杂，下面分情况进行讨论。

如果 a 和 b 为二维数组，则 np.dot(a, b)函数执行矩阵乘法，也就是要求数组 a 和 b 的形状满足矩阵乘法的规则。比如 a 和 b 的形状分别为(M, N)和(P, Q)，则要求 N 和 P 相等，并且 a 和 b 的输入顺序不能对换，此时 np.dot()与 np.matmul()函数功能相同。举例如下：

```
>>> a = np.array([[2,3],[4,5]])
>>> b = np.array([[1,6,9],[4,8,2]])
>>> a
array([[2, 3],
       [4, 5]])
>>> b
array([[1, 6, 9],
       [4, 8, 2]])
>>> np.dot(a,b)
array([[14, 36, 24],
       [24, 64, 46]])
>>> np.matmul(a,b)
```

```
array([[14, 36, 24],
       [24, 64, 46]])
>>> np.dot(b,a)
ValueError: shapes (2,3) and (2,2) not aligned: 3 (dim 1) != 2 (dim 0)
```

上例中 a 和 b 的形状分别为(2, 2)和(2, 3)，数组 a 在前时才满足数组乘法运算，如果 a 在后，(2, 3)和(2, 2)将无法执行矩阵乘法。

数组的乘法运算推荐优先使用 np.matmul()函数。NumPy 1.10 版本后该函数可以用@ 运算符快捷实现，例如：

```
>>> a @ b
array([[14, 36, 24],
       [24, 64, 46]])
```

如果数组 a 和 b 的维度不一致，比如 a 为 N 维数组，而 b 为一维数组，则 np.dot()函数沿 a 和 b 的最后轴执行向量点积运算，这就要求 a 和 b 的最后轴长度相等。同时，参数 a 和 b 的顺序应满足矩阵运算的要求，本质上仍然是矩阵相乘。例如：

```
>>> a = np.array([[3,4,5],[6,7,8]])
>>> b = np.array([1,2,3])
>>> a.shape,b.shape            #最后轴的长度都为 3
((2, 3), (3,))
>>> np.dot(a,b)
array([26, 44])
>>> np.dot(a[0],b)
26
>>> np.dot(a[1],b)
44
>>> np.matmul(a,b)
array([26, 44])
>>> a @ b
array([26, 44])
>>> np.dot(b,a)
ValueError: shapes (3,) and (2,3) not aligned: 3 (dim 0) != 2 (dim 0)
```

此时 np.dot()函数的功能与 np.inner()函数类似，但后者不要求 a 和 b 满足矩阵运算条件。例如：

```
>>> np.inner(a,b)
array([26, 44])
>>> np.inner(b,a)
array([26, 44])
```

如果 a 为 N 维数组，b 为 M 维数组（$M \geqslant 2$），则 np.dot()函数运算会沿 a 的最后轴与 b 的倒数第二轴执行向量内积，这就要求 a 的最后轴长度与 b 的倒数第二轴的长度相等，此时功能与 np.matmul()函数一致。例如：

```
>>> a = np.arange(24).reshape(2,3,4)
>>> b = np.arange(8).reshape(4,2)
>>> a.shape,b.shape            #a 的最后轴长度为 4，b 的倒数第二轴长度也为 4
((2, 3, 4), (4, 2))
>>> np.dot(a,b)
array([[[ 28, 34],
```

```
      [ 76,  98],
      [124, 162]],

     [[172, 226],
      [220, 290],
      [268, 354]]])
>>> np.matmul(a,b)
array([[[ 28,  34],
      [ 76,  98],
      [124, 162]],

     [[172, 226],
      [220, 290],
      [268, 354]]])
>>> a @ b
array([[[ 28,  34],
      [ 76,  98],
      [124, 162]],

     [[172, 226],
      [220, 290],
      [268, 354]]])
```

事实上，np.matmul()函数同样适用于向量的点积，例如：

```
>>> np.matmul([1,2,3],[2,3,4])
20
>>> np.dot([1,2,3],[2,3,4])
20
```

np.dot()和 np.matmul()函数的区别在于，后者不适用于标量运算。

np.outer()函数用于计算两个一维数组 a 和 b 的外积。假设 a 和 b 的 size 分别为 M 和 N，计算结果则为形状(M, N)的二维数组。也可以将一维数组 a 和 b 转换为形状是$(M, 1)$和$(1, N)$的二维数组，然后执行矩阵乘法运算。例如：

```
>>> a = np.arange(4)
>>> b = np.arange(4,9,1)
>>> np.outer(a,b)
array([[ 0,  0,  0,  0,  0],
     [ 4,  5,  6,  7,  8],
     [ 8, 10, 12, 14, 16],
     [12, 15, 18, 21, 24]])
>>> np.dot(a.reshape(-1,1),b.reshape(1,-1))
array([[ 0,  0,  0,  0,  0],
     [ 4,  5,  6,  7,  8],
     [ 8, 10, 12, 14, 16],
     [12, 15, 18, 21, 24]])
>>> a.reshape(-1,1) @ b.reshape(1,-1)
array([[ 0,  0,  0,  0,  0],
     [ 4,  5,  6,  7,  8],
     [ 8, 10, 12, 14, 16],
     [12, 15, 18, 21, 24]])
```

向量的外积也可以用 np.kron()函数实现。不同之处在于，对于 np.kron()函数，如果输入数组 a 和 b 的形状为(*M,N*)和(*P,Q*)，则输出数组的形状为(*M*P,N*Q*)，于是一维数组的
kronecker 积为形状((*M*P*),)的数组。例如：

```
>>> np.kron(a,b)
array([ 0,  0,  0,  0,  0,  4,  5,  6,  7,  8,  8, 10, 12, 14, 16, 12, 15,
       18, 21, 24])
>>> np.kron(a[:,np.newaxis],b[np.newaxis, :])
array([[ 0,  0,  0,  0,  0,  0],
       [ 4,  5,  6,  7,  8],
       [ 8, 10, 12, 14, 16],
       [12, 15, 18, 21, 24]])
```

np.einsum()函数用于实现爱因斯坦约定求和，参数 subscripts 为用字符串表示的索引，
比如向量点积用 np.einsum()函数实现如下：

```
>>> a = np.array([1, 2, 3, 4])
>>> b = np.array([5, 6, 7, 8])
>>> np.einsum("n,n",a,b)
70
```

矩阵的乘法实现如下：

```
>>> a = np.arange(12).reshape(3,4)
>>> b = np.arange(8).reshape(4,2)
>>> np.einsum("mk,kn",a,b)
array([[ 28,  34],
       [ 76,  98],
       [124, 162]])
>>> a @ b
array([[ 28,  34],
       [ 76,  98],
       [124, 162]])
```

np.trace()函数用于求矩阵的迹，即矩阵对角线元素的和。也可以使用 np.einsum()函数
和 np.diagonal()函数来实现。例如：

```
>>> np.trace(np.eye(4))
4.0
>>> np.einsum("ii",np.eye(4))
4.0
>>> np.sum(np.diagonal(np.eye(4)))
4.0
```

2．矩阵分解

矩阵分解是指将矩阵分解成结构简单或具有特殊性质的若干个矩阵之积或者之和，
这样可以解决更复杂的问题。NumPy 中提供了 3 个矩阵分解函数，对应于不同的矩阵分解
方法。

np.linalg.cholesky(a)对矩阵 ***a*** 执行 Cholesky 分解（也称三角分解），即：

$$a=LL^{H}$$

该分解要求 ***a*** 为 Hermitian 正定矩阵，输出为下三角矩阵 ***L***，***L***^{H}表示矩阵 ***L*** 的共轭转
置，实数矩阵 ***L***^{H}=***L***^{T}。Cholesky 分解可用于快速求解线性方程组。

$$ax=b$$

首先求解 y：

$$Ly=b$$

然后求解 x：

$$L^H x=y$$

如果 a 为实数矩阵，则必须为对称正定，例如：

```
>>> a = np.eye(4) + 10
>>> L = np.linalg.cholesky(a)
>>> L
array([[3.31662479, 0.        , 0.        , 0.        ],
       [3.01511345, 1.38169856, 0.        , 0.        ],
       [3.01511345, 0.65795169, 1.21498579, 0.        ],
       [3.01511345, 0.65795169, 0.3919309 , 1.15003506]])
```

如果 a 为复数矩阵，则为 Hermitian 正定矩阵，例如：

```
>>> b = np.array([[1,-2j],[2j,5]])
>>> b
array([[ 1.+0.j, -0.-2.j],
       [ 0.+2.j,  5.+0.j]])
>>> L = np.linalg.cholesky(b)
>>> L
array([[1.+0.j, 0.+0.j],
       [0.+2.j, 1.+0.j]])
```

对于对称矩阵，如果其特征值都为正，则为对称正定矩阵。接着上例，调用 np.linalg.eigvals(a)函数求对称矩阵的特征值。

```
>>> a == a.T                              #a 为对称矩阵
array([[ True,  True,  True,  True],
       [ True,  True,  True,  True],
       [ True,  True,  True,  True],
       [ True,  True,  True,  True]])
>>> v = np.linalg.eigvals(a)              #a 的特征值都为正
>>> v
array([ 1., 41.,  1.,  1.])
```

np.linagl.qr(a[,mode])函数对矩阵 a 执行 QR 分解，即：

$$a=qr$$

np.linagl.qr()函数默认返回正交矩阵 q 和上三角矩阵 r。通过设置 mode 参数可选定不同的分解模式，包括{reduced, complete, r, raw}，不同模式下的返回结果也不同，具体介绍如下：

假设 a 的形状为 (M,N)，$K=\min(M,N)$，

- reduced：默认模式，返回 q 和 r，形状分别为 (M, K) 和 (K, N)；
- complete：返回 q 和 r，形状分别为 (M, M) 和 (M, N)，此时的 q 为幺正矩阵，即其行列式为+1 或-1；
- r：仅返回 r，形状为 (K, N)；

- raw：返回 h 和 tau，形状分别为 (N, M) 和 $(K,)$。

在 Shell 中举例如下：

```
>>> a = np.arange(6).reshape(3,2)
>>> q,r = np.linalg.qr(a)
>>> q
array([[ 0.        ,  0.91287093],
       [-0.4472136 ,  0.36514837],
       [-0.89442719, -0.18257419]])
>>> r
array([[-4.47213595, -5.81377674],
       [ 0.        ,  1.09544512]])
>>> np.allclose(a, q @ r)
True
>>> q.T @ q                              #正交矩阵满足 qᵀq=E
array([[1.00000000e+00, 9.97430721e-17],
       [9.97430721e-17, 1.00000000e+00]])
>>> np.dot(q[:,0],q[:,1])                #正交矩阵的列向量点积为 0
1.1102230246251565e-16
```

上例计算中，由于截断误差的存在，e-16 和 e-17 应认为是 0。Complete 模式下分解的 q 矩阵为方阵，并且行列式为正 1 或负 1。

```
>>> q1,r1 = np.linalg.qr(a,mode = "complete")
>>> q1
array([[ 0.        ,  0.91287093,  0.40824829],
       [-0.4472136 ,  0.36514837, -0.81649658],
       [-0.89442719, -0.18257419,  0.40824829]])
>>> r1
array([[-4.47213595, -5.81377674],
       [ 0.        ,  1.09544512],
       [ 0.        ,  0.        ]])
>>> np.linalg.det(q1)
0.999999999999997
```

上例中调用了 np.linalg.det(a)函数用于计算矩阵的行列式值。

np.linalg.svd(a)函数对矩阵 a 进行奇异值分解，即：

$$a=usv^{\mathrm{H}}$$

返回结果中 u 为幺正矩阵，s 为奇异值向量，v^{H} 也为幺正矩阵。举例如下：

```
>>> a = np.arange(12).reshape(3,4)
>>> u,s,vh = np.linalg.svd(a)
>>> u
array([[-0.1473065 , -0.90090739,  0.40824829],
       [-0.50027528, -0.2881978 , -0.81649658],
       [-0.85324407,  0.32451178,  0.40824829]])
>>> s
array([2.24092982e+01, 1.95534034e+00, 7.68985043e-16])
>>> vh
array([[-0.39390139, -0.46087474, -0.5278481 , -0.59482145],
       [ 0.73813393,  0.29596363, -0.14620666, -0.58837696],
       [-0.50775138,  0.52390687,  0.47544042, -0.4915959 ],
       [-0.20539847,  0.65232016, -0.68844492,  0.24152322]])
```

```
>>> np.linalg.det(u)                            #u 为幺正矩阵
-0.9999999999999996
>>> np.linalg.det(vh)                           #vh 也为幺正矩阵
-1.0
```

3. 特征值和特征向量

NumPy 中提供了 4 个计算矩阵特征值和特征向量的函数，各自有不同的适用条件。

np.linalg.eig(a) 函数用于计算方阵的特征值，返回特征值向量 w 和右特征向量矩阵 v，特征值 w[i] 与列向量 v[:, i] 对应。如果仅计算特征值，不关心特征向量，则优先使用 np.linalg.eigvals(a) 函数。

实数矩阵的特征向量可能是实数，例如：

```
>>> a = np.diag(range(4))
>>> w,v = np.linalg.eig(a)
>>> w                                           #特征值组成的向量
array([0., 1., 2., 3.])
>>> v                                           #特征向量组成的矩阵
array([[1., 0., 0., 0.],
       [0., 1., 0., 0.],
       [0., 0., 1., 0.],
       [0., 0., 0., 1.]])
>>> np.dot(a[:,0],v[:,0]) == np.dot(w[0],v[:,0])
array([ True,  True,  True,  True])             #a[:,i]v[:,i] = w[i]v[:,i]
>>> np.linalg.eigvals(a)                         #仅计算特征值
array([0., 1., 2., 3.])
```

实数矩阵的特征值和特征向量也可能是复数，例如：

```
>>> a = np.array([[1, -1], [1, 1]])
>>> w,v = np.linalg.eig(a)
>>> w
array([1.+1.j, 1.-1.j])
>>> v
array([[0.70710678+0.j        , 0.70710678-0.j        ],
       [0.        -0.70710678j, 0.        +0.70710678j]])
```

复数矩阵的特征值可能是实数，例如：

```
>>> a = np.array([[1, 1j], [-1j, 1]])
>>> w,v = np.linalg.eig(a)
>>> w
array([2.+0.j, 0.+0.j])
>>> v
array([[ 0.        +0.70710678j, 0.70710678+0.j        ],
       [ 0.70710678+0.j        , -0.        +0.70710678j]])
```

np.linalg.eigh(a) 函数计算复 Hermitian（共轭对称）或实对称矩阵的特征值和特征向量，特征值按升序排列。如果仅计算特征值，则可以使用 np.linalg.eigvalsh(a) 函数。例如：

```
>>> a = np.array([[1, -2j], [2j, 5]])
>>> b = np.array([[2,1],[1,3]])
>>> w1,v1 = np.linalg.eigh(a)                    #矩阵 a 的特征值和特征向量
```

```
>>> w2,v2 = np.linalg.eigh(b)              #矩阵b的特征值和特征向量
>>> w1,w2
(array([0.17157288, 5.82842712]), array([1.38196601, 3.61803399]))
>>> np.linalg.eigvalsh(a)                  #仅计算特征值，升序排列
array([0.17157288, 5.82842712])
>>> np.linalg.eigvalsh(b)                  #仅计算特征向量
array([1.38196601, 3.61803399])
>>> v1,v2
(array([[-0.92387953+0.j        , -0.38268343+0.j        ],
        [ 0.        +0.38268343j, 0.        -0.92387953j]]),
array([[-0.85065081, 0.52573111],
        [ 0.52573111, 0.85065081]]))
```

4．其他函数

除了前面介绍的 np.linalg.solve()、np.linalg.inv()、np.linalg.lstsq()和 np.linalg.pinv()函数之外，还有一些函数介绍如下。

np.linalg.norm()函数用于计算矩阵或向量的范数，可以通过参数 ord 设置范数的阶，ord 的取值与范数类型如表 4.17 所示。

表 4.17   参数ord的取值与范数类型关系

ord	矩阵范数	向量范数
None	Frobenius范数	二范数
"fro"	Frobenius范数	/
"nuc"	核范数	/
inf	max(sum(abs(x),axis=1))	max(abs(x))
-inf	min(sum(abs(x),axis=1))	min(abs(x))
0	/	sum(x!=0)
1	max(sum(abs(x),axis=0))	sum(abs(x)**ord)**(1./ord)
-1	min(sum(abs(x),axis=0))	sum(abs(x)**ord)**(1./ord)
2	最大奇异值	sum(abs(x)**ord)**(1./ord)
-2	最小奇异值	sum(abs(x)**ord)**(1./ord)
其他整数	/	sum(abs(x)**ord)**(1./ord)

其中，矩阵 Frobenius 范数与向量的二范数类似，即：

$$\|a\|_F = \left[\sum_{i,j} abs(a_{ij})^2 \right]^{1/2}$$

矩阵的核范数为矩阵奇异值之和。默认 ord=None，对于向量，相当于计算向量的模，例如：

```
>>> a = np.arange(9)-4
>>> b = a.reshape(3,3)
>>> np.linalg.norm(a)                      #向量二范数
```

```
7.745966692414834
>>> np.linalg.norm(b)                    #矩阵二范数类似于将矩阵压缩至一维然后求向量范数
7.745966692414834
>>> np.linalg.norm(a,ord = 0)            #向量不为 0 的元素个数
8
>>> np.where(a!=0)                       #不为 0 的元素为 8
(array([0, 1, 2, 3, 5, 6, 7, 8], dtype=int64),)
>>> np.linalg.norm(a,ord = np.inf)       #向量无穷大范数
4.0
>>> np.linalg.norm(b,ord = np.inf)       #矩阵无穷大范数
9.0
>>> np.linalg.norm(a,ord = -np.inf)      #向量无穷小范数
0.0
>>> np.linalg.norm(b,ord = -np.inf)      #矩阵无穷小范数
2.0
>>> np.linalg.norm(b,ord = 2)            #最大奇异值
7.3484692283495345
>>> np.linalg.norm(b,ord = -2)           #最小奇异值
1.857033188519056e-16
>>> u,s,vh = np.linalg.svd(b)            #奇异值分解
>>> s                                    #奇异值
array([7.34846923e+00, 2.44948974e+00, 1.85703319e-16])
>>> np.linalg.norm(a,ord = 4)            #向量的四范数
5.1583204040947415
```

对于矩阵，可以通过设置 axis 参数沿轴执行向量范数运算。例如：

```
>>> np.linalg.norm(b,axis = 0)           #沿 0 轴执行向量范数
array([4.58257569, 4.24264069, 4.58257569])
>>> for i in range(3):                   #相当于列向量执行范数运算
        print(np.linalg.norm(b[:,i]))
4.58257569495584
4.242640687119285
4.58257569495584
>>> np.linalg.norm(b,axis = 1)           #沿 1 轴执行向量范数
array([5.38516481, 1.41421356, 5.38516481])
>>> for i in range(3):                   #相当于行向量执行范数运算
        print(np.linalg.norm(b[i]))
5.385164807134504
1.4142135623730951
5.385164807134504
```

np.linalg.det()和 np.linalg.slogdet()函数均计算矩阵的行列式值，后者是求对数行列式，适用于数组过大可能发生内存溢出的情形。例如：

```
>>> a = np.arange(4).reshape(2,2)+1
>>> np.linalg.det(a)
-2.0000000000000004
```

np.linalg.slogdet()函数返回行列式的符号和值。例如：

```
>>> sign,logdet = np.linalg.slogdet(a)
>>> sign
-1.0
```

```
>>> logdet
0.6931471805599455
>>> sign*np.exp(logdet)
-2.0000000000000004
```

np.linalg.det()和 np.linalg.slogdet()函数对多矩阵组合的情形也同样适用。例如同时求两个矩阵的行列式值：

```
>>> b = np.array([[[1,2], [3,4]],[[1,2], [2,1]]])
>>> np.linalg.det(b)
array([-2., -3.])
>>> sign,logdet = np.linalg.slogdet(b)
>>> sign,logdet
(array([-1., -1.]), array([0.69314718, 1.09861229]))
>>> sign*np.exp(logdet)
array([-2., -3.])
```

np.linalg.matrix_rank()函数使用奇异值分解计算矩阵的秩。例如：

```
>>> np.linalg.matrix_rank(np.diag(range(1,5)))
4
>>> np.linalg.matrix_rank(np.ones(3))
1
>>> np.linalg.matrix_rank(np.identity(5))
5
>>> np.linalg.matrix_rank(np.zeros(5))
0
```

以上就是 NumPy 中与线性代数相关的大部分函数介绍。

4.3.2 其他功能

NumPy 中还提供了一些功能模块，比如与多项式和金融相关的对象/函数。

1. 多项式

与多项式相关的类/函数名见表 4.18。

表 4.18 与多项式相关的类/函数

类/函数名	描　　述
poly1d(c_or_r[,r,variable]	一维多项式类
polyval(p,x)	根据x求多项式的y值
poly(seq_of_zeros)	根据多项式的根求多项式系数
roots(p)	计算多项式p的根
polyfit(x,y[,deg,...])	多项式拟合

例如，对于实例 4.2，可以直接调用 np.poly1d 对象，初始化必选参数 c_or_r 为多项式的系数或多项式的根，默认为多项式的系数，即[2,1,3]代表多项式 $2x^2+x+3$；当参数 r=True 时，则代表多项式$(x-2)(x-1)(x-3)$，默认 r=False。对于实例 4.2，举例如下：

```
>>> p = np.poly1d([2,0,6,0,0,1])        #根据系数创建多项式对象
>>> p                                    #系数排列顺序从高阶到低阶
poly1d([2, 0, 6, 0, 0, 1])
>>> print(p)
   5     3
2 x + 6 x + 1
>>> type(p)
<class 'numpy.lib.polynomial.poly1d'>
```

如果设置参数 r=True，则有：

```
>>> p1 = np.poly1d([2,3],r = True)
>>> p1
poly1d([ 1., -5., 6.])                   #多项式系数
>>> print(p1)
   2
1 x - 5 x + 6
```

如果已知多项式的根，可以调用 np.poly()函数计算系数，然后创建多项式，例如：

```
>>> np.poly([2,3])
array([ 1., -5., 6.])
```

直接调用对象的__call__()方法可以计算多项式的值。

```
>>> p(4)                                 #求 x=4 对应的 y 值
2433
>>> p1(2),p1(3)
(0.0, 0.0)
```

或者调用 np.polyval(p,x)函数，参数 x 可以是标量或类数组，例如：

```
>>> np.polyval(p,4)
2433
>>> np.polyval(p,[1,2,3])
array([  9, 113, 649])
>>> np.polyval(p,[[2,3],[2,3]])
array([[113, 649],
       [113, 649]])
```

访问多项式对象的其他属性和方法。

```
>>> p.order                              #多项式的阶
5
>>> p1.order
2
.
```

也可以调用 np.roots()函数计算多项式的根，例如：

```
>>> np.roots(p)
array([-0.02763679+1.73359443j, -0.02763679-1.73359443j,
        0.29459616+0.47406291j,  0.29459616-0.47406291j,
       -0.53391873+0.j          ])
>>> p.deriv(1)                           #1 阶导数
poly1d([10, 0, 18, 0, 0])
```

np.polyfit()函数对点集 $(x,y)_m$ 进行多项式拟合，m 为点的数量。参数 deg 为拟合多项式

的阶，返回多项式的系数数组，例如：

```
>>> x = np.array([0.0, 1.0, 2.0, 3.0, 4.0, 5.0])          #m=6
>>> y = np.array([0.0, 0.8, 0.9, 0.1, -0.8, -1.0])
>>> c = np.polyfit(x, y, 3)                              #三次多项式系数
>>> c
array([ 0.08703704, -0.81349206,  1.69312169, -0.03968254])
>>> p = np.poly1d(c)                                    #创建多项式 p
>>> p
poly1d([ 0.08703704, -0.81349206,  1.69312169, -0.03968254])
>>> err = np.polyval(p,x) - y                           #拟合多项式与真实值之间的误差
>>> err
array([-0.03968254,  0.12698413, -0.11111111, -0.03174603,  0.08730159,
       -0.03174603])
>>> np.linalg.norm(err)                                #误差的二范数
0.19920476822239874
```

当然，根据 np.linalg.lstsq()函数的特点，该函数也可以用于多项式的拟合。对于点集 $(x,y)_m$，需要满足 n 次多项式：

$$a_n x_0^n + a_{n-1} x_0^{n-1} + \cdots a_0 = y_0$$

$$a_n x_1^n + a_{n-1} x_1^{n-1} + \cdots a_0 = y_1$$

$$\cdots$$

$$a_n x_m^n + a_{n-1} x_m^{n-1} + \cdots a_0 = y_m$$

$a=(a_n, a_{n-1}, \ldots, a_0)$ 为所求的系数向量，将上面的方程组用矩阵表示为：

$$
\begin{bmatrix}
x_0^n & x_0^{n-1} & \cdots & 1 \\
x_1^n & x_1^{n-1} & \cdots & 1 \\
\cdots & \cdots & \cdots & \cdots \\
x_m^n & x_m^{n-1} & \cdots & 1
\end{bmatrix}_{m \times (n+1)}
\begin{bmatrix}
a_n \\
a_{n-1} \\
\cdots \\
a_0
\end{bmatrix}_{(n+1) \times 1}
=
\begin{bmatrix}
y_0 \\
y_1 \\
\cdots \\
y_m
\end{bmatrix}_{m \times 1}
$$

可以看到系数矩阵 X 为向量 x 的范德蒙德矩阵，于是有：

```
>>> X = np.vander(x,4)                          #3 次多项式对应的系数矩阵为 4 列
>>> a = np.linalg.lstsq(X,y,rcond = None)       #求系数向量 a
>>> a[0]                                        #与 np.polyfit()函数计算结果
array([ 0.08703704, -0.81349206,  1.69312169, -0.03968254])
```

2. 金融函数

NumPy 中也提供了一些实用的金融函数，如表 4.19 所示。

表 4.19　金融函数汇总

函 数 名 称	描　述
fv(rate,nper,pmt,pv[,when])	终值函数
pv(rate,nper,pmt[,fv,when])	现值函数
npv(rate,values)	净现值函数
pmt(rate,nper,pv[,fv,when])	每期还款金额
ppmt(rate,per,nper,pv[,fv,when])	每期还款本金
ipmt(rate,per,nper,pv[,fv,when])	每期还款利息
irr(values)	内部收益率函数
mirr(values,finance_rate, reinvest_rate)	修正内部收益率函数
nper(rate,pmt,pv[,fv,when])	还款期数函数

老裴向银行存款 10 000 元，并坚持每月存款 100 元，10 年后老裴能从银行一共取回多少钱？假设银行存款年利率为 5%。

直接调用终值函数 np.fv()进行计算如下：

```
>>> fv = np.fv(rate=0.05/12,nper = 12*10,pmt=-100,pv=-10000)
>>> fv
31998.32292146952
```

计算不同利率下的终值，只需将利率 rate 设定为数组：

```
>>> rate = np.array([0.05,0.06,0.07])        #3 种不同的利率
>>> fv = np.fv(rate/12,12*10,-100,-10000)
>>> fv
array([31998.32292147, 34581.90202097, 37405.09451031])
```

即银行年利率为 6%和 7%，老裴 10 年后取回的钱分别为 34 581.90202097 元和 37 405.09451031 元。

反过来，老裴 10 年前在银行存了一笔钱，并坚持每月存 100 元，10 年后老裴从银行一共取回 31 998.32292147 元，请问老裴当初存了多少钱？

直接调用现值函数 np.pv()进行计算如下：

```
>>> pv = np.pv(0.05/12, 10*12, -100, fv=15692.928894335748)
>>> pv                                #负值表示存钱，正值表示贷款
-10000.000000000293
```

同样，对于不同的年利率，现值也不同，例如：

```
>>> pv = np.pv(rate/12, 10*12, -100, fv=31998.32292147)
>>> pv
array([-10000.        ,  -8579.98035768,  -7309.61063812])
```

如果银行年利率分别为 6%和 7%，老裴想在 10 年后取回 31 998.32292147 元，则应存款 8579.98035768 元和 7309.61063812 元。

老裴学做生意，1 月份投入 10 000 元，2～4 月份收入分别为 2000 元、4000 元和 5000元，假设月利率为 2%，求净现值和内部收益率。

直接调用 np.npv()和 np.irr()函数计算现金流的净现值和投资内部收益率：

```
>>> money = [-10000,2000,4000,5000]
>>> npv = np.npv(0.02,money)
>>> npv
517.0711114126534
>>> irr = np.irr(money)
>>> irr
0.043058570166851995
```

结果是内部收益率高于银行利率。如果老裴选择其他投资方案，假设再投资的收益率为 4%，可以用 np.mirr() 函数计算修正后的内部收益率：

```
>>> mirr = np.mirr(money,0.02,0.04)
>>> mirr
0.04229277204142323
```

老裴向银行贷款 50 000 元，贷款期限为 1 年，贷款后每月要付款多少元？假设银行年利率为 7%。

直接调用 np.pmt() 函数计算每期还款金额如下：

```
>>> pmt = np.pmt(0.07/12, 12, 50000)
>>> pmt
-4326.3373049068905
```

老裴每月要向银行还款 4326.3373049068905 元。

老裴想知道每月还款的本金和利息是多少，则可以调用 np.ppmt() 和 np.ipmt() 函数。

```
>>> per = np.arange(12)+1                    #贷款周期，从 1 开始
>>> ppmt = np.ppmt(0.07/12,per,12,50000)     #每期还款本金
>>> ppmt
array([-4034.67063824, -4058.20621696, -4081.87908656, -4105.6900479 ,
       -4129.63990651, -4153.72947263, -4177.95956122, -4202.330992  ,
       -4226.84458945, -4251.50118289, -4276.30160646, -4301.24669916])
>>> ipmt = np.ipmt(0.07/12,per,12,50000)     #每期还款利息
>>> ipmt
array([-291.66666667, -268.13108794, -244.45821834, -220.64725701,
       -196.69739839, -172.60783227, -148.37774368, -124.00631291,
        -99.49271545,  -74.83612202,  -50.03569845,  -25.09060575])
>>> np.allclose(pmt,ppmt+ipmt)               #每月还款为本金和利息之和
True
```

老裴买房向银行贷款 500 000 元，老裴还款能力为 3500 元/月，老裴还清贷款需要多少年？假设银行贷款年利率为 7%。

直接调用 np.nper() 函数计算还款期数：

```
>>> nper = np.nper(0.07/12,-3500,500000)
>>> nper
array(308.05377742)
>>> nper/12
25.671148118738355
```

老裴需要 25.6 年才能还清贷款。

4.4　本　章　小　结

本章主要对 Python 著名的第三方库 NumPy 的使用进行了介绍，主要包括：

- **数组与向量、矩阵**：数组是计算机中用于存储同一类数据的数据结构；向量、矩阵等是数学概念；NumPy 中用数组来表达向量和矩阵等。
- **元运算**：元运算是指数组中单个元素独立执行相同的运算，能实现公式的向量化表达，比如下面的函数：

```
>>> def f(x):
        return x**x
>>> x = 2
>>> x1 = np.array([1,2,3])
>>> f(x)
4
>>> f(x1)
array([ 1,  4, 27], dtype=int32)
```

可以看到，同一个函数对标量和数组同样适用。

- **创建数组**：创建一个 ndarray 对象并初始化，最常见的方式是通过列表、元组实现类型转换进行创建；其次是先创建初始化数组，然后根据索引、切片或其他方式来填充数组的元素。
- **数组操作**：包括索引和切片、元素重组、轴位置调整、维度控制、拼接和分割、元素增/删、集合操作等。索引和切片是获取数组中的元素或子数组，其他都是在目标数组的基础上快速实现满足条件的新数组。
- **数组运算**：以数组为运算单位，多个数组进行算术运算、逻辑运算、比较运算、统计运算等，生成满足条件的新数组。一般要求运算数组有相同的形状，如果形状不同则必须满足广播的要求。
- **广播**：形状不同的数组在运算前会自动将形状小的数组按规则进行复制，使二者的维度相同，然后进行数组运算，广播需要满足特定的需求。

4.5　习　　题

1. 使用 np.linspace()函数创建数组 a=[0, 0.1, 0.2, …, 2]，并尝试下列切片操作。

```
a[:], a[:-2], a[::3], a[3::4]。
```

2. 定义一个函数返回目标数组占用内存的大小。

3. 快速创建如下数组：

```
[[0, 1, 2, 3, 4],
```

```
[0, 1, 2, 3, 4],
[0, 1, 2, 3, 4],
[0, 1, 2, 3, 4],
[0, 1, 2, 3, 4]]
```

4．创建一个形状为(5,6)的 bool 数组，其对角线元素为 True，其他元素为 False。

5．设 a 和 b 为 10 元列向量，c 为 20 元列向量，举例进行下面的向量运算。

（1）$a+b-c_{2:12}$

（2）$[a\ b\ c_{2:12}]$

（3）$\begin{bmatrix} a \\ b \end{bmatrix}+2c$

6．定义向量函数：

$$f(x)=x^3+xe^x+1$$

并计算[2, -3, 1]的值。

7．定义函数：

$$f(x)=10e^{2x}-\sin(4x)$$

令 x=[0:20:0.2]，求 sum{$f(x)$＞0}。

8．以下 4 个数列的极限均收敛于 π，试定义向量版的极限函数描述下面的公式并举例。

$$\lim_{n\to\infty}4\sum_{k=1}^{n}\frac{(-1)^{k+1}}{2k-1}=\pi$$

$$\lim_{n\to\infty}\sqrt{6\sum_{k=1}^{n}k^{-2}}=\pi$$

$$\lim_{n\to\infty}\frac{6}{\sqrt{3}}\sum_{k=0}^{n}\frac{(-1)^k}{3^k(2k+1)}=\pi$$

$$\lim_{n\to\infty}16\sum_{k=0}^{n}\frac{(-1)^k}{5^{2k+1}(2k+1)}-4\sum_{k=0}^{n}\frac{(-1)^k}{239^{2k+1}(2k+1)}=\pi$$

9．已知 α=(1, 2, 3)，$\beta=\left(1,\dfrac{1}{2},\dfrac{1}{3}\right)$，$A=\alpha^{\mathrm{T}}\beta$，试举例求 A^n。

10．A 和 B 为方阵，试举例验证下列式子的正确性。

（1）$|A+B|=|A|+|B|$

（2）$AB=BA$

（3）$|AB|=|BA|$

（4）$(AB)^{\mathrm{T}}=A^{\mathrm{T}}B^{\mathrm{T}}$

（5）$(A+B)^2=A^2+2AB+B^2$

（6）$r(AB)=r(BA)$

（7）$(AB)^{-1}=B^{-1}A^{-1}$

11．解线性方程组：

$$\begin{cases} 2x_1 - 3x_2 + x_3 + 2x_4 = 8 \\ x_1 + 3x_2 + x_4 = 6 \\ x_1 - x_2 + x_3 + 8x_4 = 7 \\ 7x_1 + 3x_2 - 2x_3 + 2x_4 = 5 \end{cases}$$

12．定义函数获取方阵 A 的伴随矩阵。

13．实现复化梯形公式的向量化版本（实例2.10）。

14．修改实例4.1的程序，使其能计算多个不同时刻的地底温度变化（向量化版本）。

15．定义函数，判断多组同元向量相关性并举例。

16．定义函数，判断任意方阵是否正定并举例。

17．定义函数，判断任意三条三维直线是否相交于同一点，如相交于同一点，求出该点坐标。

18．现有任意两组点集 $P0$ 和 $P1$，将 $P0$ 和 $P1$ 中的任意两点连成直线，求任意点 p 到每条直线的距离。

老裴的科学世界

化学方程式配平

预备知识

1．问题描述

化学反应方程式严格遵循质量守恒定律，配平的过程是通过设定反应物和生成物（化合物）前的系数，使方程式左、右两边的各原子数目相等。例如下面的化学反应：

$$KClO_3 \rightarrow KCl + O_2$$

显然，反应式左、右两边的原子数目不相等，通过设定化合物的系数：

$$2KClO_3 = 2KCl + 3O_2$$

此时反应式左、右两边的原子数相等，于是化学方程式配平的问题就转化为求解化合物前系数的问题。

2．求解方法

设化学方程式的系数为未知数：

$$x_0\text{KClO}_3 = x_1\text{KCl} + x_2\text{O}_2$$

根据满足左、右两边的原子数目相等原则可组建方程组如下：

$$\begin{bmatrix} K \\ Cl \\ O \end{bmatrix} \rightarrow \begin{bmatrix} x_0 - x_1 \\ x_0 - x_1 \\ 3x_0 - 2x_2 \end{bmatrix} = 0$$

将方程组写成 $Ax=b$ 的形式：

$$\begin{bmatrix} 1 & -1 & 0 \\ 1 & -1 & 0 \\ 3 & 0 & -2 \end{bmatrix} \begin{bmatrix} x_0 \\ x_1 \\ x_2 \end{bmatrix} = \begin{bmatrix} 0 \\ 0 \\ 0 \end{bmatrix}$$

由于第 1 个方程和第 2 个方程是同一个方程，实际上是 3 个未知数和 2 个方程，方程组有多个解，但化学方程式配平的解要求是整数解，可以理解为约束条件。此时，将其中一个系数设定为 1，比如令 $x_2=1$，则原方程组变为：

$$\begin{bmatrix} K \\ Cl \\ O \end{bmatrix} \rightarrow \begin{bmatrix} x_0 - x_1 \\ x_0 - x_1 \\ 3x_0 \end{bmatrix} = \begin{bmatrix} 0 \\ 0 \\ 2 \end{bmatrix}$$

将方程组写成 $Ax=b$ 的形式：

$$\begin{bmatrix} 1 & -1 \\ 1 & -1 \\ 3 & 0 \end{bmatrix} \begin{bmatrix} x_0 \\ x_1 \end{bmatrix} = \begin{bmatrix} 0 \\ 0 \\ 2 \end{bmatrix}$$

然后调用 np.linalg.lstsq()函数求解上面的方程组：

```
>>> import numpy as np
>>> a = np.array([[1,-1],[1,-1],[3,0]])
>>> b= [0,0,2]
>>> x = np.linalg.lstsq(a,b)[0]
>>> x
array([0.66666667, 0.66666667])
>>>
>>> x = np.append(x,1)
>>> x
array([0.66666667, 0.66666667, 1.        ])
```

求解结果为小数，需要转换为整数。下面的程序将小数转换为整数，具体推导过程请读者自行完成。

```
>>> factor = np.max(x)
>>> mx = factor/x
>>> mp = np.prod(mx)
```

```
>>> mu = np.round(mp/mx*factor,6)
>>> from fractions import gcd
>>> from functools import reduce
>>> gcf = reduce(gcd,mu)
>>> x = np.round(mu/gcf)
>>> x
array([2., 2., 3.])
```

这样就实现了化学方程式的配平。上例中的 gcd()函数用于求两个数的最大公约数，reduce()函数用于实现多个数累计求公约数。

求解程序

用程序来实现化学方程式的配平，包括 3 个步骤：

（1）分解方程式，解析化合物，获得原子种类的数量，并得到每个化合物中含有的原子及数目。

（2）构建方程组并求解。

（3）将系数插入原始方程组化合物的前面。

第 2 章的实例 2.15 中介绍了分解方程式和解析化合物的过程，这里借鉴前面的代码，首先定义分解方程式的函数：

```
def parse_equation(equation):
    left,right = equation.split("=")
    rts = left.split("+")
    pds = right.split("+")
    rts = [r.strip() for r in rts]
    pds = [r.strip() for r in pds]
    return rts,pds
```

parse_equation()函数将方程式字符串解析为反应物和生成物列表：

```
>>> equation = "KClO3 = KCl + O2"
>>> rts,pds = parse_equation(equation)
>>> rts
['KClO3']
>>> pds
['KCl', 'O2']
```

接下来的两个函数用于解析化合物中的元素，详见实例 2.15：

```
def remove_bracket(cpd):
    while True:
        start = cpd.find("(")
        if start != -1:
            end = cpd.find(")")
            replaced = cpd[start:end + 2]
            mid = replaced[1:-2]
            num = int(cpd[end + 1])
            cpd = cpd.replace(replaced,mid*num)
        else:
            break
```

```
        return cpd

def decompose_elements(cpd):
    elements = []
    for el in cpd:
        if el.isupper():
            elements.append(el)
        if el.islower():
            end = elements.pop()
            elements.append(end + el)
        if el.isdigit():
            end = elements.pop()
            num = int(el)
            for _ in range(num):
                elements.append(end)
    return elements
```

在解析化合物的基础上创建方程组，即生成矩阵 A 和向量 b：

```
def create_matrix(rts,pds):
    total_elements = []
    rts_list = []
    pds_list = []
    for cpd in rts:
        cpd = remove_bracket(cpd)
        elements = decompose_elements(cpd)
        total_elements += elements
        rts_list.append(elements)

    for cpd in pds:
        cpd = remove_bracket(cpd)
        elements = decompose_elements(cpd)
        total_elements += elements
        pds_list.append(elements)

    all_elements = list(set(total_elements))
    nrows = len(all_elements)
    ncols = len(rts+pds)-1
    A = np.zeros((nrows,ncols))
    b = np.zeros(nrows)

    for i,elements in enumerate(rts_list):
        for el in elements:
            n = elements.count(el)
            if el in all_elements:
                j = all_elements.index(el)
                A[j,i] = n

    m = len(rts_list)
    for i,elements in enumerate(pds_list[:-1]):
        for el in elements:
            n = elements.count(el)
            if el in all_elements:
                j = all_elements.index(el)
                A[j,i+m] = -n
```

```
        last_cpd = pds_list[-1]
        for el in last_cpd:
            n = last_cpd.count(el)
            if el in all_elements:
                j = all_elements.index(el)
                b[j] = n
        return A,b

>>> A,b = create_matrix(rts,pds)
>>> A
array([[ 1., -1.],
       [ 3.,  0.],
       [ 1., -1.]])
>>> b
array([0., 2., 0.])
```

在生成矩阵 A 和向量 b 之后，即可求解得到配平系数：

```
def solve(A,b):
    x = np.linalg.lstsq(A,b)[0]
    x = np.append(x,1)
    factor = np.max(x)
    mx = factor/x
    mp = np.prod(mx)
    mu = np.round(mp/mx*factor,6)
    gcf = reduce(gcd,mu)
    x = np.round(mu/gcf)
    return x

>>> x = solve(A,b)
>>> x
array([2., 2., 3.])
```

最后将系数插入化合物的前面，上述求解步骤组合在一个函数中：

```
def balance(equation):
    rts,pds = parse_equation(equation)
    A,b = create_matrix(rts,pds)
    x = solve(A,b)
    equation = ""
    for i,cpd in enumerate(rts):
        equation += str(int(x[i])) + cpd + "+"
    j = len(rts)
    equation = equation[:-1]
    equation += "="
    for i,cpd in enumerate(pds):
        equation += str(int(x[i+j])) + cpd + "+"
    equation = equation[:-1]
    return equation
```

这样就完成了化学方程式配平的全部求解，举例如下：

```
>>> equation = "KClO3 = KCl + O2"
>>> balance(equation)
'2KClO3=2KCl+3O2'
```

```
>>> equation = "C2H2 + O2 = CO2 + H2O"
>>> balance(equation)
'2C2H2+5O2=4CO2+2H2O'
>>> equation = "Al2(SO4)3 + Na2CO3 + H2O = Al(OH)3 + CO2 + Na2SO4"
>>> balance(equation)
'1Al2(SO4)3+3Na2CO3+3H2O=2Al(OH)3+3CO2+3Na2SO4'
```

　　本例的求解过程仅使用了函数，读者可以自行定义类，让代码变得更加优雅。同时，本例是通过构建方程组进行求解的，读者也可以尝试其他求解方法。事实上，在科学计算中将问题转化为方程组进行求解是很常见的情况。

第 5 章　公式可视化

在科学计算中，可视化是促进交流和研究的重要手段。使用 Python 做科学计算有大量可用的可视化库，如高质量的二维绘图库 Matplotlib、基于 Matplotlib 的 Seaborn 库、专注于交互式和 Web 的 Bokeh 与 Plotly 库，以及高质量的三维可视化库 Mayavi 和 VisPy 等。

前面章节中为更好地描述公式，绘制了相应的可视化图形（如图 5.1 所示），这些图形均采用 Matplotlib（官网 http://www.matplotlib.org）绘制。本章将重点介绍相关知识点。

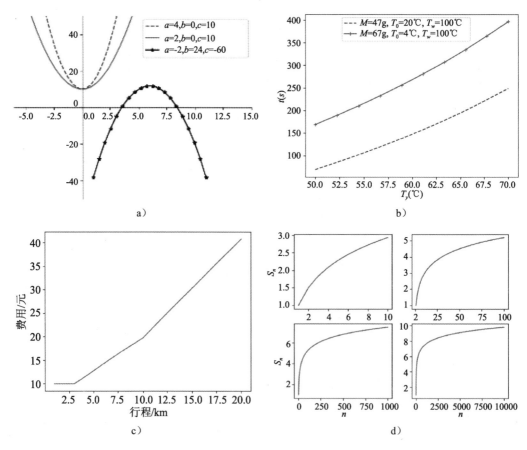

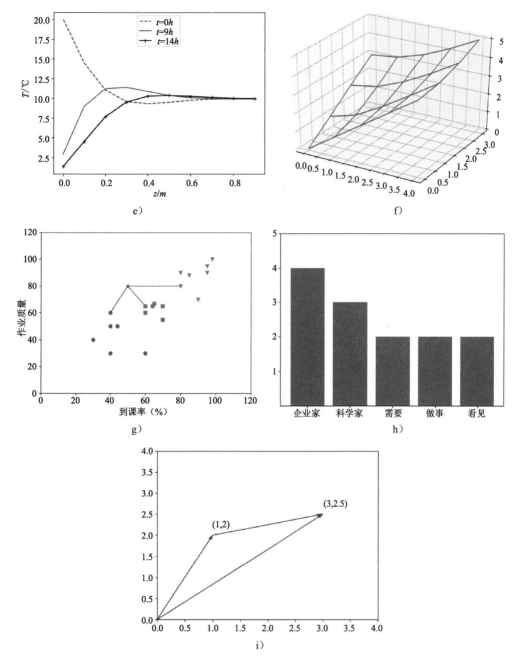

图 5.1　本书前面章节中的部分图形

上述图形有曲线图、散点图、柱状图、箭线图及三维曲面图等，接下来介绍如何使用 Matplotlib 绘制科学计算中的各种常见图形。

5.1　绘制曲线图

曲线是科学计算中最常见的图形。本章中所说的曲线不单是指光滑的曲线，也包括直线和折线等。下面介绍如何使用 Matplotlib 绘制各种曲线图形。

5.1.1　一轴一图形

1．一个例子

想要使用 Matplotlib 库绘图，首先需要安装它。读者使用的 IDE 如果是 Anaconda，则 Matplotlib 库已经整合在其中，可以直接使用。如果使用的是其他 IDE，则需要通过 pip 安装，其实也非常方便，命令如下：

```
pip install matplotlib
```

安装完成后就可以使用模块 Matplotlib.pyplot 中的绘图函数进行图形绘制了。按照惯例，导入时将该模块简写为 plt：

```
import matplotlib.pyplot as plt
```

许多科学计算库都需要用到 NumPy 或者能与 NumPy 很好地融合，Matplotlib 也不例外。例如，绘制二次抛物线 $y=x^2$ 的图形使用 NumPy 会更简单，代码如下：

```
import numpy as np                    #导入 NumPy 并简写为 np
import matplotlib.pyplot as plt       #导入 matplotlib.pyplot 并简写为 plt
x = np.linspace(-4,4,20)             #创建抛物线的 x 坐标向量
y = x**2                             #计算和 x 相对应的 y 坐标向量
plt.plot(x,y)                        #调用 plot()函数绘制抛物线
plt.show()                          #显示图像
```

程序调用了 plt.plot()和 plt.show()函数，用于绘制和显示图形。其中，plot()函数的输入参数为点集(x,y)。

需要注意的是，如果没有特殊说明，后续的程序中均默认导入了 NumPy 和 Matplotlib. pyplot，并分别简写为 np 和 plt。

执行上段程序，Matplotlib 的图形可视化界面如图 5.2 所示。该界面主要由标题栏、绘图区域、坐标轴、图形及导航栏组成。

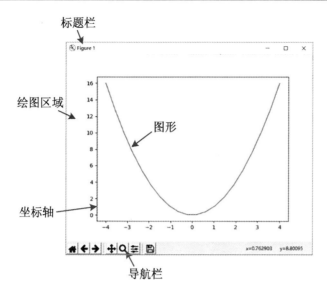

图 5.2　Matplotlib 图形可视化界面

- **标题栏**：显示图形的名称，如果用户不设置，默认为 Figure 1。
- **绘图区域**：由一个或多个坐标轴组成。
- **坐标轴**：图形绘制在坐标轴中，一个坐标轴可以绘制多幅图形。
- **导航栏**：实现图形的移动、缩放和保存等功能（鼠标悬浮在按钮上片刻即可查看按钮的功能介绍）。

单击导航栏中的"保存"按钮，可将图形以各种格式存储在本地计算机上供他人使用，其中包括*.png、*.jpg、*.eps、*.svg 和*.pdf 等常用格式，默认为*.png 格式。

将上段程序中的 x 坐标重新进行设置：

```
x = np.linspace(-4,4,20)
x1 = np.linspace(-4,4,10)
x2 = np.linspace(0,4,20)
```

依次绘制抛物线图形并保存为图片，如图 5.3 所示。3 张图的共同点是都只有一个坐标轴和一个图形。

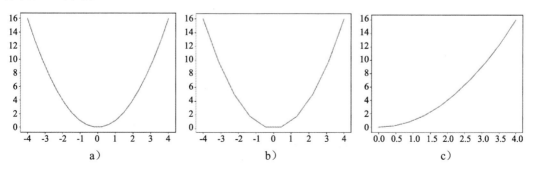

图 5.3　抛物线的可视化

总结所绘制的图形主要有两个特点：

- 可视化只能描述抛物线片段，将有限个抛物线上的离散点集$(x,y)_m$（此例 $m=20$）用光滑的曲线有序地连接起来，抛物线的形状完全取决于点集。例如，如果设定 x 的范围为[0,4]，则绘制的图形只有右半部分，如图 5.3c 所示。
- 点的密集度将影响曲线的平滑度。如果减少点集的数量，例如 $m=10$，则绘制的图形如图 5.2b 所示，显然图形更粗糙。

2．图和坐标轴

事实上，上例中调用 plt.plot()函数是一种便捷的绘图方式，其绘图步骤如下：

1）创建一张**图**（Figure 对象）。

2）在图中添加一个**坐标轴**（Axes 对象）。

3）将曲线绘制在该坐标轴中，也称为当前坐标轴。

事实上，上述步骤也可以更直观地表达。来看下面的例子：

```
fig = plt.figure(figsize=(8, 2.5))              #创建一张图
left, bottom, width, height = 0.1, 0.2, 0.8, 0.7
ax = fig.add_axes((left, bottom, width, height))  #在图中添加一个坐标轴
x = np.linspace(-2, 2, 1000)
y1 = np.cos(40 * x)
y2 = np.exp(-x**2)
ax.plot(x, y1*y2)                               #在坐标轴中绘制曲线
plt.show()
```

运行上段程序，显示如图 5.4 所示的图形。可以看到，图的尺寸不再是默认大小。

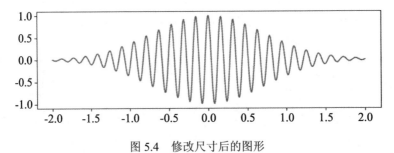

图 5.4　修改尺寸后的图形

关闭图形界面窗口，在 Shell 中查看数据类型：

```
>>> type(fig)
<class 'matplotlib.figure.Figure'>
>>> type(ax)
<class 'matplotlib.axes._axes.Axes'>
```

上例中，首先调用 plt.figure()函数创建了一个 Figure（图）对象，参数 figsize 为元组类型(width, height)，用于设置图的宽度和高度，单位为英寸，即(8, 2.5)表示图形界面在计算机屏幕上显示的是一个宽度和高度分别为 8 和 2.5 英寸的矩形，其默认值为(6.4, 4.8)。

　　然后调用 fig 对象的 add_axes()方法给图添加一个 Axes(坐标轴)对象,该方法的输入参数为一个长度为 4 的元组,描述矩形的大小,即 rect=(left, bottom, width, height) = (0.1, 0.2, 0.8, 0.7),代表坐标轴在图中的位置,如图 5.5 所示。

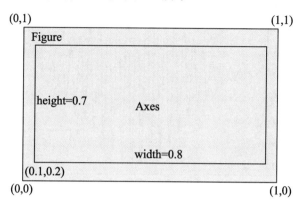

图 5.5　坐标轴在图中的相对位置

　　接着调用坐标轴对象 ax 的 plot()方法绘制图形。

　　需要注意的是,本书中所指的图是指图形界面 Figure 对象,而图形是指绘制在坐标轴中的曲线等。

　　图的宽度和高度是其相对于计算机屏幕的大小。在 Matplotlib 中,图内部采用的局部坐标系如图 5.5 所示,左下角、左上角、右下角、右上角的坐标分别为(0,0)、(0,1)、(1,0)和(1,1)。上例在图中添加的坐标轴矩形为(0.1, 0.2, 0.8, 0.7),相当于左下角、左上角、右下角、右上角在图中的坐标为(0.1,0.2)、(0.1,0.9)、(0.9,0.1)和(0.9,0.9)。

　　对于上例,如果不需要设置图的尺寸和坐标轴在图中的位置,则直接调用 plt.plot()函数也可以实现,即:

```
x = np.linspace(-2, 2, 1000)
y1 = np.cos(40 * x)
y2 = np.exp(-x**2)
plt.plot(x,y1*y2)
plt.show()
```

　　也可以调用 plt.gca()函数获取当前坐标轴 ax,然后调用 ax.plot()方法绘制图形,程序代码如下:

```
ax = plt.gca()
ax.plot(x, y1*y2)
```

　　由于以上程序没有修改默认尺寸,因此图形如图 5.6 所示。

　　后面的学习中读者将会发现,对于 Matplotlib.pyplot 模块中的函数,坐标轴对象几乎都有与之对应的方法。特别是一些图形绘制函数,其参数与对应的方法几乎完全一致,如 plt.plot()函数和 ax.plot()方法。

　　以上实例图中只有一个坐标轴,坐标轴中只有一个图形。接下来介绍一个坐标轴中有多个图形的情形。

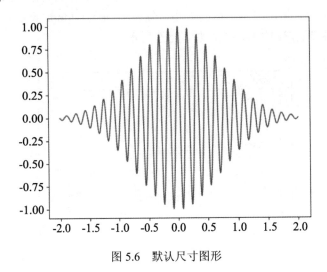

图 5.6　默认尺寸图形

5.1.2　一轴多图形

1．基本实现

在科学计算中，经常将相同趋势的图形绘制在同一个坐标轴中，这样方便更加直观地进行对比。例如将直线、二次抛物线和三次抛物线绘制在同一个坐标轴中：

```
x = np.linspace(-3,3,20)
y = 10*x                              #y=10x
x1 = np.linspace(-2,2,20)
y1 = 8*x1**2                          #y=8x²
x2 = np.linspace(-3,3,20)
y2 = x2**3                           #y=x³
plt.plot(x,y,x1,y1,x2,y2)
```

将三对点集(x,y)、(x1,y1)和(x2,y2)依次作为 plt.plot()函数的输入参数，或者调用 plt.plot()函数 3 次：

```
plt.plot(x,y)
plt.plot(x1,y1)
plt.plot(x2,y2)
```

则可以将 3 种不同的线条绘制在同一个坐标轴中，如图 5.7 所示。

当然，也可以先调用 gca()函数获取当前坐标轴，然后调用 ax.plot()方法实现图形绘制。以上程序可以改写为：

```
ax=plt.gca()
ax.plot(x,y)
ax.plot(x1,y1)
ax.plot(x2,y2)
```

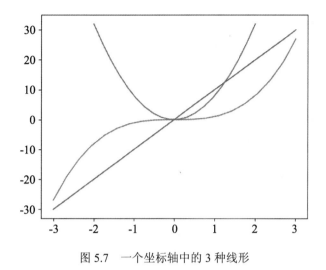

图 5.7　一个坐标轴中的 3 种线形

如果要绘制其他图形，只需要修改点集数据内容即可。

2．线条属性

虽然图 5.7 在同一个坐标轴中绘制了 3 个不同的图形,但是每个图形的特征不够鲜明,识别度较低，此时可以通过设置线条的属性并增加图例来解决。只需要在 plt.plot()函数中设置线条的参数和图例标签（label）即可。接上例，修改 plt.plot()函数如下：

```
plt.plot(x,y,linestyle = "solid",linewidth = 1.5,color = "red",marker="*")
plt.plot(x1,y1,linestyle = "dashed",linewidth = 0.9,color = "green")
plt.plot(x2,y2,linestyle = "dotted",linewidth = 2.0,color = "black")
```

绘制新的图形，如图 5.8 所示。可以看到，不同线条的线型、线宽和颜色有了明显的区别，并且在直线上添加了标记。

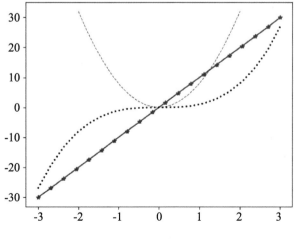

图 5.8　不同线条属性的图形

上例中线条的线型、颜色和标记可以快捷表达为：

```
plt.plot(x,y,"r-*",lw = 1.5)
plt.plot(x1,y1,"g--",lw = 0.9)
plt.plot(x2,y2,"k:",lw = 2.0)
```

字符串参数 "r-*" 中的 r 代表颜色，-代表线型，*代表标记，即线条颜色为 red（r 为其首字母缩写），线型为实线，标记为星号，字符排列顺序不限；同理，"g--"表示线条颜色为 green，线型为虚线；"k:"代表线条颜色为 black（b 表示 blue），线型为点线。

上例中的线型、线宽属性参数 linestyle 和 linewidth 可以简写为 ls 和 lw。除了设置颜色、线型、线宽和标记属性外，还有更多属性参数，见表 5.1。

表 5.1　线条属性

属 性 参 数	样　　　例	描　　　述
linestyle,ls	"-"，solid	实线
	"--"，dashed	虚线
	":"，dotted	点线
	".-"，dash-dotted	点画线
linewidth,lw	浮点数	线宽
color	"blue"或"b"	蓝色
	"green"或"g"	绿色
	"red"或"r"	红色
	"cyan"或"c"	青色
	"magenta"或"m"	紫红色
	"yellow"或"y"	黄色
	"black"或"k"	黑色
	"white"或"w"	白色
	0.5（0~1之间的浮点数）	灰度值
	#aabbcc	十六进制RGB
	(0.1,0.2,0.4)	元组RGB
alpha	0.0~1.0之间的数；0.0表示完全透明，1.0表示完全不透明	透明度
marker	"."，","	点和像素
	"^"，"v"，"<"，">"	上、下、左、右三角
	"1"，"2"，"3"，"4"	另一种三角
	"s"，"8"	正方形和正八边形
	"p"，"P"	正五边形和加号
	"*"，"h"，"H"	星形和正六边形
	"+"，"X"	加号和叉

（续）

属性参数	样　例	描　　述
marker	"D", "d"	普通和细钻石
	"|", "_"	竖线和横线
markersize	浮点数	标记大小
markerfacecolor	同color参数	标记表面颜色
markeredgecolor	同上	标记边缘颜色
markeredgewidth	浮点数	标记边缘线宽

下面将以上标记绘制在坐标轴中，程序代码如下：

```
x = np.linspace(0,2,4)
y = np.linspace(0,3,6)
vx,vy = np.meshgrid(x,y)                    #生成网格坐标数据
vx,vy = vx.flatten(),vy.flatten()          #将网格坐标数据压缩至一维
markers = [".",",","^","v","<",">",
          "1","2","3","4","8","s",
          "p","P","*","h","H","+",
          "X","D","d","|","_"]             #将表中的标记存放在列表中
for i in range(len(markers)):              #将标记绘制在网格节点上
    plt.plot(vx[i],vy[i],marker = markers[i],markersize = 8,color = "r")
plt.show()
```

运行上段程序，markers 列表中的标记样式从下至上、从左至右显示在网格坐标节点上，如图 5.9 所示。

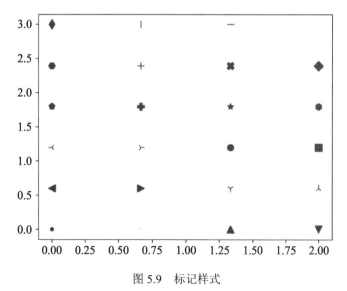

图 5.9　标记样式

不难发现，可以通过设置 plt.plot()函数的 marker 参数绘制单个点。线条的其他属性参数读者可以自行尝试。

3．添加图例

虽然以上 3 个图形通过设置线条属性增加了辨识度，但缺乏描述，可以给线条添加图例标签。例如，修改图 5.8，程序代码如下：

```
plt.plot(x,y,"r-*",linewidth = 1.5,label="$y=10*x$")    #设置 label 参数
plt.plot(x1,y1,"g--",linewidth = 0.9,label="$y=10*x^2$")
plt.plot(x2,y2,"k:",linewidth = 2.0,label="$y=x^3$")
plt.legend()                                             #调用 legend()函数
```

上段程序设置了 plt.plot()函数的 label 参数为字符串类型，给线条增加图例。如果要在坐标轴中显示图例，则需要调用 plt.legend()函数，增加了图例后的图形绘制在图 5.10 中。需要注意的是，在 Matplotlib 中，公式用两个美元符号"$$"包裹。

如果 plt.plot()函数中不设置 label 参数，也可以通过设置 plt.legend()函数的 handles 和 labels 参数来添加图例，前者为线条对象列表，后者为与之对应的图例字符串列表。例如：

```
line1, = plt.plot(x,y,"r-*",linewidth = 1.5,)     #直线对象
line2, = plt.plot(x1,y1,"g--",linewidth = 0.9,)   #二次抛物线对象
line3, = plt.plot(x2,y2,"k:",linewidth = 2.0)     #三次抛物线对象
handles = [line1,line2,line3]
labels = ["$y=10*x$","$y=10*x^2$","$y=x^3$"]
plt.legend(handles,labels)
```

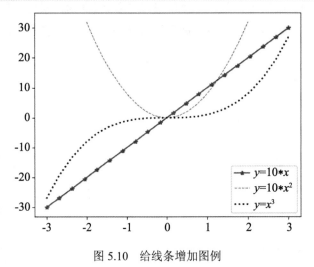

图 5.10　给线条增加图例

同样，也可以调用当前轴对象的 legend()方法实现以上功能，即：

```
ax = plt.gca()
ax.legend(handles,labels)
```

legend()函数的 loc 参数可设置图例的位置，默认为 loc="best"，loc 参数可以是 0～10 之间的整数，也可以是字符串，二者的对应关系见表 5.2。

表 5.2   legend()函数的loc参数说明

字　符　串	整　数	说　明
"best"	0	最佳
"upper right"	1	右上
"upper left"	2	左上
"lower left"	3	左下
"lower right"	4	右下
"right"	5	右
"center left"	6	中左
"center right"	7	中右
"lower center"	8	下中
"lower center"	9	上中
"center"	10	中

上例中，loc="best"相当于 loc="lower right"或 loc=0。

如果坐标轴中曲线过多，将图例放置在坐标轴范围内会覆盖图形，此时可以考虑将图例放置于坐标轴范围外，可通过设置 bbox_to_anchor 实现。例如：

```
plt.legend(ncol = 3,loc = 3,bbox_to_anchor = (0,1))
```

此时图例的位置如图 5.11 所示。

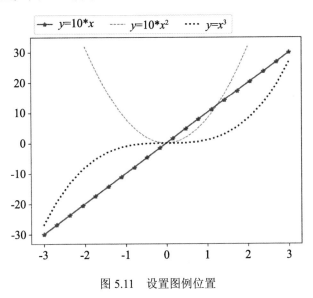

图 5.11   设置图例位置

参数 ncol 为图例排列的列数，bbox_to_anchor 参数为元组，表示图例矩形在坐标轴中的坐标，此时坐标轴内的局部坐标与图内的局部坐标类似，即左下角、右下角、左上角、右上角的坐标分别为(0,0)、(1,0)、(0,1)、(1,1)。设置 bbox_to_anchor 参数为(0,1)，表示图例矩形的左下角在坐标轴范围的左上角。

4．命名坐标轴

为了更好地描述图形，需要给坐标轴命名。调用 plt.xlabel()和 plt.ylabel()函数分别设置 x 轴和 y 轴的名称，例如：

```
plt.xlabel("$x$ value",fontsize = 15)          #设置 x 轴名称
plt.ylabel("$y$ value",fontsize = 16)          #设置 y 轴名称
```

plt.ylabel()函数的第一个输入参数为坐标轴名称，类型为字符串；fontsize 用于设置字体大小，绘制的图形如图 5.12 所示。

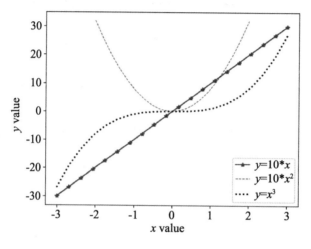

图 5.12　带名称的坐标轴

同样，也可以调用当前坐标轴对象的 set_xlabel()和 set_ylabel()方法实现，即：

```
ax = plt.gca()                                 #获取当前坐标轴
ax.set_xlabel("$x$ value",fontsize = 15)
ax.set_ylabel("$y$ value",fontsize = 16)
```

5．显示中文

Matplotlib 默认的字体不支持中文，需修改默认字体为 SimHei，即黑体，并设置坐标轴刻度正常显示负号即可，程序代码如下：

```
plt.rcParams['font.sans-serif'] = ['SimHei']   #修改默认参数
plt.rcParams['axes.unicode_minus'] = False     #设置正常显示坐标轴刻度
ax.set_xlabel("$x$ 值",fontsize = 12)           #命名 x 轴
ax.set_ylabel("$y$ 值",fontsize = 12)           #命名 y 轴
plt.title("三个函数图像",fontsize=15)            #添加图形名称为"三个函数图像"
```

pl.title()函数给图形添加了"三个函数图像"的中文名称，或者调用当前坐标轴对象的 set_title()方法，即：

```
ax = plt.gca()
ax.set_title("三个函数图像",fontsize=15)
```

带有中文名称的图形可视化如图 5.13 所示，其显示在坐标轴矩形范围的上方。后续的示例程序中，只要有显示中文的情形，如果程序中未给出，则默认设置中文的两行代码是存在的。

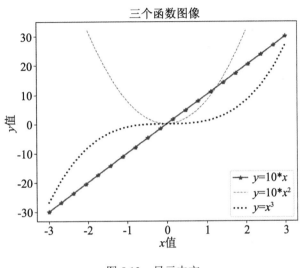

图 5.13　显示中文

6. 坐标轴范围

如果要设置当前坐标轴的取值范围，可以调用 plt.axis()函数或坐标轴对象的 set_xlim()和 set_ylim()方法。例如：

```
plt.axis([xmin,xmax,ymin,ymax])
```

或

```
ax = plt.gca()
as.set_xlim(xmin,xmax)
as.set_ylim(ymin,ymax)
```

将图 5.8 中坐标轴的范围设置为 xmin,xmax=[-10,10]和 ymin,ymax=[-40,40]，即：

```
plt.axis([-10,10,-40,40])
```

或

```
ax = plt.gca()
as.set_xlim(-10,10)
as.set_ylim(-40,40)
```

由于增加了坐标轴的取值范围，因此得到的图形更小、更紧凑，并且图例的位置也发生了变化，如图 5.14 所示。

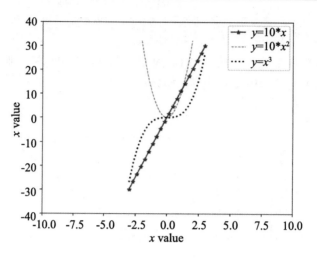

图 5.14   修改坐标轴范围

7．逆转坐标轴

在有些专业中，由于物理量的特殊性而需要将坐标轴逆转。例如，规定 x 轴向左为正，y 轴向下为正等，此时可以调用当前坐标轴的 invert_xaxis()方法和 invert_yaxis()方法实现，即：

```
ax = plt.gca()
ax.invert_xaxis()
ax.invert_yaxis()
```

逆转坐标轴后的图形绘制如图 5.15 所示。

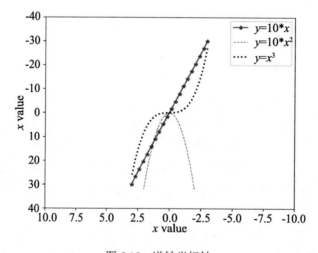

图 5.15   逆转坐标轴

8．修改刻度

如果绘制点集的数据量非常大，则坐标轴刻度显示可能会非常密集，将会对图形的美观度造成一定的影响。可以调用当前轴的 set_xticks()和 set_yticks()方法修改坐标轴的刻度，输入参数为刻度值，类型为类数组。例如：

```
plt.xticks([-3,-2,-1,0,1,2,3])
plt.yticks([-30,-20,-10,0,10,20,30])
```

或

```
ax = plt.gca()
ax.set_xticks([-3,-2,-1,0,1,2,3])
ax.set_yticks([-30,-20,-10,0,10,20,30])
```

如果不想显示刻度值，则可以设置刻度值为空，即：

```
plt.xticks([])
plt.yticks([])
```

新的坐标轴刻度和不显示刻度值的图形分别绘制在图 5.16a 和 b 中。

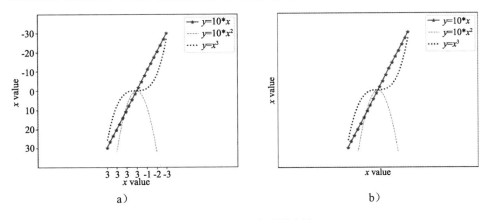

图 5.16　设置坐标轴的刻度

9．组合图形

到目前为止，简单图形的可视化已基本实现。对于复杂图形可以使用简单图形的组合实现，例如绘制图 5.4 在 y 方向的边界，程序代码如下：

```
fig = plt.figure(figsize=(8, 2.5))                      #创建图
left, bottom, width, height = 0.1, 0.2, 0.8, 0.7
ax = fig.add_axes((left, bottom, width, height))        #添加坐标轴

x = np.linspace(-2, 2, 1000)
y1 = np.cos(40 * x)
y2 = np.exp(-x**2)

ax.plot(x,y1*y2)
ax.plot(x,y2,'g')
ax.plot(x,-y2,'g')
ax.set_xlabel('x')
ax.set_ylabel('y')
plt.show()
```

运行上段程序，显示如图 5.17 所示的组合图形。

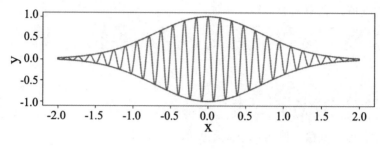

图 5.17　组合图形

以上实例图中只有一个坐标轴，接下来介绍如何在图中创建多个坐标轴，并分别在多个坐标轴中绘制多个图形。

5.1.3　多轴多图形

1．添加多轴

有些时候需要在一张图中绘制多个不同类型的图形，这时就需要多个坐标轴，接下来将介绍两种创建多个坐标轴的方法。

（1）调用 plt.subplots()函数一次性创建多个坐标轴。

```
fig, axes = plt.subplots(nrows = 1, ncols = 3, figsize=(12,3))
plt.show()
```

运行上段程序显示如图 5.18 所示的一图与三个坐标轴。

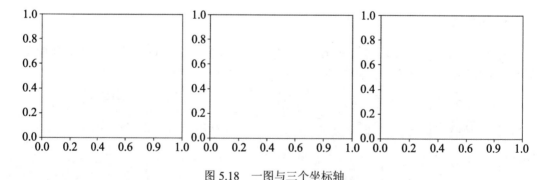

图 5.18　一图与三个坐标轴

关闭图形界面，在 Shell 中查看数据类型如下：

```
>>> type(fig)
<class 'matplotlib.figure.Figure'>
>>> type(axes)
<class 'numpy.ndarray'>
```

```
>>> axes
array(
[<matplotlib.axes._subplots.AxesSubplot object at 0x00000210AFDD5438>,
 <matplotlib.axes._subplots.AxesSubplot object at 0x00000210AFE1A978>,
 <matplotlib.axes._subplots.AxesSubplot object at 0x00000210AFE4E048>],
    dtype=object)
>>> axes[0]
<matplotlib.axes._subplots.AxesSubplot object at 0x00000210AFDD5438>
```

plt.subplots()函数返回了一张图和三个坐标轴对象。参数 nrows 和 ncols 为坐标轴的行数和列数，坐标轴被存储在形状为(3,)的一维数组中，可以通过索引获取单个坐标轴。

如果添加坐标轴的行数和列数都为 2，可修改上例中的语句如下：

```
fig,axes = plt.subplots(nrows = 2, ncols = 2, figsize=(8,6))
```

运行程序，显示如图 5.19 所示的一图与四个坐标轴。

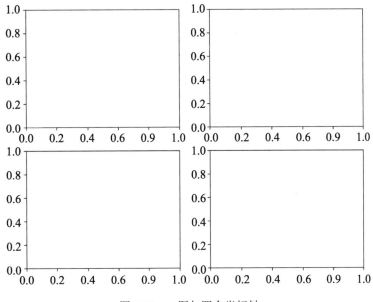

图 5.19　一图与四个坐标轴

关闭图形界面，在 Shell 中查看数据类型如下：

```
>>> axes
array(
[[<matplotlib.axes._subplots.AxesSubplot object at 0x00000205E60D44E0>,
  <matplotlib.axes._subplots.AxesSubplot object at 0x00000205E647A9B0>],
 [<matplotlib.axes._subplots.AxesSubplot object at 0x00000205E64AD080>,
  <matplotlib.axes._subplots.AxesSubplot object at 0x00000205E64D3710>]],
    dtype=object)
>>> axes[0][0]                                    #访问第一个坐标轴
<matplotlib.axes._subplots.AxesSubplot object at 0x00000205E60D44E0>
```

可以看到，此时坐标轴对象被存储在形状为(2,2)的二维数组中，此时可以通过二维索引获取单个坐标轴。

（2）调用 plt.subplot()函数或者图对象的 add_subplot()方法一次创建单个坐标轴。例如，绘制如图 5.18 所示的横向排列的三个坐标轴，代码如下：

```
ax1 = plt.subplot(131)
ax2 = plt.subplot(132)
ax3 = plt.subplot(133)
plt.show()
```

绘制如图 5.19 所示的四个坐标轴，代码如下：

```
fig = plt.figure(figsize = (10,8))
ax1 = fig.add_subplot(221)
ax2 = fig.add_subplot(222)
ax3 = fig.add_subplot(223)
ax4 = fig.add_subplot(224)
```

可以看到，plt.subplot()函数与 add_subplot()方法的输入参数中，前两个数字代表坐标轴的行和列的数量，第三个数字代表当前坐标轴的编号，比如参数 223 代表图中创建两行两列四个坐标轴，获取第三个坐标轴，坐标轴的编号顺序从左至右，从上至下，获取每个坐标轴后，就可以对每个坐标轴独立进行管理，如绘图、坐标轴设置或添加图例等。

2. 主副刻度

事实上，在 Matplotlib 中，坐标轴的刻度分为**主刻度**（Major tick）和**副刻度**（Minor tick），二者的区别为主刻度有标签，而副刻度没有。默认情况下所有刻度都是主刻度，如图 5.20 所示。

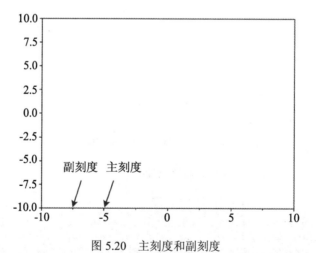

图 5.20　主刻度和副刻度

为了让图形显示更美观，下面介绍一些设置主副刻度的方法。请看下面的程序：

```
import matplotlib as mpl                          #导入 matplotlib 模块，简写为 mpl
plt.rcParams['font.sans-serif'] = ['SimHei']           #设置默认字体
plt.rcParams['axes.unicode_minus'] = False             #坐标轴刻度正确显示负号
```

```
x = np.linspace(-2 * np.pi, 2 * np.pi, 500)            #设置图形坐标点集
y = np.sin(x) * np.exp(-x**2/20)

fig, axes = plt.subplots(1, 4, figsize=(20, 4))        #创建 4 个坐标轴对象

#对每个坐标轴独立进行管理
axes[0].plot(x, y, lw=2)                               #在第一个坐标轴中绘制图形
axes[0].set_title("默认刻度")

axes[1].plot(x, y, lw=2)                               #在第二个坐标轴中绘制图形
axes[1].set_title("设置刻度")
axes[1].set_xticks([-5, 0, 5])                         #设置 x 和 y 轴的刻度
axes[1].set_yticks([-1, 0, 1])

axes[2].plot(x, y, lw=2)                               #在第三个坐标轴中绘制图形
axes[2].set_title("设置主副刻度")
#设置 x 轴的最大主刻度数为 4
axes[2].xaxis.set_major_locator(mpl.ticker.MaxNLocator(4))
#设置 y 轴的主刻度为固定刻度
axes[2].yaxis.set_major_locator(mpl.ticker.FixedLocator([-1, 0, 1]))
#设置 x 轴和 y 轴的最大副刻度数为 8
axes[2].xaxis.set_minor_locator(mpl.ticker.MaxNLocator(8))
axes[2].yaxis.set_minor_locator(mpl.ticker.MaxNLocator(8))

axes[3].plot(x, y, lw=2)                               #在第四个坐标轴中绘制图形
axes[3].set_title("设置标签刻度")
axes[3].set_yticks([-1, 0, 1])
axes[3].set_xticks([-2 * np.pi, -np.pi, 0, np.pi, 2 * np.pi])
#设置刻度标签
axes[3].set_xticklabels(['$-2\pi$', '$-\pi$', 0, r'$\pi$', r'$2\pi$'])
x_minor_ticker = mpl.ticker.FixedLocator([-3 * np.pi / 2, -np.pi/2, 0,
                                np.pi/2, 3 * np.pi/2])
#设置 x 轴的副刻度位置
axes[3].xaxis.set_minor_locator(x_minor_ticker)
#设置 y 轴的副刻度最大数量为 4
axes[3].yaxis.set_minor_locator(mpl.ticker.MaxNLocator(4))
plt.show()
```

以上程序绘制的图形如图 5.21 所示。

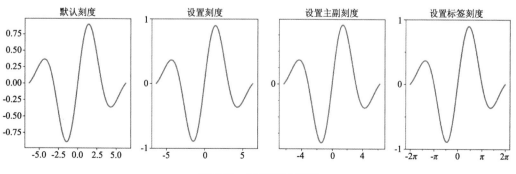

图 5.21 显示不同刻度

上段程序中调用了坐标轴对象的 x 轴和 y 轴的 set_major_locator()和 set_minor_locator() 方法，用于设置主副刻度的位置。

mpl.ticker.MaxNLocator 和 mpl.ticker.FixedLocator 对象用于设置刻度的最大数量和固定刻度的范围，前者输入的为整数，后者输入的为类数组，用于描述刻度范围。

当坐标轴范围非常大，默认条件下的刻度显示将非常"臃肿"，此时可将刻度以科学计数法表示。例如：

```
import matplotlib as mpl
plt.rcParams['font.sans-serif'] = ['SimHei']
plt.rcParams['axes.unicode_minus'] = False

fig, axes = plt.subplots(1, 2, figsize=(10, 4))    #创建两个坐标轴对象
x = np.linspace(0, 1e5, 100)                        #点集坐标范围非常大
y = x ** 2
axes[0].plot(x, y, 'b.')
axes[0].set_title("默认刻度显示", loc='right')

axes[1].plot(x, y, 'b')
axes[1].set_title("科学记数法显示", loc='right')
formatter = mpl.ticker.ScalarFormatter(useMathText=True)
formatter.set_scientific(True)
formatter.set_powerlimits((-1,1))
axes[1].xaxis.set_major_formatter(formatter)
axes[1].yaxis.set_major_formatter(formatter)
plt.show()
```

运行以上程序绘制图形，如图 5.22 所示。

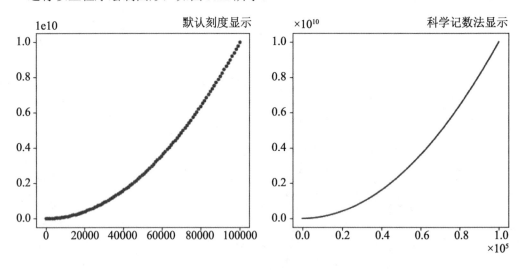

图 5.22　科学记数法显示刻度

上段程序中创建了一个刻度格式对象 mpl.ticker.ScalarFormatter，并设置为科学记数法，并调用坐标轴对象 x 轴和 y 轴的 set_major_formatter()方法设置主刻度类型。

3．多轴多图

接下来将不同线宽和线型的线条，以及不同形状和颜色的标记绘制在三个不同的坐标轴中。

```python
plt.rcParams['font.sans-serif'] = ['SimHei']              #设置默认字体
plt.rcParams['axes.unicode_minus'] = False               #正确显示负号

x = np.linspace(-5, 5, 5)                                  #设置 x 和 y 坐标
y = np.ones_like(x)

#创建一图和三个坐标轴
fig, axes = plt.subplots(nrows = 1,ncols = 3, figsize=(12,3))

#设置坐标轴函数，不显示刻度，设置y轴范围，给坐标轴命名
def set_axis(fig, ax, title, ymax):
    ax.set_xticks([])
    ax.set_yticks([])
    ax.set_ylim(0, ymax+1)
    ax.set_title(title)

linewidths = [0.5, 1.0, 2.0, 4.0]                         #四种线宽
for n, lw in enumerate(linewidths):
    #在第一个坐标轴中绘制不同的线宽
    axes[0].plot(x, y + n, color="blue", lw = lw)
    set_axis(fig, axes[0], "线宽", len(linewidths))

linestyles = ['-', '-.', ':']                            #线型
for n, ls in enumerate(linestyles):
    #在第二个坐标轴中绘制不同的线型
    axes[1].plot(x, y + n, color="blue", lw=2, ls = ls)
    line, = axes[1].plot(x, y + 3, color="blue", lw=2)
    length1, gap1, length2, gap2 = 10, 7, 20, 7
    line.set_dashes([length1, gap1, length2, gap2])
    set_axis(fig, axes[1], "线型", len(linestyles) + 1)

markersizecolors = [(4, "white"), (8, "red"),
                    (12, "yellow"), (16, "lightgreen")]
for n, (ms, mfc) in enumerate(markersizecolors):
    #在第三个坐标轴中绘制不同的标记大小和颜色
    axes[2].plot(x, y + n, color="blue", lw=1, ls='-',
            marker = 'o', markersize = ms,
            markerfacecolor = mfc, markeredgewidth = 2)
    set_axis(fig, axes[2], "标记大小/颜色", len(markersizecolors))
plt.show()
```

运行上段程序，显示的图形如图 5.23 所示。

图 5.23 不同线宽、线型和标记的可视化

以上图形在单个坐标轴中绘制了四种不同的线宽、线型和标记。

5.1.4 高级绘图

1. 双坐标轴

在科学计算中，为了描述一个因素对两个因素的影响，需要用到双坐标轴。例如，将圆的半径同时影响周长和面积的规律曲线绘制在同一个坐标系中，可以使用双 Y 轴：

```
r = np.linspace(0,6,30)
area = np.pi*r**2
perimeter = 2*np.pi*r
ax1 = plt.gca()              #获取当前坐标轴 ax1
ax2 = ax1.twinx()           #坐标轴 ax2 与 ax1 同 x 轴，如果同 y 轴则调用 twiny()方法
ax1.plot(r,area,'g-',label ="半径")
ax2.plot(r,perimeter,'r--',label ="周长")
ax1.set_xlabel("圆的半径/$m$",fontsize = 12)
ax1.set_ylabel("圆的面积/$m^2$",fontsize = 12)
ax2.set_ylabel("圆的周长/$m$",fontsize = 12)
ax1.legend(loc=2)
ax2.legend(loc=9)
plt.show()
```

运行上段程序绘制图形，如图 5.24 所示。

不难发现，通过调用坐标轴对象的 twinx()或 twiny()方法，可创建一个新的坐标轴对象，该坐标轴与原坐标轴共享 x 或 y 轴。

2. 轴线设置

前文中的坐标轴区域是由 4 根轴线组成的一个矩形范围,这些轴线也被称为 spines(轴线),可以通过调用坐标轴对象的 spines 属性对轴线进行设置,如移除上面和右边的 spines,或者改变 spines 的交点等。举例如下:

```
x = np.linspace(-10,10,100)                      #点集坐标
y = np.sin(x)*x
```

```
fig,ax = plt.subplots(figsize=(10, 5))          #创建图和坐标轴
ax.plot(x,y,lw = 2)                             #绘制图形

#移除右侧和上部的 spines
ax.spines["right"].set_color("none")
ax.spines["top"].set_color("none")

#刻度设置在下侧和左侧的 spines 上
ax.xaxis.set_ticks_position('bottom')
ax.yaxis.set_ticks_position('left')

#将下侧和左侧 spines 的交点均设置在(0,0)点
ax.spines['bottom'].set_position(('data', 0))
ax.spines['left'].set_position(('data', 0))
ax.set_xticks([-10, -5, 5, 10])
ax.set_yticks([-10, 0, 10])
plt.show()
```

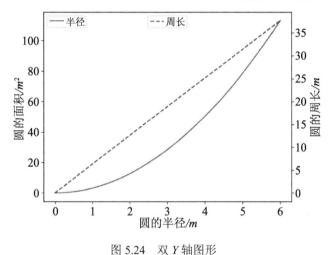

图 5.24　双 Y 轴图形

运行上段程序绘制图形，效果如图 5.25 所示。

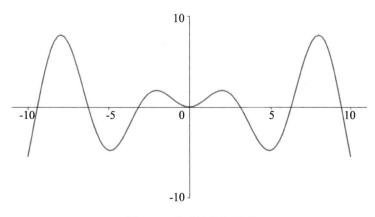

图 5.25　修改轴线的图形

坐标轴对象的 spines 属性为字典类型，其 keys 分别为 top、bottom、left 和 right，分别代表上、下、左、右 4 根 spines（轴线）。调用单根 spine 的 set_color()方法可以设置轴线的颜色，none 表示不显示轴线；调用单根 spine 的 set_position()方法用于设置 spines 的交点位置。

3. 图中图

对于一些特殊的曲线，有时候需要将曲线的某一个局部范围更具体地显示。在 5.1.1 节中，我们调用了图（Figure）的 add_axes()方法在图中创建固定范围的坐标轴，这也意味着，通过调整坐标轴的范围，可实现图中图的功能。举例如下：

```python
import matplotlib as mpl

#定义曲线函数
def f(x):
    return np.sin(x)*x

fontsize = 12                           #设置字号大小
fig = plt.figure(figsize=(10, 5))       #创建一张图
rect1 = (0.1,0.1,0.8,0.8)               #设置大图坐标轴的范围
rect2 = (0.6,0.60,0.1,0.25)             #设置小图坐标轴的范围
ax1 = fig.add_axes(rect1)               #在图中创建大坐标轴对象
ax2 = fig.add_axes(rect2)               #在图中创建小坐标轴对象

x = np.linspace(-10,10,100)             #大坐标轴点集的 x 坐标
ax1.plot(x,f(x),lw = 2)                 #绘制点集
ax1.set_xlabel("$x$",fontsize = fontsize)
ax1.set_ylabel("$f(x)$",fontsize = fontsize)

x0,x1 = 1.5,4.0                         #设置局部范围的 x 坐标

#在大坐标轴中用虚线标记范围
ax1.axvline(x0,ymin = 0.4,ymax = 0.6,color = "grey",ls = ":")
ax1.axvline(x1,ymin = 0.1,ymax = 0.3,color = "grey",ls = ":")
nx = np.linspace(x0,x1,100)             #小坐标轴点集的 x 坐标
ax2.plot(nx,f(nx),lw = 2)              #在小坐标轴中绘制局部点集
ax2.set_xlabel("$x$")
ax2.set_ylabel("$f(x)$")

#设置小坐标轴的刻度
ax2.xaxis.set_major_locator(mpl.ticker.MaxNLocator(4))
ax2.yaxis.set_major_locator(mpl.ticker.MaxNLocator(4))
plt.show()
```

以上程序绘制的图形如图 5.26 所示。

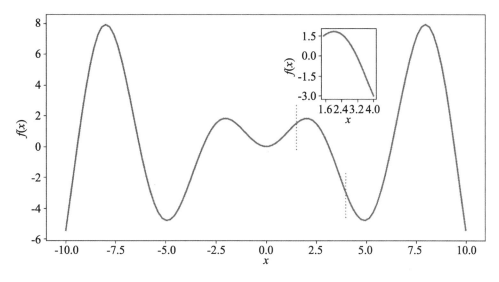

图 5.26　图中图实例

可以看到，通过多次调用图（Figure）的 add_axes()方法可以在图中添加多个坐标轴，通过调整坐标轴的范围可以实现图中图的绘制，每个坐标轴都是独立管理的。同时，通过调用坐标轴的 axvline()方法可以绘制垂直于 x 轴的竖直线，其输入参数 x0 为竖线在 x 轴上的位置，ymin 和 ymax 用于控制竖线在 y 轴上的位置。

4．添加注释

有时候为了让图形表意更清楚，需要给图形添加注释，包括文字、箭头线和数学表达式等。在 Matplotlib 中，可以选择调用坐标轴（Axes）的 text()、arrow()和 annotation()等方法实现给图形添加注释。请看下面的例子：

```
fig = plt.figure()
ax = fig.add_subplot(111)                              #添加一个坐标轴
x = np.linspace(0,5,100)
y = np.cos(2*np.pi*x)
ax.plot(x,y)
ax.set_xlim([-5,10])
ax.set_ylim([-5,5])
ax.text(x=-2,y=1,s="Nomal",family="serif",fontsize=13)      #添加文字

#带角度的文字
ax.text(x=-2,y=-1,s="Rotation",family="serif",fontsize=13,rotation=45)

#添加一个公式
ax.text(2, 2, r"Equation: $i\hbar\partial_t \Psi = \hat{H}\Psi$",
        family="serif",fontsize=14)

#添加一个箭头
ax.arrow(x=-2,y=-3,dx=1,dy=0,width=0.05,head_width = 0.2,
```

```
        head_length = 0.1)

#按照数据坐标添加一个注释
ax.annotate('Data Mode',xy=(3,3), xycoords='data')
#按照坐标轴局部坐标添加一个注释
ax.annotate('Fraction Mode',xy=(0.7,0.4), xycoords='figure fraction')
#按照数据坐标添加一个带箭头的注释
ax.annotate(r'$cos(2 \pi x)$',
        xy=(2, 1), xycoords='data',
        xytext=(-15, 25), textcoords='offset points',
        arrowprops=dict(facecolor='black', shrink=0.05),
        horizontalalignment='right', verticalalignment='bottom')
plt.show()
```

上段程序绘制的图形见图 5.27。

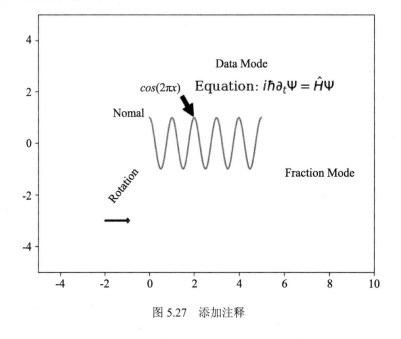

图 5.27　添加注释

5．文字

从以上程序不难发现，text()方法实现在坐标轴中添加文字，前 3 个参数为必选参数，用于设置文字的位置和内容，其他参数为可选参数，用于设置文字的属性，具体说明如表 5.3 所示。

表 5.3　text()方法参数说明

参 数 名 称	说　　　明
x, y	文字坐标
s	文字字符串

（续）

参 数 名 称	说　　明
fontdict	文字属性，为字典类型
alpha	文字颜色的透明度，为0~1之间的浮点数
backgroundcolor	文字的背景颜色
family	文字字体类型，如serif、sans-serif、cursive、fantasy和monospace等
fontsize	文字大小
rotation	文字的角度
horizontalalignment,ha	水平方向排列，如left、right和center
verticalalignment,va	垂直方向排列，如top、bottom、center和baseline

当然，文字的属性也可以通过 fontdict 参数传入，该属性为字典类型。例如：

```
ax.text(x=-2,y=1,s="Nomal",fontdict = dict(family="serif",fontsize=13,
                              horizontalalignment='right',
                              verticalalignment='bottom'))
```

或者是：

```
ax.text(x=-2,y=1,s="Nomal",fontdict ={"family":"serif","fontsize":13,
                              "ha":'right',
                              "va":'bottom'})
```

文字字符串也可以用来描述数学表达式。在 Matplotlib 中显示数学表达式时，对应的字符串用两个美元符号"$$"包裹，表达式的描述遵循 Latex 语法。例如：

```
#数学表达式字符串
mathtexts = [r"$\alpha_i>\beta_i$",
        r"$\alpha_{i+1}^j = {\rm sin}(2\pi f_j t_i) e^{-5 t_i/\tau}$",
        r"$\frac{3}{4},\ \binom{3}{4},\ \genfrac{}{}{0}{}{3}{4}$",
        r'$s(t) = \mathcal{A}\mathrm{sin}(2 \omega t)$',
        r'$\sum_{i=0}^\infty x_i , (\frac{5 - \frac{1}{x}}{4})$',
        r'$\sqrt{2} , \sqrt[3]{x}$',
        r"$\alpha,\ \beta,\ \chi,\ \delta,\ \lambda,\ \mu$",
        r"$\Delta,\ \Gamma,\ \Omega,\ \Phi,\ \Pi,\ \Upsilon,\ \nabla $",
        r"$\aleph,\ \beth,\ \daleth,\ \gimel,\ \ldots$",
        ]
ax.set_xlim([-5,5])
ax.set_ylim([-5,5])
for i in range(9):
    ax.text(-1,4-i,mathtexts[i])
plt.show()
```

数学表达式字符串的可视化按索引顺序依次显示在图 5.28 中。可以看到，由于在表达式字符串中会出现大量的反斜杠"\"，所以在字符串前加上 r，以忽略字符串转义。更多的 Latex 语法请参考相关书籍。

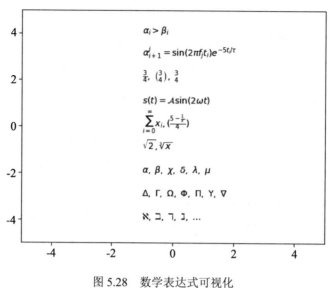

图 5.28　数学表达式可视化

6. 箭线

arrow()方法实现在坐标轴中添加箭线，前 4 个参数为必选参数，其他参数用于描述箭头的属性，具体见表 5.4。

表 5.4　arrow()方法参数说明

参　　数	说　　明
x,y	箭线起点位置坐标
dx,dy	从箭线起点到终点位置坐标的增量
width	箭尾宽度，默认为0.001
head_width	箭头总宽度，默认为3×width
head_length	箭头长度，默认为1.5×width
length_includes_head	True表示箭头大小将计入线的长度
shape	箭头形状，full、left、right分别代表全箭头、左半箭头、右半箭头，默认为full
head_starts_at_zero	True表示箭头从坐标0点开始

举例如下：

```
ax.arrow(x=-2,y=-3,dx=1,dy=0,width=0.05,head_width = 0.2,
        head_length = 0.1)

ax.arrow(x=-2,y=-2,dx=1,dy=0,width=0.05,head_width = 0.2,
        head_length = 0.1,length_includes_head = True)

ax.arrow(x=0,y=-1,dx=1,dy=0,width=0.05,head_starts_at_zero = True)

ax.arrow(x=0,y=-3,dx=2,dy=2,width = 0.1,shape="right",color = "green")
```

```
ax.arrow(x=1,y=-3,dx=2,dy=2,width = 0.1,shape="left",color = "red")
```

以上不同属性的箭线如图 5.29 所示。

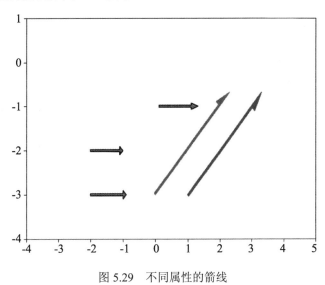

图 5.29　不同属性的箭线

7. 注释

annotate()方法实现添加注释，实质上是文字（text）和箭线（arrow）的组合。该方法的参数说明见表 5.5。

表 5.5　annotate()方法参数说明

参　　数	说　　明
text	文字字符串
xy	注释的位置，为元组类型
xytext	文字的位置，默认为xy
xycoords	设置xy的坐标轴系统
textcoords	设置xytext的坐标轴系统
arrowprops	箭头属性，为字典类型
**kwargs	其他文字属性

arrowprops 箭头的属性见表 5.6 所示。

表 5.6　arrowprops箭头属性说明

参　　数	说　　明
width	箭线的宽度
headlength	箭头的长度

（续）

参　　数	说　　明
headwidth	箭头的宽度
shrink	从箭头两端缩放的比例
arrowstyle	箭头的样式
connectionstyle	箭头的连接样式

不同样式的注释举例如下：

```
fig = plt.figure(1, figsize=(8, 5))
ax = fig.add_subplot(111, autoscale_on=False, xlim=(-1, 5), ylim=(-4, 3))
t = np.arange(0.0, 5.0, 0.01)
s = np.cos(2*np.pi*t)
ax.plot(t, s, lw=3, color='purple')

#x、y 坐标按数据坐标轴，其文字坐标从 x、y 坐标轴偏移，箭头样式为"->"
ax.annotate('arrowstyle', xy=(0, 1), xycoords='data',
            xytext=(-50, 30), textcoords='offset points',
            arrowprops=dict(arrowstyle="->"))

#箭线连接样式为"arc3,rad=.2"
ax.annotate('arc3', xy=(0.5, -1), xycoords='data',
            xytext=(-30, -30), textcoords='offset points',
            arrowprops=dict(arrowstyle="->",
                        connectionstyle="arc3,rad=.2"))

#箭线连接样式为"arc,angleA=0,armA=30,rad=10"
ax.annotate('arc', xy=(1., 1), xycoords='data',
            xytext=(-40, 30), textcoords='offset points',
            arrowprops=dict(arrowstyle="->",
                        connectionstyle="arc,angleA=0,armA=30,rad=10"))

ax.annotate('arc', xy=(1.5, -1), xycoords='data',
            xytext=(-40, -30), textcoords='offset points',
            arrowprops=dict(arrowstyle="->",
                        connectionstyle="arc,angleA=0,armA=20,angleB=-90,
armB=15,rad=7"))

ax.annotate('angle', xy=(2., 1), xycoords='data',
            xytext=(-50, 30), textcoords='offset points',
            arrowprops=dict(arrowstyle="->",
                        connectionstyle="angle,angleA=0,angleB=90,rad=10"))

ax.annotate('angle3', xy=(2.5, -1), xycoords='data',
            xytext=(-50, -30), textcoords='offset points',
            arrowprops=dict(arrowstyle="->",
                        connectionstyle="angle3,angleA=0,angleB=-90"))

#bbox 属性给文字添加边框
ax.annotate('angle', xy=(3., 1), xycoords='data',
```

```
              xytext=(-50, 30), textcoords='offset points',
              bbox=dict(boxstyle="round", fc="0.8"),
              arrowprops=dict(arrowstyle="->",
                  connectionstyle="angle,angleA=0,angleB=90,rad=10"))

ax.annotate('angle', xy=(3.5, -1), xycoords='data',
          xytext=(-70, -60), textcoords='offset points',
          size=20,bbox=dict(boxstyle="round4,pad=.5", fc="0.8"),
          arrowprops=dict(arrowstyle="->",
                      connectionstyle="angle,angleA=0,angleB=-90,rad=10"))

ax.annotate('angle', xy=(4., 1), xycoords='data',
          xytext=(-50, 30), textcoords='offset points',
          bbox=dict(boxstyle="round", fc="0.8"),
          arrowprops=dict(arrowstyle="->",
                      shrinkA=0, shrinkB=10,
                      connectionstyle="angle,angleA=0,angleB=90,rad=10"))

plt.show()
```

以上程序的绘图效果如图 5.30 所示。

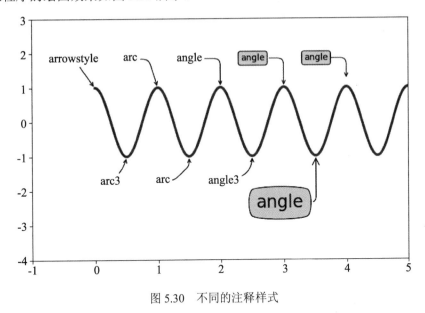

图 5.30　不同的注释样式

8．极坐标系

在科学计算中有时候需要在极坐标系中进行绘图，此时只需要在创建坐标轴对象时设置 projection 的参数为 polar 即可。例如：

```
#设置曲线参数
a = 2
theta = np.linspace(-np.pi,np.pi,100)
```

```
r1 = a*np.cos(3*theta)
r2 = a*(1-np.sin(theta))

#创建两个极坐标轴
ax1 = plt.subplot(121, projection='polar')
ax2 = plt.subplot(122, projection='polar')

ax1.plot(theta,r1,"r-")              #仍使用 plot()方法绘图
ax1.set_rmax(3)                      #设置最大极径
ax1.set_rticks([1,2])                #设置刻度
ax1.set_rlabel_position(45)          #设置刻度位置
ax1.grid(True)

ax2.plot(theta,r2,"g--")
ax2.set_rmax(5)
ax2.set_rticks([1,2,3,4])
ax2.set_rlabel_position(-45)
ax2.grid(True)
plt.show()
```

以上程序的可视化效果如图 5.31 所示。

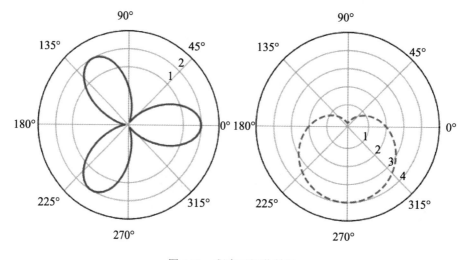

图 5.31   程序可视化效果

当将坐标轴设置为极坐标后，ax.plot()方法数据参数转变为极角和极径的集合，而其他关于线条的属性仍然可用。ax.set_rmax()方法用于设置最大极径，类型为浮点；ax.set_rticks()用于设置刻度值，类型为类数组；ax.set_rlabel_position()方法用于设置刻度所在位置，为从极轴起的角度值；ax.grid()方法用于显示刻度线。

通过对本节的学习，相信读者已经对 Matplotlib 绘图基础知识有了一定的理解和认识。Matplotlib 的绘图功能非常丰富、强大，限于篇幅，这里不可能全部介绍，更多的知识点请读者参考 Matplotlib 官方文档。

5.2　绘制其他图形

上一节中结合曲线绘制介绍了 Matplotlib 绘图的基础知识。在此基础上，本节将介绍如何使用 Matplotlib 绘制更多图形，包括散点图、柱状图和误差图等。

5.2.1　散点图

散点图是数据点在直角坐标系平面上的分布图。在 Matplotlib 中可以调用 plt.scatter() 函数或者 ax.scatter() 方法绘制散点图，与 plt.plot() 和 ax.plot() 类似，其主要参数为散点位置的 x 和 y 坐标集，其他参数为散点的属性信息。例如，绘制第 4 章中的平时成绩历史样本和小明的个人成绩在平面坐标系中的分布，程序代码如下：

```
import numpy as np
import matplotlib.pyplot as plt
plt.rcParams['font.sans-serif']=['SimHei']
plt.rcParams['axes.unicode_minus']=False

#历史样本散点坐标集
data = np.array([[40,60],
                [40,30],
                [30,40],
                [40,50],
                [44,50],
                [60,30],
                [60,60],
                [70,55],
                [60,65],
                [70,65],
                [65,67],
                [64,65],
                [80,90],
                [85,88],
                [95,90],
                [80,80],
                [90,70],
                [95,95],
                [98,100]])
target = np.array([0,0,0,0,0,0,1,1,1,1,1,1,2,2,2,2,2,2,2])

#前 6 个点的 x 坐标为 data[:6,0]，y 坐标为 data[:6,1]
plt.scatter(data[:6,0],data[:6,1],marker = 'o',color = "r",s = 18)
plt.scatter(data[6:12,0],data[6:12,1],marker = 's',alpha = 0.5)
plt.scatter(data[12:,0],data[12:,1],marker = 'v')

#显示小明平时成绩的单个点
plt.scatter(50,80,marker = '*')
```

```
#绘制 3 条直线
plt.plot([40,50],[60,80])
plt.plot([60,50],[65,80])
plt.plot([80,50],[80,80])

plt.xlabel('到课率')
plt.ylabel('作业质量')
plt.axis([0,120,0,120])
plt.show()
```

以上程序绘制的散点分布如图 5.32 所示。

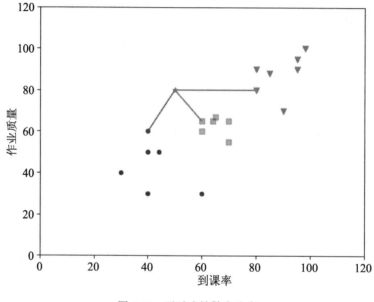

图 5.32　平时成绩散点分布

参数 marker 和 color 分别设置散点的形状和颜色（参见表 5.1），s 和 alpha 属性分别用于设置点的大小和透明度。

上段程序调用的都是绘图函数。调用坐标轴对应的方法也可以得到完全相同的结果，读者可以自行尝试。

数据拟合在科学计算中非常常见，下面的实例将绘制三次多项式的拟合图形，程序代码如下：

```
fig = plt.figure(figsize=(6, 4))
ax = fig.add_subplot(111)

#实际点集，np.random.uniform()函数创建均匀分布的数据点
x = np.linspace(-5,5,50)
y = 1.4*x**3 + 3.3*x**2 + 2.8*x + 5*np.random.uniform(-3,4,50)

#根据数据得到拟合多项式
```

```
c = np.polyfit(x,y,3)
p = np.poly1d(c)

#计算拟合曲线的 y 值
y_p = np.polyval(p,x)

#绘制散点和曲线
ax.scatter(x,y,color = "red",marker = ".",label = "data")
ax.plot(x,y_p,color = "green",label = "curve")
ax.legend()
ax.set_xlabel("$x$")
ax.set_ylabel("$y$")
plt.show()
```

上段程序绘制的图形如图 5.33 所示。

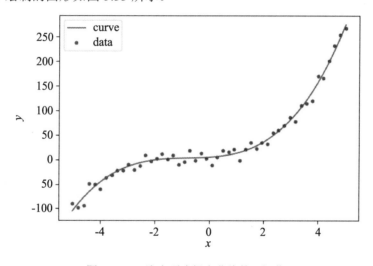

图 5.33　三次多项式拟合曲线的可视化

通过上面的例子可以看到，可以通过不同类型的绘图函数或方法，组合绘制出更复杂的图形。

5.2.2　柱状图

1．常规柱状图

柱状图能直观比较一个变量值的大小。在 Matplotlib 中可以调用 plt.bar()函数或者 ax.bar()方法绘制柱状图，例如，第 2 章中关于马云先生讲话内容的关键词统计可以用如下程序实现：

```
plt.rcParams['font.sans-serif'] = ['SimHei']
plt.rcParams['axes.unicode_minus'] = False
```

```
xlabels = ["企业家","科学家","需要","做事","看见"]
counts = [4,3,2,2,2]

fig = plt.figure(figsize = (10,4))
ax1 = fig.add_subplot(121)
ax2 = fig.add_subplot(122)

ax1.bar(xlabels,height = counts,width = 0.2,align = "edge")
ax1.set_yticks([1,2,3,4,5])
ax1.set_ylabel("频次")

plt.bar(xlabels,counts,color = "red")
plt.yticks([1,2,3,4,5])
plt.ylabel("频次")
plt.show()
```

以上程序统计的高频词如图 5.34 所示。

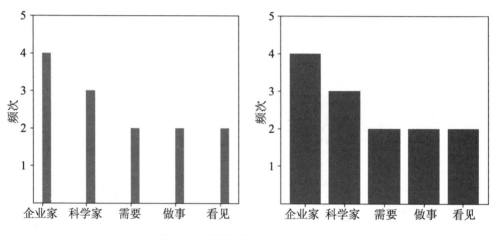

图 5.34　高频词统计的可视化效果

如果在有多个坐标轴的图中使用 Matplotlib.pyplot 模块中的函数绘图，图形将默认绘制在当前（最后）坐标轴中。例如，上例中最后创建的坐标轴为 ax2（当前），调用函数绘制的柱状图即显示在 ax2 轴中。

参数说明：

- x 为数据标签或 x 轴坐标，类型为类数组；
- height 为柱子高度，类型为标量或与 x 相同长度的类数组，如果为标量，则表示所有柱子的高度相同；
- width 用于设置柱子的宽度；
- align 用于设置 x 轴刻度与柱之间的相对位置，默认为 center，表示刻度在柱子底部的中心处，而 edge 则表明刻度在柱子底部的最左侧。

如果要对多组数据进行对比，例如某电商对商品 A 和 B 在 1 至 5 月的日销量进行了统计，并采用柱状图可视化，程序代码如下：

```
months = ['1月', '2月', '3月', '4月', '5月']
A_means = [20, 35, 30, 35, 27]              #A 商品日平均销量
B_means = [25, 32, 34, 20, 25]              #B 商品日平均销量
A_std = [2, 3, 4, 1, 2]                      #A 商品标准差
B_std = [3, 5, 2, 3, 3]                      #B 商品标准差
width = 0.35

fig = plt.figure(figsize = (10,4))
ax1 = fig.add_subplot(121)
ax2 = fig.add_subplot(122)


#yerr 参数给数据添加误差线
ax1.bar(months, A_means, width, yerr=A_std, label='A')
#通过设置 bottom 参数，可以设置柱状图的底部起点
ax1.bar(months, B_means, width, yerr=B_std, bottom=A_means,
        label='B')
ax1.legend()
ax1.set_ylabel('数量')
ax1.set_title('商品 A 和 B 的销量')
#柱状图左右排列
x = np.arange(len(months))
ax2.bar(x-width/2,A_means,width,yerr=A_std,label="A")
ax2.bar(x+width/2,B_means,width,yerr=B_std,label="B")
ax2.set_xticks(x)
ax2.set_xticklabels(months)
ax2.legend()
plt.show()
```

上段程序的可视化效果如图 5.35 所示。

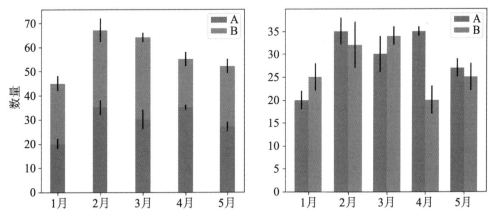

图 5.35 商品销量统计的可视化效果

如果要绘制多个柱状图，只需要多次调用 plt.bar() 函数或 ax.bar() 方法即可。bottom 参数用于设置柱状图底部的起点，例如第二次调用 ax.bar() 方法，将 bottom 参数设置为 A_means，可以实现柱状图的堆叠；而 yerr 用于在柱状图上方添加误差线。

有时候为了让图形更直观，也可以给柱状图添加数据值，读者可以调用 text() 或

annotate()方法自行完成。

2. 水平柱状图

如果要绘制水平的柱状图，可以调用 plt.barh()函数或 ax.barh()方法实现。例如，用堆叠的水平柱状图来对调查问卷的结果进行统计，代码如下：

```python
#问题答案
category_names = ['强烈反对', '反对',
                  '中立','同意', '强烈同意']

#每个问题不同答案选项的人数
results = {
    '问题 1': [10, 15, 17, 32, 26],
    '问题 2': [26, 22, 29, 10, 13],
    '问题 3': [35, 37, 7, 2, 19],
    '问题 4': [32, 11, 9, 15, 33],
    '问题 5': [21, 29, 5, 5, 40],
    '问题 6': [8, 19, 5, 30, 38]
    }

#柱状图数据
labels = list(results.keys())
data = np.array(list(results.values()))
data_cum = data.cumsum(axis=1)

#颜色
category_colors = ["red","yellow","green","cyan","pink"]

#创建图和坐标轴
fig, ax = plt.subplots(figsize=(10, 5))
ax.invert_yaxis()                                 #逆转 y 轴
ax.xaxis.set_visible(False)                        #x 轴不可见
ax.set_xlim(0, np.sum(data, axis=1).max())
for i, (colname, color) in enumerate(zip(category_names, category_colors)):
    widths = data[:, i]
    starts = data_cum[:, i] - widths

    #堆叠绘制水平柱状图
    ax.barh(y=labels, width=widths, left=starts, height=0.5,
            label=colname, color=color)
    xcenters = starts + widths / 2

    #给每根柱子在中心处添加文字
    for y, (x, c) in enumerate(zip(xcenters, widths)):
        ax.text(x, y, str(int(c)), ha='center', va='center')

#显示图例样式和位置
ax.legend(ncol=len(category_names), bbox_to_anchor=(0, 1.02),
          loc='lower left', fontsize='small')
plt.show()
```

以上程序的可视化效果如图 5.36 所示。

可以看到，ax.barh()方法与 ax.bar()方法的参数完全一致，只是标签参数由 x 转换为 y，数据值参数由 height 转换为 width，而柱子宽度由 width 转换为 height，柱堆叠起点参数由 bottom 转换为 left，其他参数保持不变。

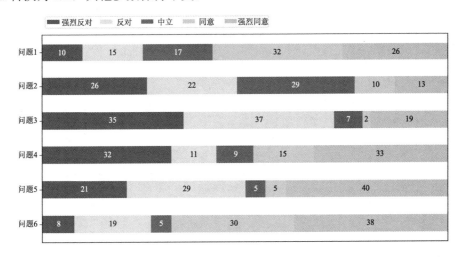

图 5.36　问卷调查统计的可视化效果

3. 极坐标系下的柱状图

极坐标系下也可以绘制柱状图，此时的柱子变为扇形区域。这里仅修改图 5.35 绘图程序中的两行：

```
ax1 = fig.add_subplot(121,projection="polar")
ax2 = fig.add_subplot(122,projection="polar")
```

其他程序保持不变，绘制出极坐标系下的柱状图如图 5.37 所示。可以看到，仅仅是将平面坐标系转换为了极坐标系显示。

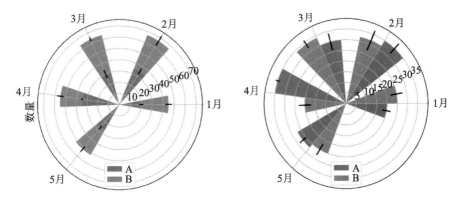

图 5.37　极坐标系下的柱状图

5.2.3 饼状图

饼状图一般用来描述变量值所占的百分比。在 Matplotlib 中，调用 plt.pie()函数或 ax.pie()
方法即可实现饼状图的绘制。下面的程序将某水果商的水果销量数据绘制成了饼状图。

```
labels = ['苹果', '梨子', '橘子', '香蕉']          #水果名称
sizes = [15,30,45,10]                            #销售占比
explode = (0,0,0,0.1)
colors = ["red","pink","cyan","green"]

fig = plt.figure(figsize=(10,4))
ax1 = fig.add_subplot(121)
ax2 = fig.add_subplot(122)
ax1.pie(x=sizes,labels=labels, autopct='%1.1f%%',
        shadow=True, startangle=90, colors=colors)
ax2.pie(x=sizes,labels=labels, explode=explode, autopct='%1.1f%%',
        startangle=0,counterclock=False)

#坐标轴长度相同，显示为圆，否则可能显示为椭圆
ax1.axis('equal')
ax2.axis('equal')
plt.show()
```

以上程序的可视化效果如图 5.38 所示。

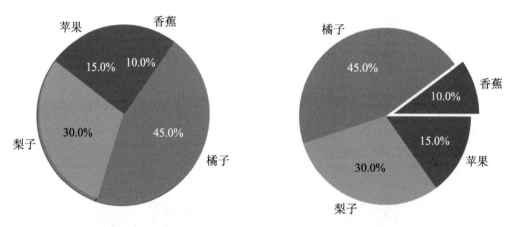

图 5.38　水果销售统计的可视化效果

关于 plt.pie()函数或 ax.pie()方法，其参数 x 为每个标签所占的比例值，决定块的大小，
类型为类数组。labels 为数据标签，是与 x 同长度的类数组，元素一般为字符串；autopct
参数用于设置数据显示格式；shadow 和 counterclock 均为布尔参数，前者用于设置图形是
否显示阴影，默认为 False，后者设置数据显示方向，默认为逆时针方向；startangle 设置
图形起点角度位置；colors 用于设置块的颜色，类型为与 x 长度相同的颜色类数组；explode
用于设置块的偏移，类型为与 x 长度相同的类数组，如 explode=(0,0,0,0.1)，表示最后块偏

移 0.1 个单位，其他块不偏移。

5.2.4　直方图

从表现形式上看，直方图与柱状图有相似之处，但功能却不相同，直方图用于反映连续数据的分布情况。在 Matplotlib 中，使用 plt.hist()函数或 ax.hist()方法绘制直方图。下面的程序实现某幼儿园大班男童身高数据分布的可视化。

```
#男童身高数据
x = [117.7,112.4,122.8,124.2,119.3,131.0,121.3,114.5,113.0,
    118.5,121.1,129.0,108.2,121.5,124.8,122.5,118.8,117.0,
    123.5,115.2,126.1,116.9,129.7,124.8,118.5,126.8,124.4,
    118.7,118.7,130.6]

#改变数组的形状，将数据分为两组
x2 = np.reshape(np.array(x),(-1,2))

#设置区间分组
bins1 = 10
bins2 = np.linspace(108,132,10)
bins3 = 5
fig,axes = plt.subplots(2,2)
ax1 = axes[0,0]
ax2 = axes[0,1]
ax3 = axes[1,0]
ax4 = axes[1,1]

ax1.hist(x,bins=bins1)
n,bins,patches = ax2.hist(x,bins=bins2,color="g",density=True)
ax3.hist(x,bins=bins1,histtype="step",cumulative=True)
ax4.hist(x2,bins=bins3,stacked=True)

mu = np.mean(x)
sigma = np.std(x)
y = ((1/(np.sqrt(2*np.pi)*sigma))*\
    np.exp(-0.5 * (1 / sigma * (bins - mu))**2))
ax2.plot(bins,y,lw=3,color="r",ls="dashed")
plt.show()
```

以上程序可视化效果如图 5.39 所示。

参数说明：

- x 为数据值，类型为类数组，一维类数组描述一组数据，二维类数组沿 0 轴描述多组数据。

- bins 用于设置数据的分组区间情况，可以为整数或者类数组。如果为整数，则默认将数据范围（min(x),max(x)）均分为 bins 个区间；如果为序列，则为分组边界值的类数组。例如，[1,2,3,4,5]，表示分组区间为[1,2)、[2,3)、[3,4)和[4,5)。图形的纵坐标默认显示为数据 x 落在该区间的次数，默认数据落在某个区间，则次数加 1。也可以通过设置 weights 参数来设置每个数据的计次权重，weights 为与 x 相同长度的类数组。

- density 为布尔类型，如果设置为 True，则纵坐标为概率密度，如图 5.39 中的第 2 个坐标轴图像所示。
- cumulative 为布尔类型，如果设置为 True，则 y 坐标为累计数量，如图 5.39 中的第 3 个坐标轴图像所示。
- histtype 用于设置直方图的样式，可选数值包括 bar、barstacked、step 和 stepfilled，默认为 bar。和柱状图一样，直方图也可以堆叠，当 x 数据为多维类数组时，只需要设置 stacked 参数为 True 即可，如图 5.39 中第 4 个坐标轴图像所示。

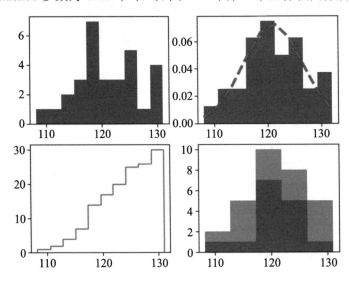

图 5.39　男童身高分布的可视化效果

5.2.5　箱形图

箱形图用于描述一组数据的特征，它能显示一组数据的最大值、最小值、中位数、上四分位数、下四分位数及异常值等。箱形图的一般组成如图 5.40 所示。

需要注意的是，上下边缘是异常值的边界，位于外部的属于异常值。上下边缘的确定方法为：设一组数据的下四分位数、中位数和上四分位数分别为 Q_1、Q_2 和 Q_3，则上下边缘分别为 $Q3+1.5IQR$ 和 $Q1-1.5IQR$，其中，$IQR=Q_3-Q_1$，为四分位距。在 Shell 中举例如下：

```
>>> x = np.array([12,15,17,9,20,23,25,28,30,33,
34,35,36,37])
>>> Q1 = np.percentile(x,q=25)        #下四分位数
```

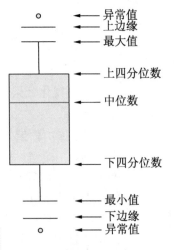

图 5.40　箱形图的一般组成

```
>>> Q2 = np.median(x)                #中位数
>>> Q3 = np.percentile(x,q=75)       #上四分位数
>>> UB = Q3 + 1.5*(Q3 - Q1)          #上边缘
>>> LB = Q1 - 1.5*(Q3 - Q1)          #下边缘
>>> LB,Q1,Q2,Q3,UB
(-6.25, 17.75, 26.5, 33.75, 57.75)
```

显然，上例的数据中没有异常值。在 Matplotlib 中绘制箱形图时只需调用 plt.boxplot()
函数或 ax.boxplot()方法即可。举例如下：

```
#数据
x1 = [12,15,17,9,20,23,25,28,30,33,34,35,36,37]
x2 = np.reshape(x1,(-1,2))           #如果数据为二维数组，则沿 0 轴划分为多组
x3 = np.array(x1 + [60,70])          #存在超过上边缘异常值的数据
x4 = np.array(x1 + [-20,65])         #存在超过上下边缘异常值的数据
markers = dict(marker = "s",markerfacecolor="g",markersize=5)
colors = ["g","r"]

fig,((ax1,ax2),(ax3,ax4)) = plt.subplots(2,2)
ax1.boxplot(x1)

#在第二坐标轴中绘制两组数据的箱形图并上色
boxplot2 = ax2.boxplot(x2,vert=False,patch_artist=True)
for patch,color in zip(boxplot2["boxes"],colors):
    patch.set_facecolor(color)
ax3.boxplot(x3,notch=True,labels=["x3"])
ax4.boxplot(x4,flierprops=markers)
plt.show()
```

以上程序的可视化效果如图 5.41 所示。

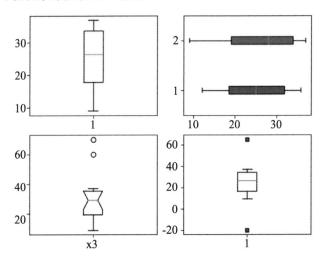

图 5.41　箱形图示例效果

参数说明：

• x 为数据值，类型为类数组，一维类数组描述一组数据，二维类数组沿 0 轴描述多

组数据，一组数据绘制一个箱形图，如图 5.41 中第 2 个坐标轴中的图像所示。

- vert 为布尔类型，用于设置箱形图的显示方向，默认 True 表示竖向显示，False 则为水平显示，如图 5.41 中第 2 个坐标轴中的图像所示。
- notch 为布尔类型，用于改变箱子的形状，默认为矩形，当设置为 True 时，箱子形状如图 5.41 中第 3 个坐标轴中的图像所示。
- flierprops 是用于异常值的属性参数，其类型为字典，此时传入需要的标记参数即可，如图 5.41 中第 4 个坐标轴中设置的标记形状、颜色和大小的修改。

返回的箱形图对象的 boxes 属性为 Patch 对象，可以对其进行属性设置，具体方法参见 Matplotlib 文档。

5.2.6　棉棒图

棉棒图由一根从基线出发到 y 坐标的竖线和一个标记组成，和曲线一样，能显示数据的变化规律，数据中有正负值突变时，使用棉棒图效果更好。Matplotlib 中调用 plt.stem() 函数或 ax.stem() 方法绘制棉棒图，举例如下：

```python
#设置数据
x = np.arange(10) + 1
y = [10,-18,-21,4,7,-3,13,16,9,-10]
fig,(ax1,ax2) = plt.subplots(1,2,figsize=(10,4))
ax1.stem(x,y)

#返回标记线集、竖线集和基线对象
markerlines, stemlines, baseline=ax2.stem(
    x,y,linefmt="grey",markerfmt="s",bottom=1,label="data")
markerlines.set_markerfacecolor("none")

#设置基线的宽度和样式
baseline.set_linewidth(2)
baseline.set_linestyle("dashed")
ax2.legend()
plt.show()
```

以上程序的可视化效果如图 5.42 所示。

参数说明：
- x 为棉棒竖线的横坐标，类型为一维类数组。
- y 为棉棒的标记纵坐标，类型为与 x 相同长度的一维类数值。
- linefmt 用于设置竖线的颜色和样式，其值可以是颜色、线型或二者的组合，例如"g-"表示颜色为绿色，线型为实线。
- markerfmt 用于设置标记的颜色和样式，如"gs"表示绿色的矩形标记。
- basefmt 用于设置基线的颜色和样式，用法同 linefmt（本例中没有设置这个参数）。

由于返回的对象为标记线集、竖线集和基线，所以也可以调用各自的方法设置其属性。

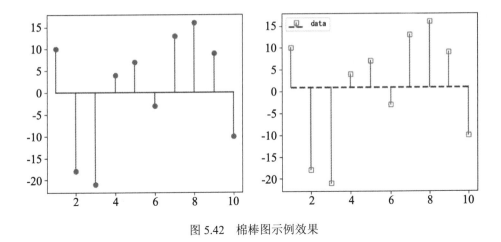

图 5.42　棉棒图示例效果

5.2.7　误差棒图

在 Matplotlib 中，误差棒图的绘制与曲线图的绘制非常类似，也可以说是在曲线图绘制函数 plt.plot()或方法 ax.plot()上加上误差棒，而将名称改为 errorbar，同时增加对误差棒属性的设置。看下面的例子：

```
x = np.arange(10)
y1 = 2.5 * np.sin(x / 20 * np.pi)
y2 = y1 + 1
y3 = y1 + 2
y4 = y1 + 3
yerr = np.linspace(0.05, 0.2, 10)

plt.errorbar(x,y1,yerr=0.1,label="默认上下限")
plt.errorbar(x,y2,yerr=yerr, errorevery=3,
        uplims=True,label="不显示上限")
plt.errorbar(x,y3,yerr=yerr,lolims=True,
        lw=3,capsize=1,capthick=1.5,elinewidth=1,label="不显示下限")
upperlimits = [True, False] * 5
lowerlimits = [False, True] * 5
plt.errorbar(x,y4,yerr=yerr, ls="dotted",
        uplims=upperlimits, lolims=lowerlimits,
        label="交叉显示")
plt.legend()
plt.show()
```

以上代码的可视化效果如图 5.43 所示。

参数说明：

- x 和 y 为曲线点集的横纵坐标，类型为长度相同的一维类数组。
- xerr 和 yerr 分别代表数据 x 和 y 的误差，它们可以为标量，代表每个点的误差相同，还可以是与对应坐标集长度相同的类数组，用以描述每个点的误差。另外，可同时设置 x 和 y 方向的误差。

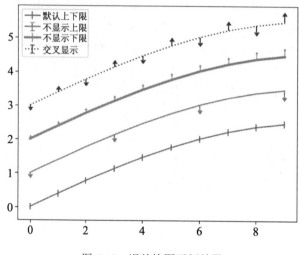

图 5.43　误差棒图示例效果

- errorevery 用于设置误差棒显示间隔，类型为整数。
- uplims 和 lolims 用于设置 y 向的误差上限和下限是否显示，类型为布尔值或布尔变量组成的类数组。默认为布尔变量 False，表示存在上下限误差，为 True，表示为真实值，不存在误差；如果为类数组，则长度与数据长度一致，表示每个点根据布尔变量判断是否显示误差。对于 x 向误差，用 xuplims 和 xlolims 进行设置，读者可自行尝试。

5.2.8　阶梯图

因为阶梯图是曲线图的另一种表现形式，所以其函数或方法的参数与 plot() 基本相同。例如，在 Matplotlib 中调用 plt.step() 函数或 ax.step() 方法实现阶梯图的绘制，代码如下：

```
x = np.arange(15)
y = np.sin(x / 2)
plt.step(x, y + 2, label='默认前侧')
plt.plot(x, y + 2, 'o--', color='green')

plt.step(x, y + 1, where='mid', label='中间')
plt.plot(x, y + 1, 'o--', color='purple', alpha=0.3)

plt.step(x, y, where='post', label='后侧')
plt.plot(x, y, 'o--', color='black', alpha=0.3)

plt.legend()
plt.show()
```

运行以上代码的可视化效果如图 5.44 所示。

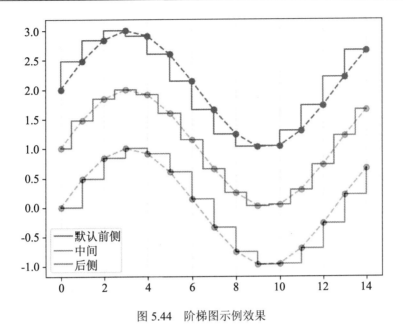

图 5.44 阶梯图示例效果

不难发现，阶梯图函数的参数与曲线绘制函数 plot() 的参数基本相同，前者多了一个参数 where，用于设置阶梯的位置，有 pre、mid 和 post 可选，分别表示 x[i] 位于阶梯的左侧、中间和右侧。

5.2.9 填充图

填充图即实现在两条曲线之间进行填充。在 Matplotlib 中调用 plt.fill_between() 函数或 ax.fill_between() 方法实现填充图的绘制。示例如下：

```
x = np.linspace(0,1,100)
y1 = np.cos(2*np.pi*x)
y2 = np.cos(5*np.pi*x)

#sharex 参数为 True, 则表示坐标轴共享 x 轴; sharey 为 True, 则表示共享 y 轴
fig,(ax1,ax2,ax3) = plt.subplots(3,1,figsize=(6,12),sharex=True)
ax1.fill_between(x,y1,y2,color="red")
ax1.set_title("y1 和 y2 之间填充红色")
ax2.fill_between(x,y2,0)
ax2.set_title("y2 和 0 之间填充默认颜色")
ax3.fill_between(x,y1,y2,where = y1<y2,facecolor="green",alpha=0.3)
ax3.fill_between(x,y1,y2,where = y1>y2,facecolor="black",alpha=0.3)
ax3.set_title("y1<y2 处填充绿色, y1>y2 处填充黑色")
plt.show()
```

运行以上代码的可视化效果如图 5.45 所示。

参数说明：

- x 为两条曲线共同的横坐标，类型为一维类数组。
- y_1 和 y_2 为两条曲线的纵坐标，类型为标量或与 x 相同的一维类数组。如果为标量，则表示水平线 $x=y_1$ 或 $x=y_2$。
- where 为布尔数组，表示填充区域为 x[where]，当元素为 True 时表示填充，为 False 时则表示不填充。

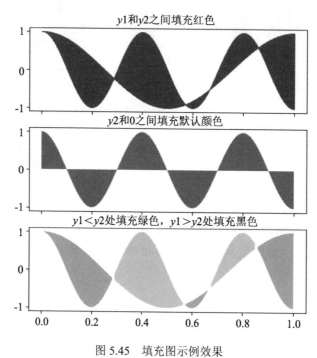

图 5.45　填充图示例效果

5.2.10　堆叠图

堆叠图能将相同横坐标的多组数据以曲线形式堆叠。Matplotlib 中调用 plt.stackplot() 函数或 ax.stackplot() 方法实现堆叠图的绘制。示例如下：

```
x = [1,2,3,4,5]
y1 = [2,3,5,8,1]
y2 = [0,1,4,3,6]
y3 = [4,0,3,5,2]
y = np.vstack((y1,y2,y3))                    #堆叠 y1、y2 和 y3
fig,(ax1,ax2,ax3) = plt.subplots(3,1,figsize=(6,6))
ax1.stackplot(x,y1,y2,y3)
ax2.stackplot(x,y,baseline="sym")
ax3.stackplot(x,y,baseline="wiggle",
              colors=["red","cyan","green"])
plt.show()
```

运行以上代码的可视化效果如图 5.46 所示。

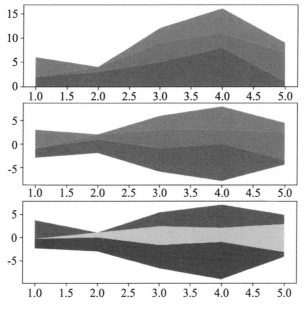

图 5.46 堆叠图可视化效果

参数说明：

- x 为多组堆叠数据共同的横坐标，类型为一维类数组。
- y 为堆叠数据的纵坐标，类型可以是长度与横坐标相同的多个一维类数组，如上例中的 y_1、y_2 和 y_3，或者是二维类数组，二维类数组沿 0 轴方向堆叠纵坐标，如上例中的 y。
- baseline 用于设置计算堆叠图基线的方法，可选参数为 zero、sym 和 wiggle，默认为 zero，即为普通堆叠图。sym 表示堆叠图沿 x 轴对称分布，wiggle 使基线斜率平方和最小。

5.2.11 对数图

对数图将坐标轴设置为对数尺度。对数图分为全对数图和半对数图。全对数图指横、纵坐标都为对数尺度；半对数图指横纵坐标中只有一个是对数尺度。在 Matplotlib 中，调用 plt.loglog() 函数或 ax.loglog() 方法绘制全对数图，调用 plt.semilogx() 和 plt.semilogy() 函数或调用 ax.semilogx() 和 ax.semilogy() 方法绘制半对数图。示例如下：

```
x = np.linspace(0,1e3,100)
y1,y2 = x**3,x**4

fig,(ax1,ax2,ax3) = plt.subplots(1,3,figsize=(12,3))

ax1.loglog(x,y1,"b",x,y2,"r")
ax1.set_title("loglog base 10")
```

```
ax2.semilogy(x,y1,"b",x,y2,"r",basey=2)
ax2.set_title("semilogy base 2")

ax3.semilogx(y1,x,"b",y2,x,"r",basex=3)
ax3.set_title("semilogx base 3")
plt.show()
```

运行以上代码的可视化效果如图 5.47 所示。

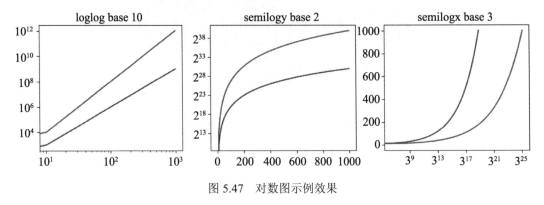

图 5.47　对数图示例效果

对数图函数或方法的参数与 plot()函数的参数非常类似，只是添加了参数 basex 和 basey，分别用于设置横坐标和纵坐标对数刻度的底数，默认为 10。全对数图函数或方法可以同时设置 basex 和 basey，半对数图函数或方法只能设置其中的一个。

5.2.12　等高线图

前面介绍的内容只涉及二维数据(x,y)的绘制，接下来绘制三维数据(x,y,z)，其中，(x,y)为位置坐标，z 表示高程值。Matplotlib 中调用 plt.contour()和 plt.contourf()函数或者调用 ax.contour()和 ax.contourf()方法实现等高线图的绘制。contour()和 contourf()的区别在于，前者绘制的是线，后者将在等高线之间进行填充。示例如下：

```
#创建数据
delta = 0.025
x = np.arange(-3.0, 3.0, delta)
y = np.arange(-2.0, 2.0, delta)
X,Y = np.meshgrid(x,y)                          #坐标数据
Z1 = np.exp(-X**2 - Y**2)
Z2 = np.exp(-(X-1)**2-(Y-1)**2)
Z = (Z1-Z2)                                     #高程数据

fig,((ax1,ax2),(ax3,ax4)) = plt.subplots(2,2)

#在第一个坐标轴中创建等高线图
cs1 = ax1.contour(X,Y,Z,12,colors="k")

#用 ax.clabel()方法给等高线添加标签
```

```
ax1.clabel(cs1,inline=1,fmt="%.2f")

cs2 = ax2.contour(X,Y,Z,levels=[0.2,0.4,0.6],
                  colors=["k","r","g"])
ax2.clabel(cs2,inline=0,fontsize=10)

levels = np.arange(-2.0, 1.601, 0.4)
cs3 = ax3.contourf(X,Y,Z,levels=levels,cmap="winter",alpha=0.5)

cs4 = ax4.contourf(X,Y,Z,levels=levels,cmap="hot",alpha=0.5)
cs44 = ax4.contour(X,Y,Z,levels=levels)

plt.show()
```

运行以上代码的可视化效果如图 5.48 所示。

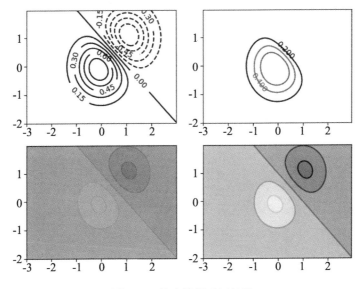

图 5.48 等高线图示例效果

contour()和 contourf()参数介绍如下:

- X 和 Y 为等高线的横、纵坐标值,其类型为形状相同的二维数组。如果是一维数组,则其长度分别为高程 Z 数组的 0 轴和 1 轴长度。例如,Z 的形状为(M,N),如果 X 和 Y 为一维数组,则其长度分别为 M 和 N。
- Z 为等高线的高程,类型为二维数组。
- levels 为显示等高线的数量或等高线值,类型为整数或由等高线高程值构成的类数组。
- colors 为等高线的颜色。
- cmap 用于设置填充颜色,为 colormap 的缩写。

ax.clabel()方法用于设置等高线的标签属性,其参数介绍如下:

- cs 为等高线对象,表示对该等高线进行标签设置。

- inline 表示标签显示在等高线中。
- color 用于设置标签的颜色。
- fmt 用于设置标签的显示格式，例如%.2f 表示显示保留 2 位有效数字，默认保留 4 位有效数字。

5.2.13　三维图形

1．三维坐标轴

虽然 Matplotlib 的优势是绘制高质量的二维图形，但是它也提供了绘制普通三维图形的功能。前面介绍的二维图形都是在二维坐标轴 Axes 对象中实现的。如果要绘制三维图形，首先需要创建三维坐标轴对象 Axes3D，该对象位于 mpl_toolkits.mplot3d 模块中，可以用创建二维坐标轴的方法创建，即调用 plt.subplots()函数或 fig.add_subplot()方法来实现，但是需要设置参数 projection='3d'。例如：

```
#首先导入三维坐标轴对象
from mpl_toolkits.mplot3d import Axes3D
fig, ax=plt.subplots(1,1,figsize=(8,6),subplot_kw={'projection':'3d'})
```

或：

```
fig = plt.figure()
ax = fig.add_subplot(111, projection='3d')
```

也可以调用当前坐标轴对象进行设置，例如：

```
ax = fig.gca(projection='3d')
```

还可以调用 Axes3D 对象生成，例如：

```
ax = Axes3D(fig)
```

三维坐标轴的可视化效果如图 5.49 所示。

2．曲线和散点

三维坐标轴中的绘图方法与二维坐标轴中类似，ax.plot()和 ax.scatter()方法也同样适用于三维坐标轴中的绘制，只是数据从(x,y)升级为(x,y,z)。示例如下：

```
from mpl_toolkits.mplot3d import Axes3D
x=np.linspace(0,2*np.pi,50)
y1=np.sin(x)+1
y2=np.sin(x)+1
x1 =2*np.random.sample(20)*np.pi
y3 =2*np.random.sample(20)

fig = plt.figure()
ax = fig.add_subplot(111, projection='3d')

#zs 如果为标量，绘图时进行广播
```

```
ax.plot(x,y1,zs=0,zdir="z",label="curve in (x,y)")
ax.plot(x,y2,zs=2,zdir="y",label="curve in (x,z)")
ax.scatter(x1,y3,zs=0,zdir="y",label="points in (x,z)")

ax.set_xlim(0, 2*np.pi)
ax.set_ylim(0, 2)
ax.set_zlim(0, 2)
ax.set_xlabel('X')
ax.set_ylabel('Y')
ax.set_zlabel('Z')
ax.legend()
plt.show()
```

运行以上代码的可视化效果如图 5.50 所示。

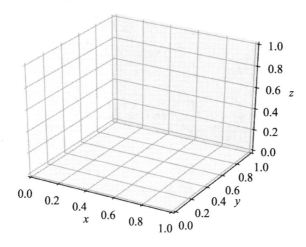

图 5.49　三维坐标轴示例效果

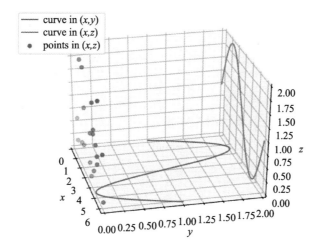

图 5.50　三维曲线散点可视化示例效果

由以上程序代码可知，在三维坐标系中绘制二维图形时，只需要设置参数 zs 为标量，并通过 zdir 参数来设置 z 坐标轴即可。对于三维曲线和散点图的绘制，仅需要重新设置 z 坐标即可，请读者自行完成。

3．曲面、线框和等高线

Matplotlib 中也提供了绘制三维曲面、线框和等高线的功能，分别用 ax.plot_surface()、ax.plot_wireframe()和 ax.contour()实现。与三维曲线和散点图不同的是，此时的参数 x、y、z 为二维数组。示例如下：

```python
from mpl_toolkits.mplot3d import Axes3D

#定义一个设置坐标轴属性的函数
def title_and_labels(ax,title):
    ax.set_title(title)
    ax.set_xlabel("X")
    ax.set_ylabel("Y")
    ax.set_zlabel("Z")

fig,axes = plt.subplots(1,3,figsize=(12,3),
                        subplot_kw={'projection':'3d'})
x = y = np.linspace(-3, 3, 74)
X, Y = np.meshgrid(x,y)
R = np.sqrt(X**2+Y**2)
Z = np.sin(4*R)/R

p = axes[0].plot_surface(X,Y,Z,rstride=1,cstride=1,linewidth=0,
                         cmap="hot")
#给第一坐标轴添加色标
cb = fig.colorbar(p, ax=axes[0],shrink=0.6)
title_and_labels(axes[0],"surface")

axes[1].plot_wireframe(X,Y,Z,rstride=2,cstride=2,color="darkgrey")
title_and_labels(axes[1],"wireframe")

axes[2].contour(X,Y,Z, zdir='z',offset=0,cmap="hot")
axes[2].contour(X,Y,Z, zdir='y',offset=3,cmap="hot")
title_and_labels(axes[2],"contour")
plt.show()
```

运行以上代码的可视化效果如图 5.51 所示。

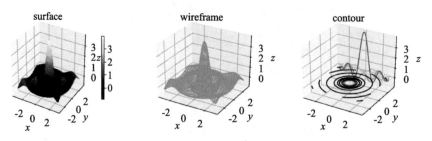

图 5.51　三维图形可视化示例效果

参数说明：

- rstride 和 cstride 用于设置二维数组的行和列的筛选间隔，以避免数据过于密集。
- offset 用于设置等高线的偏移，为 0，则显示在平面上，类似于将图形进行拉伸。

更多关于 Matplotlib 的知识，推荐读者学习其官方网站上的大量实例。

5.3　本 章 小 结

本章主要介绍了 Python 第三方绘图库 Matplotlib 的使用。Matplotlib 绘图的理念很简单，首先创建一个图（Figure）对象，然后在图中添加坐标轴（Axes）对象，而将具体的图形绘制在坐标轴中。一个图中可以添加多个坐标轴，一个坐标轴中又可以绘制多个图形，所以 Matplotlib 中绘制的图形主要包括一轴一图形、一轴多图形、多轴多图形等。可以对坐标轴进行一些设置，如逆序、双坐标轴等。坐标轴中可以绘制各种各样的图形，绘制时需要分别调用不同的绘图函数来完成，不同的绘图函数对应不同的参数。

5.4　习　　题

1．绘制图 1.4。

2．绘制图 1.10。

3．绘制实例 1.11 正态分布概率密度函数的趋势图。

4．绘制图 2.1。

5．绘制图 2.3。

6．绘制图 2.8。

7．绘制实例 2.6 二分法中解的收敛图，即迭代的收敛过程。

8．绘制图 2.11。

9．绘制图 2.14。

10．绘制图 3.5。

11．绘制第 3 章的专栏"老裴的科学世界"中的图 3.24 和图 3.25。

12．绘制图 4.2。

13．绘制图 4.7。

14．绘制图 4.9。

老裴的科学世界

曲柄连杆机构运动动画

预备知识

本章绘制的图形都是静态的，有时为了更直观地表达，需要用到一些辅助动画，接下来就介绍如何利用 Tkinter 制作简单的动画。

1．问题描述

如图 5.52 所示为曲柄连杆机构示意图，曲柄 AB 以固定的角速度旋转，连杆 BC 推动活塞前后运动。

以 A 点为圆心建立坐标系，则 B 点和 C 的坐标分别为：

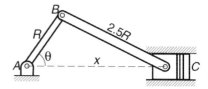

$$x_B = AB\cos\theta \qquad y_B = AB\sin\theta$$

$$x_C = AB\cos\theta + \sqrt{BC^2 - (AB\sin\theta)^2} \qquad y_C = 0$$

动画是将图连续播放，因此只需要实时地更新曲柄

图 5.52　曲柄连杆机构示意图

AB、连杆 BC 及活塞得到图形，然后将这些图形连续播放即可生成动画。

2．在Tkinter中绘图

Tkinter 中的 canvas 组件（画布）提供了绘图功能，下面举例介绍其用法。

```
from tkinter import *
window = Tk()
window.title('Motion')
window.geometry("800x600")
cvs = Canvas(window,bg = "grey")
cvs.pack(fill = BOTH,expand = True)
window.mainloop()
```

运行上面的程序，得到如图 5.53 所示的界面。

在 canvas 组件中可以绘制图形，图形的位置由坐标确定。canvas 中的坐标轴如图 5.53 所示，原点为 canvas 组件的左上角，向左为 x 轴的正方向，向下为 y 轴的正方向。对于如图 5.52 所示的示意图，需要使用圆形、直线和矩形来描述。调用 canvas 组件的绘图方法可实现图形的绘制，具体程序代码如下：

```
from tkinter import *
window = Tk()
```

```
window.title('Motion')
window.geometry("800x600")
cvs = Canvas(window,bg = "white")                    #创建一个画布
cvs.pack(fill = BOTH,expand = True)                  #布置画布
line = cvs.create_line(300,200,500,400,fill = "red",width = 20)
circle = cvs.create_oval(100,100,200,200,fill = "yellow")
rect = cvs.create_rectangle(100,300,200,400, fill = "blue")
window.mainloop()
```

运行上面的程序，显示如图 5.54 所示的界面。

图 5.53　canvas 组件界面

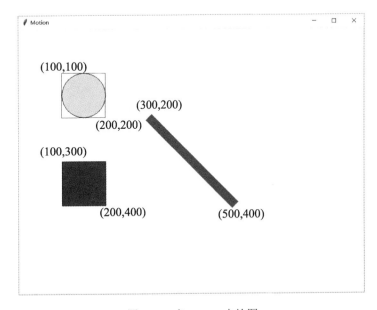

图 5.54　在 canvas 中绘图

canvas 中的图形样式由参数(x_1, y_1, x_2, y_2)控制，分别为图形的左上角点和右下角点。

图形的运动实际上是图形在时间上的位置更新。下面让示例中的圆运动起来，程序代码如下：

```
from tkinter import *
import time
window = Tk()
window.title('Motion')
window.geometry("800x600")
cvs = Canvas(window,bg = "white")
cvs.pack(fill = BOTH,expand = True)
circle = cvs.create_oval(100,100,200,200,fill = "yellow")  #创建一个圆
for i in range(10):                      #移动10次
    dx,dy = 10*(i+1),10*(i+1)            #圆的位置增量
    cvs.delete(circle)                   #首先删除圆
    time.sleep(0.2)                      #停顿0.2s，然后创建新的圆
    circle = cvs.create_oval(100+dx,100+dy,200+dx,200+dy,fill = "yellow")
    cvs.update()                         #更新画布
window.mainloop()
```

可以看到，图形运动的过程如下：

（1）先创建一个图形，然后删除该图形。

（2）更新位置，重新创建该图形。

（3）更新画布。

需要注意的是，由于计算机的运算非常快，更新图形位置时需要用到 time.sleep()函数停顿一下，这样才能更好地显示运动效果。另外，更新画布操作必须在创建图形之后。

动画制作

有了前文所述知识点作为铺垫，即可完成动画的制作。首先定义一个类，以完成图形的绘制及运动控制，代码如下：

```
from math import *
from tkinter import *
import time

class Model:
    def __init__(self,cvs,x0,y0,R,L,r,r1,r2,w,h):
        self.cvs = cvs                   #模型所在的画布对象
        self.x0 = x0                     #曲柄端点坐标
        self.y0 = y0
        self.R = R                       #曲柄长度
        self.L = L                       #连杆长度
        self.r = r                       #底座圆半径
        self.r1 = r1                     #曲柄与连杆相交处的外圆半径
        self.r2 = r2                     #曲柄与连杆相交处的内圆半径
        self.w = w                       #活塞的宽度
        self.h = h                       #活塞筒的半高
        self.move = 1                    #判断运动还是停止
```

```
        self.start = 0                    #运动起点
        self.crank = None                 #曲柄对象

    #该方法绘制静止的底座和活塞筒
    def create_static(self):
        r = self.r
        h = 1.5*r
        R = self.R
        L = self.L
        ch = self.h
        w = self.w
        cvs = self.cvs
        x0,y0 = self.x0,self.y0
        xmin,xmax = x0+L-R-2*w,x0+R+L+2*w            #活塞的最大长度
        p = 0.3
        cvs.create_oval(x0-r,y0-r,x0+r,y0+r,outline = "green",width = 3)
        cvs.create_oval(x0-p*r,y0-p*r,x0+p*r,y0+p*r,outline = "green",
width = 2)
        cvs.create_line(x0-r,y0,x0-r,y0+h,fill = "red",width = 3)
        cvs.create_line(x0+r,y0,x0+r,y0+h,fill = "red",width = 3)
        cvs.create_line(x0-r,y0+h,x0+r,y0+h,fill = "red",width = 3)
        cvs.create_rectangle(xmin,y0-ch,xmax,y0+ch,width = 3)

    #该方法定义运动的曲柄、连杆、二者的连接点及活塞
    def create_dynamic(self,theta):
        r = self.r
        r1 = self.r1
        r2 = self.r2
        R = self.R
        L = self.L
        h = self.h
        w = self.w
        x1,y1 = x0 + r*cos(theta),y0 + r*sin(theta)
        ox,oy = x0 + R*cos(theta),y0 + R*sin(theta)
        x2,y2 = ox - r1*cos(theta),oy - r1*sin(theta)
        belta = asin(R*sin(theta)/L)
        x3,y3 = ox + r1*cos(belta),oy + r1*sin(belta)
        x4,y4 = x0 + R*cos(theta)+sqrt(L**2-(R*sin(theta))**2),y0
        self.crank = cvs.create_line(x1,y1,x2,y2,fill = "green",width = 4)
        self.outer_circle = cvs.create_oval(ox-r1,oy-r1,ox+r1,oy+r1)
        self.inner_circle = cvs.create_oval(ox-r2,oy-r2,ox+r2,oy+r2)
        self.link = cvs.create_line(x3,y3,x4,y4,fill = "red",width = 4)
        self.plunger = cvs.create_rectangle(x4-w,y4-h,x4+w,y4+h,fill =
"cyan",width = 2)

    #该方法删除曲柄、连杆、二者的连接点及活塞
    def delete_all(self):
        cvs = self.cvs
        if self.crank:
            cvs.delete(self.crank)
            cvs.delete(self.outer_circle)
            cvs.delete(self.inner_circle)
            cvs.delete(self.link)
            cvs.delete(self.plunger)
```

```
    #活塞运动起来
    def rock_and_roll(self,dt = 0.005):
        self.create_static()              #绘制静态图形
        i = self.start                    #设置运动起点
        theta = pi/180*i                  #运动步长
        self.create_dynamic(theta)        #创建当前步长的运动图形
        while self.move:                  #如果 self.move 为 1，则执行下面的语句
            self.delete_all()             #删除所有的运动图形
            i += 1
            theta = pi/180*i              #更新角度
            self.create_dynamic(theta)    #重新创建所有运动图形
            time.sleep(dt)                #暂停 dt 秒
            self.cvs.update()             #更新画布
            if i > 360:                   #旋转一圈后增量归零
                i = 0
        self.start = i
```

定义完 Model 类后，即可在 Tkinter 中显示动画，程序代码如下：

```
window = Tk()
window.title('Motion')
window.geometry("800x600")
cvs = Canvas(window,bg = "Gainsboro")      #创建画布
cvs.pack(fill = BOTH,expand = True)
btn_start = Button(window,text = "运动")    #创建运动按钮
btn_start.pack()
btn_end = Button(window,text = "停止")       #创建停止按钮
btn_end.pack()

x0,y0 = 250,300                            #定义曲柄端点位置
r = 30                                     #底座圆半径
R = 80                                     #曲柄长度
L = 300                                    #连杆长度
w = 10                                     #活塞宽度
h = 20                                     #活塞高度
r1,r2 = 6,4                                #连接点外圆和内圆半径
model = Model(cvs,x0,y0,R,L,r,r1,r2,w,h)   #创建模型

#开始运动函数
def btn_start_click(*args):
    model.move = 1
    model.delete_all()
    model.rock_and_roll()

#停止运动函数
def btn_end_click(*args):
    model.move = 0

#将函数与按钮绑定
```

```
btn_start.bind('<Button-1>',btn_start_click)
btn_end.bind('<Button-1>',btn_end_click)
window.mainloop()
```

运行上面的程序，得到活塞的运动动画，如图 5.55 所示。

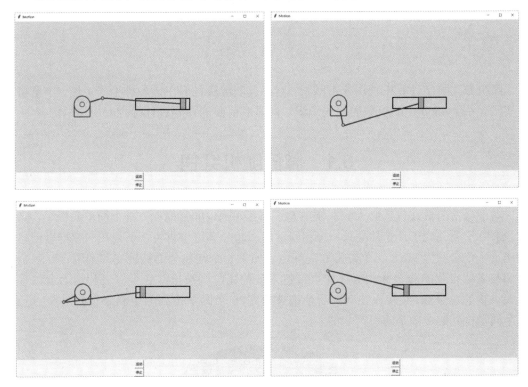

图 5.55　曲柄连杆机构的运动动画

至此就完成了利用 Tkinter 制作曲柄连杆机构运动的简单动画。读者可以自行制作第 3
章专栏中球的运动轨迹动画。

第6章 随机数与实例

随机数在科学计算中使用非常频繁，它能反映现实世界中的各种不确定性。本章将结合实例介绍 Python 中随机数的相关知识，同时对前面的内容进行综合应用与举例。

6.1 微信随机红包

对于微信随机红包想必大家非常熟悉了，其规则也非常简单。举个简单的例子，老裴的新书终于要完成了，非常高兴，想和同学们一起分享这份喜悦，于是在同学群里创建并发送了一个金额为 30 元、个数为 6 的红包。如果 6 个红包全部被抢完，则所有红包金额之和与老裴设置的总金额相等；如果红包未被抢完，则被抢红包金额之和加上余额等于老裴设置的总金额。红包发出 30s 后全部被抢完，6 个同学抢到的金额分布如图 6.1 所示，每个同学抢到的金额是随机产生的。

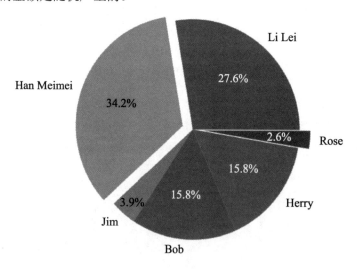

图 6.1　红包金额比例分布

那么，微信随机红包的工作原理是怎样的呢？如何生成微信随机红包呢？这里可以提供一种方案，假设红包总金额为 T，个数为 N，步骤如下：

（1）确定最小单位，比如分。

（2）生成 N 个随机整数序列 RN，其取值范围为[1,T]，归一化处理 RN，然后将每个元素乘以总金额 T，得到的结果取整。

（3）由于在第（2）步中对 RN 的元素进行了取整，所以处理过的 RN 之和小于等于 T，计算差额 ERR=T-sum(RN)，然后将差额 ERR 随机地添加到 RN 中的某个元素里。

（4）打乱 RN 的顺序，得到的序列 RN 即随机红包。抢到的金额根据先后顺序进行排列。

可以看到，整个过程中最重要的步骤是生成随机数。

6.1.1　生成随机数

Python 内置的 random 模块能够创建单个随机数，例如调用 random.random()函数能生成半开半闭区间[0.0,1.0)的随机浮点数。在 Shell 中举例如下：

```
>>> import random                      #导入 random 模块
>>> random.random()
0.8419646097986742
>>> random.random()
0.10377182903111659
>>> random.random()
0.8585632323612158
```

可以看到，每次调用 random.random()函数生成的随机数都不相同。除了 random.random()之外，更多生成随机数的函数见表 6.1。

表 6.1　随机数生成函数

函　数　名	描　　　述
uniform(a,b)	生成[a,b]之间均匀分布的随机数
randrange(start,stop[,step])	在range(start,stop,step)中随机选择一个整数
randint(a,b)	随机在[a,b]中选择一个整数，同randrange(a,b+1)
triangular(low,high,mode)	生成[low,high]之间**三角分布**的随机数，mode为三角形的顶点，默认 low=0，high=1，mode=0.5
betavariate(alpha,beta)	生成**贝塔分布**随机数，alpha>0且beta>0
gammavariate(alpha,beta)	生成**伽马分布**随机数，alpha>0且beta>0
expovariate(lambda)	生成**指数分布**随机数，lambda为非0
gauss(mu,sigma)	生成**高斯分布**随机数，也称**正态分布**，mu为均值，sigma为标准差
normalvariate(mu,sigma)	同gauss(mu,sigma)函数，该函数速度稍快
lognormvariate(mu,sigma)	生成**自然对数正态分布**随机数，mu为均值，sigma为标准差
vonmisesvariate(mu,kappa)	生成**冯米赛斯分布**随机数，是一种圆上连续概率分布模型，也被称为**循环正态分布**，mu是度量位置，kappa是度量集中度
paretovariate(alpha)	生成**帕累托分布**随机数，也称为zeta分布，alpha为形状参数
weibullvariate(alpha,beta)	生成**韦布尔分布**随机数，alpha为比例参数，beta为形状参数

以上各种统计分布的知识点请读者自行查阅相关资料，这里不再赘述。表 6.1 中的部分函数在 Shell 中举例如下：

```
>>> import random
>>> random.uniform(0,1)
0.869928721208847
>>> random.randrange(0,10)
5
>>> random.randint(0,10)
6
>>> random.betavariate(0.5,1)
0.8706862949002004
>>> random.expovariate(1/5)
13.78416355209056
>>> random.triangular()
0.34501219332569816
>>> random.gammavariate(0.3,1)
0.0612275994038967
>>> random.gauss(0,1)
0.22936102617729723
>>> random.normalvariate(0,1)
-1.635925713606911
>>> random.lognormvariate(0,1)
9.003818005283083
>>> random.vonmisesvariate(2,3)
2.2939418238671943
>>> random.paretovariate(2.5)
1.2197841018263784
>>> random.weibullvariate(1,2)
0.2676774083981398
```

【实例 6.1】 用直方图形式体现[0,1,0.5]三角分布。

要反映某个随机分布的情形，单个或少量样本并不能说明问题，只有大量的随机数样本才能反映真实的分布情形。对于实例 6.1，程序代码如下：

```
import random
import matplotlib.pyplot as plt
import numpy as np

#定义三角分布概率密度函数
def tri(low,high,mode,x):
    left = 2*(x-low)/((high-low)*(mode-low))
    right = 2*(high-x)/((high-low)*(mode-low))
    return np.where(x<=mode,left,right)

#设置样本数量参数
N1,N2,N3 = 100,1000,10000
low = 0
high = 1
mode = 0.5

#生成三角分布随机数的个数分别为 N1、N2 和 N3
numbers1 = [random.triangular(low,high,mode) for _ in range(N1)]
numbers2 = [random.triangular(low,high,mode) for _ in range(N2)]
```

```
numbers3 = [random.triangular(low,high,mode) for _ in range(N3)]

fig,(ax1,ax2,ax3) = plt.subplots(1,3,figsize=(12,3),sharey=True)

#在第一坐标轴中绘制直方图和三角分布曲线，返回的 bins1 为每一组数据的均值
n1,bins1,patches1 = ax1.hist(numbers1,bins=20,color="g",density=True)
ax1.plot(bins1,tri(low,high,mode,bins1),"--k",lw=2)
ax1.set_title("N=100")

n2,bins2,patches2 = ax2.hist(numbers2,bins=20,color="g",density=True)
ax2.plot(bins2,tri(low,high,mode,bins2),"--k",lw=2)
ax2.set_title("N=1000")

n3,bins3,patches3 = ax3.hist(numbers3,bins=20,color="g",density=True)
ax3.plot(bins3,tri(low,high,mode,bins3),"--k",lw=2)
ax3.set_title("N=10000")
plt.show()
```

以上程序的可视化如图 6.2 所示。

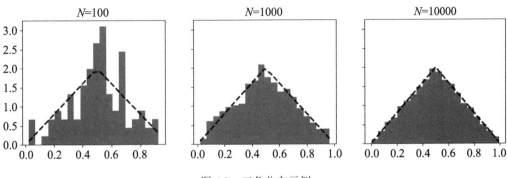

图 6.2　三角分布示例

从图 6.2 中不难发现，当生成的样本越多时，结果越接近真实的随机分布。对于其他随机分布的图形，读者可结合上例自行尝试。

【实例 6.2】　创建微信随机红包。

在知晓如何生成随机数后，根据前文给出的步骤可创建微信随机红包，代码如下：

```
import random

#创建一个红包类，初始化参数为总金额和个数
class LuckyMoney:
    def __init__(self,T,N):
        self.T = T                          #单位为元
        self.N = N

    #定义生成红包的方法
    def generate(self):
        T = self.T*100                      #将元转换为最小单位分
        N = self.N

        #创建长度为 N 的列表，单个元素为[1,T]之间的随机整数
```

```
RN = [random.randint(1,T) for i in range(N)]
RNT = sum(RN)
RN = [round(el/RNT*T) for el in RN]    #将列表元素归一化后乘以 T 并取整
err = T-sum(RN)                        #获取列表总和与 T 的差额
index = random.randint(0,N-1)          #随机生成一个[0,N-1]之间的索引
RN[index] += err                       #给该索引上的金额加上差额
RN = [el/100 for el in RN]             #将红包金额由分显示为元
random.shuffle(RN)                     #将金额的顺序打乱
return RN
```

运行以上程序，在 Shell 中举例如下：

```
>>> T = 30                             #单位为元
>>> N = 6                              #个数为 6
>>> lm = LuckyMoney(T,N)
>>> lm.generate()
[8.1, 2.96, 0.64, 5.6, 7.88, 4.82]
>>> lm.generate()
[4.46, 6.2, 5.36, 5.63, 2.39, 5.96]
```

目前，每个人的红包已经存储在了列表中，根据抢红包的先后顺序得到对应的金额。对于抢红包的过程，读者可自行创建一个方法进行模拟。

除了以上随机数生成函数之外，random 模块中还提供了一些从给定序列中选择样本的函数，见表 6.2。

表 6.2　随机数函数

函　数　名	描　　述
choice(x)	从非空序列x中随机选择一个样本
choices(x,weights, cum_weights,k)	从非空序列x中随机选择k个样本，可重复选择元素，可设置权重
sample(x,k)	从非空序列x中选择不重复的k个元素
shuffle(x[,random])	随机打乱序列

在 Shell 中举例如下：

```
>>> import random
>>> a = [1,3,4,9,0,7]
>>> b = ["apple","pear","banana","orange"]
>>> w = [10,5,30,5]
>>> cw = [10,15,45,50]
>>> random.choice(a)
7
>>> random.choice(a)
3
>>> random.choice(b)
'banana'
>>> random.choice(b)
'pear'
```

可以看到，序列不仅可以是数，也可以是字符串。choices()函数可以在序列中选取多

个元素并设置权重，权重是与序列长度相同的序列。举例如下：

```
>>> random.choices(b,w)
['banana']
>>> random.choices(b,w,k=2)
['apple', 'orange']
>>> random.choices(b,w,k=3)
['apple', 'banana', 'banana']
>>> random.choices(b,cum_weights=w,k=2)
['apple', 'apple']
```

weights 和 cum_weights 分别为每个元素的权重和累计权重，例如权重[10,5,30,5]的累计权重为[10,15,45,50]。不设置权重表示每个元素被选中的概率相等，设置权重后将会根据权重进行倾斜。该函数在计算时会先将 weights 转换为 cum_weights，所以优先设置 cum_weights。k 为选择的数量，默认为 1。从上例中可以看出，多次选择是可以重复选择元素的，而 sample()函数则不能重复，选择元素是唯一的。例如：

```
>>> random.sample(a,2)
[3, 9]
>>> random.sample(a,2)
[9, 0]
>>> random.sample(b,2)
['pear', 'orange']
>>> random.sample(b,2)
['pear', 'orange']
```

shuffle()函数用于随机打乱序列，不返回值。例如：

```
>>> random.shuffle(a)
>>> a
[0, 1, 4, 7, 3, 9]
>>> random.shuffle(b)
>>> b
['orange', 'banana', 'apple', 'pear']
```

6.1.2　随机数种子

上一节我们介绍了 random 模块中提供的生成随机数的诸多函数。事实上，计算机中的随机数都是伪随机数，因为生成随机数依靠确定的算法，算法是确定的，那么生成随机数的模式也是确定的。在生成随机数的算法中需要一个种子，可以理解为算法的输入，当输入确定后，生成随机数的模式就是固定的。例如：

```
>>> random.seed(2)                              #设置种子为 2
>>> a = [random.random() for _ in range(6)]     #生成随机数序列
>>> a
[0.9560342718892494, 0.9478274870593494, 0.05655136772680869, 0.084871995
15892163, 0.8354988781294496, 0.7359699906685233]
>>> random.seed(2)                              #重新设置种子为 2
>>> b = [random.random() for _ in range(6)]     #生成随机数序列
>>> b
[0.9560342718892494, 0.9478274870593494, 0.05655136772680869, 0.084871995
```

```
15892163, 0.8354988781294496, 0.7359699890685233]
>>> a == b                                    #设置相同的种子，随机数生成模式是确定的
True
>>> c = [random.random() for _ in range(6)]
>>> c
[0.6697304014402209, 0.3081364575891442, 0.6059441656784624, 0.6068017336
408379, 0.5812040171120031, 0.15838287025480557]
```

可以看到，当重新设置与之前相同的种子后，再次调用 random()函数生成随机数的模式是相同的。默认种子为系统的当前时间，因此 c 的数据与 a、b 不相同。

6.1.3 更多实例

【实例 6.3】 模拟"斗地主"发牌。

一副牌有大王、小王共 54 张，发牌时先从 54 张牌中随机抽出 3 张，然后将剩下的 51 张牌按顺序发给 3 个玩家。完成后有一个确定"地主"的过程，预先抽出的 3 张牌归"地主"所有，最终"地主"持牌 20 张，2 个"农民"各持牌 17 张。

首先需要生成一副牌，程序代码如下：

```
def make_deck(include_jokers=True):
    suits = ["C","D","H","S"]                              #梅花、方块、红桃、黑桃
    ranks = ["A","2","3","4",
             "5","6","7","8",
             "9","10","J","Q","K"]                         #牌的大小
    deck = [s + r for s in suits for r in ranks]           #2 个 for 循环生成一副牌
    if include_jokers:
        deck += ["Red Joker","Black Joker"]                #加上大王和小王
    random.shuffle(deck)                                   #洗牌
    return deck
```

C、D、H 和 S 分别为 club、diamond、heart 和 spade 的缩写，分别代表梅花、方块、红桃和黑桃；每张牌用一个字符串表示，比如 D2 代表方块 2，HA 代表红桃 A 等。如果调用 make_deck()函数将得到一副洗过的牌，程序代码如下：

```
>>> make_deck()
['S7', 'CQ', 'C3', 'SK', 'H9', 'H4', 'H6', 'H8', 'DK', 'H10', 'C8', 'S8',
'S10', 'SQ', 'HQ', 'D4', 'S3', 'CJ', 'D3', 'H3', 'D8', 'C9', 'D6', 'SJ',
'D10', 'HA', 'C5', 'C7', 'S6', 'C6', 'HJ', 'H5', 'DA', 'D9', 'D2', 'D7',
'S4', 'C2', 'D5', 'CK', 'H7', 'DQ', 'Black Joker', 'S9', 'H2', 'C10', 'S5',
'C4', 'HK', 'DJ', 'S2', 'SA', 'Red Joker', 'CA']
```

然后在牌中随机抽出 3 张，原牌的顺序不变，程序代码如下：

```
def hide_three(deck):
    hiden = random.sample(deck,3)                          #随机抽出 3 张牌
    for card in hiden:
        deck.remove(card)
    return hiden,deck
```

接下来，将剩余的 51 张牌按先后顺序分别发给 3 个玩家，程序代码如下：

```
def deal_cards(deck):
    p1 = deck[::3]
    p2 = deck[1::3]
    p3 = deck[2::3]
    return p1,p2,p3
```

在确定"地主"后，将提前抽取的 3 张牌发给"地主"，整个过程模拟如下：

```
>>> deck = make_deck()                    #创建一副洗过的牌
>>> hiden,deck = hide_three(deck)         #随机抽 3 张牌
>>> p1,p2,p3 = deal_cards(deck)           #将剩余的 51 张牌分别发给 3 个玩家
>>> p1 += hiden                           #假设 1 号玩家为"地主"，则加上预先抽取的 3 张牌
>>> p1
['D4', 'H7', 'C6', 'D10', 'S9', 'HJ', 'D8', 'S2', 'C7', 'DK', 'SJ', 'S3',
'HA', 'H2', 'S6', 'C8', 'CJ', 'CQ', 'S10', 'H6']
>>> p2
['D7', 'H3', 'C10', 'HQ', 'D2', 'H4', 'C4', 'H5', 'S4', 'S7', 'D6', 'SA',
'C2', 'DQ', 'C9', 'D9', 'S8']
>>> p3
['SK', 'H8', 'H9', 'C5', 'D5', 'D3', 'C3', 'S5', 'H10', 'HK', 'CA', 'Red
Joker', 'CK', 'DA', 'DJ', 'SQ', 'Black Joker']
```

上例是使用函数实现的，也可以使用面向对象的程序实现，留给读者自行完成。

【实例 6.4】 从盒子中取球。

假设盒子里有蓝色、红色和黑色的小球各 3 个，模拟从盒中随机取出 3 个球并计算取出每种颜色球的概率。

首先生成小球，不同颜色可以用不同的整数表示，比如[0,1,2]代表["蓝色"，"红色"，"黑色"]；然后抽取小球，有多种思路可选，比如调用 random.choices()函数一次性取出多个，或者调用 random.choice()取 3 次，还可以随机生成索引，取出对应索引的小球等，但后两种思路在取出小球后，盒中小球的总数要依次减少。程序代码如下：

```
def make_hat(colors,nob):
    hat = []
    for color in colors:
        for _ in nob:
            hat.append(color)
    random.shuffle(hat)
    return hat
```

make_hat()函数的参数 colors 为颜色序列，nob 为每种颜色小球的数量序列，二者长度相等。例如生成 3 种颜色的小球各 3 个，程序代码如下：

```
>>> hat = make_hat(colors=[0,1,2],nob=[3,3,3])
>>> hat
[1, 2, 2, 0, 1, 0, 2, 0, 1]
```

然后从盒子中随机取出小球，程序代码如下：

```
def draw_balls(hat,k):
    balls = random.choices(hat,k=k)
    return balls

def draw_ball(hat):
```

```
    ball = random.choice(hat)              #调用 choice 函数取小球
    hat.remove(ball)                       #从 hat 中移出小球
    return ball,hat

def draw_ball(hat):
    index = random.randint(0,len(hat)-1)   #生成随机索引
    ball = hat.pop(index)                  #将随机索引对应的小球移出
    return ball,hat
```

调用 draw_balls()函数可一次性取出 k 个小球，而调用 draw_ball()函数则一次只能取出一个球，取出 k 个球需调用 draw_ball()函数 k 次。

接下来进行 N 次实验并计算概率，程序代码如下：

```
def perform_experiment(colors,nob,k,N):
    balls = []                                          #所有取出的小球
    for _ in range(N):                                  #N 次实验
        hat = make_hat(colors,nob)                      #生成小球
        drew = draw_balls(hat,k)                        #取 k 个球
        balls += drew                                   #增加取出的小球
    counts = [balls.count(color) for color in colors]   #每种颜色小球计数
    sum_counts = sum(counts)
    return [count/sum_counts for count in counts]   #每种颜色小球被抽取的概率
```

上面调用的是 draw_balls()函数，调用 draw_ball()函数的实现过程留给读者自行完成。最后举例如下：

```
>>> colors = [0,1,2]
>>> nob = [3,3,3]
>>> k = 3
>>> N = 100
>>> perform_experiment(colors,nob,k,N)
[0.30333333333333334, 0.38333333333333336, 0.31333333333333335]
>>> N = 1000
>>> perform_experiment(colors,nob,k,N)
[0.3303333333333333, 0.32, 0.3496666666666667]
>>> N = 10000
>>> perform_experiment(colors,nob,k,N)
[0.33436666666666665, 0.33336666666666664, 0.33226666666666665]
```

不难发现，当实验次数越多时，每种颜色的小球被抽取出来的概率越接近 1/3。一般而言，假设进行 N 次随机试验，某事件发生的概率为 M 次，则该事件发生的概率为 $P=M/N$，P 随着 N 的增加会更精确，理论上 N 和 M 都趋于无穷大时 P 才是真实的概率。以上两例都是利用计算机程序来模拟随机事件，该过程也被称为**蒙特卡罗模拟**（Monte Carlo Simulation），接下来将进行更详细的介绍。

【实例6.5】 真的要玩游戏吗？

有人开发了一个游戏机，机器由屏幕和单个按钮组成，按下按钮，屏幕上将显示苹果、梨子、香蕉、橙子和榴梿中的任意两种水果。游戏规则如下：

• 投币 1 元获得一次按按钮的机会；

- 同时出现 2 个榴梿，返还 30 元；
- 同时出现 2 个香蕉，返还 5 元；
- 同时出现 2 个苹果，返还 1 元；
- 其他情形无返还。

聪明的小明对游戏进行了评估，他假设屏幕显示水果事件服从均匀分布，即每次出现任何水果的概率都为 1/5，于是计算返回金额的期望为：

$$E=0.2\times0.2\times(30+5+1)=1.44>1$$

投资回报率高达 0.44，有理由相信该游戏是赚钱的。小明还写了一个函数用来进行蒙特卡罗模拟，代码如下：

```
import random
def play_rounds(N):
    labels = [1,2,3,4,5]              #用数字作为水果的标签
    investment = 0
    payback = 0
    for _ in range(N):
        investment += 1              #1 次投资 1 元
        rn = random.choices(labels,k=2)
        if rn == [5,5]:              #2 个榴梿返还 30 元
            payback += 30
        if rn == [3,3]:              #2 个香蕉返还 5 元
            payback += 5
        if rn == [1,1]:              #2 个苹果返还 1 元
            payback += 1
    return investment,payback
```

多次模拟结果如下：

```
>>> play_rounds(100)
(100, 140)
>>> play_rounds(1000)
(1000, 1479)
>>> play_rounds(10000)
(10000, 13887)
```

模拟结果更加增强了小明的信心，于是他决定去玩游戏，但结局和计算结果却大相径庭，输多赢少。经过认真的思考，小明认为游戏在设计时，屏幕显示水果的概率并不是均匀分布，榴梿、香蕉和苹果的概率应该更小，比如这 3 种水果出现的概率分别为[0.1,0.2,0.4]，即减小出现榴梿的概率，增大出现苹果的概率，重新计算返还金额的期望为：

$$E=0.01\times30+0.04\times5+0.16\times1=0.66<1$$

此时投资回报率为-0.34，小明调整了上段程序中 random.choices()函数的权重参数如下：

```
weights = [0.4,0.15,0.2,0.15,0.1]
rn = random.choices(labels,weights = weights,k=2)
```

重新进行了多次模拟，结果如下：

```
>>> play_rounds(100)
```

```
(100, 113)
>>> play_rounds(1000)
(1000, 633)
>>> play_rounds(10000)
(10000, 6537)
```

可以发现投资回报率确实为负，这就是为什么"赌博游戏"能立于不败之地，因为"游戏规则"由他人制定。下面是该游戏的面向对象版本，程序代码如下：

```
class Game:
    def __init__(self):
        self.fruits = ["苹果","梨子","香蕉","橙子","榴梿"]
        self.labels = [1,2,3,4,5]              #水果的数字标签
        self.weights = None                    #默认均匀分布
        self.investment = 0
        self.payback = 0

    def set_weights(self,weights):             #设置权重
        self.weights = weights

    def press_button(self):                    #单次游戏
        self.investment += 1
        labels = self.labels
        weights = self.weights
        rn = random.choices(labels,weights=weights,k=2)
        if rn == [5,5]:
            self.payback += 30
        if rn == [3,3]:
            self.payback += 5
        if rn == [1,1]:
            self.payback += 1

    def play_rounds(self,N):                   #N 次游戏
        for _ in range(N):
            self.press_button()

    def rate_of_return(self):                  #回报率计算
        if not self.investment:
            return 0
        return (self.payback-self.investment)/self.investment
```

用面向对象的版本模拟游戏，程序代码如下：

```
>>> game = Game()                             #创建一个游戏
>>> N = 1000                                  #实验次数
>>> game.play_rounds(N)
>>> game.rate_of_return()                     #赢钱
0.464
>>> game.investment = 0                       #资金清零
>>> game.payback = 0
>>> weights = [0.4,0.15,0.2,0.15,0.1]         #设置权重
>>> game.set_weights(weights)
>>> game.play_rounds(N)                       #重新游戏
```

```
>>> game.rate_of_return()                    #输钱
-0.449
```

如果不使用 random.choices() 函数，其他方法也可以实现上例的效果，请读者自行完成。

【实例 6.6】　什么属性重要？

角色扮演游戏（Role Play Game）一直以来都是非常受欢迎的游戏，其中最有名的要数《魔兽世界》了，笔者在读大学时也玩过这款游戏的经典版本（60 级满级）。玩家们操作各种角色组队击杀 Boss 获取装备。笔者当时玩的是战士，战士的伤害输出依赖一些属性，比如攻击强度（Attack Power，简称 AP）、暴击概率（Critical Hit Chance，简称 CHC，打出倍数伤害的概率）、攻击速度（Attack Speed，简称 ATS）、每击伤害（Damage Per Hit，简称 DPH）等，玩家在配装时需要有所取舍，因为同一个部位只能装配一件装备，但不同的装备属性又有差异，选择不同的配装，上述的属性值就会不同，那么选择什么样的属性才能打出更高的伤害输出呢？很多读者第一时间应该会想到蒙特卡罗模拟，下面将实现一个简单的武器战士伤害输出模拟器。

在编写模拟器之前，需要对战士这个角色进行一些简单的了解。战士有一种叫怒气值（Rage）的能量条，其上限为 100，由普通攻击获得，有了怒气值则可以打出瞬发技能。

举个例子来解释这些机制。有一个玩家是武器战士，其 AP=1400，装备的双手武器 DPH=(229,344)，双手武器的 ATS=3.4s，CHC=0.3，武器战士主要的输出技能是致死打击和旋风斩，分别消耗 30 点和 25 点怒气值。

假设该武器战士起手使用冲锋技能，该技能每使用一次可以增加 10 点怒气值，但不够激活其他的技能。每隔 3.4s 角色会进行一次普通攻击，造成的伤害为 DPH 与 AP 带来的附加伤害之和，AP 带来的附加伤害计算公式为 $\frac{AP}{14} \times ATS$，这里 DPH 给出的是武器的上限和下限值，每次的攻击伤害是介于二者之间的随机数，还需要考虑 CHC，武器战士暴击后的伤害为基础值的 2.4 倍。在 Shell 中模拟武器战士的一次普通攻击，程序代码如下：

```
>>> import random
>>> ap = 1400                      #AP 值
>>> dph = (229,344)                #DPH
>>> ats = 3.4                      #攻击速度
>>> chc = 0.3                      #暴击概率
>>> dw = random.randint(229,344)   #武器打出的伤害
>>> dap = 1400/14*ats              #AP 附加伤害
>>> damage = dw + dap              #伤害总和
>>> damage
670.0
>>> r = random.random()            #生成一个随机数
>>> if r < chc:                    #小于暴击概率则暴击
        damage = damage*2.4
>>> damage
1608.0
```

发出普通攻击后，战士的怒气值将会增长，增长公式为 $\dfrac{15\times \text{damage}}{4c} + \dfrac{f\times \text{ATS}}{2}$，其中 $c=230$，$f=3.5$ 或 7.0，如果是普通攻击不暴击则取 3.5，如果是暴击则取 7.0。对于上例中的伤害，计算怒气值增长：

```
>>> c = 230
>>> f = 7                                          #暴击后取 7.0
>>> rage = 15*damage/(4*c) + f*ats/2
>>> rage
38.11739130434783
>>> rage = rage + 10
>>> rage
48.11739130434783
```

加上冲锋获得的 10 点怒气值，当前怒气值为 48，可以激活致死打击技能。致死打击是瞬发技能，有冷却时间 6s，即在打出一次致死打击技能后即使有足够的怒气值也需要等待 6s 才能打出第二次。致死打击技能的伤害计算是在普通攻击的基础上加上附加值 160，并且在计算 AP 附加伤害时与武器攻击速度无关，取标准值 3.3，致死打击也可以打出暴击，于是有：

```
>>> rage = rage - 30                               #消耗 30 点怒气值
>>> rage
18.117391304347827
>>> dw = random.randint(229,344)                   #武器伤害
>>> dap = ap/14*3.3                                #AP 加成
>>> damage = dw + dap + 160                        #致死打击总伤害
>>> damage
777.0
>>> r = random.random()
>>> r
0.29257740215230277
>>> if r < chc:
        damage = damage*2.4
>>> damage
1864.8
```

此时的怒气值为 18，不能激活旋风斩技能，需要等待 ATS=3.4s 再次进行普通攻击使怒气值增长后才能激活。旋风斩技能的伤害计算与致死打击的相同，但旋风斩技能没有 160 的附加伤害值，冷却时间为 10s。由于致死打击的伤害高，相较旋风斩技能应优先激活。

有了上面的介绍，则可以写出武器战士的攻击模拟程序如下：

```
import random
class Warrior:
    def __init__(self,ap,dph,ats,chc):
        self.ap = ap
        self.dph = dph
        self.ats = ats
        self.chc = chc
        self.world_time = 0                        #世界时间
        self.rage = 0                              #怒气值
```

```
        self.damage = 0                         #总伤害值
        self.mt_cd = [-60]                       #致死打击冷却时间列表
        self.wh_cd = [-100]                      #旋风斩冷却时间列表
        self.ntimes = 0                          #普通攻击次数
        self.mtimes = 0                          #致死打击次数
        self.wtimes = 0                          #旋风斩次数

    def normal_attack(self):                     #普通攻击
        c = 230
        f = 3.5
        ap = self.ap
        ats = self.ats
        chc = self.chc
        low,high = self.dph
        dw = random.randint(low,high)
        dap = ap/14*ats
        damage = dw + dap
        r = random.random()
        if r < chc:
            damage = 2.4*damage
            f = f*2
        rage = 15*damage/(4*c) + f*ats/2
        self.rage += rage
        if self.rage > 100:                      #怒气值上限为 100
            self.range = 100
        self.damage += damage
        self.ntimes += 1                         #普通攻击次数+1

    def mortal_attack(self):                     #致死打击
        self.mt_cd.append(self.world_time)       #记录世界时间
        self.rage -= 30                          #怒气值减少 30
        ap = self.ap
        chc = self.chc
        low,high = self.dph
        dw = random.randint(low,high)
        dap = ap/14*3.3
        damage = dw + dap + 160                   #计算伤害
        r = random.random()
        if r < chc:
            damage = 2.4*damage
        self.damage += damage
        self.mtimes += 1

    def whirlwind(self):                         #旋风斩
        self.wh_cd.append(self.world_time)
        self.rage -= 25
        ap = self.ap
        chc = self.chc
        low,high = self.dph
        dw = random.randint(low,high)
```

```
        dap = ap/14*3.3
        damage = dw + dap
        r = random.random()
        if r < chc:
            damage = 2.4*damage
        self.damage += damage
        self.wtimes += 1

    def attack(self,t):                          #循环攻击方法，t 为攻击时长
        t = int(10*t)                            #将 t 增大 10 倍进行换算，方便编程
        ats = self.ats*10                        #攻击间隔也需要增大 10 倍换算
        self.rage += 10                          #起始冲锋获得 10 点怒气值
        for i in range(t):                       #每 0.1s 执行一次下面的程序
            self.world_time = i                  #更新世界时间
            if i % ats == 0:                     #如果满足普通攻击时间
                self.normal_attack()             #则进行普通攻击
            mt_cd = i - self.mt_cd[-1]           #访问致死打击的冷却时间
            if self.rage >= 30 and mt_cd >= 60:  #如果怒气值大于 30 且已冷却
                self.mortal_attack()             #则激活致死打击技能
            mt_cd = i - self.mt_cd[-1]
            wh_cd = i - self.wh_cd[-1]

            #访问旋风斩的冷却时间，如果怒气值大于 25 且旋风斩已冷却，而致死打击未冷却
            if self.rage >=25 and wh_cd >=100 and mt_cd < 45:
                self.whirlwind()                 #则激活旋风斩技能
```

举例如下：

```
>>> ap = 1400
>>> dph = (229,344)
>>> ats = 3.4
>>> chc = 0.3
>>> w = Warrior(ap,dph,ats,chc)
>>> w.attack(100)                   #攻击 100s
>>> w.damage                        #累计伤害
53557.2
>>> w.ntimes                        #普通攻击次数
30
>>> w.wtimes                        #旋风斩次数
9
>>> w.mtimes                        #致死打击次数
15
```

选择不同的装备时，上述的属性值将会发生变化，通过测试不同的属性值即可得到不同的伤害值，到底什么属性更重要呢？请读者自行完成测试。当然，如果恰好你也是玩家，可以通过修改代码来解决笔者未考虑的怒气值溢出问题。

random 模块只能生成随机数，而在科学计算中需要用到随机数数组，相关内容请参

考下一节。

6.2 奇妙的圆周率

前面给出了多种计算圆周率 π 的方法，但都是确定性的方法，有没有随机方法来计算 π 呢？答案是肯定的。

Buffon 投针试验：在一个水平面上画一些平行线，相邻两条直线之间的距离均为 a。现将长度为 L（$0<L<a$）的均匀钢针随意抛到该平面上，求钢针与某条平行线相交的概率。

设钢针中点离最近一条平行线的距离为 x，与平行线的夹角为 θ，如图 6.3 所示，那么钢针落在平面上的位置由 (x, θ) 确定。投针试验所有可能的结果与矩形区域 S（见式 6.1）中的所有点一一对应。

$$S = \left\{(x,\theta), 0 \leqslant x \leqslant \frac{a}{2}, 0 \leqslant \theta \leqslant \pi\right\} \tag{6.1}$$

而满足钢针与平行线相交的区域为：

$$G = \left\{(x,\theta), 0 \leqslant x \leqslant \frac{L}{2}\sin\theta, 0 \leqslant \theta \leqslant \pi\right\} \tag{6.2}$$

两个区域的可视化如图 6.4 所示。

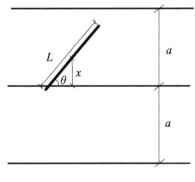

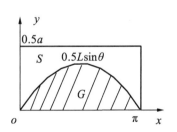

图 6.3 钢针的位置描述　　　　　图 6.4 区域可视化

于是钢针与平行线相交的概率为两个区域面积的比值：

$$P = \frac{A_G}{A_S} = \frac{\int_0^\pi L\sin\theta\,\mathrm{d}\theta}{a\pi} = \frac{2L}{a\pi} \tag{6.3}$$

通过对投针试验的蒙特卡罗模拟可估算出概率，进而求得圆周率为：

$$\pi = \frac{2L}{aP} \tag{6.4}$$

6.2.1　随机数数组

进行蒙特卡罗模拟需要生成大量的随机数，而使用 random 模块中的函数只能生成一个随机数，因此需要使用循环来完成试验。事实上，NumPy 中的模块 random 提供了大量生成随机数数组的函数，例如：

```
>>> import numpy as np
>>> np.random.random(8)                          #形状为(8,)的随机数数组
array([0.70049242, 0.93678727, 0.41826174, 0.22660206, 0.92900273,
       0.43391214, 0.79413996, 0.69994738])
>>> np.random.random((2,3))                      #形状为(2,3)的随机数数组
array([[0.5816767 , 0.8040091 , 0.81896512],
       [0.34650855, 0.50896064, 0.02221688]])
```

可以看到，和 random.random()函数类似，np.random.random()函数生成元素值为[0.0,1.0)区间的随机数数组。numpy.random 模块中更多的随机数数组生成函数见表 6.3。

表 6.3　随机数数组生成函数

函　数　名	描　　述
seed()	设置随机数种子
random([size])	生成数值在半开半闭区间[0.0,1.0)的随机数数组
random_sample([size])	生成数值在半开半闭区间[0.0,1.0)的随机数数组
rand(d0,d1,…,dn)	生成数值在半开半闭区间[0.0,1.0)的随机数数组
randn(d0,d1,…,dn)	生成给定数值满足**标准正态分布**的随机数数组
random_integers(low[,high,size])	生成数值在[low,high]之间均匀分布整数的随机数数组
randint(low[,high,size])	生成数值在[low,high)之间均匀分布整数的随机数数组
uniform([low,high,size])	生成数值满足**均匀分布**的随机数数组
triangular(left,mode, right[,size])	生成数值满足**三角分布**的随机数数组
beta(a,b[,size])	生成数值满足**贝塔分布**的随机数数组
binomial(n,p[,size])	生成数值满足**二项分布**的随机数数组
negative_binomial(n,p[,size])	生成数值满足**负二项分布**的随机数数组
multinomial(n,pvals[,size])	生成数值满足**多项分布**的随机数数组
chisquare(df[,size])	生成数值满足**卡方分布**的随机数数组
noncentral_chisquare(df,nonc[,size])	生成数值满足**非中心卡方分布**的随机数数组
dirichlet(alpha[,size])	生成数值满足**狄利克雷分布**的随机数数组
exponential([scale,size])	生成数值满足**指数分布**的随机数数组
standard_exponential([size, dtype, method])	生成数值满足**标准指数分布**的随机数数组
f(dfnum,dfden[,size])	生成数值满足F**分布**的随机数数组

（续）

函　数　名	描　　述
noncentral_f(dfnum,dfden, nonc[,size])	生成数值满足**非中心*F*分布**的随机数数组
gamma(shape[,scale,size])	生成数值满足**伽马分布**的随机数数组
standard_gamma(shape[,size, dtype])	生成数值满足**标准伽马分布**的随机数数组
geometric(p[,size])	生成数值满足**几何分布**的随机数数组
hypergeometric(ngood,nbad,nsample[,size])	生成数值满足**超几何分布**的随机数数组
gumbel([loc,scale,size])	生成数值满足**耿贝尔分布**的随机数数组
laplace([loc,scale,size])	生成数值满足**拉普拉斯分布**的随机数数组
logistic([loc,scale,size])	生成数值满足**逻辑分布**的随机数数组
normal([mean,sigma,size])	生成数值满足**正态分布**的随机数数组
standard_normal([size,dtype])	生成数值满足**标准正态分布**的随机数数组，同randn()
lognormal([mean,sigma, size])	生成数值满足**对数正态分布**的随机数数组
multivariate_normal(mean, cov[,size,…])	生成数值满足**多元正态分布**的随机数数组
wald(mean,scale[,size])	生成数值满足**瓦尔德分布**的随机数数组
standard_t(df[,size])	生成数值满足**标准*t*分布**的随机数数组
vonmises(mu,kappa[,size])	生成数值满足**冯米赛斯分布**的随机数数组
logseries(p[,size])	生成数值满足**对数级数分布**的随机数数组
pareto(a[,size])	生成数值满足**帕累托分布**的随机数数组
poisson([lam,size])	生成数值满足**泊松分布**的随机数数组
power(a[,size])	生成数值满足**幂律分布**的随机数数组
rayleigh([scale,size])	生成数值满足**瑞利分布**的随机数数组
standard_cauchy([size])	生成数值满足**标准柯西分布**的随机数数组
weibull(a[,size])	生成数值满足**韦布尔分布**的随机数数组
zipf(a[,size])	生成数值满足**齐夫分布**的随机数数组

　　与 random 模块相比，numpy.random 模块提供了更多的统计分布函数，是对 random
模块的包含和扩展。上述函数中参数 size 用于设定数组的形状，类型为类数组或标量，比
如 size=(2,3)表示生成形状为(2,3)的数组，为标量时表示数组形状为(size,)，默认 size=1，
即生成单个随机数，此时与 random 模块中的函数一样。从表 6.3 中可以发现，仅有 rand()
和 randn()函数没有 size 参数，但它们的参数(d0, d1, …, dn)是对 size 的标量表达，比如生
成形状为(2, 3)的随机数数组，则 d0=2, d1=3。举例如下：

```
>>> import numpy as np
>>> np.random.rand()
0.7811738929923213
>>> np.random.rand(6)                      #d0=6
```

```
array([0.18517298, 0.96934934, 0.18983296, 0.77325494, 0.12102855,
    0.58079678])
>>> np.random.rand(2,3)                          #d0=2,d1=3
array([[0.37756978, 0.09695385, 0.06800431],
    [0.37716272, 0.28314232, 0.98442427]])
>>> np.random.randn(2,3)                          #d0=2,d1=3
array([[-0.94865972, -0.02302681, -2.02695825],
    [-0.6060268 ,  0.63855049, -1.16114881]])
```

其他函数的 size 参数可以是标量或类数组，例如：

```
>>> np.random.random_integers(1,2,size=6)
array([2, 2, 1, 1, 2, 1])
>>> np.random.randint(1,2,(2,3))                  #size=(2,3)
array([[1, 1, 1],
    [1, 1, 1]])
>>> np.random.uniform(-1,1,(2,3))                 #均匀分布
array([[0.83478133, 0.54767153, 0.1932722 ],
    [0.88106948, 0.70929673, 0.60511523]])
>>> np.random.uniform(0,1,6)
array([0.17496572, 0.44511616, 0.1420409 , 0.05928391, 0.65609846,
    0.09822009])
>>> np.random.uniform(0,4,6)
array([2.59948763, 1.75117612, 0.99801512, 2.4368311 , 3.89508008,
    3.68146688])
```

rand()和 random()函数的功能一样，均生成数值在区间[0.0,1.0)上均匀分布的随机数数组，区别在于函数输入参数不同。random_sample()是 random()函数的别名。randint()和 random_integers()函数的区别在于前者不包括上限而后者包括。也就是说，ramdom.randint()函数与 np.random.randint()函数的值域并不相同。

同样，随机数种子确定后，生成随机数的模式也是确定的，程序代码如下：

```
>>> np.random.seed(0)
>>> np.random.randn(2,4)
array([[ 1.76405235,  0.40015721,  0.97873798,  2.2408932 ],
    [ 1.86755799, -0.97727788,  0.95008842, -0.15135721]])
>>> np.random.normal(0,1,(3,4))
array([[-0.10321885,  0.4105985 ,  0.14404357,  1.45427351],
    [ 0.76103773,  0.12167502,  0.44386323,  0.33367433],
    [ 1.49407907, -0.20515826,  0.3130677 , -0.85409574]])
>>> np.random.seed(0)
>>> np.random.randn(2,4)
array([[ 1.76405235,  0.40015721,  0.97873798,  2.2408932 ],
    [ 1.86755799, -0.97727788,  0.95008842, -0.15135721]])
>>> np.random.normal(0,1,(3,4))
array([[-0.10321885,  0.4105985 ,  0.14404357,  1.45427351],
    [ 0.76103773,  0.12167502,  0.44386323,  0.33367433],
    [ 1.49407907, -0.20515826,  0.3130677 , -0.85409574]])
```

【实例 6.7】 模拟投针试验并计算圆周率。

投针试验的参数包括钢针的长度、平行线之间的距离及试验次数，将试验过程定义为如下函数：

```python
import numpy as np
def buffon(N,a,L):

    #钢针中点到最近一条平行线的距离为[0,a/2)之间的均匀分布
    x = np.random.uniform(0,a/2,N)

    #钢针与平行线的夹角为[0,pi)之间的均匀分布
    theta = np.random.uniform(0,np.pi,N)

    #如果随机生成的 x 小于通过钢针长度和夹角计算得到的距离
    #则表明钢针与平行线相交
    index = np.where(x < L/2*np.sin(theta))[0]
    return index.shape[0]/N
```

接下来进行试验，程序代码如下：

```python
>>> N = 10000                              #设置试验次数
>>> a = 1                                  #平行线之间的距离
>>> L = 0.6                                #钢针长度
>>> P = buffon(N,a,L)                      #相交概率
>>> P
0.3862
>>> pi = 2*L/(a*P)
>>> pi
3.1071983428275507
>>> N = 100000
>>> P = buffon(N,a,L)
>>> pi = 2*L/(a*P)
>>> pi
3.138239447669857
```

将多次试验的结果绘制在半对数坐标轴中：

```python
a = 1
L = 0.6
N = [10,100,1000,10000,100000,1000000,10000000]    #试验次数
pi = [2*L/(a*buffon(n,a,L)) for n in N]

plt.semilogx(N,pi)
plt.xlabel("N times")
plt.ylabel("$\pi$")
plt.show()
```

随着试验次数的增加，圆周率的计算结果如图 6.5 所示。

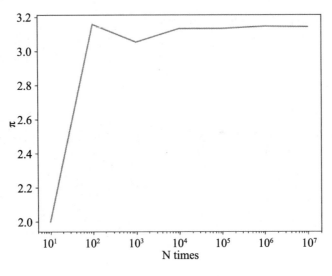

图 6.5　圆周率模拟

　　表 6.3 中未介绍的函数是各种具体的统计分布函数，这部分知识请读者自行查阅相关资料。可以看到，表 6.3 中每个函数的参数是与统计分布有关的参数和数组的 size，比如正态分布 normal()函数为均值 mean 和标准差 sigma，三角分布为左端点 left、顶点 mode 和右端点 right 等。下面采用蒙特卡罗模拟绘制几种统计分布的直方图，程序代码如下：

```python
fig,axes = plt.subplots(2,2)

#拉普拉斯分布
loc,scale = 0,1                                    #参数
s = np.random.laplace(loc,scale,1000)              #样本
count,bins,ignored = axes[0,0].hist(s,30,density=True)
pdf = np.exp(-abs(bins-loc)/scale)/(2.*scale)      #通过概率密度函数计算概率
axes[0,0].plot(bins,pdf,lw=2,ls="dashed",color="red")
axes[0,0].set_title("laplace")

#逻辑分布
loc,scale = 10,1
s = np.random.logistic(loc,scale,10000)
count,bins,ignored = axes[0,1].hist(s,bins=50,density=True)
pdf = np.exp((loc-bins)/scale)/(scale*(1+np.exp((loc-bins)/scale))**2)
axes[0,1].plot(bins,pdf,lw=2,color="red")
axes[0,1].set_title("logistic")

#正态分布
mu,sigma = 0,2
s = np.random.normal(mu,sigma,1000)
count,bins,ignored = axes[1,0].hist(s,30,density=True)
pdf = 1/(sigma * np.sqrt(2 * np.pi))*np.exp(-(bins-mu)**2/(2*sigma**2))
axes[1,0].plot(bins,pdf,lw=2)
axes[1,0].set_title("normal")
```

```
#幂律分布
a = 4
s = np.random.power(a,10000)
count,bins,ignored = axes[1,1].hist(s,30,density=True)
pdf = a*bins**(a-1.)
axes[1,1].plot(bins,pdf,lw=2)
axes[1,1].set_title("power")

#调整坐标轴的位置及间距
plt.subplots_adjust(left=0.1,right=0.95,bottom=0.1,
                    top=0.95,wspace=0.2,hspace=0.25)
plt.show()
```

上述程序的可视化如图 6.6 所示。

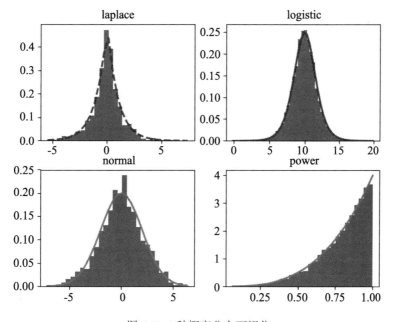

图 6.6　4 种概率分布可视化

6.2.2　更多实例

【实例 6.8】　利用面积比求圆周率。

如图 6.7 所示，半径为 $r=1$ 的圆外切边长为 $a=2$ 的正方形。进行如下蒙特卡罗模拟，在正方形区域内随机生成 N 个点，记录满足 $x_i^2 + y_i^2 < 1$（落在圆域中）的点个数 M，则圆面积与正方形面积的比值可以估算为：

$$P = \frac{M}{N} = \frac{\pi r^2}{a^2} = \frac{\pi}{4} \tag{6.5}$$

从而圆周率的估算式为：

$$\pi = \frac{4M}{N} \qquad\qquad (6.6)$$

定义函数如下：

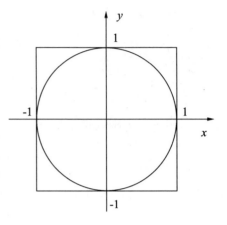

图 6.7　圆外切正方形

```
def estimate_pi(N):

    #生成形状为(N,2)，数值在区间[-1,1]
    #满足均匀分布的随机数数组
    rn = np.random.uniform(-1,1,(N,2))

    #第一列为 x 坐标，第二列为 y 坐标
    x,y = rn[:,0],rn[:,1]
    d = x**2 + y**2          #计算 x²+y²
    #统计圆内的点数
    M = np.where(d < 1)[0].shape[0]
    return 4*M/N
```

函数参数为试验次数，举例如下：

```
>>> estimate_pi(1000)
3.164
>>> estimate_pi(10000)
3.1296
>>> estimate_pi(100000)
3.14284
>>> estimate_pi(1000000)
3.143608
>>> estimate_pi(1000000)
3.140572
```

可以看到，无论是哪种方法，所求得的圆周率都是估算结果，并不是精确解。

绘制一次试验的点分布，程序代码如下：

```
#绘制矩形
rectx = [-1,-1,1,1,-1]
recty = [-1,1,1,-1,-1]
plt.plot(rectx,recty,lw=2,color="red")

#绘制圆
r = 1
theta = np.arange(0, 2*np.pi, 0.01)
circx = r*np.cos(theta)
circy = r*np.sin(theta)
plt.plot(circx,circy,color="green")

#绘制点
N = 1000
rn = np.random.uniform(-1,1,(N,2))
x,y = rn[:,0],rn[:,1]
plt.scatter(x,y,marker="+")

plt.xticks([-1,1])
```

```
plt.yticks([-1,1])
plt.axis("equal")
plt.show()
```

以上程序的可视化如图 6.8 所示。

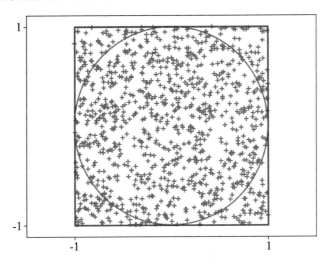

图 6.8　点在矩形区域的均匀分布

本例可以扩展到求数值积分，详见实例 6.9。

【实例 6.9】　蒙特卡罗积分。

前面介绍的数值积分方法都是确定性的，接下来介绍的方法采用蒙特卡罗模拟，所以也称为**蒙特卡罗积分**（Monte Carlo Integration），下面提供两种思路。

思路 1：一重积分 $\int_a^b f(x)\mathrm{d}x$ 的几何意义是求面积，将实例 6.9 进行扩展，假设积分几何区域 G 被一个矩形区域 S 包围：

$$S = \{(x,y), a \leqslant x \leqslant b, n \leqslant y \leqslant m\} \tag{6.7}$$

在区域 S 内随机生成 N 个点，落在 G 区域的点数为 M，则二者的面积比为：

$$\frac{M}{N} = \frac{A_G}{A_S} = \frac{A_G}{(b-a)(m-n)} \tag{6.8}$$

于是一重积分可以估算为：

$$\int_a^b f(x)\mathrm{d}x = \frac{M}{N}(b-a)(m-n) \tag{6.9}$$

定义蒙特卡罗积分函数如下：

```
def mc_integral(f,a,b,n,m,N=100):
    x = np.random.uniform(a,b,N)
    y = np.random.uniform(n,m,N)
    M = y[y < f(x)].size               #点在积分几何区域内
    return M/N*(m-n)*(b-a)
```

计算正弦函数在区间[0, π]上的积分为：

```
#定义积分函数
def f(x):
    return np.sin(x)

a = 0
b = np.pi
N = 10000
m = 1.1                              #m 大于等于积分函数的最大值
n = 0.                               #n 小于等于积分函数的最小值
I = mc_integral(f,a,b,m,N)           #积分值
err = 2 - I                          #误差
print("积分值为%f"%I)
print("误差为%f"%err)
```

某次的计算结果为：

```
积分值为1.969779
误差为0.030221
```

思路 1 的缺点是需确定积分函数的最大值和最小值。

思路 2：假设 $X=(x_1, x_2, \cdots, x_i)$ 服从区间[a, b]上的均匀分布，则 $f(X)$ 的平均值与积分区间长度（b−a）的乘积可估算为 $\int_a^b f(x)\mathrm{d}x$ 的积分，即：

$$\int_a^b f(x)\mathrm{d}x = (b-a)\frac{\sum_{i=1}^{N} f(x_i)}{N} \qquad (6.10)$$

定义新的蒙特卡罗积分函数如下：

```
def mc_integral1(f,a,b,N=100):
    x = np.random.uniform(a,b,N)
    return np.sum(f(x))/N*(b-a)
```

接着上例：

```
>>> mc_integral1(f,a,b,N)
1.9937534892886164
```

实践表明，一重蒙特卡罗积分的效率不如其他数值积分（比如梯形公式），其收敛速度偏慢，但对于高维的情形，蒙特卡罗积分有一定的优势。高维蒙特卡罗积分留给读者自行完成。

【实例 6.10】 随机游走。

随机游走（Random Walk）指个体的行为不遵循历史规律而是随机进行。例如，一个醉汉的行走轨迹是时而前进时而后退，空气中的微粒或前或后、或左或右、或上或下随机移动，分子的不规则运动等，这些都可视为随机游走。在物理学中，可将随机游走看作质点运动。随机游走模拟被广泛应用于分子运动学、热传导、量子力学、群体遗传学和股票市场等领域。

那么，如何进行随机游走的模拟呢？相信很多读者都玩过《大富翁》游戏，玩家控制一个虚拟角色，虚拟角色掷骰子，根据骰子的点数决定角色前进的步数，但游戏中的角色只能前进不能后退。在决定质点如何运动前，先掷一次骰子，根据骰子的点数决定质点移动的方向和步长。比如，规定掷出 1 点表示向右移动，2 点表示向左运动，3 点表示向上移动，4 点表示向下移动，5 点表示向前移动，6 点表示向后运动，然后设置每次移动的步长和移动次数，已知质点的初始位置即能模拟质点的运动轨迹。因此，**移动方向**、**移动步长**和**移动次数**是随机游走的 3 个重要参数。

接下来将实现对一维、二维和三维随机游走的模拟。先从一维随机游走开始。假设移动次数为 N，质点初始位置 pos=0，移动步长为 s，则每次移动后质点的位置 pos=$\pm s$。移动步长的符号取决于生成的随机数（移动方向），均匀分布各占 1/2，如生成的随机数小于 1/2 则为正，否则为负，反过来也成立。定义单质点的随机游走函数如下：

```python
import random
def random_walk1d(pos,s,N=10):
    pos = pos                      #质点位置
    traj = [pos]                   #质点轨迹
    for _ in range(N):
        rn = random.random()       #生成区间[0,1)内的随机数
        if rn < 0.5:               #随机数小于 0.5 则质点前进
            pos += s
        pos -= s                   #否则质点后退
        traj.append(pos)
    return pos,traj
```

除了 random.random()函数之外，也可以调用 random.randint()函数随机生成区间[0,1]内的整数，如果为 0 则质点前进，否则质点后退，读者可自行完成。在 Shell 中举例如下：

```python
>>> pos = 0                        #质点的初始位置
>>> s = 1                          #移动步长
>>> N = 10                         #移动次数
>>> pos,traj = random_walk1d(pos,s,N)
>>> pos                            #质点最后的位置
-4
>>> traj                           #质点的轨迹
[0, -1, -1, -1, -1, -2, -2, -2, -2, -3, -4]
```

如果要模拟多个质点的运动，则需要使用循环并多次调用 random_walk1d()函数，此时采用向量化运算的版本更有优势。看下面的程序：

```python
import numpy as np
def random_walk1d_vec(pos,s,N=10):
    pos= np.array(pos)             #质点的初始位置，为一维类数组
    nop = pos.shape[0]             #质点的个数

    #存储质点轨迹的二维数组，第 i 行表示 i 次移动后每个质点的位置
    traj = np.zeros((N,nop))
    traj[0] = pos                  #初始化质点位置
    s = np.array(s)                #质点的移动步长，长度是与 pos 相同的一维类数组
```

```
#每个质点移动前生成的随机数，判断游走方向
moves = np.random.random_integers(1,2,N*nop).reshape(N,nop)
FORWARD,BACKWARD = 1,2
traj[moves==FORWARD] = 1.                #如果为前进，则移动步长符号为正
traj[moves==BACKWARD] = -1.              #如果为后退，则移动步长符号为负
traj = np.cumsum(traj*s,axis=0)          #质点轨迹
return traj
```

traj 数组最初存储的是质点移动步长的符号，之后才是移动轨迹。模拟 3 个质点的一维随机游走，程序如下：

```
>>> pos = [0,0,0]                        #3 个质点的初始位置均为 0
>>> s = [1,0.5,0.3]                      #3 个质点的移动步长分别为 1、0.5 和 0.3
>>> N = 4                                #移动 4 次
>>> traj = random_walk1d_vec(pos,s,N)
>>> traj                                 #每列为单个质点的移动轨迹
array([[ 1. ,  0.5, -0.3],
       [ 2. ,  1. ,  0. ],
       [ 1. ,  0.5, -0.3],
       [ 2. ,  0. , -0.6]])
```

质点轨迹数组中每行表示当前移动后质点的位置，3 个质点最后的位置分别为 2、0、-0.6。

同样，可以将一维随机游走扩展至二维和三维，二维随机游走有上、下、左、右 4 个移动方向，三维随机游走有上、下、左、右、前、后 6 个移动方向，程序如下：

```
def random_walk_vec(pos,s,N=10):
    pos = np.array(pos)                  #质点的初始位置，为二维数组
    nop,dim = pos.shape                  #质点的数量和维度

    #质点的轨迹存储在三维数组中
    #0 轴第 i 个元素表示 i 次移动后的位置
    traj = np.zeros((N,nop,dim))
    traj[0] = pos                        #质点的初始位置
    s = np.asarray(s)                    #质点的移动步长
    if dim == 2:                         #如果是二维问题

        #每个质点移动前的方向判断数组
        moves = np.random.random_integers(1,4,N*nop*dim).reshape(N,nop,dim)
        RIGHT,LEFT,UP,DOWN = 1,2,3,4
        traj[moves== RIGHT] = 1.         #如果向右移动，则移动步长符号为正
        traj[moves== LEFT] = -1.         #如果向左移动，则移动步长符号为负
        traj[moves== UP] = 1.            #如果向上移动，则移动步长符号为正
        traj[moves== DOWN] = -1.         #如果向下移动，则移动步长符号为负
    if dim == 3                          #如果是三维问题
        moves = np.random.random_integers(1,6,N*nop*dim).reshape(N,nop,dim)
        RIGHT,LEFT,UP,DOWN,FRONT,BACK, = 1,2,3,4,5,6
        traj[moves== RIGHT] = 1.
        traj[moves== LEFT] = -1.
        traj[moves== UP] = 1.
        traj[moves== DOWN] = -1.
        traj[moves== FRONT] = 1.
```

```
        traj[moves== BACK] = -1.
    traj = np.cumsum(traj*s,axis=0)                #质点轨迹
    return traj
```

rand_walk_vec()函数适用于二维和三维随机游走模拟,可以根据输入参数自行进行判断,例如:

```
>>> pos = [[0,1],[0,0],[0,1]]                #3 个质点的初始位置
>>> s = 1                                    #每个质点的移动步长都为 1
>>> N = 4                                    #移动 4 次
>>> traj = random_walk_vec(pos,s,N)
>>> traj
array([[[-1., -1.],
        [ 1., -1.],
        [ 1.,  1.]],

       [[-2., -2.],
        [ 0., -2.],
        [ 0.,  2.]],

       [[-3., -3.],
        [ 1., -1.],
        [ 1.,  3.]],

       [[-2., -4.],
        [ 0.,  0.],
        [ 0.,  4.]]])
```

最终的质点轨迹为三维数组,0 轴的每个元素表示当前移动后质点的位置,例如:

```
>>> traj[0]
array([[-1., -1.],
       [ 1., -1.],
       [ 1.,  1.]])
```

traj[0]代表质点的初始位置,第 1 列为 3 个质点的 x 坐标,第 2 列为 3 个质点的 y 坐标。
改变移动步长参数 s,使其为与 pos 相同形状的类数组,程序如下:

```
>>> s = [[1,0.5],[0.3,1],[1,2]]             #与 pos 相同的形状
>>> traj = random_walk_vec(pos,s,N)
>>> traj
array([[[ 1. , -0.5],
        [ 0.3,  1. ],
        [ 1. , -2. ]],

       [[ 2. , -1. ],
        [ 0.6,  0. ],
        [ 0. ,  0. ]],

       [[ 1. , -1.5],
        [ 0.9,  1. ],
        [ 1. ,  2. ]],

       [[ 2. , -1. ],
        [ 0.6,  2. ],
        [ 2. ,  4. ]]])
```

由以上程序可以看出，移动步长 s 可以为标量，表示每个质点的单次移动步长相同；也可以为与 pos 相同形状的类数组，代表质点单次移动时每个方向的移动步长。例如上例中 s = [[1,0.5],[0.3,1],[1,2]]表示单次移动时第 1 个质点 x 方向的移动步长为 1，y 方向的移动步长为 0.5；第 2 个质点 x、y 方向的移动步长分别为 0.3 和 1；第 3 个质点 x、y 方向的移动步长分别为 1 和 2。此外，还可以是与轨迹 traj 维度相同的三维数组，比如质点移动步长服从正态分布，此时质点每次移动的步长都不相同，程序如下：

```
>>> s = np.random.normal(0,1,(N,3,2))          #质点移动步长服从正态分布
>>> traj = random_walk_vec(pos,s,N)
>>> traj
array([[[ 2.61916538,  0.0939011 ],
        [ 1.8089006 , -1.45974786],
        [ 0.78412814,  1.63807611]],

       [[ 2.32479146, -0.92718235],
        [ 0.51438712, -0.88661686],
        [-0.9085229 ,  0.40075993]],

       [[ 2.65498874, -0.37245448],
        [-1.08751466, -1.31452409],
        [-2.71640907, -0.44080676]],

       [[ 3.4174082 , -0.69382921],
        [-1.14253433,  0.13863529],
        [-3.12273783,  0.54338592]]])
```

如果为三维随机游走，只需调整参数 pos 和 s 即可。例如 4 个质点随机移动 4 次的模拟程序如下：

```
>>> pos = [[0,1,0],[0,0,0],[0,1,0],[0,0,0]]     #为质点增加 z 坐标
>>> s = [[0.5,1,1],[1,0.4,1],[1,1,0.2],[1,1,1]]
>>> N = 4
>>> traj = random_walk_vec(pos,s,N)
>>> traj
array([[[ 0.5, -1. , -1. ],
        [-1. ,  0.4,  1. ],
        [ 1. ,  1. , -0.2],
        [-1. ,  1. , -1. ]],

       [[ 1. ,  0. , -2. ],
        [ 0. ,  0. ,  2. ],
        [ 2. ,  2. ,  0. ],
        [ 0. ,  2. ,  0. ]],

       [[ 1.5, -1. , -3. ],
        [-1. , -0.4,  1. ],
        [ 1. ,  1. , -0.2],
        [-1. ,  1. ,  1. ]],

       [[ 1. ,  0. , -2. ],
        [-2. , -0.8,  2. ],
        [ 0. ,  0. ,  0. ],
        [ 0. ,  0. ,  2. ]]])
```

下面的例子采用不同的移动步长模拟两次二维随机游走，并分别绘制单个质点的轨迹及不同移动次数情况下质点的位置，程序如下：

```
nop = 1000                            #质点数量
pos = np.zeros((nop,2))               #所有质点的初始位置为原点
s = 1                                 #所有质点的移动步长为 1
N = 1000                              #移动次数
traj = random_walk_vec(pos,s,N)       #均匀步长模拟
X0 = traj[:,0,0]                      #第 1 个质点的轨迹
Y0 = traj[:,0,1]
s = np.random.normal(0,1,(N,nop,2))   #质点移动步长服从正态分布
traj = random_walk_vec(pos,s,N)       #正态分布步长模拟
X1 = traj[:,0,0]                      #第 1 个质点的轨迹
Y1 = traj[:,0,1]

fig,(ax1,ax2) = plt.subplots(1,2,figsize=(8,3))
ax1.plot(X0,Y0,"r")                   #绘制均匀步长单质点轨迹
ax2.plot(X1,Y1,"r")                   #绘制正态分布步长质点轨迹
plt.show()
```

以上程序的可视化如图 6.9 所示。

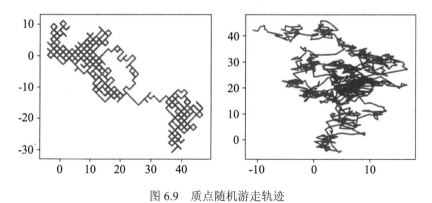

图 6.9　质点随机游走轨迹

接着上例，绘制 4 个确定移动次数情况下质点的位置分布（均匀步长），程序如下：

```
X1 = traj[49,:,0]                     #移动 50 次后所有质点的坐标
Y1 = traj[49,:,1]
X2 = traj[199,:,0]                    #移动 200 次后所有质点的坐标
Y2 = traj[199,:,1]
X3 = traj[499,:,0]                    #移动 500 次后所有质点的坐标
Y3 = traj[499,:,1]
X4 = traj[999,:,0]                    #移动 1000 次后所有质点的坐标
Y4 = traj[999,:,1]

fig,((ax1,ax2),(ax3,ax4)) = plt.subplots(2,2,sharex=True,sharey=True)
ax1.scatter(X1,Y1,marker=".")
ax1.set_title("N=50")
ax2.scatter(X2,Y2,marker=".")
ax2.set_title("N=200")
```

```
ax3.scatter(X3,Y3,marker=".")
ax3.set_title("N=500")
ax4.scatter(X4,Y4,marker=".")
ax4.set_title("N=1000")
plt.show()
```

以上程序的可视化如图 6.10 所示。

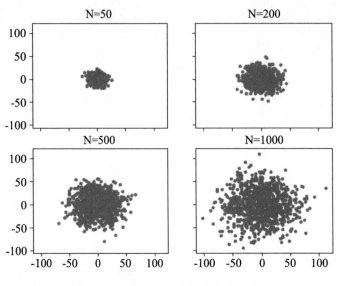

图 6.10   质点群随机游走过程

上面的例子采用的是均匀步长，移动步长满足其他统计分布及三维随机游走的可视化留给读者自行完成。

【**实例 6.11**】 气体分子扩散。

现有边长为 1 的正方形，中间被一块隔板等分成上下两个区域，下区域中有均匀分布的气体，抽掉隔板，用二维随机游走模拟气体分子在正方形中的扩散过程。

虽然也是随机游走，但实例 6.10 的程序已不再适用，原因是本例为带边界的随机游走问题，质点每移动一次，都需要进行位置判断。这里采取的策略是，如果质点本次移动后超过边界，则本次保持静止不动。接下来将实现面向对象的版本。首先定义一个 Box 类如下：

```
class Box:
    def __init__(self,ori,width,height):
        self.ori = ori              #矩形的左下角点坐标
        self.width = width          #矩形的宽度
        self.height = height        #矩形的高度

    def outsider(self,x,y):         #判断点集是否在矩形内
        x0,y0 = self.ori
        width = self.width
        height = self.height
```

```
    dx,dy = x - x0,y - y0
    flagx = np.logical_or(dx > width, x < x0)
    flagy = np.logical_or(dy > height, y < y0)
    return flagx,flagy
```

设计的随机游走程序在单次步长里只沿一个方向移动，所以每次移动需要对分子的横、纵坐标进行判断，outsider()方法返回的是两个 bool 数组。

接下来定义气体分子，要弄清楚分子的初始位置、移动步长、移动次数、初始边界和移动范围的边界。初始边界和移动范围边界均为 Box 对象。对于移动步长，本例中假设其服从[0,s]之间的均匀分布，s 为步长上限，程序如下：

```
class Molecules:
    def __init__(self,nom):
        self.nom = nom                          #分子数量
        self.x = None                           #分子横坐标
        self.y = None                           #分子纵坐标
        self.initbox = None                     #分子初始位置边界
        self.walkbox = None                     #分子移动范围边界
        self.N = 0                              #移动次数

    def set_initbox(self,box):                  #设置初始位置边界
        self.initbox = box
        if not self.walkbox:
            self.walkbox = box

    def set_walkbox(self,box):                  #设置移动位置边界
        self.walkbox = box

    def set_step(self,s):                       #设置步长的上限
        self.s = s

    def init_pos(self):                         #初始化分子的位置
        self.N = 0
        x0,y0 = self.initbox.ori
        width = self.initbox.width
        height = self.initbox.height
        nom = self.nom
        #初始边界范围内均匀分布
        self.initx = np.random.uniform(x0,x0+width,nom)
        self.inity = np.random.uniform(y0,y0+height,nom)
        self.x = self.initx.copy()              #分子本次移动后的位置
        self.y = self.inity.copy()
        self.sx = self.initx.copy()             #初始移动步长
        self.sy = self.inity.copy()
        self.sign_sx = np.ones_like(self.x)     #初始化步长的符号数组
        self.sign_sy = np.ones_like(self.y)
```

定义分子在移动范围内根据步长进行随机游走，程序如下：

```
    def random_walk(self,N):
        self.N += N                             #累计移动次数
        s = self.s                              #移动步长上限
```

```
        nom = self.nom                              #分子个数

        #判断分子移动方向的数组
        moves = np.random.random_integers(1,4,(N,nom))
        sx = np.random.uniform(0,s,(N,nom))         #均匀分布的移动步长
        sy = np.random.uniform(0,s,(N,nom))
        tempx = self.x.copy()                       #复制当前的分子位置
        tempy = self.y.copy()
        sign_sx = np.zeros_like(sx)                 #分子移动步长的符号数组
        sign_sy = np.zeros_like(sy)
        RIGHT,LEFT,UP,DOWN = 1,2,3,4
        sign_sx[moves== RIGHT] = 1.                 #向右移动符号为正
        sign_sx[moves== LEFT] = -1.                 #向左移动符号为负
        sign_sy[moves== UP] = 1.                    #向上移动符号为正
        sign_sy[moves== DOWN] = -1.                 #向下移动符号为负
        for step in range(N):
            this_sx = sx[step]                      #当前的移动步长
            this_sy = sy[step]
            tempx += sign_sx[step]*this_sx          #根据当前步长尝试更新分子位置
            tempy += sign_sy[step]*this_sy
            o_x,o_y = self.walkbox.outsider(tempx,tempy) #找到边界外的分子
            this_sx[o_x] = 0                        #将边界外的分子步长设置为0
            this_sy[o_y] = 0
            self.x += sign_sx[step]*this_sx         #重新更新分子位置
            self.y += sign_sy[step]*this_sy
        self.sx = np.vstack((self.sx,sx))           #累计移动步长
        self.sy = np.vstack((self.sy,sy))
        self.sign_sx = np.vstack((self.sign_sx,sign_sx)) #累计移动步长的符号
        self.sign_sy = np.vstack((self.sign_sy,sign_sy))
```

如果要获取单个分子的移动轨迹，可定义如下方法：

```
    def traj(self,index = 0):
        sx,sy = self.sx,self.sy
        sign_sx,sign_sy = self.sign_sx,self.sign_sy
        traj_x = np.cumsum(sx*sign_sx,axis=0)       #根据移动步长和符号累计计算轨迹
        traj_y = np.cumsum(sy*sign_sy,axis=0)
        return traj_x[:,index],traj_y[:,index]
```

可以看到，random_walk()方法是累计移动方法，假设第一次调用时设置 $N1=1000$，此时分子已经移动 1000 步，再次调用该方法，设置 $N2=1000$，则分子从最初位置一共移动了 2000 步。举例如下：

```
box1 = Box((0,0),1,0.5)                  #初始边界
box2 = Box((0,0),1,1)                     #移动范围边界
s = 0.02                                  #移动步长上限
nom = 5000                                #分子数量
N = 1000                                  #分子移动次数
ms = Molecules(nom)                       #创建分子集
ms.set_initbox(box1)                      #设置初始边界
ms.set_walkbox(box2)                      #设置移动范围边界
```

```
ms.set_step(s)                                    #设置移动步长上限
ms.init_pos()                                     #初始化分子位置
def plot_axis(ax,title,x,y):                      #定义分子运动可视化函数
    ax.scatter(x,y,marker = ".",s=5)
    ax.set_xticks([0,1])
    ax.set_yticks([0,1])
    ax.set_title(title)
fig,axes = plt.subplots(2,2)
plot_axis(axes[0,0],"N=%d"%ms.N,ms.x,ms.y)        #绘制初始位置
ms.random_walk(N)                                 #移动 N 次
plot_axis(axes[0,1],"N=%d"%ms.N,ms.x,ms.y)
ms.random_walk(N)                                 #再移动 N 次，累计 2*N 次
plot_axis(axes[1,0],"N=%d"%ms.N,ms.x,ms.y)
ms.random_walk(N)                                 #再移动 N 次，累计 3*N 次
plot_axis(axes[1,1],"N=%d"%ms.N,ms.x,ms.y)
plt.show()
```

以上程序的可视化如图 6.11 所示。

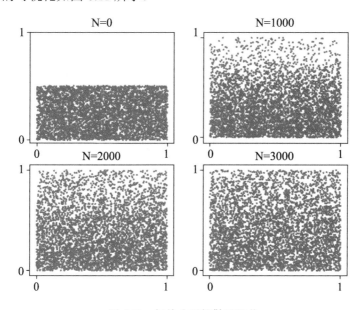

图 6.11 气体分子扩散可视化

接着上例，绘制单个分子的移动轨迹如下：

```
fig1 = plt.figure()
ax = fig1.add_subplot(111)
x,y = ms.traj(12)                                 #第 13 个分子的移动轨迹
ax.plot(x,y,"r-")
ax.set_xticks([np.min(x)-0.1,np.max(x)+0.1])
ax.set_yticks([np.min(y)-0.1,np.max(y)+0.1])
plt.show()
```

以上程序的可视化如图 6.12 所示。

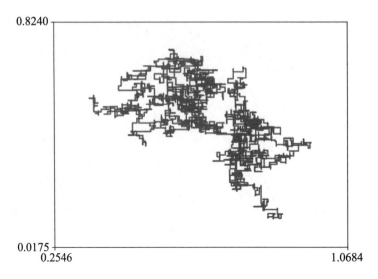

0.8240

0.0175
0.2546   1.0684

图 6.12   单个分子的轨迹可视化

读者可自行尝试改变分子个数、移动步长上限及移动次数，重新执行程序进行模拟。如果给上面的程序加上 z 坐标，适当修改即可实现有边界的三维随机游走程序，这留给读者自行完成。

6.3 本 章 小 结

本章主要介绍了 Python 中随机数的生成和使用，Python 自带的 random 模块是标量版本的随机数生成模块，numpy.random 是向量版本的随机数生成模块。计算机中的随机数都是伪随机数，它们有特定的生成规则，可以简单理解为一个复杂的生成公式，而随机数种子是这个公式的输入参数，当种子一定时，生成随机数的模式是固定的。

6.4 习   题

1．试通过蒙特卡罗模拟说明足球场 23 人中至少有 2 个人的生日是同一天的概率大于 50%。

2．试通过蒙特卡罗模拟计算扑克牌中出现四条、同花、顺子的概率。四条指 4 张同点数的牌；同花指 4 张同花色的牌；顺子指 5 张连续点数的牌。

3．美国有这样一个电视游戏节目，参赛者面前有三扇关着的门，其中一扇门的后面有一辆汽车，另外两扇门后面则各藏有一只山羊，选中后面有车的那扇门可以赢得汽车。当参赛者选定了一扇门但未去开启的时候，节目主持人会开启剩下两扇门中的一扇，如果门后露出一只山羊，主持人会问参赛者要不要换另一扇仍然关上的门。试计算换门和不换门的中奖概率。

4．有这样一个游戏，主持人将黑白各 8 个围棋棋子放进口袋里，然后对观众说，愿意玩游戏的，每人先交 1 元钱，然后一次从口袋中摸出 5 个棋子。如果摸到 5 个白子则奖励观众 20 元，4 个白子则奖励 2 元，摸到 3 个白子的观众会得到一个小纪念品，试分析游戏的公平性。

5．睡美人躺在城堡的密室之中。若干年后，一群求婚者慕名而来，不但闯入了城堡，而且找到了一串相关的钥匙。他们询问看门的老人，只知道有一把钥匙能打开密室，却不知道是哪一把，恰好钥匙数和求婚者人数相等，每个人只可任取一把钥匙，谁能打开密室唤醒睡美人呢？求婚者争先恐后，唯恐落在后面失去了机会，试计算先开还是后开打开密室的概率大？

6．16 名水平两两不同的选手参加一次淘汰赛，随机抽签安排对阵，依次进行 1/8 决赛，1/4 决赛，半决赛，三、四名决赛，冠、亚军决赛。假设强者总能战胜弱者，试计算冠、亚、季军恰好分别是实际水平第一、二、三名的概率。

7．甲和乙将约会时间定在 8:30，由于客观原因，两人到达约定地点的时间都在 8:00～9:00 之间，先到的人只等 15 分钟，另一方不来他就走。试计算两人约会成功的概率。

8．点 A 是半径为 1 的圆上的一个定点，若在圆上随机取一点 B，计算劣弧 AB 的长度小于 1 的概率。

9．ABCD 为长方形，$AB=2$，$BC=1$，O 为 AB 的中点，在长方形内任取一点，求所取的点到 O 的距离大于 1 的概率。

10．一根木棒锯成三节，计算组成三角形的概率。

11．试创建随机数数组，举例说明：

（1）不存在方阵 A 和 B，满足 $AB-BA=I$。

（2）不存在非零方阵 A 和 B，满足 $AB-BA=A^T$。

（3）不存在线性无关的方阵 A 和 B，满足 $AB-BA=A^T+B^T$。

老裴的科学世界

病毒传播离散模型

预备知识

1．模型介绍

2019 新型冠状病毒影响了全世界人民的生活，该病毒通过呼吸道感染，传染性极强，存活时间久。2020 年农历大年初二，笔者在网络上发布了一个新型冠状病毒传播规律的离散微观模型，该模型以个体为单位，通过个体间的距离来确定被感染概率。模型的核心包括两部分：个体感染病毒概率和个体移动规律。笔者觉得之前的模型过于粗糙，应用场景不够明确，经过一番思考，重新对个体的移动规律进行了审视，下面介绍如下：

（1）个体感染病毒概率

平面坐标系上的点 $P(x_i, y_i)$ 代表 i 点个体所在的位置，假设任意两个个体 $P(x_i, y_i)$ 和 $Q(x_j, y_j)$ 之间的距离为 d_{ij}，如果位于 Q 点的个体是病毒携带者，Q 个体传播病毒并使 P 个体感染的概率为 p_{ij}，显然 $p_{ij} \neq p_{ji}$，p_{ij} 的计算公式如下：

$$p_{ij}(d_{ij}) = \begin{cases} (1+w_{ij})p_{0i} & \text{if} \quad d_{ij} \leqslant d_{0i} \\ (1+w_{ij})p_{0i}A^{-(d_{ij}-d_{0i})} & \text{if} \quad d_{ij} > d_{0i} \end{cases}$$

其中：

- d_{0i} 为 P 个体的临界距离；
- w_{i_j} 为 P 个体和 Q 个体的亲密度，取值为 0~1；
- p_{0i} 为 $w_{ij}=0$ 时，P 个体在临界距离 d_{0i} 内被感染的概率，也称为基础感染概率；
- A 为大于 1 的系数。

令 $d_{0i}=5$，$p_{0i}=0.05$，$A=2$，$w_{i_j}=0$，$w_{i_j}=0.5$，绘制 P 个体被感染的概率随距离 d_{ij} 的变化规律如图 6.13 所示。

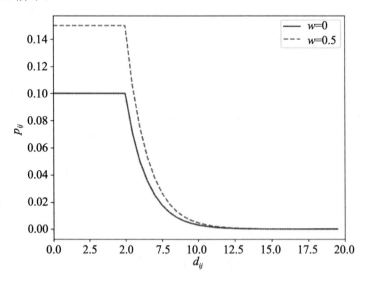

图 6.13　个体病毒感染概率示意图

可以看到，在个体的临界距离内，感染概率是不变的，超过临界距离后，感染概率随距离下降，直至为 0。

对于上面的公式说明如下：

- d_{0i} 和 p_{0i} 反映了个体的抗病毒能力，并不一定是现实中的距离，而是一个综合考虑的值，不同个体有所不同，即 $d_{0i} \neq d_{0j}$，$p_{0i} \neq p_{0j}$，进而 $p_{ij} \neq p_{ji}$。但在做分析时一般不考虑个体之间的差异。
- w_{i_j} 是为了考虑个体之间的亲密度，在基础概率 p_{0i} 中做一个小幅度的增加，一般设置为 0。
- 系数 A 反映了感染概率随距离下降的速度。

（2）个体移动规律

有了感染概率计算公式后，接下来要确定个体的移动规律。在最初的版本中，笔者并没有结合具体的应用场景，并且认为个体是遵循随机游走的规律，这显然不符合实际情况。一般而言，个体在不同场景下的运动规律是有律可循的，下面以逛商场为例进行说明。

图 6.14 为某商场一角的平面布置图，商场所提供的可行走路线对任何一个个体都是相同的（A-L），但由于个体的差异，移动轨迹会有所区别。比如某男士想打电玩，从 A 点出发，其移动轨迹极有可能是 A-B-D-G-E-H-I；而某位带着孩子的女士计划给自己买双鞋，给孩子买衣服，从 L 点出发，A 点离开，其路线可能是 L-J-K-J-H-G-E-F-E-D-B-A。如果能确定任意一个个体的行动轨迹，那么就能对现实世界进行准确描述了，但这几乎是不可能的，即使是个体自身在非刻意的情形下也无法精准地预估自己的行为。

从科学探索的角度来讲，近似解决方案还是存在的。例如对历史顾客的行动轨迹进行统计分析，找出顾客的常走路线及人数比例，则可根据结果作为输入进行设计仿真。举个例子，某商场统计出顾客常走的轨迹有 A、B、C、D 4 种，每种轨迹的人数占比分别为 51%、23%、19% 和 7%，则在设计仿真程序时，同一时刻在不同轨迹上的人数根据比例来设定。实际的情形是，个体移动的轨迹太过多样化，统计工作量非常大，所以只能依靠预估来实现。

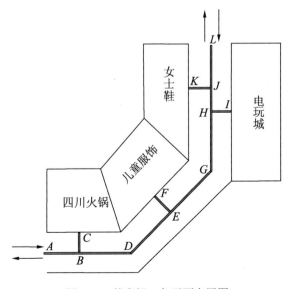

图 6.14　某商场一角平面布置图

以图 6.14 所示的商场一角进行举例，仅考虑个体在过道内的移动轨迹，不考虑个体在店内的情形，因为过道内的仿真思路可以照搬到店内。

首先从图 6.14 中抽取出过道路线，如图 6.15 所示，路线可用中心轴上的控制点坐标及宽度来表示。比如路线 AB 段由 A 点和 B 点坐标组成的线段和宽度 w_1 来表示，EF 段由 E 点和 F 点坐标组成的线段和宽度 w_2 来表示。在表示个体具体位置时，只记录个体在中心轴上的坐标，然后基于中心轴随机偏移，偏移量在路线（半宽）以内。设 A 为坐标原点，B 点坐标为(5,0)，w_1=4m，某个体以 0.5m 的步长从 A 点移动到 B 点的轨迹可能是图 6.16 所示的情形。

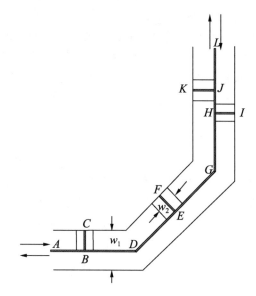

图 6.15　过道路线图

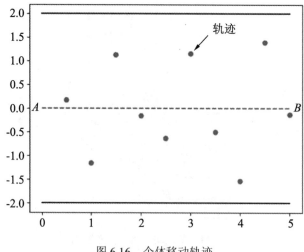

图 6.16　个体移动轨迹

当个体到达 B 点后，将会面临选择：去 C 点还是 D 点，同样的点还有 E、H、J，对于这种存在分叉的情形，无疑增加了路线的可能性。同时，个体的轨迹不一定是单向的，存在逆向的可能性，比如个体轨迹 A-B-A，到达 B 点后原路折返。

为了解决路线分叉问题，仿真时将多条固定路线组合成想要的路线，可以降低编程的难度，比如有固定路线 3 条，分别为 A-B-C、A-B-D-G-L、L-G-E-F，3 条线路上的个体数量比例为 1:5:2，这样就能模拟分叉。当然也可以随机地设定路线，然后随机给每条路线添加个体数量。于是问题就转换成个体沿固定路线移动的移动轨迹问题。

程序设计

结合以上分析，首先是描述路线的定义。路线一般由多条线段组成，而每一条线段又包括两个控制节点和宽度，所以先定义节点 Node，程序代码如下：

```
class Node:
    def __init__(self,x,y):
        self.x = x                      #节点的 x 坐标
        self.y = y                      #节点的 y 坐标
        self.coord = (x,y)
```

然后定义路线 Route，程序代码如下：

```
class Route:
    def __init__(self,nodes,ws):
        self.nodes = nodes
        self.non = len(nodes)           #节点数量
        self.init()
        self.ws = np.asarray(ws)
```

Route 的初始化参数为控制节点集合和两相邻控制节点组成路线的宽度集合。需要注意的是，节点集合 nodes 的长度较宽度集 ws 的长度大 1，因为 n 个连续节点组成 n-1 条线段。init()方法将控制节点坐标集、两相邻控制节点的单位方向向量和相邻节点的距离分别存储在属性 coords、v 和 norm 中，程序代码如下：

```
    def init(self):
        coords = []
        for node in self.nodes:
            coords.append(node.coord)
        coords = np.asarray(coords)
        diff = np.diff(coords,axis = 0)
        norm = np.linalg.norm(diff,axis=1)
        norm = norm.reshape(-1,1)
        self.v = diff/norm
        self.coords = coords
        self.norm = norm
```

下面举例如下：

```
if __name__ == "__main__":
    A = Node(0,0)
    D = Node(10,0)
    G = Node(20,10)
```

```
          L = Node(20,30)
          ws = [5,4,3]                    #AD、DG、GL 段的宽度分别为 5、4、3
          route = Route([A,D,G,L],ws)

>>> route.coords
array([[ 0,  0],
       [10,  0],
       [20, 10],
       [20, 30]])
>>> route.v                              #v[0]、v[1]、v[2]对应 AD、DG、GL 单位向量
array([[1.        , 0.        ],
       [0.70710678, 0.70710678],
       [0.        , 1.        ]])
>>> route.vc                             #vc[0]、vc[1]、vc[2]对应 AD、DG、GL 的单位垂直向量
array([[0.        , 1.        ],
       [0.70710678, 0.70710678],
       [1.        , 0.        ]])
>>> route.norm                           #norm[0]、norm[1]、norm[2]对应 AD、DG、GL 的长度
array([[10.        ],
       [14.14213562],
       [20.        ]])
```

接下来给路线定义方法，随机在路线上添加 noi 个个体，并记录个体在路线中心轴上的位置。添加思路是，首先选择在哪条线段上添加，这里采用随机选择的方式，即随机生成各线段的编号。例如上例中 *AD*、*DG*、*GL*，对应编号为[0,1,2]，生成随机数为 2 表示该个体在 GL 上，然后随机计算一个偏移距离，比如从 *G* 点偏移多少，该偏移距离范围为[0,norm(GL))，最后根据线段方向向量和偏移量，计算个体在中心轴上的初始位置，具体实现如下：

```
    def add_individuals(self,noi):                      #noi 为添加个体的数量
        norm = self.norm
        v = self.v
        coords = self.coords
        axis_pos = np.zeros((noi,2))            #二维数组存储个体沿中心轴的位置
        non = self.non
        rds = np.random.randint(0,non-1,noi)              #随机生成 noi 个编号
        offset = norm[rds,:]*np.random.uniform(0,1,(noi,1))      #计算偏移
        axis_pos = coords[rds,:] + offset * v[rds,:]      #个体的初始位置
        self.noi = noi
        self.rds = rds
        self.axis_pos = axis_pos
```

上段程序中 noi 为添加的个体数量，rds 存储值为区间[0,non-1)的 noi 个随机编号，用于描述个体在哪一条线段上，offset 计算个体的位置偏移量，axis_pos 为个体在中心轴上的位置。举例如下：

```
if __name__ == "__main__":
    A = Node(0,0)
```

```
D = Node(10,0)
G = Node(20,10)
L = Node(20,30)
ws = [5,4,3]
route = Route([A,D,G,L],ws)
import matplotlib.pyplot as plt
route.add_individuals(10)
plt.plot(route.coords[:,0],route.coords[:,1])          #路线中心轴
#个体
plt.scatter(route.axis_pos[:,0],route.axis_pos[:,1],color="red")
plt.show()
```

以上程序的可视化如图 6.17 所示。

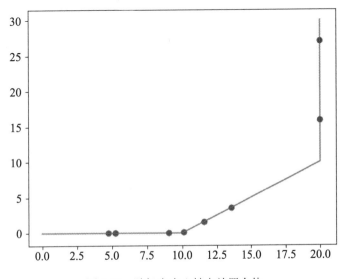

图 6.17　随机在中心轴上放置个体

接下来只要给个体设定移动步长，即可沿中心轴移动，但需要考虑移动方向发生变化的问题。例如某个体沿 *AD* 移动，当到达 *D* 点后将向 *G* 点运动，此时的移动方向发生改变，基点也要发生变化。

本例判断何时改变移动方向和基点的方式是，假设个体最初在 *AD* 上的位置为 *P*，如果向量 **PA** 与向量 **DP** 的方向相反，则表明 *P* 点已在 *AD* 段外，个体下一次移动就需要更新移动方向和移动基点。定义修改移动方向和基点的方法如下：

```
def change_dir(self):
    axis_pos = self.axis_pos
    rds = self.rds
    max_rds = self.non-2                    #最大线段编号
    rde = rds + 1
    v = self.v                              #对应上面的举例，即访问向量 PA
    coords = self.coords                    #获取线段的终点坐标
    iv = v[rds,:]
    icoords = coords[rde,:]
```

```
nv = icoords - axis_pos                         #计算向量 DP
dot = np.sum(iv*nv,axis = 1)                    #PA 和 DP 点乘
indices = np.where(dot < 0)                     #如果向量点乘为负，则表明 P 在线段 AD 外
axis_pos[indices] = icoords[indices,:]          #则改变下一次移动基准点
rds[indices] += 1                               #并改变移动方向
maxer = rds > max_rds                           #如果编号大于最大编号
axis_pos[maxer] = coords[0]                     #则回到原点
rds[maxer] = 0                                  #并沿第一条线段的方向移动
self.axis_pos = axis_pos
self.rds = rds
```

本例采用这样的方式，当个体开始移动形成路线后，比如移动到 *L* 点上方，则让该个体重新回到线段 *AD* 上。接下来定义单步移动函数，程序代码如下：

```
def move(self,s):
    self.change_dir()                           #变化移动方向
    axis_pos = self.axis_pos
    rds = self.rds                              #获取节点的线段编号
    v = self.v
    ws = self.ws
    iv = v[rds,:]
    ivc = iv[:,[1,0]]
    ivc[:,1] *= -1
    iws = ws[rds].reshape(-1,1)
    s_min,s_max = s                             #最小、最大步长
    s = np.random.uniform(s_min,s_max,(self.noi,1))   #随机生成移动步长
    rand = np.random.uniform(-0.4,0.4,(self.noi,2))   #随机生成偏移距离
    axis_pos = axis_pos + s*iv
    pos = axis_pos + rand*iws*ivc
    self.axis_pos = axis_pos
    self.pos = pos
```

实现个体单步移动后，接下来判断单步移动后个体是否会感染病毒，感染后需要更新数据，程序代码如下：

```
def init_para(self,D0,P0,W,A=np.e):
    self.D0 = np.asarray(D0)                    #个体的临界距离数组
    self.P0 = np.asarray(P0)                    #个体在临界距离内被感染的概率数组
    self.W = np.asarray(W)                      #个体的亲密度数组
    self.A = np.asarray(A)                      #A 系数数组
    self.patients = np.zeros(self.noi,dtype = int)   #状态数组
    self.patients_list = [self.patients.copy()]

def place_source(self,source):                  #添加病源
    self.patients[source] = 1                   #数值为 1 表示病人

def update_patients(self,coords):               #根据病人位置更新被感染的病人数据
    for coord in coords:
        D = coord - self.pos
        D = np.hypot(D[:,0],D[:,1])             #病人与个体的距离
        Dij = D - self.D0                       #判断个体距离是否在临界距离内
        WP0 = (1+self.W)*self.P0                #临界距离内的感染概率
```

```
WP1 = (1+self.W)*self.P0/(self.A**(Dij))      #非临界距离内的感染概率
Pij0 = np.where(Dij<=0,WP0,0.)
Pij1 = np.where(Dij>0,WP1,0.)
Pij = Pij0 + Pij1
Pr = np.random.uniform(0,1,self.noi)          #生成随机数
DP = Pr - Pij
infected = DP<0                               #找到被感染的个体索引
self.patients[infected] = 1
self.patients_list = [self.patients.copy()]
```

如果当次移动有多个病人，采用循环对每个病人的位置进行计算。如果不使用循环，可以先对病人的坐标及个体位置进行升维，然后利用广播机制进行运算，这些留给读者自行完成。

多条路线组合就构成了整个系统，定义系统 System，其初始化参数为多条路线集合，程序代码如下：

```
class system:
    def __init__(self,routes):                #初始化参数为路线集合
        self.routes = routes
        self.nor = len(self.routes)

    def add_individuals(self,nois):  #给每条路线添加个体，nois 长度与路线对应
        for route,noi in zip(self.routes,nois):
            route.add_individuals(noi)

    def init_para(self,D0,P0,W,A=np.e):        #初始化感染概率计算模型参数
        for route in self.routes:
            route.init_para(D0,P0,W,A)

    def discover_patients(self):              #找到所有路线中的病人的所在位置
        patients_coords = []
        for route in self.routes:
            infected = route.patients == 1
            patients_coords.append(route.pos[infected])
        self.patients_coords = np.vstack(patients_coords)

    def run(self,s,N):                        #系统运行
        patients = []
        for route in self.routes:
            route.traj = np.zeros((N,route.noi,2))    #初始化个体移动轨迹

        for step in range(N):
            for route in self.routes:
                route.move(s)                 #个体单次移动
                route.traj[step] = route.pos  #记录个体当前位置

            self.discover_patients()          #找到所有病人的位置

            for route in self.routes:         #更新病人的位置
                route.update_patients(self.patients_coords)
```

当然，还要给 System 添加绘图功能，接下来的程序用于绘制图形，包括路线模型示

意图和个体移动 n 次后的位置及病人的位置更新图。这里使用了第 3 章中定义的几何运算库 planimetry 计算直线与直线的交点，用来绘制路线示意图。程序代码如下：

```python
    def plot_route(self,ax):                              #绘制路线示意图
        from planimetry import Point,Line
        for route in self.routes:
            coords = route.coords
            v = route.v
            vc = v[:,[1,0]]
            vc[:,1] *= -1
            ws = route.ws

            outer_lines = []
            for i in range(route.non-1):
                c0,c1 = coords[i]+vc[i]*ws[i],coords[i+1]+vc[i]*ws[i]
                p0,p1 = Point(c0[0],c0[1]),Point(c1[0],c1[1])
                outer_lines.append(Line(p0,p1))
            outer = [coords[0]+vc[0]*ws[0]]
            for i in range(len(outer_lines)-1):
                l1,l2 = outer_lines[i],outer_lines[i+1]
                po = l1.intersect(l2)
                outer.append([po.x,po.y])
            outer.append([p1.x,p1.y])
            outer = np.asarray(outer)

            inner_lines = []
            for i in range(route.non-1):
                c0,c1 = coords[i]-vc[i]*ws[i],coords[i+1]-vc[i]*ws[i]
                p0,p1 = Point(c0[0],c0[1]),Point(c1[0],c1[1])
                inner_lines.append(Line(p0,p1))
            inner = [coords[0]-vc[0]*ws[0]]
            for i in range(len(inner_lines)-1):
                l1,l2 = inner_lines[i],inner_lines[i+1]
                po = l1.intersect(l2)
                inner.append([po.x,po.y])
            inner.append([p1.x,p1.y])
            inner = np.asarray(inner)

        ax.plot(outer[:,0],outer[:,1],"k-")
        ax.plot(inner[:,0],inner[:,1],"k-")
        ax.axis('equal')

    def plot_pos(self,n):                    #绘制个体第 n 次运动后的位置图及病人的位置更新图
        import matplotlib.pyplot as plt
        fig = plt.figure()
        ax = fig.add_subplot(111)
        self.plot_route(ax)                              #绘制路线示意图
        for route in self.routes:
            patients = route.patients_list[n]
            infected = route.traj[n][patients == 1]
            noninfected = route.traj[n][patients == 0]
            ax.scatter(infected[:,0],infected[:,1],
                    marker = "*",color = "red")          #病人为红色星星
            ax.scatter(noninfected[:,0],noninfected[:,1],
```

```
                marker = ".",color = "green")      #正常个体为绿色小点
        ax.set_title("N = %d"%n)
        plt.show()
```

举例如下：

```
if __name__ == "__main__":
    A = Node(0,0)                          #控制节点
    D = Node(10,0)
    G = Node(20,10)
    L = Node(20,30)
    ws1 = [5,5,5]                          #路线 1 宽度
    ws2 = [5,5,5]                          #路线 2 宽度
    r1 = Route([A,D,G,L],ws1)             #路线 1
    r2 = Route([L,G,D,A],ws2)             #路线 2，路线 1 的逆向，本例通过组合来表示双向路线
    s = (0.1,0.5)                          #最小、最大移动步长
    nois = [20,20]                         #每条路线上的个体数量
    N = 20                                 #移动次数
    routes = [r1,r2]                       #路线集合
    D0 = 0.6                               #设置个体临界感染距离
    P0 = 0.1                               #临界距离内基础感染概率
    W = 0                                  #个体亲密度
    sys = System([r1,r2])                 #创建一个系统
    sys.add_individuals(nois)             #添加个体到系统中
    sys.init_para(D0,P0,W)                #初始化感染概率模型参数
    r1.place_source(10)                   #将路线 1 上的第 11 个个体设置为病人
    sys.run(s,N)                           #移动运行
    for i in [1,5,9,12,15,19]:            #绘制不同移动步数下的个体位置和病人位置更新图
        sys.plot_pos(i)
```

以上程序的可视化如图 6.18 所示，读者也可以自行设置更多路线进行举例。本程序还有很多可以优化的地方，读者也可以进行优化。

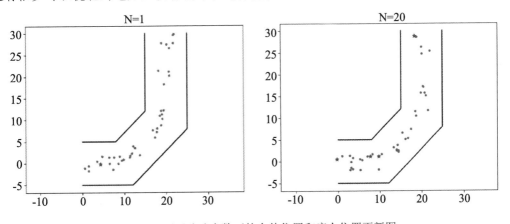

图 6.18　不同移动步数下的个体位置和病人位置更新图

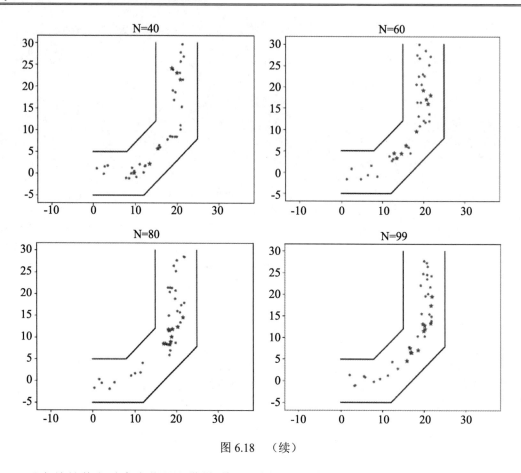

图 6.18　（续）

　　以上就是笔者对病毒传播离散模型的一点思考，模型本身还存在诸多待改进之处，望读者不吝赐教。

参 考 文 献

[1] Python 官方学习文档[EB/OL]. https://docs.python.org/3/.

[2] NumPy 官方学习文档[EB/OL].https://numpy.org/doc/stable/reference/.

[3] Matplotlib 官方学习文档[EB/OL].https://matplotlib.org/contents.html.

[4] Hans Petter Langtangen. A Primer on Scientific Programming with Python[M]. Springer, 2010.

[5] Hans Petter Langtangen. Python Scripting for Computational Science[M]. Springer, 2008.

[6] John V Guttag. Introduction to Computation and Programming Using Python[M]. The MIT Press, 2013.

[7] Richard Khoury, Douglas Wilhelm Harder. Numerical Methods and Modelling for Engineering[M]. Springer, 2016.

[8] Jaan Kiusalaas. Numerical Methods in Engineering with Python[M]. 2nd ed. Cambridge University Press, 2010.

[9] Robert Johansson. Numerical Python[M]. Apress, 2015.

[10] B J. Korites. Python Graphics[M]. Apress, 2018.

[11] 裴尧尧, 肖衡林, 马强, 李丽华. Python 与有限元[M]. 北京: 中国水利水电出版社, 2017.

[12] 裴尧尧. 从零开始自己动手写区块链[M]. 北京: 机械工业出版社, 2018.

推荐阅读